HEYNE BÜCHER
SACHBUCH
W0367270

Irenäus Eibl-Eibesfeldt

Das verbindende Erbe

Expeditionen zu den Wurzeln
unseres Verhaltens

WILHELM HEYNE VERLAG
MÜNCHEN

HEYNE SACHBUCH
Nr. 19/242

ABBILDUNGSNACHWEIS:

Bernolf Eibl-Eibesfeldt: S. 125 und 184
Dieter Heunemann: S. 31, 191 und 363
Renate Krell: S. 40, 41, 117 und 292
Alle übrigen Aufnahmen stammen vom Verfasser.

Taschenbuchausgabe im Wilhelm Heyne Verlag GmbH & Co. KG, München

Printed in Germany 1993
Umschlagfoto: Renate Gröber, Neuried
Umschlaggestaltung: Atelier Adolf Bachmann, Reischach
Herstellung: H+G Lidl, München
Satz: Satz & Repro Grieb, München
Druck und Verarbeitung: RMO, München

ISBN 3-453-06031-8

Inhalt

Vorwort

Seit dem Erscheinen meines Buches »Menschenforschung auf neuen Wegen« sind sechzehn Jahre vergangen. Ich schrieb damals über das Abenteuer der Begegnung mit fremden Völkern sowie die Praxis und die theoretische Begründung dieser Feldarbeit. Wir haben die Dokumentation bis zum heutigen Tag weitergeführt, neue Einsichten gewonnen und viel erlebt, von dem es sich zu berichten lohnt, handelt es sich doch um Ereignisse und Begegnungen, die nicht wiederholt werden können, da sich die Völker geändert haben. Die Menschen, die wir in den frühen siebziger Jahren als Jäger und Sammler erlebten, sind heute von der Regierung angestellt, Straßen zu reparieren, oder sie bemühen sich als Ziegen- und Rinderhirten um eine neue Strategie des Lebensunterhalts. Manche Entwicklung berührt schmerzlich – wie die der G/wi-Buschleute, die man buchstäblich in die Abhängigkeit gefüttert hat. Ende der siebziger Jahre begannen Regierungsstellen im Rahmen einer Hungerhilfe, Lebensmittel in die zentrale Kalahari zu schaffen. Außerdem wurden Wasserpumpen eingerichtet, um die sich die G/wi-Buschleute niederließen. Nun ist dort alles weggesammelt und weggejagt, und die Buschleute warten auf die Lastwagen mit Lebensmitteln. Sie haben gelernt, aus Maismehl und Zucker Bier zu brauen, und Trunkenheit plagt die kleine Gruppe. Da die G/wi ihre traditionelle Lebensweise aufgegeben haben und ihr Gebiet ein Nationalpark ist, plant man, sie umzusiedeln. Damit verlören sie ihr Landrecht, was einer Enteignung gleichkäme.

Auch bei den !Ko, die mir so am Herzen liegen, und bei den !Kung hat sich das Leben grundlegend geändert. Ich werde darauf im Buschleutekapitel näher eingehen.

Die Eipo, die wir 1974 als intakte neusteinzeitliche Kultur kennengelernt hatten, sind mittlerweile missioniert. Das kleine Dorf Dingerkon, so malerisch auf einer Bergnase gelegen, ist verlassen.

Die Dorfbewohner leben, wie die Leute von Munggona, in der Nähe der Mission in Kwarelala, wo eine Schule ist. Die Schüler sind bekleidet und grüßen, zum Morgenappell angetreten, die indonesische Fahne.

Die neuen Entwicklungen haben für diese Menschen positive

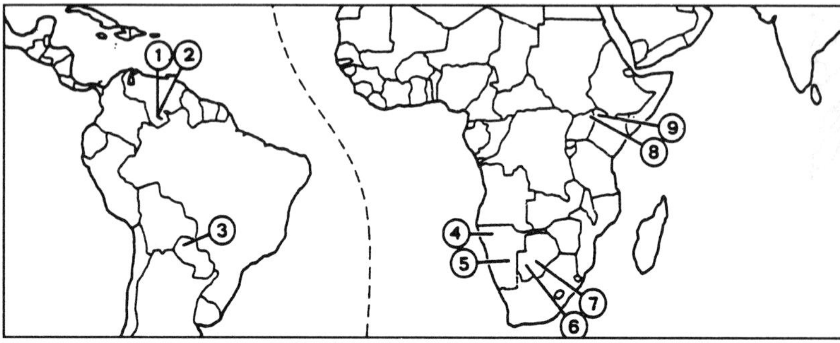

wie negative Seiten. Ich gehöre keineswegs zu jenen, die einer Rousseauschen Romantik anhängen und das traditionelle Leben verklären. Aber es ist nicht einzusehen, weshalb man diesen Menschen den Fortschritt aufzwingt, so daß ihre Traditionen abreißen und sie entwurzelt und abhängig werden. Da scheint mir die Alternative frei und ohne die Segnungen der westlichen Zivilisation besser als westlich halbzivilisiert und regiert. In den traditionellen Kulturen paßten das in Jahrtausenden gewachsene Brauchtum, die Formen des alltäglichen Umgangs miteinander, die Überlebensstrategien, kurz, die materielle, geistige und soziale Kultur, harmonisch zusammen.

Ich schätze es als ein Glück, daß es mir vergönnt war, so viel davon erfahren zu haben in einem intimen Beobachterverhältnis – sowohl distanziert als auch teilnehmend. Seit fast einem Vierteljahrhundert verbringe ich jährlich mehrere Wochen mit meiner Kamera in den Siedlungen traditioneller Kulturen. Ihre Bewohner wurden mir in den Jahren vertraut, da ich immer wieder dieselben Gemeinschaften besuche. Mit vielen von ihnen fühle ich mich freundschaftlich verbunden.

Nicht alle sind dem raschen Kulturwandel erlegen. Bei den Yanomami und den Himba leben noch viele Gruppen in ihrer traditionellen Art.
Die Himba-Frauen, die ich 1971 filmte, wie sie ihre kleinen Mädchen stillten und herzten, sind mittlerweile Großmütter, und die kleinen Mädchen, die damals mit Puppen spielten, sind inzwischen Mütter geworden. So gibt es meinem ersten Bericht einiges hinzuzufügen. Die wissenschaftlichen Ergebnisse habe ich in fachwissenschaftlichen Veröffentlichungen und einigen populä-

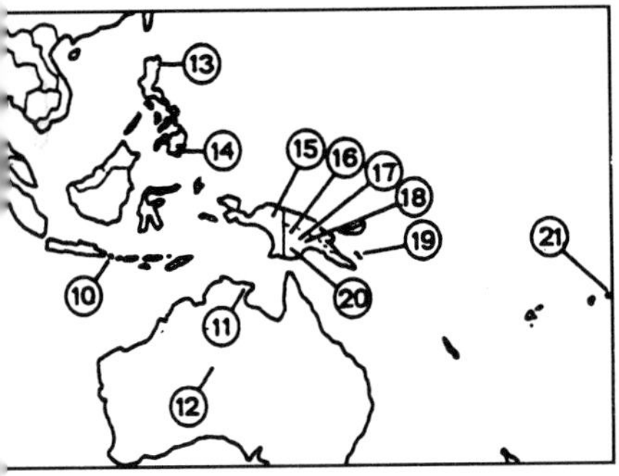

*Die Karte zeigt die ungefähre Lage der wichtigsten von mir besuchten Völker:
1: Yanomami; 2: Hoti; (Yuwana); 3: Ayoréo (Moro); 4: Himba; 5: !Kung-Buschleute; 6: !Ko-Buschleute; 7: G/wi-Buschleute; 8: Karamojo; 9: Turkana; 10: Balinesen; 11: Gidjingali; 12: Pintubi und Walbiri; 13: Agta; 14: Tasaday, Blit, Tboli; 15: Eipo; 16: Woitapmin; 17: Daribi; 18: Kukukuku; 19: Trobriander; 20: Biami; 21: Samoaner. Genauere Angaben sind den Detailkarten in den jeweiligen Kapiteln zu entnehmen.
Wiederholt besucht wurden im Rahmen von Langzeitstudien die unter 1, 2, 4, 5, 6, 7, 10, 15 und 19 genannten Völker. Bei den übrigen und noch einigen anderen hier nicht genannten machte ich nur Stichprobenerhebungen.*

ren Büchern zum Teil publiziert.[1] Hier versuche ich, darüber hinaus meine Erlebnisse und die Atmosphäre meiner Feldarbeit zu schildern.

Daher ist dieses Buch auch als Ergänzung zu meinen Fachpublikationen anzusehen.

Auf Menschenforschung unterwegs

Als Gymnasiast las ich Hugo Adolf Bernatziks völkerkundliche Reiseberichte und träumte von Expeditionen zu fremden Völkern. Zur selben Zeit hielt ich Tiere und studierte zoologische Werke. Damals waren dies sich widersprechende Interessen. Es schien aussichtslos, beide später einmal beruflich miteinander verbinden zu können. Ich schrieb mich im Mai 1945 an der Universität Wien ein und schloß mich 1946 einer von Otto Koenig gegründeten Arbeitsgruppe für Verhaltensforschung an. Im selben Jahr begann ich in der Biologischen Station Wilhelminenberg mit verhaltenskundlichen Beobachtungen an Lurchen, Kriechtieren und Säugern verschiedener Arten.

Ich konzentrierte mich darauf, die Verhaltensentwicklung und die Kommunikation dieser Tiere zu erforschen. Wie bilden und wandeln sich soziale Signale im Lauf der Jugend, wie das Signalverständnis, wie steuern sie die sozialen Interaktionen wie zum Beispiel bei Balz und Rivalenkampf, und wie verhält es sich mit ihrer Stammesgeschichte? Beide Schwerpunkte meines Forschungsprogramms waren experimentell und vergleichend angelegt. Ausgangspunkt der Untersuchung war jeweils das Ethogramm – die genaue deskriptive Erfassung des Verhaltensrepertoirs der von mir aufgezogenen Tierarten.

Die ersten disziplinierenden Anweisungen dazu verdanke ich Otto Koenig. 1949 schloß ich mich dann Konrad Lorenz an, dem ich 1951 nach Deutschland folgen durfte. Ich blieb zunächst weiter mit tierethologischer Forschung befaßt. In den fünfziger Jahren fand im Natur-Umwelt-Streit die entscheidende Auseinandersetzung mit den Behavioristen statt, und ich durfte mit meinen Versuchen zur Aufzucht unter Erfahrungsentzug Wesentliches beitragen, um die Frage nach dem »Angeborenen« bei Säugern zu klären.

In diesen Jahren machte ich zwei wegweisende Bekanntschaften. 1951 begann ich mit Heinz Sielmann Filmmonographien über Hamster, Iltisse, Frösche und Molche zu drehen. Damals wurde mir klar, wie bedeutend der Film für die Dokumentation war. 1953 lud mich Hans Hass ein, an der ersten Xarifa-Expedition zu den Galápagosinseln teilzunehmen. Sie öffnete mir den Blick für die Welt, und ich lernte schnell, örtliche Gegebenheiten zur Beobachtung zu nutzen. In der Karibik entdeckte ich die Putzsymbiosen, auf den Galápagosinseln studierte ich die Turnierkämpfe der Meerechsen, zwei auf den ersten Blick recht verschiedene Phänomene, die ich jedoch unter dem Gesichtspunkt der Kommunikation zwanglos einordnen konnte in einen gemeinsamen theoretischen Rahmen. Zugleich erschloß sich mir mit dem Einblick in die ritterlichen Kämpfe dieser Echsen das Gebiet der Aggressionsforschung, das sich als dritter Schwerpunkt meines Interesses herauskristallisierte.

Konrad Lorenz hatte in verschiedenen Schriften immer wieder betont, wie wichtig es wäre, durch Forschung am Menschen zu prüfen, ob und inwieweit die von ihm aus der Forschung am Tier entwickelten Arbeitshypothesen allgemein tragfähig seien. Die drei Themenschwerpunkte meiner Forschung – Verhaltensentwicklung, Kommunikation, Aggression – wiesen in diesem Sinne den theoretischen Weg in eine noch zu begründende Humanethologie. Den praktischen Einstieg verdanke ich der Zusammenarbeit mit meinem langjährigen Freund Hans Hass. Er hatte Anfang der sechziger Jahre die Idee entwickelt, eine Filmreihe über den Menschen zu machen. Ursprünglich wollte er weit ausholend Morphologie, Genetik, Physiologie, Phylogenetik und andere Aspekte mit erfassen, gewissermaßen den ganzen Menschen in seinem Gewordensein, in seiner Natur und seiner Kultur. Es wurde allerdings schnell klar, daß die Meisterschaft in der Beschränkung liegen würde. Hans Hass beschloß, eine Filmserie über das Verhalten des Menschen zu drehen, und lud mich ein, als ethologischer Berater mitzuwirken.

Bei der Dokumentationsarbeit für den Film kam es darauf an, ungestellt natürliches Verhalten aufzunehmen. Das war nicht leicht. Hans Hass experimentierte mit Teleobjektiven, aber das wurde bald bemerkt, und dann gaben sich die Leute nicht mehr natürlich. Menschen sichern nämlich fortlaufend, wenn sie essen oder etwas anderes tun. Sie verhalten sich nicht viel anders als Sperlinge oder Antilopen, die beim Fressen in kurzen Abständen hochblicken, um Gefahren rechtzeitig wahrzunehmen. Essende schauen immer wieder auf und tasten mit ihren Augen den Horizont ab. Dabei merken sie sofort, wenn sich irgend etwas geändert hat. Ein auf sie gerichtetes Objektiv wird schnell erkannt. Hans Hass löste das Problem mit einem technischen Kniff. Er entwickelte ein Spiegelobjektiv, das es erlaubt, nach der Seite zu filmen.

Dazu wird dem Objektiv eine Objektivattrappe mit einem Prisma und einem seitlichen Fenster vorgesetzt.

1964 erprobten wir diese Aufnahmetechnik auf einer Reise mit einem Geländewagen durch Kenia,Tanganjika und Uganda. Wir zelteten in der Wildnis und lernten Menschen traditioneller Kulturen kennen: Karamojo, Turkana, El Molo, Samburu und andere mehr. Wir filmten sie beim Essen, bei Spielen mit Kindern, bei Streit, Tanz und anderen – in Zeitlupe, um später die Bewegungsabläufe genau analysieren, aber auch mit Zeitraffung, um längere Verhaltensfolgen auf einem Film festhalten zu können. Manche Verhaltensweisen lösten wir aus. Überraschung zum Beispiel, indem wir einer Person ein Döschen überreichten, das aussah, als enthielte es Erdnüsse. Öffnete der Betreffende das Döschen, dann sprang allerdings eine Stoffschlange heraus, was stets verblüffte. Mir fiel meist die Aufgabe zu, dieses Döschen zu überreichen, und ich muß gestehen, daß ich dabei anfangs große Hemmungen zu überwinden hatte, offen gesagt, gelegentlich sogar Angst. Wie würden diese großen und wild aussehenden Karamojo darauf reagieren? Aber die Menschen haben überall Sinn für Spaß. Der Verblüffung folgte regelmäßig herzliches Lachen. Und viele versuchten dann ihrerseits Stammesgenossen mit diesem Trick zu foppen.

Mit dem Erfolg wuchs der Mut. Als ein Karamojo-Krieger – ein prachtvoller Kerl mit Keule – mir seine Nackenstütze zum Kauf offerierte, bot ich den geringen Preis von einem Schilling an. Er handelte, wie es sich gehört, aber ich ging mit jedem ausgeschlagenen Preisangebot tiefer statt höher und war schließlich bei einem Kupferpfennig angekommen. Ein grimmiger Ausdruck mit Zähnefletschen war das Ergebnis. Ich machte ihm schnell ein akzeptables Angebot, wie mir scheint, zur rechten Zeit, und wir schieden lachend. Wir hatten einen neuen interessanten Gesichtsausdruck in unserer Dokumentation.

Wir sammelten Erfahrungen mit Menschen, und sie waren fast immer freundlicher Art. Nur einmal klappte die Verständigung nicht ganz nach unseren Vorstellungen. Nach unserer langen Reise durch Ostafrika hatten wir unsere Frauen eingeladen. Wir wollten ihnen nicht nur die Elefanten und Löwen in den Nationalparks zeigen, sondern auch, wie schön das mit der Dokumentation klappte. Dazu fuhren wir gleich am ersten Tag zum ersten größeren Massai-Kral im Süden Nairobis. Wir hielten direkt vor dem

Kral. Hass baute die Kamera auf dem Dach unseres Geländewagens auf, das Objektiv in die Weite gerichtet, den Spiegel auf uns mit den Leuten. Ich verteilte Süßigkeiten, und es schien alles eitel Harmonie. Nur einer schien uns nicht zu mögen, ein baumlanger junger Kerl. Er ließ sich nicht lange auf unsere vom Dolmetscher übersetzten Erklärungen ein, sondern griff nach einem Stativbein, um die Kamera vom Wagendach zu reißen. Da fiel ich ihm in den Arm und zog ihn weg. Der Massai sprang einige Schritte zurück, schaute verblüfft auf mich herab – er war sicher einen Kopf größer als ich – und warf in seiner Verärgerung seine Keule nach mir. Die traf mich so glücklich, daß sie zerbrach. Das ärgerte den jungen Krieger erst recht, und »ratsch« zog er sein kurzes Schwert. Den Klang habe ich heute noch im Ohr. Aber da waren auch schon die anderen Männer zur Stelle und schoben von beiden Seiten ihre Speere zwischen mich und den Angreifer, so daß sie gekreuzt einen Speerzaun bildeten. Wir beschwichtigten, sie beschwichtigten, und der Friede war bald wiederhergestellt. Wir verteilten noch Geschenke und zogen ab. Zuvor hatten wir erfahren, daß der junge Mann betrunken war. Aber ein Grund für die Eskalation der Verärgerung war sicher auch die Beharrlichkeit, mit der wir darauf bestanden hatten, Filmaufnahmen zu machen. Das hatte mit unseren Frauen zu tun, denen wir vorzuführen beabsichtigten, wie schön unsere Aufnahmetechnik funktionierte und vor denen wir unser Gesicht nicht verlieren wollten. So lernten wir auch uns auf dieser Reise besser kennen.

Unsere zweite Versuchsreise begann im folgenden Jahr mit dem Karneval in Rio und führte über Peru, Mexiko, Kalifornien, Japan und Hongkong nach Bali. Wir experimentierten auf belebten Straßen ebenso wie in Parkanlagen, in den Unterhaltungsparks, auf den Dächern japanischer Kaufhäuser, wo entzückende Kinder kleine Goldfische aus Teichen angeln, und in Balis Dörfern. Das war sicher eine der abwechslungsreichsten und erfreulichsten Reisen, weil wir so verschiedene Menschen in so verschiedenen Umgebungen kennenlernten.

Aufgrund dieser Erfahrungen plante ich, ein kulturenvergleichendes Dokumentationsprogramm im Rahmen eines zu gründenden humanethologischen Forschungsinstituts der Max-Planck-Gesellschaft aufzubauen. 1967 bereiste ich, mit einer Bolex-Kamera und einem Spiegelobjektiv bewaffnet, die damals noch recht wilden Gebiete der Kukukuku und Woitapmin im

Bergland Neuguineas. 1969 folgte meine erste Reise zu den Yanomami, 1970 zu den !Ko-Buschleuten und 1971 zu den Himba.

Seither läuft die Dokumentationsarbeit ohne Unterbrechung bis zum heutigen Tag. Was bezwecken wir damit? Zunächst geht es darum, Daten zu erheben, wobei wir in Film und Ton aufnehmen, was Menschen in den verschiedensten Erdgebieten im Alltag tun. Ich filme zum Beispiel, wie Mütter ihre Kinder herzen, wie Geschwister miteinander spielen und sich streiten, wie Besucher einander begrüßen, wie man Feste feiert usw. Es kommt mir auf ungestellte Aktionen und Rituale an, weshalb ich die beschriebene Spiegeltechnik einsetze. Ich drehe in Zeitlupe, Zeitraffer und Normalfrequenz. Zeitlupe und Zeitraffer erlauben es, Bewegungsvorgänge distanziert zu betrachten. Da viele Bewegungen der Mitmenschen Signale sind, neigen wir dazu, auf sie automatisch zu reagieren. Verändern wir nun durch Zeittransformation den Ablauf, dann verändern wir damit auch die Signalwirkung und sind in der Lage, objektiver wahrzunehmen und Details zu sehen, die sonst unserer Beobachtung entgehen.

Die Zeitraffung macht Regelmäßigkeiten erkennbar, die der direkten Beobachtung unzugänglich sind. Bei sechs Bildern pro Sekunde kann ich auf einer 120-Meter-Filmrolle einen Vorgang von rund einer Dreiviertelstunde Dauer festhalten. Ich kann dann zum Beispiel auszählen, wie oft und wann eine Person bei irgendeiner Tätigkeit aufblickt, wann sie allein oder in Begleitung ist, wie weit sich ein Kleinkind von der Mutter entfernt, wie oft es Kontakt mit anderen Personen aufnimmt und anderes mehr. Für die statistische Auswertung sind solche Protokolle von großem Wert. Überdies lassen sich so Rituale vollständig erfassen und damit ihr Ablauf belegen. Die Bewegungen laufen bei zeitgerafftter Aufnahme zwar schnell ab, sie sind jedoch bei sechs Bildern pro Sekunde noch erkennbar und auszählbar. Mit einer zweiten Kamera müssen zeitsynchron in Normalfrequenz (25 Bilder pro Sekunde) oder in Zeitlupe (50 Bilder pro Sekunde) die einzelnen Bewegungsvorgänge festgehalten werden. Die Zeitraffung erlaubt es dem Beobachter, Regelmäßigkeiten zu erkennen, die unserer direkten Wahrnehmung unzugänglich sind. Sie ist nicht nur für den Verhaltensforscher eine wichtige Dokumentationsform. Auch der Völkerkundler sollte sie einsetzen. Die bisher üblichen Filme präsentieren Vorgänge, wie etwa das Herstellen eines Topfes, in Form aneinandergereihter, durch Schnitt getrennter Szenen. Die Zeitsprünge werden durch Zwischenschnitte überbrückt. Man sieht zum Beispiel, wie eine Frau Ton knetet, dann, durch einen Zwischenschnitt – sie blickt hoch – überbrückt, wie sie am Boden des Gefäßes arbeitet – neuer Schnitt – das Gefäß ist mittlerweile gewachsen, und sie legt weitere Tonwülste auf – Schnitt – sie glättet das mittlerweile fast bis zum Rand gediehene Gefäß und so fort. Ein solcher Film dokumentiert Ausschnitte des Vorgangs der Gefäßherstellung, aber will ein Forscher anhand der investierten Handbewegungen später auszählen, welchen Arbeitsaufwand der Hersteller in das Produkt investiert hat, dann dürfte das Filmdokument dafür ungeeignet sein. In der Zeitrafferaufnahme könnte er verfolgen, wie das Produkt unter den arbeitenden Händen wächst und wie viele Bewegungen bei dieser oder jener Technik in das Produkt eingehen. Wenn wir Filme in normaler Geschwindigkeit drehen, nehmen wir synchron den Ton auf, so daß wir auch das die Aktion begleitende verbale Verhalten erfassen.

Die Filme stellen auch für spätere Forschergenerationen eine Arbeitsgrundlage dar, und so ist es wichtig, darauf zu achten, daß das persönliche Interesse und Vorurteil des Aufnehmenden nicht bereits beim Drehen die Daten verzerren. Es könnte etwa jemand bevorzugt freundliche oder aggressive Interaktionen dokumentieren. Das vermeide ich, indem ich jede Interaktion ablichte, und zwar möglichst schon dann, wenn eine solche zu erwarten ist, ohne daß ich stets im voraus weiß, ob das Verhalten freundlicher oder aggressiver Art sein wird. Ich fange zum Beispiel bereits dann an zu filmen, wenn zwei Personen aufeinander zugehen oder sich einander zuwenden. Wichtig ist, daß ein Protokoll zu jeder Filmszene festhält, was vorher und was nachher geschah, in welchem Zusammenhang die gefilmte Verhaltensweise auftrat und in welcher Beziehung die gefilmten Personen zueinander stehen.[2]

Für die Dokumentationsarbeit wählte ich traditionelle Kulturen, die verschiedene Strategien des Lebensunterhalts verfolgen und von denen manche archaische Züge aufweisen. Als Repräsentanten für altsteinzeitliche Jäger und Sammler besuchte ich die Buschleute der zentralen Kalahari, die !Ko, G/wi und !Kung, als beginnende Pflanzer und Wildbeuter die Yanomami-Indianer, die im Einzugsgebiet des oberen Orinoko leben, als neusteinzeitliche Pflanzer die Eipo, ein Papua-Volk, sowie die Himba im südwestlichen Afrika, als Gartenbauer, Fischer und Seefahrer tropischer Inseln des Pazifiks die Trobriander, als traditionelle Ackerbauer nichtwestlicher Prägung schließlich die Balinesen mit ihrer reichen Kultur. Es handelt sich um Langzeitstudien, in deren Verlauf ich dieselben Orte immer wieder besuche. Außer den Langzeitstudien der genannten Kulturen nutze ich günstige Gelegenheiten zu Stichprobenerhebungen. Ich löse dabei mit standardisierten Methoden bestimmte Ausdrücke (Überraschung, Zustimmung, Ablehnung usw.) aus und filme im übrigen, was sich mir bietet. Solche Stichproben habe ich erhoben bei den zentralaustralischen Pintu-Walbiri, den Gidjingali des Arnhemlandes, den Biami, Daribi, Kukukuku, Woitapmin und Medlpa Papua-Neuguineas, den Tasaday Mindanaos, den Nilotohamitischen Turkana, Karamojo, Samburu, El Molo und Massai, den Samoanern, den Ayoreo Paraguays und einigen anderen.

Mit unserer Arbeit bemühen wir uns, eine Lücke in der Dokumentation menschlicher Aktivität zu füllen. Die Völkerkundler haben zwar in ihren Archiven viele wertvolle Filme gelagert, aber diese zeigen in der Regel vorgeführte Tätigkeiten wie Töpfern, Brotbacken, Hüttenbau und dergleichen. Dokumente wie jene von Don Gardener und Karl Heider über ein Kriegsgeschehen bei den Dani gehören zu den seltenen Ausnahmen. Vor allem über das zunächst wenig dramatisch erscheinende Alltagsleben liegt kaum etwas vor. Wie zwei Menschen sich begrüßen, wie Mütter ihre Kinder herzen in verschiedenen Kulturen, wie Geschwister miteinander spielen oder streiten, solche Szenen der Wirklichkeit hat man bisher nicht systematisch gesammelt. Sehr zum Schaden der Forschung, denn die Gelegenheit, solche Dokumente zu gewinnen, ist heute fast unwiederbringlich versäumt. Es gibt kaum noch Völker, die verschont geblieben sind vom zersetzenden Kontakt mit der westlichen Zivilisation. Die meisten der sogenannten Naturvölker sind kulturell und physisch vernichtet worden bis auf winzige Reste, denen das gleiche Schicksal droht. Es handelt sich bei unserer Arbeit demnach auch um ein Programm der Datenrettung.

Das gilt auch für die Tonaufnahme. Erwachsene verhalten sich vielfach »verbal«, das heißt, sie übersetzen ihr Tun in Worte. Ihre Streitgespräche, Verhandlungen über Allianzen, Rügereden, Trauergesänge ebenso wie die zärtlichen Reden der Mütter zu ihren Kindern geben Aufschluß über Denkweisen, Wertvorstellungen und Probleme, die sie gerade beschäftigen. Diese Dokumente der Alltagswirklichkeiten sind dann für uns Ausgangspunkt für Informanteninterviews. Auch die von uns erarbeiteten Tondokumente werden archiviert.

An dem Projekt wirken Linguisten und Völkerkundler mit.[3] Ich habe mich auf die filmische Dokumentation und ihre Auswertung spezialisiert. Dazu habe ich bisher 1732 Tage vor Ort verbracht und dabei mehr als 200 Kilometer 16-Millimeter-Film belichtet. Dieses Material bleibt als Original unzerschnitten im Archiv der Forschungsstelle für Humanethologie. Die daraus entstehenden Filme werden erarbeitet zusammen mit dem Institut für den Wissenschaftlichen Film im Rahmen der Encyclopaedia cinematographica (EC) und dem Humanethologischen Filmarchiv (HF) der Max-Planck-Gesellschaft.[4]

Diese Filme bilden eine wichtige Grundlage für meine humanethologische Arbeit, die direkt an die Fragestellungen anknüpft, die ich bei meinen tierethologischen Studien verfolgte. Schwerpunkte meines Interesses bilden die Kommunikation, die menschliche Aggression in ihren verschiedenen Erscheinungsformen sowie deren natürliches Gegenstück, besonders die bindenden Verhaltensweisen. Ich befasse mich hier sowohl mit der mannigfaltigen kulturellen Ausgestaltung menschlichen Verhaltens in Brauchtum und Ritual als auch mit dem, was über die Kulturen hinweg gleich ist. Schon Charles Darwin hat ja darauf hingewiesen, daß die menschliche Mimik – »der Ausdruck der Gemütsbewegungen« – über die Kulturen hinweg viele Gemeinsamkeiten aufweist. Er hatte mit Fragebögen gearbeitet, die er an Missionare und andere Personen in aller Welt versandte. Seine Überlegung war: »Wenn nur immer dieselben Bewegungen der Gesichtszüge oder des Körpers bei mehreren verschiedenen Rassen des Menschen dieselben Seelenbewegungen ausdrücken, so können wir mit großer Wahrscheinlichkeit folgern, daß derartige Ausdrucksarten echte sind, d. h., daß sie angeborene oder instinktive sind. Konventionelle Ausdrucksformen oder Gebärden, welche das Individuum während der ersten Zeit seines Lebens sich aneignet, dürften wahrscheinlich bei den verschiedenen Rassen in derselben Weise voneinander verschieden gewesen sein, wie deren Sprachen es sind.«[5]

Mich beschäftigt generell die Frage, in welchem Ausmaß stammesgeschichtliche Anpassungen das soziale Verhalten des Menschen mitbestimmen. Alle Leistungen des Verhaltens, gleich, ob solche der Wahrnehmung oder der Bewegung, beruhen letzten Endes auf Populationen von Nervenzellen, die mit den Sinnes- und Erfolgsorganen zu einem funktionellen System zusammengeschaltet sind. Lange meinte man in den Verhaltenswissenschaften vom Menschen – Darwins Erkenntnisse verdrängend –, der Mensch komme als weitgehend unbeschriebenes Blatt zur Welt und würde dann durch die Erziehung von seiner Umwelt sowie durch das Sammeln von Erfahrungen »programmiert«. Wir wissen heute, daß die unser Verhalten mitbestimmenden neuronalen Organsysteme auch aufgrund von im Erbgut festgelegten Entwicklungsanweisungen bis zur Funktionsreife heranwachsen können.[6] Unsere Arbeiten haben entscheidend dazu beigetragen, das Wirken stammesgeschichtlicher Anpassungen im menschlichen Verhalten aufzudecken.

Die meisten Ausdrucksbewegungen des Gesichts sind uns angeboren. Lachen, weinen, lächeln, die Mimik der Verärgerung, der Überraschung, der Angst sind über die Kulturen hinweg so ähnlich, daß es uns nie besondere Schwierigkeiten bereitet, mit Menschen anderer Kulturen nichtverbal zu kommunizieren, auch mit solchen, die nie zuvor einen Weißen gesehen hatten. Bis in welche Einzelheiten diese Übereinstimmungen gehen, zeigt der von uns entdeckte Augengruß – ein Distanzgruß, der nach Blickkontakt mit einem leichten Anheben des Kopfes beginnt, dem ein schnelles Heben der Augenbrauen folgt, die in maximaler Stellung für etwa ein Sechstel einer Sekunde verharren. Dann breitet sich ein Lächeln aus, und die Person nickt schließlich. Das uns Menschen verbindende biologische Erbe hilft uns, die Barrieren zu überwinden, die wir kulturell zwischen uns errichten.

Das Angeborene beschränkt sich jedoch nicht allein auf einfache Verhaltensmuster. Beim Kulturenvergleich entdecken wir universale Interaktionsstrategien. Die Art und Weise, wie man zum Beispiel den freundlichen Kontakt zu Mitmenschen herstellt, erfolgt überall nach grundsätzlich gleichem Muster. Man stellt sich selbst imponierend dar, verbindet aber diesen Appell mit freundlich beschwichtigenden Verhaltensmustern. Die äußere Erscheinungsform der Begrüßung unterliegt kulturellem Wandel, die zugrundeliegenden Regeln, die den Vorgang strukturieren, sind jedoch stets die gleichen. Das gilt auch für andere Strategien, wie etwa jene der Aggressionsabblockung. Kinder folgen diesen nonverbalen Strategien in allen Kulturen in nahezu kopiengetreuer Weise. Erwachsene dagegen handeln bevorzugt in Worten. Sie befolgen dabei aber die gleichen Regeln. Verbale und nonverbale soziale Interaktionen werden demnach von einem gemeinsamen System von Regeln kontrolliert. Mit dieser Entdeckung ist die Kluft zwischen diesen beiden Kommunikationsbereichen überbrückt und der Weg zur Erforschung der universalen Grammatik menschlichen Sozialverhaltens offen.

Zu den Universalien gehört ebenfalls, daß der Mensch beim Mitmenschen sowohl Reaktionen der Zuwendung als auch solche der Abkehr auslöst, und zwar aufgrund eines ihm angeborenen Programms. Das lehrt die Beobachtung von Säuglingen. Im Alter von sechs bis acht Monaten beginnen Säuglinge in allen daraufhin untersuchten Kulturen zwischen ihnen bekannten und fremden Personen zu unterscheiden. Während sie bis dahin jedermann, der sich ihnen zuwendet, freundlich zulächeln, zeigen sie nunmehr bei Begegnung mit Fremden ein deutlich zwiespältiges Verhalten. Auch der Fremde ruft zunächst meist Lächeln hervor, nach kurzem Blickkontakt wendet sich der Säugling jedoch von ihm ab und birgt sich an seiner Mutter, um nach kurzer Zeit wieder Blickkontakt aufzunehmen. So kann er zwischen Zuwendung und Abkehr hin und her pendeln. Manchmal überlagern sich auch die Reaktionen. Nähert sich der Fremde trotz dieser Anzeichen der Scheu, dann schlägt die Fremdenscheu nun um in deutliche Fremdenfurcht. Das Kind weint, flüchtet zu seiner Bezugsperson und wehrt notfalls den Fremden sogar aktiv ab. Diese Fremdenscheu entwickelt sich auch bei Kindern, denen nie ein Fremder etwas zuleide tat. Wir dürfen daraus schließen, daß der Mensch zu diesem Zeitpunkt aufgrund von Reifungsprozessen in seinem Wahrnehmungsapparat auch für Signale des Mitmenschen empfänglich wird, die Angst und Abwehr auslösen. Unter anderem sind es die Augen, die wir mit Ambivalenz wahrnehmen. Wir müssen zwar einen Mitmenschen ansehen, wenn wir mit ihm reden – wir teilen ihm so mit, daß wir ihm zugewandt sind –, wir dürfen aber nie zu lange schauen, sonst empfindet unser Partner den Blick als bedrohliches Starren.

Nun ist jeder Mitmensch Träger von Signalen, die sowohl Angst als auch freundliche Impulse der Zuwendung erwecken. Sogar die Mutter eines Kindes sendet unter anderem angstauslösende Signale. Wir sind jedoch so veranlagt, daß persönliche Bekanntheit die angstauslösende Wirkung von mitmenschlichen Signalen abschwächt. Persönliche Bekanntheit verschiebt das Verhalten der Kommunikationspartner auf einer gleitenden Skala in Richtung auf Vertrauen. Das ist mit ein Grund, weshalb der Mensch über die längste Zeit seiner Geschichte in kleinen geschlossenen Verbänden lebte, in denen eine Art Urvertrauen die Beziehungen der Gruppenmitglieder bestimmte. Und wir verstehen auch, was uns in der anonymen Großgesellschaft belastet. Wir haben es im Alltag heute vor allem mit Fremden zu tun, und damit kommen jene Signale der Mitmenschen, die Angst auslösen, stärker zum Tragen, und die zwischenmenschlichen Beziehungen werden daher von einem gewissen Mißtrauen bestimmt. Der Mensch der anonymen Gemeinschaft zeigt deutliche Verhaltensweisen der Kontaktmeidung. Jeder, der in einer Großstadt einen Hotelaufzug benutzt, kann das beobachten. Man sieht einander nicht an, sondern schaut auf die Anzeigetafel oder auf seine Schuhspitzen. Und man maskiert den Ausdruck. Man gibt sich beherrscht – man verrät seine Gefühle nicht, wohl in einer Art Selbstschutz, aus Mißtrauen geboren. Ein Fremder könnte ja die Stimmung zu seinem Vorteil nutzen. Wir sind daher in der Öffentlichkeit stets bemüht, das Gesicht zu wahren und keine Schwächen zu zeigen. Und das kann zu einer so fest eingefahrenen Haltung werden, daß Menschen selbst im Familienkreis nicht mehr ihre »Maske« ablegen können und dann Kommunikationstherapien brauchen, um wieder mitteilsam zu werden. Sicher bietet die anonyme Gesellschaft auch viele Vorteile. Begabungen können sich in ihr enfalten, ohne dem Normierungsdruck der kleinen Gemeinde ausgesetzt zu sein.

Das wird aber mit Störungen im sozialen Zusammenleben erkauft, die uns erst dann richtig bewußt werden, wenn wir den Gegensatz dazu in ursprünglicheren Gemeinschaften erleben. Das regt uns an, darüber nachzudenken, wie die Anonymität zum Beispiel durch städte- und wohnbauliche Maßnahmen gemildert werden könnte.[7]

Aus der Fremdenscheu der Kinder entwickelt sich ohne Bruch die Fremdenfurcht der Erwachsenen. Sie liefert die Basis für die zunächst familiale Abgrenzung. Später sind es quasi familiale Kleingruppen, die sich als »Wir-Gruppen« gegen andere zusammenschließen. Erziehung kann die Xenophobie mildern oder auch zum Fremdenhaß ausarten lassen.[8]

Grundsätzlich ist mit der Fremdenfeindlichkeit ebenso zu rechnen wie mit anderen archaischen Verhaltensdispositionen, wie zum Beispiel der territorialen Veranlagung und dem Rangstreben. Hier verbirgt sich, wenn man nicht aufpaßt, mancher Stolperstein.[9] Wir müssen uns darüber im klaren sein, daß die stammesgeschichtlichen Anpassungen, die heute noch unser Verhalten bestimmen, sich in jener langen Zeit entwickelt haben, in der unsere Ahnen als altsteinzeitliche Jäger und Sammler in Kleingruppen lebten. Wir haben uns in den letzten 10 000 Jahren biologisch nicht wesentlich gewandelt, wohl aber schufen wir uns kulturell mit der technischen Zivilisation, der Großstadt und der anonymen Massengesellschaft eine Umwelt, für die wir biologisch nicht geschaffen sind. Wir müssen uns kulturell an sie anpassen, und dazu ist es gut zu wissen, daß wir Menschen mit steinzeitlicher Emotionalität sind, wenn auch in zivilisiertem Gewand. Als solche regieren wir Supermächte, steuern Düsenbomber und tragen auf Autobahnen unsere archaischen Rangkämpfe mittels Pferdestärken aus. Unser Streben nach Macht wird, im Gegensatz zu anderen Antrieben, nicht durch abschaltende Mechanismen gegen schädliche Eskalation begrenzt. Während Hunger, Durst und Sex ihre Sättigung erfahren, wird das Rangstreben nie befriedigt. Haben wir eine Stufe erklommen, dann streben wir der nächsten zu. Wir sind in dieser Beziehung unersättlich. Offenbar gab es keine Veranlassung – keinen »Selektionsdruck« –, der auf eine Begrenzung durch Befriedigung hinwirkte. Das Machtpotential in der steinzeitlichen Kleingruppe war begrenzt, und da jeder jeden kannte, konnten sich skrupellose Blender nicht leicht durchsetzen. Heute dagegen hat das durch die technische Zivilisation zur Verfügung gestellte Machtpotential menschheitsgefährdende Ausmaße erreicht. Atombomben in den Händen von Fanatikern – nicht auszudenken und doch keineswegs eine unwahrscheinliche Aussicht!

In den verschiedenen Kulturen werden die Kinder oft nach recht unterschiedlichen Idealen erzogen. Die einen vertreten kriegerische, die anderen eher friedliche Leitbilder, wieder andere streben nach Egalität und bemühen sich, die Bildung von Rangordnungen zu verhindern. Setzen sich gegen diese erzieherischen Bemühungen dennoch gewisse Verhaltenstendenzen durch, dann spricht dies wohl deutlich für ihnen zugrundeliegende angeborene Dispositionen. In diesem Sinne stellen die Kulturen Experimente dar, die der Humanethologe auswerten kann. Das ist schon verschiedentlich geschehen. Wir müssen uns wieder mit einem Beispiel begnügen. Gegenwärtig wird viel diskutiert, ob die psychischen Geschlechtsrollen den Menschen ausschließlich von ihrer Kultur aufgeprägt werden oder ob auch biologische Prädispositionen gegeben sind. Der amerikanische Soziologe Melford Spiro legte zu dieser Frage eine aufschlußreiche Untersuchung über die Geschlechtsrollendifferenzierung in einer traditionellen Kibbuzgemeinschaft Israels vor.[10] Die Gründer dieser Gemeinschaft hatten sich dem Ideal des klassischen Sozialismus verschrieben. Es gab nur kollektiven Besitz, und man vertrat einen radikalen Feminismus. Die Frau sollte sich durch Arbeit in den bisher nur Männern vorbehaltenen Berufen von der ökonomischen Dominanz des Mannes befreien. Der Sklaverei der Mutterschaft sollte sie durch kollektive Aufzucht der Kinder enthoben werden. Man setzte dies in die Tat um und lebte danach, was derselbe Autor in seiner Studie 1958 als Indiz dafür genommen hatte, daß der Mensch von Natur aus nicht unbedingt familiär veranlagt sei.[11] Im Kibbuz wurde zwar die Familie in Form der ehelichen Gemeinschaft noch geduldet, quasi als Relikt bürgerlichen Verhaltens, aber man hoffte, sie schließlich zu überwinden.

Um so größer war die Überraschung Spiros, als er bei einem neuerlichen Besuch dieses Kibbuz rund zwanzig Jahre nach der ersten Erhebung feststellte, daß die unter der egalitären Doktrin der feministischen Revolution aufgezogene Generation den Eltern eine feminine Gegenrevolution entgegengesetzt hatte. Die jungen Frauen gaben sich fraulich, und sie rebellierten gegen die kollektive Kinderaufzucht. Sie wollten die Kinder mehr bei sich haben. Sie pflegten bürgerliche Ideale des Ehelebens. Man schätzte wieder die Ehe als Institution, feierte Eheschließung und bedauerte Ehezerwürfnisse. Wie war das zu deuten? Nachdem die Kinder egalitär im Sinne der Ideologie der Gründergeneration erzogen worden waren, war die Reaktion der Folgegeneration nicht verständlich. Spiro sah daraufhin die Beobachtungsprotokolle von seinem ersten Besuch noch einmal kritisch durch. Dabei entdeckte er, daß die Kinder trotz des egalitären Milieus je nach Geschlecht verschieden gespielt hatten. Jungen hatten sich im Spiel die Männer zum Vorbild gewählt, Mädchen die Frauen. Von der Vielzahl der angeborenen Frauenmodelle ahmten sie allerdings nur eines nach, die Frau als Mutter. Spiro kam zu dem

Schluß, daß »präkulturelle« Determinanten und nicht allein das Milieu an der Entwicklung der psychischen Geschlechtsrolle beteiligt sind.

Wir können aus dem Studium anderer Kulturen und besonders von den Naturvölkern viel lernen. In gewisser Hinsicht stellen sie einen Spiegel dar, in dem wir uns selbst betrachten und auch das Problematische unserer gegenwärtigen Existenz in distanzierter Weise erkennen können. Nur darf man nicht nach erstem Eindruck und flüchtiger Begegnung urteilen. Das ist leider oft genug geschehen. So wird zum Beispiel behauptet, daß das Kind bei vielen Naturvölkern mit jedem der kleinen Gemeinde gleich stark verbunden und die Mutter keineswegs als Bezugsperson in besonderer Weise ausgezeichnet sei. »Auf Samoa besitzt das Kind keine emotionale Bindung an seine Mutter und seinen Vater«, heißt es bei Margret Mead.[12]

Ich erinnere mich noch genau an den Morgen im November 1967, als der australische Völkerkundler Derek Freeman mir diese Zeilen vorlas. Ich saß bei ihm in der offenen samoanischen Hütte im Dorf Saanapu und schaute dem Treiben der kleinen Gemeinde zu. »Paß auf, was jetzt geschehen wird«, sagte er mir, das aufgeschlagene Buch noch in den Händen. Eine Frau eilte zum Strand, um auf Fischfang zu gehen. Zwei ältere Kinder bemühten sich unterdessen, ein schreiendes Kleinkind, das der Mutter folgen wollte, zurückzuhalten. Und das war keineswegs eine Ausnahme. Auch in Samoa ist die Eltern-Kind-Bindung besonders affektiv besetzt. Warum ich diesen Punkt betone? Nun, gerade in den letzten Jahren hat man unter Berufung auf solche angeblichen Wahrheiten wie die zitierte Äußerung die Ansicht vertreten, daß Mutterliebe gar nicht in der Natur der Frau als Mutter begründet sei. Sie sei ein Mythos, und ein Kollektiv könne ein Kind genausogut erziehen wie eine Mutter, ja besser noch.[13] Das Kind wird mit solchen Argumenten ins Kollektiv abgeschoben. Aber auch die gegenteilige Übertreibung gibt es. So liest man die an sich richtige Feststellung, daß das Kind bei Naturvölkern oft drei bis vier Jahre gestillt werde und viel körperliche Kontakte mit der Mutter habe. Nur der Schluß, daß man unseren Kindern daher schwere Entbehrungen auferlege, wenn man sie nach einem Jahr abstille und wenn man sie nicht dauernd herumtrage, ist voreilig. Man hat ja gar nicht überprüft, ob die lange Säuglingsphase nicht auch Nachteile hat. Naturvölker haben keine Alternative. Sie müssen stillen, sonst verhungert das Kind, oder es stirbt an Krankheiten. Aber das lange Stillen verhindert bis zu einem gewissen Grad das Selbständigwerden. Das Kind bleibt so lange Säugling, bis das nächste geboren wird – und erlebt dann den Schock des abrupten Abstillens. In unserer Kultur setzt früh ein Selbständigkeitstraining ein. Genießt das Kind weiterhin die liebevolle Zuwendung der Eltern und Bezugspersonen, dann kann es sich ohne Konflikt allmählich emanzipieren, als selbständige kleine Persönlichkeit seine Umwelt erforschen und in sie hineinwachsen. Vielleicht beruht gerade auf dieser Sozialisationspraxis ein Teil des Erfolgs der europäischen Kultur und des Europäers, der sich ja biologisch und kulturell ausbreitet, wie immer man das sonst bewerten mag.

Im Spiegel der anderen können wir allerdings auch sehen, woran es uns heute mangelt. So wächst das Kleinkind bei Naturvölkern in ein differenziertes soziales Beziehungsnetz hinein. Seine Sozialisation erfolgt im wesentlichen in der Kinderspielgruppe, die Kinder verschiedener Altersklassen und verschiedenen Geschlechts vereint. Hier sammelt es soziale Erfahrungen, hier probt es die Strategien sozialen Umgangs. Unseren Kindern wird die Möglichkeit, solche Erfahrungen zu sammeln, nur in beschränkter Weise geboten. Sie wachsen heran im Kleinverband der modernen Familien, in Gemeinschaften meist Gleichaltriger, oft auch des gleichen Geschlechts.

Diese Beispiele mögen hier genügen, um zu zeigen, in welcher Weise der Kulturenvergleich zum besseren Selbstverständnis beitragen kann. Bis vor kurzem galt, daß der Mensch das roheste von allen Rohmaterialien sei, das erst durch die Kultur seine Form erhalte.[14] Heute hat die extreme Milieutheorie ausgedient. Wir wissen, daß biologisches Erbe, kulturelle Tradition und individuelle Erfahrungen unser Verhalten formen, und wir bemühen uns, das Zusammenspiel all dieser Faktoren zu erkunden. Solche Forschung setzt, wie gesagt, eine sorgfältige Dokumentation voraus. Ohne sie wäre ein vergleichendes Arbeiten unmöglich.

Auf meinen Reisen habe ich mich mit Menschen anderer Kulturbereiche angefreundet, und zwar gerade mit solchen, die man wegen ihrer Wirtschaftsweise oft als »Primitive« bezeichnet. Und ich lernte, daß diese mehr Zeit für das freundliche Miteinanderleben aufwenden können als wir. Oft habe ich mir daher die Frage gestellt, was wir diesen Menschen, um deren »Fortschritt« wir uns so eifrig bemühen, eigentlich zu geben vermögen. Wir »entwickeln« sie, wie es heute so schön heißt, und bringen dabei Unrast und Unzufriedenheit, denn wir »entwickeln« mit Hast und ohne Respekt vor ihrer Kultur, deren Träger wir entmündigen. »Man kann sie doch nicht so leben lassen«, lautet ein geläufiges Argument. Was gut ist, bestimmen wir, die »Zivilisierten«, und mögen darüber die »Primitiven« auch untergehen. Man muß darauf hinweisen, daß auch in unserem aufgeklärten Zeitalter, das von Selbstbestimmung und Gleichberechtigung spricht, Minoritäten bedenkenlos kulturell und im Gefolge davon auch physisch vernichtet werden. Die bunte Vielfalt der Kulturen droht der weltweiten Uniformität der technischen Massengesellschaft zu weichen.

Lebt man eine Weile unter Angehörigen eines fremden Volks, dann entwickelt man zu ihnen persönliche Beziehungen, die in ähnlicher Weise differenziert sind wie die zu Mitmenschen hierzulande. Den einen mag man gut leiden, einen anderen findet man weniger sympathisch, und das bringt bis zu einem gewissen Grad Schwierigkeiten. Man möchte ja neutraler Beobachter bleiben. Man kann aber gar nicht umhin, traurig zu sein, wenn das Kind einer befreundeten Familie krank wird oder wenn ein junger Krieger, der täglich bei einem ein- und ausging, durch Pfeilschüsse schwer verletzt worden ist. Ist man sich dieser Tatsache bewußt, dann kann man sie in Rechnung stellen und trotz dieser Bindungen »objektiv« bleiben.

Das persönliche Engagement hat mich stets in besonderer Weise motiviert. Es förderte die Freude an meiner Arbeit und machte mich auch in besonderer Weise problembewußt. So trägt die Anteilnahme auf eine besondere Art zum Verständnis eines fremden Volks bei, ohne daß dies die Datenerhebung subjektiv einfärbt, denn diese bleibt bei unserer Aufnahmetechnik distanziert.

Meine Aufgabe führte mich in entlegene Winkel dieser Erde. Ich wanderte durch wegloses tropisches Bergland, befuhr in Kanus ungezähmte Flußläufe und kroch mit dem Geländewagen im Schrittempo durch Sand- und Steinwüsten. Ich spannte meine Hängematte für Wochen unter den Pultdächern der Yanomami-Indianer auf, dann wieder zeltete ich bei einem Himba-Kral oder fand meine Unterkunft in einer kleinen Rundhütte mitten unter den Buschleuten. So lernte ich Menschen kennen und erfuhr zumeist viel Freundliches. Den ganzen hellen Tag saß ich mit meiner Kamera unter ihnen, einmal eine Kindergruppe, dann Mütter mit ihren Säuglingen und ein anderes Mal Erwachsene beobachtend, und lernte diese Menschen auf intensive Weise kennen, was mir bei der traditionellen Methode der Befragung verschlossen geblieben wäre. Nicht, daß ich diese Methode ablehne. Wir nutzen sie auch. Aber unsere Erfahrungen lehren, daß man schon sehr vertraut sein muß, um durch Fragen intime Kenntnisse zu erwerben, denn die Frage an sich ist ein aggressiver Akt. Man wird durch sie zum Eindringling in die Intimsphäre. Unsere Methode dagegen erlaubt eine distanzierte Beobachtung, die nicht als Einbruch wahrgenommen wird. Hat man sich einige Tage in einem Dorf aufgehalten, dann klingt die Neugier der Gastgeber ab, und man wird kaum mehr beachtet. Die Leute akzeptieren den Gast mit allen seinen Eigentümlichkeiten. Da sie selbst neugierig sind, sind sie über die Neugier eines Besuchers nicht grundsätzlich erstaunt.

Mit diesen Reisen klingt in gewisser Weise das Zeitalter der völkerkundlichen Entdeckungsreisen aus. Nur in wenigen unzugänglichen Gebieten Neuguineas, der Philippinen, der Andamanen und des tropischen Regenwaldgebiets Südamerikas kann man heute Menschen finden, die noch nichts von unserer modernen Zivilisation erfuhren, aber die Tage ihrer kulturellen Eigenständigkeit sind gezählt.

Ich habe mich in den letzten Jahren in Dörfern aufgehalten, die noch kein Europäer besucht hatte, war bei Völkerschaften zu Gast, die erst wenige Monate vor meinem Besuch kontaktiert worden waren, und fand auch dort immer gute Aufnahme. Über eine solche Kontaktaufnahme, den Besuch bei den Lauenang im Herbst 1981, werde ich noch berichten. Gewiß, es gab manchmal unangenehme Augenblicke, aber sie waren selten. Als wir von der Sierra Parima aus die bis dahin nicht kontaktierten Noreshianateri besuchten, wurden wir bei der Ankunft mit einigen Pfeilen beschossen. Aber das war unsere Schuld. Wir waren in der Dämmerung angekommen, und da die Dorfbewohner mit ihren Nachbarn in Fehde lagen und einen Überfall befürchteten, reagierten sie auf unsere Annäherung nervös. Sie schossen ihre Pfeile ungezielt aus dem Inneren ihres mit Palisaden geschützten Dorfes. Als ich ausrief, daß ich ein Fremder und guter Freund sei und überdies Glasperlen mitbrächte, zogen sie gleich zwei Pfähle aus dem Palisadenzaun und ließen uns herein. Der Platz war gerammelt

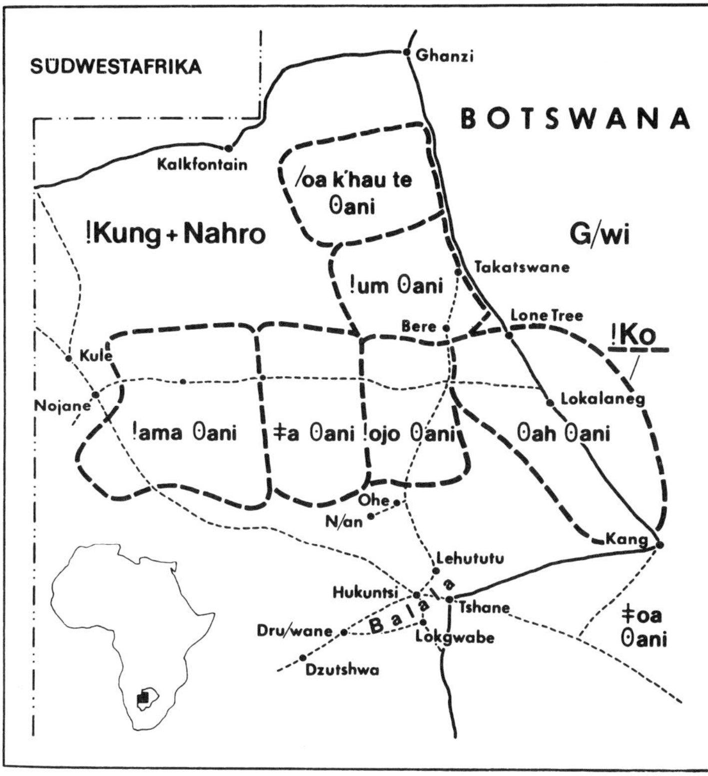

Das heutige Verbreitungsgebiet der !Ko-Buschleute mit den umrandeten Nexusterritorien (nach H. J. Heinz). Jeder Nexus hat einen Namen: Die von uns zunächst bei Takatswane und später bei Bere untersuchten Buschleute nennen sich Leute, die der Elandantilope folgen (!um Ooani). Weitere Namen ≠ oa K'hau te Oani – Leute des Rückgrats; !ama Oani – Leute, bei denen die Sonne untergeht; ≠ a Oani – Leute, die im Osten leben; !ojo Oani – Leute, die aus der !ojo-Pfanne trinken. ≠ oa Oani – Leute des Südens; Oah Oani konnte nicht übersetzt werden.

voll mit bemalten nackten Kriegern, die uns neugierig umdrängten und betätschelten, während ich Perlen verteilte. Die Feuer im Rund spendeten ein unruhiges, aber warmes Licht – Eindrücke, die man nie mehr vergißt.

So lebe ich seit vielen Jahren in zwei Welten, der unseren und jener anderen, von der uns kulturell Zeitalter trennen und die uns doch auf mitmenschlicher Basis unmittelbar zugänglich und vertraut wird, sofern wir die Bereitschaft dazu mitbringen.

Ich will in diesem Buch versuchen, sowohl ein Bild von meiner Arbeit bei diesen verschiedenartigen Völkern als auch vom Leben dieser Menschen zu zeichnen. Natürlich kann es sich dabei nur um einen Versuch handeln, anhand typischer Episoden und Beispiele den Charakter der Menschen und Kulturen darzustellen. Anders als meine bisherigen humanethologischen Schriften, die bestimmte eng umgrenzte Probleme sachlich abhandelten, soll dieses Buch auch über meine Erlebnisse und persönlichen Eindrücke berichten. Die Begegnungen sind so ungewöhnlich, daß es wohl wert ist, das Erlebte festzuhalten, zumal in wenigen Jahren auch die beste Zeitmaschine nicht mehr in der Lage sein wird, uns in andere Zeitalter zu entführen. Filme, Bücher und die Schausammlungen der Museen werden bald das einzige sein, was von den meisten dieser Kulturen verbleiben wird, von einer bezaubernden Wirklichkeit, die einmal war.

Die Buschleute

Jäger und Sammler der Kalahari

Kinder klatschen und singen zum Tanz irgendwo draußen im Busch. Man hört es weit in dieser offenen Landschaft. Mit meiner Kamera und einem Feldstuhl mache ich mich auf den Weg. Es ist ein strahlender Apriltag. Die Wochen zuvor hat es geregnet, und die Kalahari erstrahlt nun als gelbes Blütenmeer. Der Wind spielt in den hohen Gräsern und treibt Schwärme von Weißlingen über die Landschaft. Die Sonne scheint mild – es ist Herbst hier im Süden.

Dem Klatschen folgend, finde ich unter einer ausladenden Akazie eine Gruppe von acht vergnügten Buschmädchen. Sie stehen in einer Reihe hintereinander, und während die übrigen klatschen und »uöh uöh« singen, tritt eine aus der Riege hervor. Sie hält eine Tsamamelone in der Hand, macht einige Tanzschritte und wirft dann den Ball nach hinten, der ihr nachfolgenden Tänzerin zu. Diese macht andere Tanzschritte als ihre Vorgängerin und albert eine Weile, wie mir scheint, mit dem Ball herum, ehe sie ihn an die nächste abgibt. So macht der Melonenball seine Runde.

Das Spiel ist mir mittlerweile wohlvertraut. Die Mädchen spielen es viele Male am Tage. Sie variieren dabei ihre Tanzschritte und experimentieren mit ihrer Geschicklichkeit. Unter Scherzen und Lachen werfen sie einander die Melone zu. Läßt eine den Ball fallen, dann wird sie von allen ausgelacht. Auch die erwachsenen Frauen üben mit Hingabe diesen Ballspieltanz gemeinsam mit den Kindern oder wenn sie sich am Wasserloch treffen. Und sie spielen ihn gerne am späten Nachmittag bei ihren Hütten, wenn die Sonne mild wärmt. Dann machen auch die Männer und Burschen mit. Sie tanzen heran und necken die Frauen durch Wegfangen der Bälle. Die tun dann sehr entrüstet, aber das gehört dazu, und man sieht deutlich, daß alles nur Scherz ist. Dieser Melonenballtanz ist ein bemerkenswertes Spiel, bei dem es auf Zusammenarbeit und nicht auf Wettstreit ankommt.

Mit jedem Volk, das ich besucht habe, verbinden mich Erinnerungen an Stimmungen aus dem Alltag, die mich fast heimelig berühren. Nicht daß diese Eindrücke immer besonders aufregend und dramatisch gewesen wären, aber sie kennzeichnen für mich die Menschen und sind mir lieb geworden. Bei den Buschleuten[15] ist es das Händeklatschen und der einfache auf- und abschwellende Rhythmus ihres Gesangs. Sie spielen viel und begleiten die meisten ihrer Spiele mit skandiertem Klatschen und Gesang. Ihr Leben als Jäger und Sammler läßt ihnen genügend Zeit zur Muße und zu geselligem Beisammensein. Was können wir von ihnen lernen?

Forschung ist von Neugier motiviert. Diese Neugier ist das Ergebnis einer langen Stammesgeschichte. Bereits Säugetiere und Vögel sind neugierig, und unter dem Drang zu erkunden wollen sie Neues kennenlernen, um Erfahrungen zu sammeln. Aktives Erkunden ist offensichtlich vorteilhaft, sonst hätte sich dieses starke Wesensmerkmal nicht entwickelt, denn Mensch und Tier setzen sich dabei nicht unerheblichen Gefahren aus.

Das Erkunden der Tiere richtet sich im allgemeinen auf jene Bereiche, in denen es Wichtiges zu lernen gibt für das Überleben der jeweiligen Art. Meist sind es vor allem die Jungtiere, die Unbekanntes erforschen. Ältere Säugetiere sind weniger neugierig.

Bei uns Menschen erhält sich dagegen das Jugendmerkmal Neugier bis ins hohe Alter. Nichts ist vor ihr sicher. Wir Menschen tauchen in die Tiefen der Weltmeere, ersteigen die eisigen Gipfel der Gebirge und schießen Satelliten ins Weltall. Wir erforschen Tiere, Pflanzen, Gesteine und auch uns selbst. Fremde Völker haben den Menschen schon immer interessiert – vom Altertum bis in die Neuzeit. Aber erst in der Neuzeit begann man in ihnen mehr als nur die Exoten zu sehen. Zwar steht die Faszination des Fremdartigen nach wie vor im Vordergrund des Interesses, aber darüber hinaus bemühen wir uns, im Spiegel der anderen uns selbst zu erkennen.

Die Buschleute Namibias und Botswanas im Südwesten Afrikas nehmen dabei eine bemerkenswerte Sonderstellung ein, da bis vor kurzem Gruppen von ihnen noch als Jäger und Sammler existierten, eine Überlebensstrategie, die man auch als »altsteinzeitlich« bezeichnet.

Die längste Zeit seiner Geschichte lebte der Mensch vom Jagen und Sammeln. Erst vor rund 10 000 Jahren begann er an verschiedenen Orten dieser Erde auch Pflanzen zu kultivieren und Tiere zu züchten. Man spricht von der neusteinzeitlichen Revolution

Mit dem Spiegelobjektiv konnte ich, ohne zu stören, Einblick in das Leben der Buschleute gewinnen. (Vor einer Hütte der !Ko.)

und drückt damit aus, daß dieser Übergang zu einer neuen Erwerbsform das Leben des Menschen grundlegend geändert hat. Aber noch zu Beginn unserer Zeitrechnung war die Hälfte der bewohnbaren Erdoberfläche von Jäger-und-Sammler-Völkern bewohnt.

Wir können daher annehmen, daß uns diese Lebensweise auch biologisch geprägt hat. Das heißt, daß jene stammgeschichtlichen »Programme«, die unser Verhalten gegenüber unserer mitmenschlichen und außerartlichen Umwelt bestimmen, sich in Anpassung an diese Lebensweise entwickelt haben. Solche erblich bedingten Verhaltensdispositionen ändern sich nicht schnell. Wir können sie kulturell überlagern und unter Kontrolle bringen, aber wir müssen mit ihnen rechnen.

Wir erleben gegenwärtig, daß uns die anonyme Massengesellschaft und die technische Zivilisation, die wir uns schufen,

Schwierigkeiten bereiten; und wollen herausfinden, wo unsere Beschränkungen liegen, denn wir können diese erst beherrschen, wenn wir sie kennen.

Aus diesem Grunde sind die Jäger-und-Sammler-Völker besonders interessant. Allerdings muß man sich darüber im klaren sein, daß man Begriffe wie »altsteinzeitlich« oder gar »primitiv«[16] nur mit großem Vorbehalt auf Völker anwenden kann, die in der Gegenwart leben.

Die materielle Kultur der Jäger-und-Sammler-Völker ist relativ einfach. Erze werden nicht verhüttet. Dort, wo Metalle eingehandelt werden, verarbeitet man sie kalt. Im übrigen verfolgen die heute lebenden Jäger und Sammler keineswegs eine einheitliche Erwerbsstrategie. Ein Jäger und Sammler in der Kalahari lebt anders als ein Agta an der Küste Luzons oder ein Eskimo in Grönland. Solche lokalen Anpassungstypen dürften sich bereits sehr früh in der Geschichte der Menschheit ausgebildet haben.

Als Modell für eine altsteinzeitliche Jäger-und-Sammler-Kultur sind die Buschleute besonders gut geeignet, da sie weniger einseitig spezialisiert sind als etwa die Eskimos.

In der Trockensavanne der Kalahari leben die Buschleute sowohl von Insekten, Raupen und anderem Kleingetier als auch von Springhasen und Antilopen, die sie erjagen. Sie sammeln eine Vielzahl von Wurzeln und anderen Feldfrüchten, sind also gut an diesen Lebensraum angepaßte Generalisten. Überdies stammt der Mensch ab von vormenschlichen Vorfahren in den Trockensavannen Afrikas.

Wir können also davon ausgehen, daß die Buschleute der Kalahari eine althergebrachte Lebensweise führen, die uns Einsichten vermitteln kann in archaische Verhaltensdispositionen und deren Übereinstimmung mit bestimmten Lebensformen.

Das Interesse an den Kulturen der Buschleute erwachte in den sechziger Jahren, als die Fragestellung der Altertumskunde (Archäologie) neu ausgerichtet wurde. War man bis dahin im wesentlichen daran interessiert gewesen, Funde zu datieren, so fragte man nun nach der Lebensweise des Menschen früherer Zeiten. Man begann in diesem Zusammenhang, das Verhalten freilebender Primaten zu studieren (Irven DeVore: Paviane; Georg Schaller: Gorillas; Jane Goodall: Schimpansen). Ebenfalls in den sechziger Jahren wiederbelebten Richard Lee und seine Mitarbeiter die Erforschung der Buschleute; unabhängig davon arbeiteten auch Hans-Joachim Heinz und George Silberbauer an diesem Thema.[17]

Ich begann 1970 mit meiner humanethologischen Dokumentationsarbeit bei den !Ko-Buschleuten. Hans-Joachim Heinz, der die Sprache der !Ko beherrscht[18], führte mich in die ihm seit 1961 vertraute Lokalgruppe bei Takatswane (Botswana) ein.

Die Buschleute bewohnten ursprünglich den gesamten geographischen Raum Südafrikas südlich von Zambesi. Hier lebten sie sicher seit 11 000 Jahren. Vor 1650 sollen es 150 000 bis 300 000 Personen gewesen sein. Schon 1850 waren sie südlich des Oranjeflusses ausgerottet.

Die heute lebenden Buschleute teilt man in die zwei Gruppen der schwarzen und der gelben Buschleute. Die schwarzen Buschleute sind Bantu-Völker, die aus unbekanntem Grund die Sprache der Buschleute übernommen haben. Ihre Zahl schätzt man auf 10 000 bis 13 000. Es handelt sich um die im südöstlichen Angola und östlichen Botswana lebenden Tshu-Khwe-Sprecher, die Flußbuschleute im Norden Botswanas (Okawango) sowie um die Nama und !Kung sprechenden Hei//kum Nordnamibias. Da sie nicht nur rassisch, sondern auch in ihrer geistigen Kultur von den eigentlichen, den gelben Buschleuten abweichen, bezeichnet die amerikanische Völkerkundlerin Elisabeth Cashdan sie als »khoisan-speaking Negro hunter-gatherers« (»Buschmann sprechende Neger-Wildbeuter«).[19]

Die gelben Buschleute werden auch Wüstenbuschleute genannt. Sie waren bis in die Neuzeit Jäger und Sammler und können als Modell für eine archaische Lebensweise dienen. Das wird zwar von einigen Anthropologen neuerdings bestritten, aber nicht mit stichhaltigen Argumenten. Ed Wilmsen etwa weist darauf hin, daß die Buschleute in historischer Zeit Kontakte mit Nachbarn gehabt hätten. Sie seien daher einem ihre Lebensweise als Jäger und Sammler verändernden Einfluß ausgesetzt gewesen und hätten wohl auch des öfteren ihr Wildbeuterdasein aufgegeben, um Tiere zu halten. Außerdem hätten sie wahrscheinlich zwischen beiden Lebensweisen wiederholt gewechselt.[20] Nun ist an der Tatsache der Kontakte mit anderen Völkern nicht zu zweifeln. Aber alle weiteren Aussagen über den wiederholten Wechsel der Erwerbsstrategien sind Spekulation. Die Tatsache des Kontaktes ist kein Grund, den heutigen Buschleuten die Tradition einer Jäger-und-Sammler-Kultur abzusprechen. So wie Tiere nebeneinander verschiedene ökologische Nischen nutzen und durch unterschiedliche Spezialisierung Konkurrenz vermeiden, so nutzen Menschengruppen ihren Lebensraum, indem sie sich auf verschiedene Lebensunterhaltsstrategien verlegen. Das macht Koexistenz möglich. Ob eine Volksgruppe als Rinderhirtenvolk oder als Jäger-und-Sammler-Volk bezeichnet werden kann, hängt keineswegs ab vom Grad der Isoliertheit der betreffenden Kultur, sondern allein von der Überlebensstrategie, die die Gruppe verfolgt. Sie muß mitsamt ihrer materiellen und geistigen Kultur erforscht werden. Tut man dies bei den Buschleuten, dann wird klar, daß es sich bei ihnen um eine zwar einfache, aber gut angepaßte Jäger-und-Sammler-Kultur handelt. Ihre profunde Kenntnis der Tier- und Pflanzenwelt, ihre raffinierte Technik der Giftgewinnung und viele andere Details ihrer materiellen Kultur weisen auf eine lange Tradition hin. Das bestätigen die alten Felsbilder, in denen man die gleichen Geräte entdeckt, die heute noch verwendet werden. Ebensowenig geändert haben sich die Rituale, wie die Trancetänze und der Elandtanz. Die Tradition war nie unterbrochen. Dazu paßt schließlich, daß die verschieden sprechenden Buschleutegruppen – !Kung, G/wi und !Ko – eine weitgehend einheitliche materielle und geistige Kultur geschaffen haben.

Die nach Sprache, Rasse, materieller und geistiger Kultur »echten« Buschleute leben im südlichen Angola, im Norden und Osten Namibias sowie im westlichen und zentralen Botswana. Sie gehören drei verschiedenen Sprachfamilien an: den nördlichen !Kung, den zentralen Tshu-Khwe (G/wi, G//ana, Naron) und den südlichen !Ko. Im Unterschied zu den schwarzen Buschleuten sind sie zierlich gebaut mit feingeschnittenen Gesichtern und heller Hautfarbe. Sie sind klein, die durchschnittliche Körpergröße der Männer beträgt 1,57 Meter, die der Frauen 1,50 Meter. Typische Merkmale sind das in kleinen Inseln wachsende Pfefferkornhaar, das ausgeprägte Fettpolster auf dem Gesäß der Frauen und die verlängerten kleinen Schamlippen.

Von diesen Buschleuten lebten schon 1970 die wenigsten als Jäger und Sammler. Die meisten sammelten und jagten nur noch gelegentlich und verdienten ihren Lebensunterhalt, indem sie auf den Farmen der Bantus und der Weißen arbeiteten. In Botswana betrachteten die Tswana-Herren die ihnen untergebenen Buschleute schon in vorkolonialer Zeit als ihr Eigentum. Von den 5000 bis 6000 Naron lebten in den siebziger Jahren etwa 100[21] und von den 1500 bis 2000 G/wi etwa 600 in der zentralen Kalahari als Jäger und Sammler. Von den rund 3000 !Ko sammelten und jagten 1970 etwa 200 bis 300, und von den 8000 bis 9000 !Kung Namibias und Botswanas führten 400 bis 600 ein traditionelles Leben. Bei den !Kung handelt es sich im wesentlichen um die Gruppe, die im Dobegebiet wohnt. Sie nennen sich selbst die Zhu/twasi und wurden durch die ausgezeichneten Untersuchungen von Richard Lee bekannt.[22] Von den insgesamt rund 30 000 gelben Buschleuten der Länder Botswana, Namibia und Angola waren demnach schon in den siebziger Jahren nur noch wenige als reine Jäger und Sammler tätig. Viele der Farmbuschleute gingen allerdings ab und zu auch mit Pfeil und Bogen auf Jagd.

Die Ghanzi-Farmbuschleute in Botswana, etwa 4500 an der Zahl, bestritten ihren Lebensunterhalt nach Erhebungen von Gary Childers zu 38 Prozent durch Dienstleistungen auf den Farmen, zu 28 Prozent durch Sammeln, zu 8 Prozent durch Betteln, zu 7 Prozent durch Tierhaltung, zu 6 Prozent durch Gartenbau, zu 5 Prozent durch handwerkliche Produktion, zu 4 Prozent durch Jagen, und weitere 4 Prozent verteilen sich auf Tätigkeiten wie

Zwei !Ko-Kinder beim gemeinsamen, halb spielerischen Knabbern an einer Melonenschale.

die Herstellung von Sätteln und Matten, das Gerben von Leder und anderes mehr.[23] Dabei jagten und sammelten sie in traditioneller Weise mit Pfeil, Bogen, Speer, Schlinge und Grabstock. Nur zwei Prozent der Jäger benutzten Gewehre.

Nach anderen Berichten hatten in Botswana Mitte der siebziger Jahre von den geschätzten 30 000 schwarzen und gelben Buschleuten immerhin 6000 ihren traditionellen Lebenswandel kaum geändert und lebten noch in der traditionellen Lokalgruppen-Hordengemeinschaft als Wildbeuter. Die Zahl halte ich für etwas zu hoch gegriffen, auch wenn man bedenkt, daß darin die schwarzen Buschleute inbegriffen sind. 8000 galten als halb unabhängig, das heißt, sie lebten zum Teil als Wildbeuter und zum Teil ganzjährig oder zu bestimmten Zeiten als Farmarbeiter. Außer den erwähnten rund 4500 Ghanzi-Farmbuschleuten sind in unserer Aufzählung schließlich die Dorfbuschleute zu nennen, die das Wildbeutertum aufgegeben haben und als unterbezahlte Lohnabhängige für wohlhabende Besitzer großer Rinderherden arbeiten. Heute dürften nur noch verstreute kleine Gruppen auf traditionelle Art leben.

In den Jahren 1970 bis 1976 war es mir vergönnt, das Verhalten traditionell lebender Gruppen der !Ko- und der G/wi-Buschleute in der zentralen Kalahari (Botswana) sowie einige Gruppen der !Kung im Buschleuteland Namibias zu studieren. Hans-Joachim Heinz stellte mich der ihm vertrauten Buschleutegruppe vor. Er war mit einer jungen !Ko-Frau namens Namkwa nach dem Recht der Buschleute verheiratet und damit in ihre Gruppe aufgenommen worden.[24] Die Gruppe nannte das Gebiet um Takatswane ihr eigen. Ich besuchte sie zwischen 1970 und 1973 viermal und drehte in dieser Zeit 8600 Meter 16-Millimeter-Film über Rituale und soziale Interaktionen. Die G/wi besuchte ich drei-, die !Kung fünfmal. Bei diesen beiden Gruppen belichtete ich 13 180 Meter Film. Auf allen diesen Reisen begleitete mich mein Mitarbeiter Dieter Heunemann und auf den Reisen zwischen 1970 und 1973 auch Heide Sbrzesny, die über die Spiele der !Ko-Buschleute eine Monographie verfaßt hat.[25]

In Zusammenarbeit mit Hans-Joachim Heinz und Heide Sbrzesny drehte Dieter Heunemann in dieser Zeit 42 völkerkundliche Filme über die !Ko und 10 über die G/wi, die vom Göttinger Institut für den Wissenschaftlichen Film veröffentlicht wurden.

Den Lebensraum der heute noch als Jäger und Sammler lebenden !Ko, G/wi und !Kung bildet die Kalahari. Dieses große

Wüstengebiet, das den Norden Südafrikas, den größten Teil Botswanas und den Osten Südwestafrikas einnimmt, bedeckt eine Fläche von 260 000 Quadratkilometern, das entspricht etwa der Fläche der alten Bundesrepublik Deutschland. Es handelt sich um eine abflußlose Beckenlandschaft, die sich in Nord-Süd-Richtung über 1500 Kilometer und in Ost-West-Richtung über 800 Kilometer erstreckt. Der jährliche Niederschlag beträgt etwa 375 Millimeter. Der Regen versickert sogleich im sandigen Boden. Nur in flachen Senken des kaum wahrnehmbar welligen Landes hält sich vorübergehend Oberflächenwasser.

An einigen Stellen gibt es Wasserlöcher, aus denen die Buschleute das ganze Jahr über Wasser holen können. Aber weite von Buschleuten bewohnte Gebiete, wie die von den G/wi bevölkerte zentrale Kalahari, sind die meiste Zeit des Jahres wasserlos. Das erfordert besondere Anpassungen.

Die Regenzeit fällt in die heißen Monate Dezember bis April. Dann grünt die Trockensavanne. Wiesen, mit Blumen durchsetzt, bedecken die Flächen, das Trockengebüsch blüht und trägt frische Blätter, ebenso die Akazien, die das Landschaftsbild bestimmen. Bis Juni ist dann alles wieder verdorrt. Das dürre Gras dient den Antilopen als Nahrung. Die Kalahari ist wildreich. Sie bietet den Buschleuten außerdem viele Pflanzen mit Speicherwurzeln, so daß sie die Trockenzeit meist ohne Not überstehen können.

Man hört oft, daß es sich bei der Kalahari um ein »Rückzugsgebiet« handele, in dem die Buschleute Zuflucht gefunden hätten. Diese Vorstellung erweckt den Eindruck, als wären die Buschleute erst in den letzten Jahrhunderten vor den Bantus und Weißen dorthin ausgewichen. Die hochentwickelte Überlebenstechnik, mit der die Buschleute in diesem Raum zurechtkommen, spricht jedoch dafür, daß sie schon seit eh und je die Trockensavanne bewohnen. Sie konnten hier lange ungestört leben, weil ihnen bis in die jüngste Zeit niemand den Raum streitig machte. Das ändert sich nun allerdings, da man mit den modernen Pumpen Wasser heraufholen kann. Damit wird auch in dieser ehemals unkultivierbaren Gegend Rinderzucht möglich und so der Lebensraum der Buschleute bedroht.

Als ich mit meiner Arbeit bei den Buschleuten begann, galten sie als Modell der ursprünglichen friedlichen Urgemeinschaft, die Krieg nicht kennt und nach der Blumenkinder Weise ein glückliches Dasein führt, unverdorben von den zivilisatorischen Einflüssen, die Gier und Zwietracht zur Folge haben. Das entsprach der Vorstellung vom edlen Wilden, wie sie Jean-Jacques Rousseau vor gut 200 Jahren in die Welt gesetzt hat. Die heute überholte These, der Mensch sei ausschließlich ein Produkt seiner Kultur, war in den frühen siebziger Jahren noch akzeptierte Lehrmeinung der Völkerkunde. Der amerikanische Völkerkundler Irven DeVore faßte die damalige Ansicht in folgender Feststellung zusammen: »Die Buschmänner und die Jäger und Sammler verfolgen ganz allgemein, was man im heutigen Jargon als die ›Blumenkinder-Problemlösung‹ bezeichnen könnte. Du packst dir deine Sachen auf den Rücken und ziehst los. Du brauchst nicht an einem Ort zu bleiben und irgendein Stück Territorium oder andere feste Besitzungen zu verteidigen.«[26]

Man glaubte damals, daß die Buschleute besonders friedliche, aggressionsarme Menschen seien, die in offenen Gemeinschaften lebten. Jede Gruppe würde Fremden ohne weiteres Zutritt zu ihrem Gebiet gestatten, und die Gruppenzugehörigkeit der Buschleute würde leicht wechseln, Territorien würden nicht verteidigt.

Obgleich die Verfasser dieser Berichte ihre Ansichten inzwischen revidiert haben, haben einige unkritische Abschreiber sie aufgegriffen. Hier könne man sehen, erklärten sie, daß der Mensch in seinem ursprünglichen Zustand nicht territorial ausgerichtet und nicht aggressiv gewesen sei. Erst als er begonnen habe Haustiere zu züchten und Pflanzen zu kultivieren, sei er besitzorientiert und damit aggressiv geworden. Aggressivität sei demnach kein angeborener Wesenszug des Menschen, sondern Ergebnis einer bestimmten Wirtschaftsform und mithin umweltbedingt. Die Vertreter dieser Ansicht gingen sogar so weit zu behaupten, daß die Mehrzahl der Jäger und Sammler erstaunlich friedlich sei und auch der altsteinzeitliche Mensch friedlich gelebt habe.

Diese Behauptungen sind aus der Luft gegriffen und leicht zu widerlegen: Wir kennen altsteinzeitliche Felsbilder aus Spanien, in denen Menschen mit Pfeilen aufeinander schießen, und wir finden an alten Skeletten Streitaxtnarben und eingeheilte Steinspitzen von Pfeilen, was gewalttätige Auseinandersetzungen belegt. Die genannten Autoren sagen übrigens nie klar, was sie unter »friedlich« verstehen. Einmal meinen sie damit sicher, daß die Gruppen keine Aggressionen als Krieg gegeneinander austragen. Ein anderes Mal scheinen sie sich auf ein friedfertiges Zusammenleben innerhalb der Gruppen zu beziehen. Wir wissen ferner, daß die heutigen Jäger und Sammler in der Mehrzahl keineswegs besonders friedlich waren oder sind. Aber die Buschleute könnten ja eine interessante Ausnahme bilden!

Ich habe auch bald festgestellt, daß es mit der sogenannten Friedfertigkeit der Buschleute nicht allzu gut bestellt ist. Zunächst einmal kann man in alten Felsbildern der Buschleute Südafrikas Darstellungen von kriegerischen Auseinandersetzungen sehen. Buschleute treten da in Gruppen mit Pfeil und Bogen gegeneinander an. Die fliegenden Pfeile sind abgebildet ganz wie bei den altsteinzeitlichen Höhlenmalereien in Europa. Die Krieger tragen die Pfeile in ihren Stirnbändern, zum Schnellfeuer bereit. Auch fand ich bei meinen Nachforschungen im älteren Schrifttum zahlreiche Berichte von Völkerkundlern über Territorialität und Kämpfe zwischen Buschleutegruppen. So wird übereinstimmend berichtet, daß sich die Jagd und die Sammeltätigkeit nur innerhalb des zu einer Buschleutegruppe gehörenden Gebiets abspiele. Kein Buschmann würde es wagen, außerhalb seines Hordenreviers zu jagen. Die Grenzen der Reviere seien den Buschleuten genau bekannt. Innerhalb ihres Reviers wanderten sie im Jahresablauf mit dem Reifen der Feldkost und dem Zug des Wilds. Sie kehrten dabei immer wieder an dieselben Orte zurück. Den Zutritt zu einem Revier erwerbe ein Buschmann durch Geburt oder Heirat. Bei der Einheirat in eine andere Horde erhalte jeder Heiratspartner auch das Recht, im Revier des Partners zu jagen, und diese doppelte Anwartschaft übertrage sich auf die Kinder.

Schon im älteren Schrifttum wird betont, daß Buschleute ihre Reviergrenzen nur bei Gefahr für Leib und Leben überschreiten dürfen. Berengar von Zastrow und Heinrich Vedder berichten zum Beispiel: »Wo das Buschmanngelände noch nicht in Farmen aufgeteilt ist, sondern Sippengebiet sich an Sippengebiet schließt, weiß jeder Buschmann, daß er in fremdem Gebiet nicht jagen oder Feldkost sammeln darf. Wird ein Wildjäger angetroffen, so hat er sein Leben verwirkt. Es ist nicht damit gesagt, daß man ihn auf jeden Fall umbringt, die Blutrache (...) hält vielleicht davon ab, die Todesstrafe zu vollstrecken.«[27] Betrete ein Buschmann ein fremdes Revier zum Zwecke des Besuches, dann lege er vorher Pfeil und Bogen ab.

Sorgfältige Untersuchungen der letzten Jahre über Buschleute, die heute noch als Jäger und Sammler leben, zeigen schließlich, daß auch sie Territorien besitzen und keineswegs in offenen

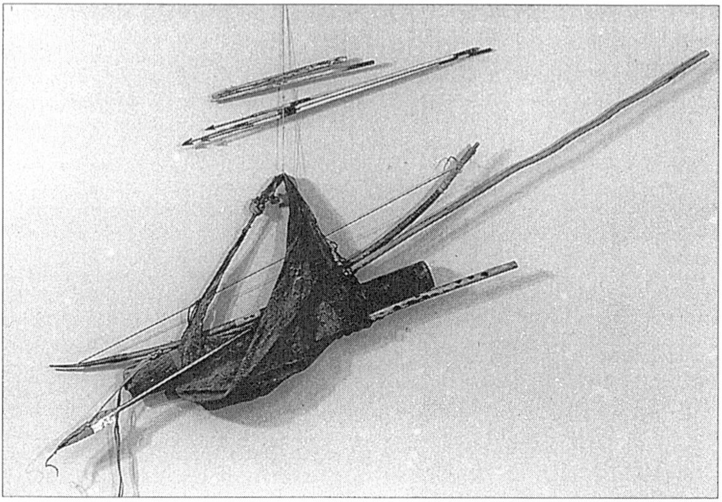

Pfeil, Bogen Köcher, Grabstock und Speer im Tragbeutel. Die Pfeile wurden zur Aufnahme aus dem Köcher genommen, ebenso die beiden Feuerstäbe, mit denen die Buschleute Feuer machen.

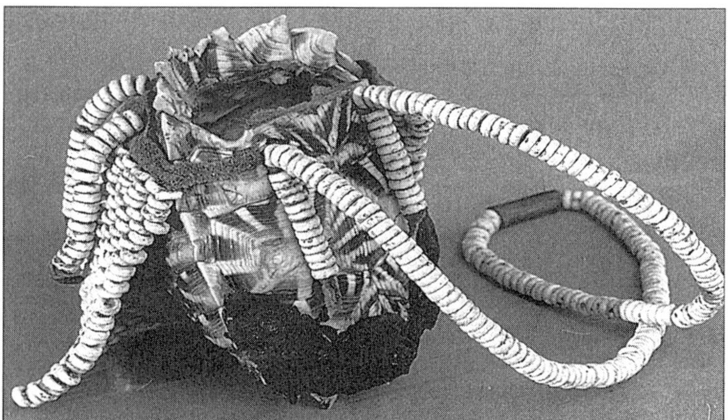

Döschen aus dem Panzer einer kleinen Landschildkröte. Es enthält würzige Kräuter und wird von den Frauen an einer Kette aus Straußeneischeibchen um den Hals getragen.
Ein kleines Schürzchen aus Straußeneischeibchen dekoriert dabei die Oberseite.

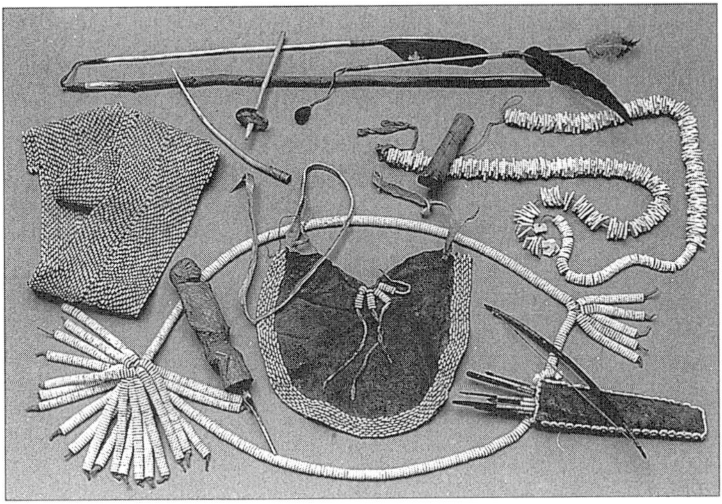

Spielzeug, Schmuck und Geräte der Buschleute (bis auf die magischen Pfeile und den Bogen rechts unten alles !Ko-Buschleute). Zuoberst ein Federsurrstab. Daneben ein Federballstab mit Harzkügelchen. Darüber liegt ein kleiner Kreisel aus Stab und Wurzelscheibchen und ein gekrümmter Lauskratzer aus Holz. Darunter links eine Stirnbinde und eine Kette aus Straußeneischeibchen. Eine unfertige Kette mit grob und fein zugehauenen Scheibchen findet sich rechts oben. Darüber ein Rauchrohr aus Knochen. In der Mitte das typische Frauenschürzchen der !Ko mit Straußeneischeibchensaum, links davon eine Ahle.

Wasserbehälter aus Straußenei; kleine Axt und Schaber zur Fellsäuberung. Das Metall wird von den Bantus eingehandelt.

Gesellschaften leben. George Silberbauer hat gezeigt, daß die G/wi territorial sind. Bei den !Kung sind bestimmte Personen Eigentümer der Wasserlöcher, wie Richard Lee schreibt, und für die !Ko hat Hans-Joachim Heinz Territorialität nachgewiesen.[28] Jede Horde hat dort ein eigenes Territorium. Mehrere Horden sind in einem Allianzsystem – dem Nexussystem – verbunden. Gerät eine Horde des Allianzsystems in Not, etwa weil das Wild abgewandert ist oder lokale Trockenheit die Feldkost verdorren ließ, dann kann die Horde vorübergehend bei der befreundeten Nachbarhorde des Nexus Zuflucht finden. Sie muß dazu formell beim Häuptling der Nachbarhorde anfragen, ob sie in deren Revier jagen und sammeln darf. Die Erlaubnis wird in der Regel gewährt. Außerhalb des Nexusgebiets kann jedoch kein Buschmann jagen und sammeln. Die Nexusgrenzen werden respektiert. Innerhalb eines Allianzsystems sind Heiraten möglich, man kommt auch zu den Initiationsriten und zu Trancetänzen zusammen und festigt auf diese Weise die Bindungen.

Beim Vergleich der Territorialität verschiedener Völker der Buschleute ergeben sich interessante Unterschiede. Elisabeth Cashdan schreibt, daß die Buschleute, die wie die !Ko und G/wi in weniger fruchtbaren Gebieten leben, ein ausgeprägteres territoriales Verhalten zeigen als die !Kung, die in einer Region leben, in der es selten an Feldkost mangelt.

In den siebziger Jahren ist das Nexussystem der !Ko auf wenige Gruppen geschrumpft. In früheren Zeiten muß es bei einigen Gruppen, wie den !Kung, größere politische Einheiten gegeben haben mit Häuptlingen, die diese Einheiten anführten. Die in den siebziger Jahren noch traditionell lebenden Buschleute waren auf Kleingruppen beschränkt, was leicht den Eindruck erwecken könnte, sie hätten immer so gelebt, was aber nicht zutrifft. Die Menschen sind im Gegensatz zu Primaten fähig, durch Allianzen zwischen Gruppen Verbindungen zu schaffen, die die Kleingruppen übergreifen. Wir wissen aus alten Berichten, daß dies bei den Buschleuten der Fall war, können aber nur noch Rudimente davon studieren. Die heutige Kleingruppenbezogenheit ist ein Ergebnis der Auseinandersetzung mit anderen Kulturen, in der die Buschleute verdrängt worden sind.

Feinde werden bei den Buschleuten auch durch schwarze Magie bekämpft. Zum Beispiel vergiften sie die Spur des Gegners. Eine besondere Form ritualisierter Aggression haben die Naron-

und !Kung-Buschleute entwickelt. In Südwestafrika und Botswana kann der Tourist winzige Pfeile und Bogen aus dem Gehörn der Oryxantilope kaufen. Die Miniaturausgaben dieser Jagdgeräte stecken in einem kleinen ledernen Köcher. Dem Käufer werden diese wie Kinderspielzeug anmutenden Geräte als »Liebespfeile« verkauft. Man erzählt ihm, der verliebte Buschmann schieße mit diesen Pfeilen in die Richtung der Erwählten, so, als wolle er sie auf diese Weise erbeuten. Nehme sie den Pfeil auf, dann sei seine Werbung angenommen. Diese Geschichte ist allerdings nicht belegt. Vielleicht stand ihr unser Amor Pate.

Dagegen ist eine andere Funktion dieser winzigen und schon lange bekannten Bogen gut verbürgt. Die Buschmänner pflegten sie unter ihrem Schurz verborgen zu tragen. Man nahm zunächst fälschlich an, es handele sich bei dem Gerät um eine Waffe für den Nahkampf, und sprach von einem »Buschmannrevolver«. P. German hat dann beschrieben, daß es ein magisches Instrument sei, mit dem der Buschmann in die Richtung eines Feindes oder einer feindlichen Siedlung schieße, denen er Schaden zufügen wolle.

Viel später lernten die Buschleute, daß sich die kleinen Bogen gegen Tabak und anderes eintauschen ließen, und es entwickelte sich ein Handel mit den Weißen. Heute wissen nur noch wenige Buschleute um die alte Funktion. Bei meinem letzten Besuch bei den !Kung im Jahr 1975 fragte ich einen Mann, wozu die kleinen Bogen hergestellt würden. »Zum Verkauf«, war die Antwort. Auf die Frage, wozu sie früher gedient hätten, sagte er mir, daß er dies nicht wisse, aber sicher wüßten es die alten Männer. Er wies auf einen blinden Alten, und der erzählte uns: »Wenn früher ein Fremder im Gebiet einer Gruppe ohne deren Erlaubnis jagte, dann holte derjenige, der auf die Spur des Übeltäters gestoßen war, einen alten Mann aus seiner Gruppe herbei. Dieser folgte der Spur und schoß dann mit dem kleinen Bogen einen der winzigen Pfeile in die Richtung des Frevlers. Wenn das nichts fruchtete und er zu einem späteren Zeitpunkt noch einmal im Revier ertappt wurde, dann schoß man ihn mit der Jagdwaffe an.«

Im weiteren Verlauf unserer Unterhaltung erfuhr ich, daß man auch Gruppenmitglieder, die andere bestohlen hatten, mit Hilfe des Pfeilrituals aus der Gruppe stieß. Man schoß ihnen mit dem magischen Bogen vor die Beine. Der Betroffene mußte dann wegziehen, und wer immer ihn im Hordengebiet antraf, konnte

Eine Frau legt mit dem Grabstock Wurzeln frei.

ihn verjagen. Der Alte bestätigte auch, daß die magischen Pfeile früher in Richtung einer feindlichen Siedlung abgeschossen wurden; Männer mit starkem Zauber konnten die Pfeile zurücksenden und damit das drohende Übel abwenden.

Ich besitze einige dieser magischen Bogen mit Pfeilen und Köchern. Die älteren sind sauber aus Spießbockhorn geschnitzt. In den Köchern fand ich zwei Pfeiltypen: solche mit einer scharfen Spitze, die ein Abbild der Jagdpfeile sind, und solche mit keulenartig stumpfer Spitze. Das weist auf verschiedene Funktionen hin. Vielleicht ist an der Amorpfeilgeschichte doch ein Körnchen Wahrheit.

Mein erster Arbeitstag bei den Buschleuten war der 3. Juli 1970. Wir waren am Vortag in Johannesburg mit dem Wagen losgefahren und hatten eine anstrengende Nachttour durch die Sandpisten

Suche nach Feldkost (!Ko).

der Kalahari hinter uns. Wir kamen am frühen Morgen an. Morgengrau lag über der Landschaft. Nur die Umrisse der kleinen Hütten waren zu erkennen. Es war kalt. Namkwa kam, in eine Decke gehüllt, um Heinz und dann uns zu begrüßen. Sie war scheu und etwas verlegen und erschien neben dem auch für europäische Begriffe großen Heinz zierlich. Dann kamen andere Buschleute heran, alle mit Decken um die Schultern, neugierig und freundlich. Sie freuten sich, Heinz wiederzusehen, den sie schätzten. Er hatte sich Ansehen erworben, weil er den Leuten medizinisch half und sich auch sonst um sie kümmerte. Er förderte ihre handwerklichen Fertigkeiten und sorgte für den Verkauf ihrer Lederbeutel und Ketten.

Zum erstenmal hörte ich die munteren Schnalzlaute der Sprachen der Buschleute. Wir froren und waren müde. Namkwa hatte für jeden von uns eine kleine Rundhütte freigemacht, und so rastete ich das erste Mal in einer Hütte der Buschleute.

Als die ersten Strahlen der winterlichen Südsonne sich über den Horizont tasteten, war ich schon wieder auf den Beinen. Das Leben erwachte allmählich. In Decken und Lederumhänge gehüllt, saßen die Familien vor ihren Hütten und kochten auf kleinen Feuerchen. Sie alle schienen steif und verfroren nach der langen kalten Nacht. Wenn sie gingen, bewegten sie sich langsam. Aber bald gewann die Sonne an Kraft, und die Decken wurden abgelegt. Kinder begannen mit ihren Spielen, die kleine Gemeinde wurde munterer, und ich packte meine Kamera aus.

Ich besaß damals eine Bolex mit Federwerk. Sie zog einige Meter Film durch, und dann mußte man sie wieder aufziehen. Ich beschränkte mich daher darauf, kürzere Bewegungsvorgänge festzuhalten wie herzen, küssen, Gesichtsausdrücke, Grußverhalten bei Begegnung und anderes mehr. Viel drehte ich in Zeitlupe, das meiste durch den Spiegel.

Meine ersten Aufnahmen dokumentierten Verhaltensweisen des Dankens, der Zustimmung und freundlichen Kontaktaufnahme anläßlich der Verteilung kleiner Geschenke. Ich filmte, wie Gaben überreicht und aufgenommen wurden. Wenn einer mit der Hand etwas gab, dann legte er die andere Hand auf deren Unterarm, wohl um so zu versichern, daß diese während der Überreichung nichts Böses beabsichtige. Ich drehte Zunicken, Augengruß wie Kuß und begann so Gesichtsausdrücke zu sammeln. Die Technik der Spiegelaufnahme bewährte sich, und es gelang mir, Verhaltensweisen aufzunehmen, die ich nur an den ersten Tagen beobachten konnte und die mir interessante Zusammenhänge klarmachten. Einmal verspotteten mich die Mädchen und meinten, ich würde das nicht sehen, dabei war der Spiegel auf sie gerichtet. Belustigt tanzten sie herbei und hoben ihre Schamschürzchen. Dieses Schamweisen fand ich später wieder auf bayerischen Amuletten und in Skulpturen an romanischen und gotischen Kirchen und konnte sie aufgrund meiner Beobachtungen als Spottgebärden gegen böse Geister deuten.[29] Bisher hatte man sie als Darstellungen der Sünde interpretiert. Ich filmte die Kußfütterung, von der sich der Kuß ableitet, Mütter mit ihren Kindern und das Familienleben der Buschleute, denn ich war an den bindenden Verhaltensweisen ebenso interessiert wie an den Strategien der Konfliktaustragung und des Konfliktmanagements.

Die Lokalgruppe der Takatswane-!Ko war klein. 1971 zählte sie 16 erwachsene Männer, 15 Frauen und 24 Kinder, von denen 5 gestillt wurden. Die Kopfzahl der Buschleutegruppen[30] schwankt zwischen 30 und 60, und das scheint auch bei anderen Jäger-und-Sammler-Völkern so zu sein.

Die Bausteine der !Ko-Horden sind die Familien. Mann und Frau leben in Eheverbindung, die in der Regel erst mit dem Tod eines der Partner endet. Gewöhnlich hat ein Mann nur eine Frau; stirbt aber sein Bruder, dann ist er verpflichtet, dessen Frau und deren Kinder zu versorgen, und er lebt auch mit dieser Frau in einem Eheverhältnis. Die beiden Ehefrauen wohnen in getrennten Hütten.

Mit den jungen Eheleuten wohnen meist die Eltern eines der Ehepartner. Allerdings hat jede Familie eine eigene Hütte, nie leben mehr als ein Ehepaar und die Kinder unter einem Dach. Hat ein Mann geheiratet, dann bleibt er längere Zeit in einer Art Brautdienst bei den Eltern der Frau und versorgt diese mit, wenn er auf Jagd geht. Später übersiedelt er meist zur Horde seiner Eltern.

Der Ehepartner stammt in der Regel aus einer anderen Horde desselben Nexus. Unverheiratete und verwitwete Familienange-

Aggressive Auseinandersetzung gibt es oft bei den Buschleuten: hier zwei halb ernstraufende Jungen (!Ko).

hörige leben in der Nähe der verheirateten nahen Verwandten und spielen als Tanten und Onkel bei der Kindererziehung eine wichtige Rolle. Vor allem die Großeltern haben zu ihren Enkeln ein ungezwungenes freundlich-scherzpartnerschaftliches Verhältnis. Das heißt, die Partner können einander ungezwungen necken. Das Verhältnis zum Vater ist dagegen formalisiert, vor allem, wenn das Kind etwas älter ist. Es ist überhaupt bemerkenswert, daß die Buschleute genaue Regeln der Etikette befolgen. Dabei unterscheiden sie grundsätzlich zwischen zwei Typen von Partnern: Es gibt Scherzpartner, denen gegenüber man sich ungezwungen verhalten kann, und Personen, zu denen man ein formelles Verhältnis pflegt. Ungezwungen sind die Beziehungen zu gleichgeschlechtlichen Geschwistern und zu den Großeltern, formell dagegen ist das Verhältnis zu andersgeschlechtlichen Geschwistern und zu den Eltern. Ein Mann kann sich daher mit seinen Brüdern zwanglos unterhalten, ebenso mit seinen Großeltern. Zu Schwestern und Eltern dagegen besteht ein formelles Verhältnis. Formell sind auch die Beziehungen zu den Basen, dagegen nicht zu den Vettern. Eine Ausnahme bilden die Söhne des Bruders der Mutter und der Schwester des Vaters. Formell sind ferner die Beziehungen zu den Schwiegereltern und zu allen jenen, mit denen die Schwiegereltern ungezwungen verkehren. Steht man zu einer Person in einem scherzpartnerschaftlichen Verhältnis, dann gehören auch die Großeltern und Enkel zu den Scherzpartnern, während man mit den Kindern und Eltern dieser Person ein formelles Verhältnis pflegt.[31]

Die Hütten der Familien stehen in Gruppen beieinander, doch sind die Eingänge so angeordnet, daß die Eltern nicht in die Hütten ihrer verheirateten Kinder blicken können. So wird deren Privatsphäre gewahrt. Unverheiratete Männer und Witwer schlafen ohne Hütten im Freien unter Schlafbäumen, sogar im südlichen Winter.

Zehn bis fünfzehn Familien bilden eine Horde. Im Ablauf der Jahreszeiten löst sich die Horde regelmäßig in Familienverbände auf, die zu bestimmten Familienplätzen im Hordenrevier wandern. Die jeweiligen Sammelgebiete werden von den anderen Familien respektiert.

In den Buschleutehorden herrscht keine ausgeprägte Rangordnung. Individuen werden geachtet ob ihrer Begabung als Trancetänzer, als gute Sammlerin oder als vorzügliche Jäger, wobei

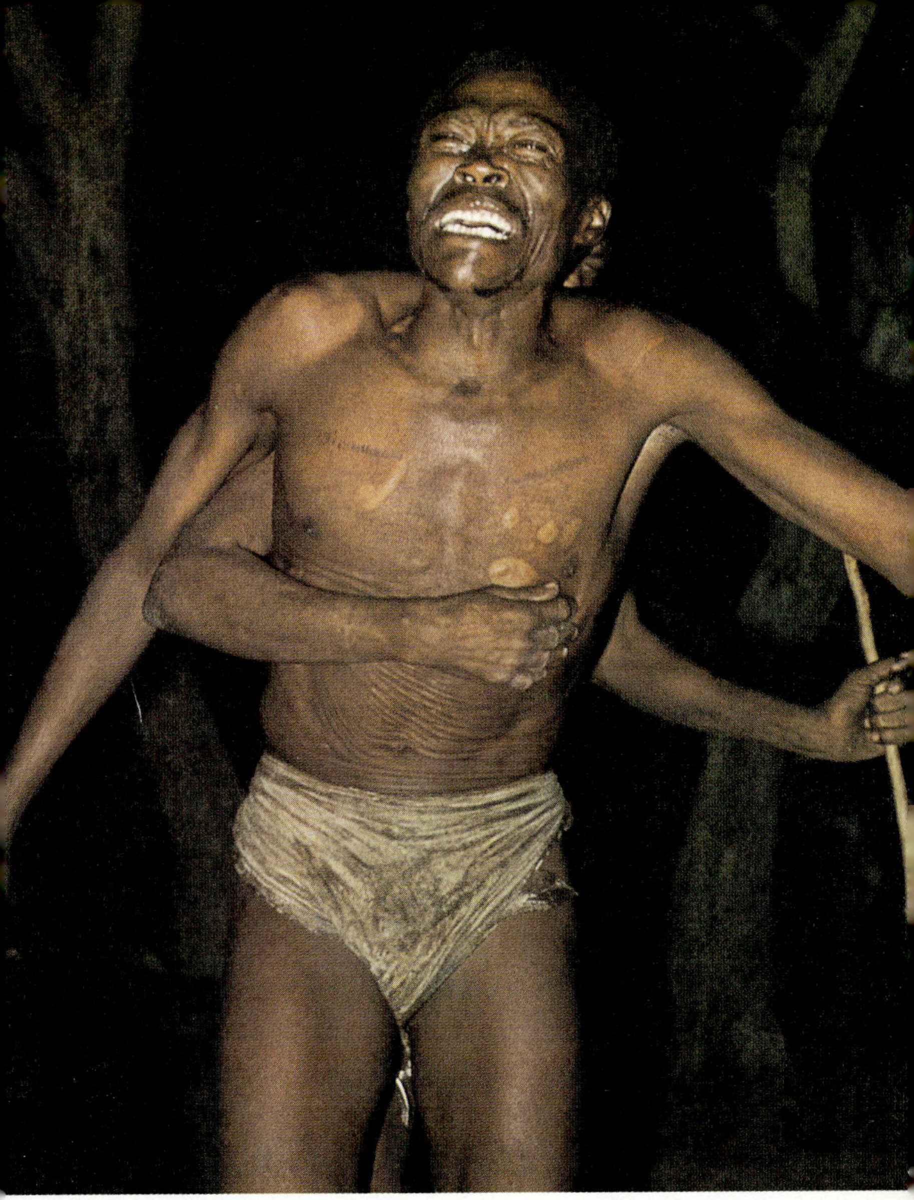

Der Trancetanz der !Ko-Buschmänner. Der Trancetänzer kämpft und leidet für die Gruppe. Durch Berührung übernimmt er die Krankheitsdämonen und ringt mit ihnen.

Vorhergehende Seite und oben: Tänzer in Trance mit schmerzverzerrtem Gesicht. Sie werden von Helfern gestützt.

Linke Seite oben: Den Frauenkreis umtanzen Männer. Linke Seite unten: Das Aufnehmen der Krankheitsdämonen durch Berührung.

Folgende Doppelseite: Buschleute leben muße-intensiv und spielen viel. Hier das kooperative Melonenballspiel der !KoFrauen und -Mädchen. Nach festen Regeln wird der Ball von einer Tänzerin der nächsten zugeworfen. Die übrigen Frauen klatschen dazu den Rhythmus. Macht keine einen Fehler, dann kommt es zu einem harmonischen Ablauf. Die grüne Melone im Flug ist gut zu sehen.

Folgende Doppelseite: !Ko-Buschfrauen, sich gegenseitig schmückend (unten). Bildreihe oben, Bild 1–3: Kopfschmuck der !Kung aus Glasperlen. Die alte Frau auf Bild 1 hat auch eine Schnur aus Straußeneiplättchen eingeflochten. Die runden Glasperlenanhänger dienen zugleich als Amulette. Fällt der Schatten eines Vogels auf ein Kind, dann wird es leicht krank. Die Anhänger schützen dagegen. Bild 4: Haarschmuck einer !Ko-Frau aus Melonenkernen. Bild 5: Haarschmuck aus dreieckigen Perlplättchen (!Ko). Bild 3: Stirnbinde aus Glasperlen (!Ko).

Letzte Seite: Buschleute singen und musizieren viel. Die Instrumente sind einfach. Hier spielt ein !Ko auf einer Buschmanngeige. Sie hat nur eine Saite, die mit einem kleinen Bogen angestrichen wird. Als Resonanzkörper dient eine Straußeneischale. Die Tonhöhe wird durch Griffe der Linken variiert. Nur Männer spielen das Instrument.

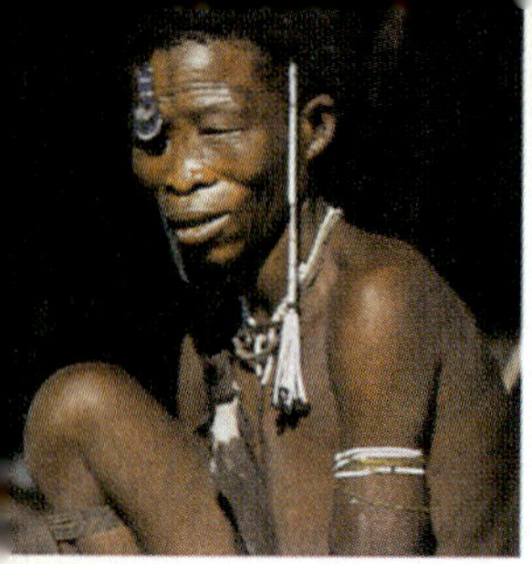

Frauen, soweit man das überhaupt feststellen kann, im Rang den Männern wohl gleichgestellt sind. Sie geben sich jedenfalls frei und ungezwungen. Ich habe zwar auch Familienstreit gesehen, nicht aber, daß dabei die Frau eine unterlegene Position innegehabt hätte. Zwischen den Geschlechtern herrscht allerdings eine strenge Arbeitsteilung. Dem Mann obliegt die Jagd, der Frau das Sammeln von Feldkost und Feuerholz, die Betreuung der Kinder und die Hauptarbeit bei der Nahrungszubereitung. Bei den !Ko treten nur Männer als Medizinmänner auf, bei den !Kung und G/wi auch Frauen.

Viele der häuslichen Tätigkeiten, wie zum Beispiel das Gerben und die Lederverarbeitung, werden von beiden Geschlechtern ausgeführt. Auffällig ist die Neigung der Buschleute, sich in gleichgeschlechtlichen Gruppen zusammenzuschließen. Die Männer bilden kleine Zirkel, wenn sie an ihren Pfeilspitzen arbeiten oder unter einem Schattenbaum das Rauchrohr kreisen lassen. Auch die Frauen tun sich zusammen, und schon die Kinder vereinen sich bevorzugt mit ihren Geschlechtsgenossen zu Spielgruppen. Bei der Beobachtung der Kinderspiele zählte Heide Sbrzesny unter insgesamt 194 Kinderspielgruppen nur 25 gemischte Gruppen. 88 Gruppen umfaßten nur Knaben, 81 nur Mädchen.

Sie übt in diesem Zusammenhang Kritik an Lionel Tiger, der die gruppenbildende Neigung der Männer so betont, als neigte die Frau nicht zur Gruppenbildung.[32] Man kann vielmehr dem »male bonding« ein »female bonding« gegenüberstellen. Das heißt nicht, daß Frauen und Männer nie in gemischten Gruppen miteinander plaudern. Man sieht das oft. Die Geschlechter sind im Umgang miteinander ungezwungen.[33]

Es scheint, als würden Frauen sich am besten unterhalten, wenn sie mit ihresgleichen beisammen sind. Dann hört man sie lachen und scherzen. Es gibt Tanzspiele, die nur Frauen und Mädchen in der Gruppe spielen. Dazu gehört der schon erwähnte Melonenballtanz. Es ist ein kooperatives Spiel, das wie ein Tanz abläuft und bei dem es nicht auf gewinnen oder verlieren ankommt, sondern darauf, daß keiner einen Fehler macht und so der harmonische Ablauf gesichert bleibt. Ich habe diesen Tanz beinah täglich gesehen. Fast immer, wenn sich mehrere Frauen an der Wasserstelle trafen, begannen sie mit dem Melonenballtanz.

Wenn Buschleute in der Gruppe zusammensitzen, dann halten

Besonders gegenüber ihren Kindern geben die Buschleute ihrer Zärtlichkeit offen Ausdruck (G/wi).

sie oft Körperkontakt. Abends sitzen sie gedrängt um das Feuer, schon um sich gegenseitig zu wärmen.

Jeder Lokalgruppe steht ein Häuptling vor, der in ihrem Auftrag das Territorium kontrolliert. Er gilt als der Eigentümer des Reviers. Bei den !Kung wird er als Eigentümer des permanenten Wasserlochs der Gruppe bezeichnet. Bei ihnen kann auch eine Frau in dieser Funktion auftreten. Diese Häuptlinge muß man um Erlaubnis fragen, wenn man sich im Revier aufhalten will. Sie spielen ferner eine führende Rolle bei Ritualen der Initiation, bei der sich mehrere Horden zusammenfinden. Im übrigen ist die Gruppe dem Häuptling nicht untergeordnet. Er kann niemandem seinen Willen aufzwingen. Es besteht kein Führungshäuptlingstum; das Häuptlingstum ist insofern institutionalisiert, als der Sohn eines Häuptlings in der Regel als Häuptling nachfolgt.[34] Entscheidungen werden in Beratungen gefällt, an denen alle Erwachsenen teilnehmen, wobei alte Frauen und Männer das Wort führen. Ob früher manchmal Häuptlinge als Gruppenführer auftraten, ist ungewiß. Es scheint gelegentlich Persönlichkeiten von Format gegeben zu haben, die ihre Gruppe gegen andere anführten, zum Beispiel zum Viehraub. Heute ist es für die Buschleute charakteristisch, daß sie Individualisten sind, die das tun, was ihnen behagt; sie sind nur schwer für kooperative, auch das Gemeinwohl betreffende Tätigkeiten zu gewinnen. Das und die Tatsache, daß sie kaum für den nächsten Tag vorausplanen, erschwert ihre Anpassung an die Neuzeit.[35]

Das Gemeinschaftsgefühl äußert sich in anderen Seiten ihres Lebens, vor allem im Spiel und in den Ritualen, die die Gruppe emotional an die Gemeinde binden. Daß die Zusammenarbeit bei der Jagd dagegen eine geringe Rolle spielt, ist verwunderlich, weil man angenommen hat, daß gerade sie im Verlauf der Menschwerdung ein entscheidender Anstoß für die Entwicklung der Gemeinschaft gewesen sei. Das scheint aber, wie auch Untersuchung von Geza Teleki belegt[36], nicht generell zuzutreffen.

Das Leben eines Jäger-und-Sammler-Volkes wird in der völkerkundlichen Literatur einmal als entbehrungsreich und mühselig, dann wieder als ein Leben im Überfluß dargestellt. Das allein weist schon darauf hin, daß man sich vor Verallgemeinerungen hüten muß. Schließlich muß ein Eskimo im Kampf ums Dasein ganz andere Strapazen auf sich nehmen als ein Pygmäe im Kongo. Forscher, die die !Kung-Buschleute im Gebiet von Dobe (Botswana) untersuchten, berichteten, die Leute würden im Überfluß leben und nie Not verspüren, denn es gebe stets einen sich nie erschöpfenden Vorrat an Mangettinüssen (Ricinodendron rautanenii). Prompt kann man nun lesen, alle Buschleute lebten im Überfluß. Diese Schlußfolgerung ist falsch. Im Gebiet der !Ko und G/wi fehlt unter anderem die Mangettinuß, und in trockenen Jahren kann die Feldkost dürftig werden. Dann plagt auch Wassermangel diese Menschen. Er ist der die Bevölkerungsdichte begrenzende Faktor.

In normalen Jahren allerdings finden die !Ko und G/wi bei vergleichsweise geringem Arbeitsaufwand genügend Feldkost. Auch die Jagd beansprucht die Buschleute nicht sonderlich, zumal sie immer einige Tage Pause einlegen.

Ich habe die Frauen wiederholt auf ihren Sammelexkursionen begleitet. Meist ziehen sie am frühen Morgen zu zweit oder zu dritt los, oft auch von ihren kleinen Töchtern begleitet. Jede Frau trägt einen Grabstock bei sich. Das ist ein einfacher, etwa einen Meter langer Holzstab, der am Ende spachtelförmig zugeschnitten ist. Hat eine Mutter einen kleinen Säugling und will sie länger von zu Hause wegbleiben, dann trägt sie ihn häufig im Rückenleder mit sich. Ebensooft überläßt sie ihn jedoch für ein oder zwei Stunden einer Tante im Lager zur Betreuung.

Eine Sammeltour macht sichtlich Spaß. Man unterhält sich munter und wandert, einen guten seitlichen Abstand haltend, übers Feld. Unterwegs wird da und dort ein Kraut gepflückt. Manches ißt man an Ort und Stelle, anderes wandert in den Tragebeutel. Ein Strauch mit kleinen Beeren wird abgeerntet. Bei einer Akazie sammeln die Frauen grüne Raupen. Sie reißen ihnen den Kopf ab und quetschen den Darminhalt aus. Die leeren Hautmuskelschläuche werden in eine Melonenschale gepackt, die mit einem Blatt umhüllt und sorgfältig im Tragbeutel verstaut wird. Weiter geht es zu einem Platz, wo Tsamamelonen und eine Art Gurke mit stacheligen Fortsätzen wachsen. Schnell füllt sich der Beutel.

In der trockenen Jahreszeit sind Melonen, Zwiebeln, Speicherwurzeln und Knollen von außerordentlicher Bedeutung. Man ahnt als Uneingeweihter gar nicht, was der karge Boden alles an Knollen und Wurzeln bietet. Allerdings bereitete uns die Ernte Mühe, denn die Wurzeln reichen tief in die Erde. Auch übersehen wir die Pflanzen meist, denn was über die Oberfläche emporragt, ist oft unscheinbar: ein winziges Blatt, eine dürre Ranke. Zu gewissen Zeiten sieht die Kalahari trostlos aus, und man glaubt zunächst, hier fände man nichts zu essen. Aber emsig beginnt die Buschfrau an einer kleinen Blattrosette zu graben. Zunächst schaufelt sie den Sand mit der Hand weg und bestimmt so den Verlauf der Hauptwurzel. Diese ist spindeldünn, und ich kann gar nicht glauben, daß es sich lohnt, das unscheinbare lange Ding in die Tiefe zu verfolgen. Die Buschfrau aber ist bereits eifrig mit dem Grabstock an der Arbeit. Als das Loch armtief ist, sehe ich endlich den Teil der Wurzel, der als Speicher etwa drei Finger dick aufgetrieben ist. Beim nächsten Mal liegt die Speicherwurzel weniger tief. Unter einem dürftigen Kräutlein findet sich eine fast kindskopfgroße Wurzelknolle. Mangel scheint es daran nicht zu haben. Mir wird im Verlauf der Exkursion klar, daß gerade die Halbwüste für einen Sammler recht günstige Lebensbedingungen bietet, die nötigen Kenntnisse vorausgesetzt.

In zwei Stunden haben die Frauen meist die Nahrung für einen Tag gesammelt. Jede bürdet sich noch ein großes Bündel dürres Holz auf den Rücken, dann ziehen sie heimwärts.

Was gesammelt wird, ist Eigentum der Familie und muß nicht

Buschleutekinder spielen viel. Ein Mädchen hat sich aus Melonen eine Puppe gebastelt (!Ko).

mit anderen geteilt werden. Die Frauen schaffen durch ihre Arbeit den größten Teil der Nahrung für die Familie herbei.[36]

Nach den Erhebungen von Hans-Joachim Heinz und Brian

Maguire identifizierte eine Frau vom Volk der !Ko 183 Pflanzenarten. Von diesen bezeichnete sie 12 als Giftpflanzen, 68 Arten lieferten 79 eßbare Teile, und zwar 5 Arten von Samen, 1 vergrößerten Fruchtboden, 14 Früchte, 2 Melonen, 15 Gemüsesorten, 3 Stengel, 1 Stengelbasis, 1 schlanke Wurzel, 1 beblätterten Sproß, 11 Zwiebeln, 1 Rhizom, 14 Knollen und 1 verdickte, wasserliefernde Wurzel. 9 Bäume und Büsche produzierten ein eßbares Harz. 9 dieser 68 Pflanzenarten stellten die Hauptnahrungsmittel. Etwa 20 Prozent der bestimmten Pflanzen dienten als Zauber und Medizin.

Eine Schlüsselfrucht für das Überleben in der zentralen Kalahari ist die Tsamamelone. Im Gebiet der G/wi hält sich Oberflächenwasser nur für wenige Wochen während der Regenzeit in den flachen Senken. Den größten Teil des Jahres ist das Gebiet wasserlos. Die G/wi decken in dieser Zeit ihren Flüssigkeitsbedarf aus Speicherwurzeln und vor allem mit den Tsamamelonen. Sie stampfen den Inhalt der Melonen mit ihrem Grabstock zu Brei, den sie trinken. Um ihren Flüssigkeitsbedarf von rund zwei Litern zu decken, konsumieren sie etwa vier Kilogramm Melonenfleisch pro Tag. Die Melonenkerne werden gesammelt. Man entkernt die Melonen dazu bereits im Feld und trägt die Kerne im Tragbeutel nach Hause. Sie werden in heißer Asche geröstet, mit einem Riedsieb ausgesiebt, dann in einem Mörser zerstoßen und verzehrt. Bei den G/wi sind die Melonenkerne ein Hauptnahrungsmittel. Man verwendet die zerstampften Kerne, mit zerstampftem Melonenbrei vermengt, auch zur Körperpflege: Frauen reiben ihren ganzen Körper mit dieser Paste sauber.

Die Männer besorgen auf der Jagd vor allem das hochwertige Eiweiß: Ihre Jagdbeute reicht vom kleinen Vogel und Nager bis zur Giraffe. Nur Löwen und Elefanten werden nicht gejagt. Die Männer ziehen höchstens zu zweit oder zu dritt, oft aber allein auf die Jagd. Zur Ausrüstung gehören Pfeil und Bogen sowie ein kurzer Speer. Die Pfeile befinden sich in einem kurzen Köcher aus Baumrinde, der zusammen mit Bogen und Speer in einem Tragbeutel aus Gazellenleder bequem geschultert wird. Gehen die Jäger zu mehreren los, dann trägt einer auch eine lange Sonde zur Springhasenjagd mit. Es handelt sich um eine aus mehreren Stücken zusammengebundene, vier bis fünf Meter lange dünne Stange, an deren einem Ende ein Holz- oder Knochensplitter als Widerhaken festgebunden ist. Ein Jäger führt diese Sonde in den

Springhasenbau ein, lokalisiert die Beute und hält sie fest, während seine Gefährten den Springhasen ausgraben. Kleine Antilopen fängt man mit einfachen Sisalschlingen, größere Säuger erlegt man mit Pfeil und Bogen oder mit dem Speer. Die Pfeile sind mit dem Gift einer Käferlarve (Diamphidia simplex) versehen. Das Gift löst unter anderem die Wand der feinen Blutgefäße auf und läßt das Blut in das Gewebe eintreten. Es wird später durch Kochen zerstört. Die Buschleute kennen kein Gegenmittel.

Die Beute gehört formal dem Jäger, der sie erlegt hat. Es gilt dabei als ausgemacht, daß derjenige, dessen Pfeil zuerst die Beute traf, der Besitzer ist. Der Jäger hat das Vorrecht, aber auch die Pflicht, die Beute zu teilen. Das geschieht nach genau festgelegten Regeln. Er darf bestimmte Teile für sich behalten und gleich an Ort und Stelle verzehren. Ihm gehört auch die Haut. Seine Familie bekommt den größten Anteil, mit abnehmendem Verwandt-

Eine !Ko unterweist Kinder in einem Rhythmusspiel.

schaftsgrad wird der Anteil an der Beute kleiner, aber jeder bekommt etwas. Da das Jagdglück nicht immer beim selben Jäger liegt, kommen alle auf ihre Kosten. Natürlich beschafft ein geschickter Jäger für sich und seine Angehörigen mehr Fleisch als ein ungeschickter.

Die !Kung suchen dafür einen Ausgleich, der von bemerkenswertem sozialem Empfinden zeugt. Auch hier gilt, daß derjenige, dessen Pfeil das Tier traf, der Eigentümer der Beute ist. Das muß aber nicht immer auch der sein, der den Pfeil abgeschossen hat. Bei den !Kung hat nämlich jeder Mann auch Pfeile eines anderen Gruppenmitglieds in seinem Köcher, und in der Aufregung der Jagd prüft er keineswegs immer, wessen Pfeil er gerade auflegt. Ist die Beute erlegt, wird festgestellt, wessen Pfeil in dem Tier steckt. Hat der Jäger den Pfeil eines anderen verwendet, dann ist dieser und nicht der erfolgreiche Schütze Besitzer der Jagdbeute und darf sie verteilen. Das führt dazu, daß die Familien schlechter Jäger nicht allzu benachteiligt sind. Nach Richard Lees sorgfältigen Erhebungen bei den !Kung schaffen die Frauen bei einem zeitlichen Aufwand von durchschnittlich neunzig Stunden pro Woche 55 Prozent der Nahrung herbei, die Männer bei geringfügig höherem Zeitaufwand 45 Prozent. Das meiste davon ist Jagdbeute, der Rest (22 Prozent) Feldkost.

Die amerikanische Völkerkundlerin Marjorie Shostack berichtet von den !Kung, daß die Leistungen der Männer und Frauen bei der Nahrungsbeschaffung von der Gemeinschaft verschieden bewertet werden. Wenn Frauen vom Sammeln heimkehren, dann werden sie von den Kindern begrüßt, im übrigen aber erregt ihre Heimkehr kein Aufsehen. Wenn Männer dagegen mit Fleisch von der Jagd zurückkehren, dann werden sie mit Freudenrufen begrüßt, denn von ihrem Fleisch bekommen alle etwas ab.

Als Jäger ist der Buschmann ein Meister des Spurenlesens. Er erkennt sowohl die Art als auch Geschlecht und Größe des Tieres, ja sogar, ob es gesund oder krank ist, und kann das Alter der Spur lesen. Im Feld stellen die Buschleute mit abbildenden Handzeichen die wahrgenommene Tierart dar.

Bei manchen Buschleutegruppen werden Haushunde bei der Jagd eingesetzt, die sonst allerdings ein erbärmliches Leben führen. Sie werden unentwegt gescheucht, und ich sah nie, daß einer seinen Hund gefüttert hätte, oft jedoch, wie die Jungen nach dem Abstillen vor den Augen der Buschleute verhungerten.

Jede Buschleutefamilie bleibt beim täglichen Nahrungserwerb auf sich gestellt, sie ist von niemandem wirtschaftlich abhängig und lebt sogar viele Monate des Jahres nur im Familienverband. Das macht die Buschleute aber keineswegs zu Einzelgängern; sie erfreuen sich durchaus der Gemeinschaft der übrigen Gruppenmitglieder. Im Alltag freilich sind sie wirtschaftlich weniger auf andere angewiesen, als man bisher vermutete, und Unterordnung unter Ziele eines Gemeinwohls und damit auch einer Autorität sind ihnen fremd.

Verschiedentlich hört man, daß Buschleute egalitär ausgerichtet seien. Was damit gemeint ist, wird nie genau gesagt. Wirtschaftlich tragen beide Geschlechter wohl in gleicher Weise zur Erhaltung der Familie bei. Der Mann vertritt als Häuptling die Gruppe und als Familienvater die Familie nach außen. In diesem Punkt dominiert er auch über die Frau, wie Marjorie Shostaks Lebensgeschichte einer !Kung-Frau belegt. Der Mann ist der Kämpfer, der sich mit den Geistern und Dämonen im Trancetanz auseinandersetzt. Solchen Einsatz des Mannes an der Außenfront können wir in den meisten Kulturen beobachten. Das leitet sich wohl von der territorialen Abgrenzung ab, die altes Erbe ist. Im übrigen aber sind die Buschleute Individualisten, und jede Familie ist weitgehend autark. Jeder kann alles, was er zum Leben braucht, produzieren, seine Waffen ebenso wie seine Bekleidung und Behausung. Und jede Familie ist in der Lage, sich selbst zu verköstigen.

Als ich im Juli 1970 zum erstenmal die !Ko beobachtete, fiel mir eine Buschleutefamilie besonders auf. Ihr Mittelpunkt war ein etwa drei Monate alter Säugling, ein ganz allerliebster Kerl. Auch seine Familie war mir von Beginn an besonders sympathisch. Die Eltern des kleinen – er hieß N//alo – waren jung. Der Vater //rale war für einen Buschmann kräftig und überragte mit seinen 1,59 Meter seine Gruppengefährten um einiges. Er war musisch begabt, vergnügt, männlich und heiter. Es war nicht schwer, mit ihm Kontakt zu bekommen. Seine Frau N!oasi war dagegen scheu und zurückhaltend. Sie lächelte aber freundlich zurück, wenn man sie anschaute und ihr zunickte. Sie hatten noch ein Töchterchen //alo/oa, das damals etwa dreieinhalb Jahre alt war. In einer Hütte nebenan wohnten die Eltern der Frau, in einer weiteren die uralte, völlig verschrumpelte, liebenswerte Tante der jungen Frau. Gleich daneben lagerte unter einem Baum der Vater des Mannes.

Diese kleine Familie pflegte damals noch den traditionellen

Lebensstil der Buschleute. Die Hütte des jungen Paares war aus einem einfachen Astgerüst angefertigt. Die Äste waren im Rund an einem Ende in den Boden eingegraben, oben kuppelartig gegeneinander geneigt und ganz mit Gras bedeckt. Die Hütte hatte einen Durchmesser von 2 Metern und eine Höhe von 1,80 Meter. Der Eingang war gerade so hoch, daß man aufrecht in ihm sitzen konnte. Mehrere enthaarte Antilopenhäute bedeckten den Hüttenboden. Am hinteren Hüttenrand standen einige Straußeneier als Wassergefäße. An einem Ast hing //rales Jagdausrüstung: ein Tragebeutel aus Gazellenleder, in den der Köcher mit Pfeilen, der Bogen, ein Grabstock und ein Jagdspeer steckten. Außerdem hingen an den Ästen ein Schildkrötendöschen mit schöner Verzierung und ein Stirnband, beide aus Straußeneiperlen, mehrere Lederbeutel und eine Kette. Ein Grabstock lag giffbereit auf dem Boden, und ein Holzmörser mit Stößel stand am Hütteneingang.

Vor der Hütte brannte stets ein Feuer. Ein kleiner dreifüßiger Gußeisenkessel und eine alte Keksdose waren die einzigen Requisiten, die nicht der Kultur der Buschleute entstammten.

Vor allem fiel mir auf, daß sich diese Familie noch traditionell kleidete. //rale trug einen Durchziehschurz aus Gazellenleder und N!oasi aus dem gleichen Material einen rundgeschnittenen Schamschurz, dessen Rand mit mehreren Reihen von Straußeneiperlen eingefaßt war. Als Gesäßschurz diente ihr ein einfaches, nicht weiter zugeschnittenes Stück Gazellenleder. Ein weiteres Leder hing als Umhang über ihrer Schulter, darin trug sie ihren Säugling, wenn sie zum Feldkostsammeln ging. Diese Familie war ausgesprochen konservativ, denn andere Buschleute hatten bereits einige Kleidungsstücke aus Stoff.

Jeden Morgen mit den ersten Sonnenstrahlen fand ich mich bei //rales Hütte ein und setzte mich auf meinen Feldstuhl hinter die Kamera, die hinaus in den Busch zeigte. Ich gab mich dabei keineswegs unnahbar, das hätte Befremden ausgelöst, sondern begrüßte das Paar, schenkte ihnen Tabak und der kleinen Tochter Konfekt und herzte auch den kleinen N//alo, der mit seinen vielen Speckfältchen dazu einlud. Er hatte all die herzigen Babymerkmale im Übermaß.

Nach diesem Begrüßungszeremoniell ging ich etwas abseits und beschäftigte mich, etwa sechs bis zehn Meter von ihnen entfernt, mit Kamera und Notizbuch, scheinbar gar nicht mehr an meinen Nachbarn interessiert.

Unter diesen Umständen verloren die Buschleute bald das Interesse an mir, und ich konnte, ohne sie zu stören, ihre Interaktionen aufnehmen und beobachten. Jeden Tag spielte sich mehr oder weniger das gleiche ab. Zunächst wurde ausgiebig gefrühstückt. Oft kamen auch die Großeltern vorbei.

So auch heute. Als ich ankam, holte N!oasi gerade geröstete Wurzeln und Kürbisse aus der Asche und verteilte sie. Nachdem alle den Inhalt der Kürbisse ausgeschlürft hatten, zerstampfte N!oasi die Schalen in einem Holzmörser. Der kleine Säugling, der bis dahin im Rückenleder der Mutter geschlafen hatte, begann zu greinen. Die Mutter legte ihn sogleich an, und während er kräftig saugte und mit der freien Brust der Mutter spielte, blickte sie ihm versonnen lächelnd ins Gesicht. Der Kleine erwiderte gebannt ihren Blick. Eine Besucherin, etwa so alt wie N!oasi, kam herbei und setzte sich dazu. Mit zarten Händen lauste sie die winzigen Haarlöckchen des Babys. Als der Säugling nach einigen Minuten satt war, übernahm ihn die Besucherin. Sie legte sich auf den Rücken und stellte ihn auf ihren Bauch. Dann lallte sie ihn »ei ei jei« zu, stemmte ihn in den Achseln hoch und drückte ihm schließlich einen herzhaften Kuß auf die Wange. Danach drückte sie ihre Stirn sanft an seine und rieb sie zart an ihm. Eltern und Großeltern schauten lächelnd zu. Sie freuten sich über das Interesse, das man ihrem Sprößling entgegenbrachte. Nur die kleine Schwester schien etwas im Zwiespalt. Sie kauerte sich neben ihren jüngeren Bruder, betätschelte zuerst vorsichtig dessen Oberarm, dann schlug sie einmal kräftiger zu, was ihr sofort eine Ermahnung der Mutter einbrachte.

Ich beobachtete noch öfter, daß Geschwister anfangs auf das Nächstgeborene eifersüchtig waren. Die Mütter, die sich mit viel Liebe und viele Stunden am Tag mit ihrem Kind befassen, wenden sich nach der Geburt eines weiteren Kindes abrupt fast ausschließlich diesem zu. Die anfangs verzweifelten Annäherungsversuche des älteren Kindes werden zurückgewiesen. Durch Mienen und Gebärden geben die Mütter dem Kind zu verstehen, daß sie nunmehr wenig Zeit für es erübrigen können und daß ihnen seine Annäherungsbemühungen lästig sind. Kein Wunder, daß das unvermittelt zurückgewiesene Kind in seinem Geschwisterchen zunächst einen Konkurrenten um die Liebe der Mutter sieht: Es wird von ihm ja von der Mutterbrust verdrängt! Es herrscht kein offener Zwist, die Zurückgesetzten verhalten sich gegenüber dem kleinen

Geschwisterchen freundlich, und vor allem die Mädchen möchten es gerne herzen und küssen; aber immer wieder brechen Aggressionen durch – oft in recht subtiler Weise, etwa wenn das ältere sein jüngeres Geschwisterchen plötzlich und, wie es scheint, ohne Grund beim Betätscheln zwickt oder kratzt. Die Mütter wissen gut Bescheid und sind wachsam, wenn die Geschwister miteinander Kontakt aufnehmen. Sie finden sich mit dieser Geschwisterriva-

Links oben: In Kampfspielen leben die sonst friedlichen Buschmänner ihre Aggressionen aus. Beliebt sind Spiele, bei denen die Partner einander als Jäger und Beute gegenüberstehen.

Links unten: Das Spießbockspiel: Der den angreifenden Spießbock darstellende Mann ahmt mit einer Hand das Gehörn des Spießbockes nach und greift damit die anderen an, die rechtzeitig ausweichen müssen (!Ko).

Rechts oben: Das Figurenwettkampfspiel: Der Mann im Vordergrund hat gerade seinen Partner »abgeschossen« (!Ko).

lität ab; im Grunde können sie nichts gegen sie machen. Sie wissen, daß sich diese Rivalität später legen und die Geschwisterbindung dann eine innige und freundschaftliche sein wird. Sind die Kinder einander im Alter allerdings nahe, dann dauert es eine Weile, bis es soweit kommt, denn auch der kleine Säugling zeigt später Aggressionen gegen seine Geschwister und versucht sie seinerseits wegzustoßen, was wiederum Gegenaggressionen verursacht. Auch in dieser Gesellschaft muß das Kind erst lernen, Partnerschaften mit anderen zu teilen. Die Bindung an eine Person ist ein Besitz, und da unser Wohlergehen davon abhängt, daß wir in einen Verband uns persönlich verbundener Menschen eingebettet sind, reagieren wir mit Angst und Verteidigung, wenn wir eine Bindung gefährdet sehen. Das ist verständlich und sicher adaptiv, denn der Bezugspartner erfährt durch den Protest und andere Appelle, daß er im Begriff ist, den Partner zu vernachlässigen. Er kann sein Verhalten korrigieren. Allerdings muß das Kind lernen, daß seine Bezugspersonen auch Partner anderer Mitmenschen sind.

Die Mutter ist zugleich Ehegattin, dann Mutter seiner Geschwister, Tante anderer Kinder und so fort. Wer nicht zu respektieren lernt, daß sein Partner ebenfalls Partner von anderen ist, kann aus Eifersucht später extrem reagieren.

Nachdem die Besucherin eine Weile mit N//alo gespielt hatte, übernahm ihn der Vater. Er stemmte seinen Sohn hoch, schüttelte ihn, küßte ihn wiederholt und redete lallend auf ihn ein. Dem Kleinen behagte das, denn er jauchzte zum Vergnügen aller.

Der Vater übergab ihn dann einem zehnjährigen Mädchen, und während dieses ihn auf den Rücken nahm, küßte ein anderes kleines Mädchen seine herabhängende Hand. N//alo war sichtlich der Mittelpunkt der Buschleutegemeinschaft und erregte allseits Entzücken.

Jeder der Anwesenden nahm von ihm Notiz, die einen alberten mit ihm und schickten ihm Luftküsse zu, die anderen sangen ihm etwas vor, und jeder wollte ihn herzen. Ich zählte in 195 Minuten zehn Kontakte nach dem mit der Mutter. Diese Kontakte verteilten sich auf acht Personen der Horde. Ein halbes Jahr später zeichnete ich über einen Zeitraum von 543 Minuten auf, wieviel Kontakte der mittlerweile etwa zehn Monate alte N//alo mit anderen Personen hatte. Die folgende Aufstellung gibt darüber Aufschluß.

Tagesablauf des neun bis zehn Monate alten N//alo:

1. Protokollierte Zeit: 543 Minuten;
2. Zahl der nach Fremdkontakten aufgenommenen Kontakte mit der Mutter: 33, davon 8 flüchtig;
3. bei der Mutter verbrachte Zeit: 267 Minuten, davon schlafend 159 Minuten, trinkend 52 Minuten;
4. Prozentsatz der bei der Mutter verbrachten Zeit: 49,2 Prozent;
5. Zeit, die das Baby ohne Körperkontakt spielend oder krabbelnd und gehend verbrachte: 144 Minuten, 26,5 Prozent der Gesamtzeit;
6. Anzahl der Kontakte mit anderen Personen: 98, davon 41 nur flüchtig;
7. Zeit, die es bei diesen Personen verbrachte: 132 Minuten = 24,3 Prozent der Gesamtzeit;
8. Anzahl der Kontaktpersonen einschließlich der Mutter: 22.

Die meisten der Kontaktpersonen waren an diesem Tag Erwachsene, zehn davon Männer. Die Kinder der Altersklassen vier bis zwölf spielten damals gerade abseits. Normalerweise hatte das Baby auch mit diesen Kindern viele Kontakte.

Die meisten Kontakte waren freundlicher Art. Der Säugling wurde gelegentlich aggressiv, aber man nahm sein Schlagen mit dem Stöckchen nachsichtig auf und lenkte ihn ab. Als er mit einem anderen Säugling zusammenkam, griff er ihm ins Gesicht und warf ihn um. Frauen trennten die Kleinen schnell voneinander. Einige Male wurde unser Säugling geneckt: einmal vom etwa vierjährigen Schwesterchen, das ihm etwas vorhielt und dann wegzog, und ähnlich auch von Erwachsenen. Bestraft wurde er nie. Es war offensichtlich, daß der Säugling über seine freundlichen Signale entscheidend zum Zusammenhalt der Gruppe beitrug.

Es fiel mir später auch auf, daß eine Frau, die erst kürzlich von auswärts in diese Gruppe eingeheiratet hatte, sich in besonders intensiver Weise um die Kinder anderer Frauen bemühte – offensichtlich, um sich dadurch mit anderen Gruppermitgliedern anzufreunden. Sie benutzte den Appell über das Kind, um den freundlichen Kontakt mit anderen zu bestärken.

Unser kleiner Buschleutesäugling mußte sich wirklich in einer freundlichen und anregenden Gemeinschaft eingebettet fühlen. Und was immer er tat, man freute sich darüber. Zeigte er leichtes Unbehagen, dann wurde er sogleich wieder der Mutter gereicht, die ihn stillte.

Ich lernte bereits in den ersten Tagen meines Besuchs viel über die Buschleutegemeinschaft. Vor allem fiel mir auf, daß die !Ko viel Zeit füreinander übrig hatten, und zwar nicht nur die Kinder, die den ganzen Tag in Gruppen vereint spielten, nein, auch die Erwachsenen saßen viele Stunden am Tag beisammen, familienweise gemischt oder in gleichgeschlechtlichen Gruppen.

Man lagerte vor einer Hütte oder, wenn es heiß war, im Schatten eines Baumes. Einige Männer arbeiteten, der eine an einer Pfeilspitze, der andere schnitzte einen Bogen, wieder ein anderer walkte eine Tierhaut geschmeidig, viele taten nichts. Sie lagen ausgestreckt im Sand, schauten zu und gaben Kommentare ab. Man unterhielt sich angeregt, das Gespräch flog auch von den Frauen- zu den Männergruppen hin und her, und ich wunderte mich oft, was sie sich unentwegt zu erzählen hatten, wo sie doch kaum etwas erlebten.

Der Inhalt der Gespräche war nicht besonders reich. Thema Nummer eins war das Essen, Nummer zwei das Rauchen, Nummer drei die Jagd; ferner unterhielt man sich darüber, wer wem etwas zu geben oder nicht gegeben hatte, und kritisierte seine Mitmenschen. Geiz wurde angeprangert, auch über Liebschaften geredet und diese so sozialer Kontrolle unterworfen. Kritik an anderen bindet als ritualisierte, gemeinschaftlich gegen einen Dritten gerichtete Aggression. Ähnlich ging es bei den Frauen zu: Von der Jagd einmal abgesehen, waren die Themen der Unterhaltung die gleichen, während sie kleine Perlenplättchen aus Straußeneischalen anfertigten, einen Lederschurz mit Perlen bestickten oder die Säuglinge hüteten. Temperamentvoll ging es zu, wenn sie einen der Ihren kritisierten. Über Geiz und Ehebruch wurde gelegentlich hitzig debattiert. Aber meist war es ein munterer Redefluß, der die Buschleute verband.

Von Zeit zu Zeit kramte eine der Frauen ihr knöchernes Rauchrohr hervor, stopfte es mit Tabak, entzündete es mit einem Stück Glut und reichte es nach einigen Zügen ihrer Nachbarin. Diese tat dann ebenfalls einige tiefe Züge und gab das Rauchrohr weiter. So kreiste es in der Gruppe. Selbst Kinder rauchten mit.

Auch die Männer ließen immer wieder das Rauchrohr kreisen. Nie sah man, daß einer einmal allein geraucht hätte, auch innerhalb der Familie machte das Rauchrohr seine Runde.

Es handelt sich dabei um eines der kleinen Rituale, die die Bindung zwischen den Gruppenmitgliedern stärken. Die »Friedenspfeife des Alltags« ist für das freundliche Zusammenleben von größter Bedeutung; keiner wird ausgeschlossen, es sei denn, man will ihn beleidigen. In der Takatswane-Gruppe litt einer der alten Männer an offener Tuberkulose, und Heinz machte dessen Freunde darauf aufmerksam, daß sie sich anstecken könnten, wenn sie dem Kranken das Rauchrohr geben würden. Sie hörten aufmerksam zu, nickten verständnisvoll – und wenige Minuten später reichten sie mit der größten Selbstverständlichkeit auch dem Kranken das Rauchrohr, als wären sie nie vor den Folgen gewarnt worden. Befragt, erklärten sie, ja, sie verstünden Heinz wohl, doch sie könnten den alten Mann nicht kränken.

Das Pfeifenrauchen knüpft bei den Buschleuten auch das Band zu Fremden und beschwichtigt wie die Friedenspfeile der Indianer. Dazu gibt es einen eindrucksvollen Bericht aus der deutschen Kolonialzeit. Ein im Dienste der kaiserlichen Truppen stehender Bergdama traf bei Grootfontein unvermittelt mit Buschleuten zusammen. Er berichtet:

»Mich ergriff eine namenlose Angst. Ich blieb also und überlegte, was ich tun müßte, um mein Leben zu retten. Mir fiel ein, daß Buschmänner den Tabak sehr lieben. Eine Pfeife trug ich zwar bei mir, aber mein Tabak war bis auf einen kleinen Rest verbraucht. Anderes aber hatte ich nicht bei mir, womit ich die Stimmung der Buschmänner zu meinen Gunsten beeinflussen konnte. Somit stopfte ich meine Pfeife, die von dem kleinen Rest fast gefüllt war, setzte mich auf den Boden und wartete ab, was sich ereignen würde. Die Männer kamen. Sofort zündete ich meine Pfeife an und bot sie dem Ältesten von ihnen an. Er tat einige tiefe, bedächtige Züge (…) und gab die Pfeife seinem Nebenmann. Dieser rauchte in derselben Weise und gab die Pfeife weiter, bis alle nacheinander geraucht hatten. Da war die Pfeife leer. Nun fingen die Männer an, mit mir zu reden (…), sie winkten mir, am Feuer Platz zu nehmen (…), schenkten mir ein großes Stück Fleisch, (…) am anderen Morgen setzte ich ungehindert meinen Weg fort. Wie wäre es mir wohl ergangen, wenn ich keinen Tabak gehabt hätte, die Pfeife anzuzünden, um sie so allen geben zu können? Hätte ich meinen geringen Tabakvorrat so, wie er war, etwa dem Ältesten gegeben, so wären sicher die anderen böse geworden, weil sie nichts mehr hätten bekommen können, und hätten mich mit einem Giftpfeil totgeschossen.«[37]

Man teilt in der Buschleutegruppe nicht nur das Rauchrohr, sondern auch das Essen. Auf die Regeln des Teilens, das ebenso wie das gegenseitige Sich-Beschenken eine große Rolle spielt, gehen wir noch ein. Geschenke binden sogar über die Horden hinweg.

Die Bindungen der einzelnen Gruppenmitglieder werden ferner

auf mehr persönlicher Basis durch gegenseitiges Lausen gepflegt. Frauen lausen einander mit Hingabe. Frauen lausen Kinder beiderlei Geschlechts, ferner ihren Ehemann oder Geliebten. Mit Sorgfalt dreht der Lausende die kleinen Haarlöckchen des Partners auf, fängt die Läuse und verspeist sie. Nissen werden zerdrückt, gelegentlich auch mit den Zähnen geknackt, mit denen bisweilen das Haar durchkämmt wird.

Wieviel Zeit die Leute gemeinsam verbringen, fiel mir, wie gesagt, bereits nach wenigen Tagen auf. Anfangs meinte ich, das wäre jetzt so, weil sie während der ersten Tage unserer Anwesenheit gerne in unserer Nähe bleiben würden. Aber bald lernte ich, daß das Jagen und Sammeln nicht viel Zeit verbraucht, so daß die Buschleute viel Müßiggang treiben können. Sie sind in dieser Zeit nett zueinander, pflegen soziale Beziehungen, plaudern und spielen viel. Meine Mitarbeiterin Heide Sbrzesny spricht treffend von einer »mußeintensiven Gesellschaft«.[38]

Das sollte nicht so verstanden werden, als würden die Buschleute viel Zeit untätig herumliegen. Sie sind, wie wir beschrieben haben, im Gegenteil geschäftig. Aber was immer sie tun, es handelt sich nicht um Lohn- und Fronarbeit. Die traditionell lebenden Buschleute arbeiten nicht gegen Entgelt und hängen daher auch nicht auf Gedeih und Verderb von einem Arbeitgeber ab. Diese »Segnung« verschafft ihnen erst die Einbindung in die moderne Wirtschaft.

Die Spielfreude der Buschleute gehört zu den augenfälligsten Merkmalen ihrer Kultur. Ich kenne keine andere Menschengruppe, bei der Kinder und Erwachsene auf so vielfältige Weise spielen, sowohl improvisiert als auch nach festen Regeln.

Heide Sbrzesny hat die Spiele der Buschleute studiert.[39] Das kleine Kind lernt beim Spiel mit Umweltgegenständen deren Eigenschaften kennen und auch, was man mit einem Objekt alles anstellen kann. Es nimmt einen Stock zur Hand, schlägt mit ihm, stochert herum, hebelt Dinge hoch, kurz, setzt ihn in verschiedener Weise als Werkzeug ein. In dieser Art zu explorieren wird die menschliche Veranlagung zum Werkzeuggebrauch deutlich sichtbar.

Einige Aspekte dieses Erkundungsverhaltens sind übrigens recht alt: Schimpansen stochern und schlagen mit kleinen Stöcken in einer Weise, die der menschlicher Kleinkinder ähnelt. In diesen Spielen erwirbt der junge Mensch Geschick im Umgang mit Pfeil und Bogen oder dem Grabstock und übt so früh Sozialrollen ein; ferner wird ihm in einer Vielzahl von Bewegungsspielen Körperbeherrschung beigebracht.

Buschleutekinder erforschen ferner ihre soziale Umwelt; dabei ist Aggression ein Mittel, um zu erkunden, was die Gemeinschaft toleriert, welche Handlungsfreiheit man also hat und welche Einschränkungen man sich auferlegen muß, um nicht gegen die Regeln zu verstoßen.

Diesen explorativen Spielen steht die Fülle der nach genauen Regeln ablaufenden Spiele gegenüber, die auch von Erwachsenen mit Hingabe betrieben werden. Es sind zwei Grundfunktionen zu erkennen: Einerseits dienen die Spiele als Mittel der Aggressionsableitung, andererseits als Mittel, die Gruppe zu binden. Es gibt ausgesprochen kooperative Spiele. Der geschilderte Melonenballtanz der Frauen und Mädchen gehört in diese Kategorie. Ein Gegenstück dazu ist der Heuschreckenspieltanz der Männer. Sie stehen, einen Rhythmus stampfend, hintereinander in einer Reihe. Die beiden vordersten vollführen gemeinsam, immer genau im Rhythmus, eine Reihe sehr merkwürdiger Figuren. Sie fallen in den Liegestütz, grätschen die Beine, springen wieder auf, drehen und wenden sich – offenbar ahmen sie verschiedene Tiere nach. Schließlich dreht einer dem anderen den Rücken zu und beugt sich nieder, während der andere mit einem Bein über ihn hinwegspringt. Danach reihen sich die Tänzer hinten ein, und das nächste Paar beginnt seine Tanzübung. Wer Fehler macht, wird ausgelacht. Bei Frauen und Mädchen herrschen kooperative Spiele deutlich vor. Männer und Knaben dagegen widmen sich auch einer großen Zahl von hochritualisierten Kampf- und Wetteiferspielen. Beliebt sind das Honigdachs- und das Spießbockspiel der Männer, die beide einen Kampf zwischen Jäger und Wild darstellen. Einer spielt den Spießbock, die anderen die Jäger. Sie alle keuchen und stampfen in einem Rhythmus. Der Spießbock hält eine Hand mit vorgestrecktem Zeige- und Mittelfinger als Gehörn vor sich und mimt Angriffe auf die vor ihm Tanzenden, die genau aufpassen müssen. Scheut einer vor einem Scheinangriff zurück, dann ist das ein Fehler, und man lacht ihn aus. Man darf nämlich erst bei einem ernsthaften Angriff ausweichen und muß verhindern, daß einen der Spießbock mit seinem Gehörn berührt. Angreifer und Verteidiger fordern einander mit großem Geschick heraus.

In solchen Spielen werden auch aggressive Spannungen zwischen Gruppenmitgliedern abgebaut. Das gilt vor allem für die geregelten Kampf- und Wetteiferspiele, die bemerkenswerterweise nur Burschen und Männer spielen, mit Ausnahme eines Steinrechenspiels, auch Kühestehlen genannt, das von den Bantus übernommen wurde.

Männer und Jungen wetteifern zum Beispiel beim Stockschnellspiel. Dazu bauen sie aus Sand eine Schanze und schleudern, Anlauf nehmend, einen Stock so dagegen, daß er abprallt und in der Wurfrichtung weiterschnellt. Es geht darum, den Stock möglichst weit fliegen zu lassen. Mädchen machen gelegentlich mit, aber meist nur ein paar Würfe zum Scherz.

Die Jungen spielen ferner gerne das Kampfspiel Hölzchenabschießen, bei dem meist zwei Gruppen von je zwei Knaben einander im Abstand von zwei bis drei Metern gegenübersitzen. Jede Gruppe hat eine Anzahl von Hölzchen, die sie vor sich in den Sand steckt. Und nun bemüht sich jede Partei, die Hölzchen der anderen Partei nach genau festgelegten Wurfregeln abzuschießen. Die Gruppe, der dies zuerst gelingt, hat gewonnen. Besonders beliebt sind Kampfspiele, die nach der eingangs geschilderten Art eine Auseinandersetzung zwischen Jäger und Tier nachahmen. Es gibt solche Spiele in vielen Variationen. Beim Straußspiel zum Beispiel bewegt sich der »Strauß« in einer Lederschlaufe, die vom Ast eines Baums herunterhängt. Er sitzt rittlings in der Schlaufe und kann mit den Zehen gerade den Boden berühren. Die Aufgabe des »Straußes« ist es, die vor ihm im Kreis herlaufenden Jäger zu fangen, die ihrerseits sich darum bemühen, von hinten an den »Strauß« heranzukommen. Der »Strauß« kann höhere Geschwindigkeiten entwickeln, da er in der Schlaufe schwebt. Er muß aber geschickt sein, sonst verliert er das Gleichgewicht, er muß richtig beschleunigen und Kontakt mit dem Boden halten, sonst trägt es ihn aus der Bahn, wenn er zu schnell wird.

Nach strengeren Regeln läuft das Figurenwettkampfspiel »Jäger-Tier« ab. Es hat manche Züge mit unserem Knobelspiel »Stein-Schere-Papier« gemeinsam. Bei diesem Spiel sitzen sich zwei oder vier Männer im Abstand von zwei bis drei Metern gegenüber. Sind vier Männer beteiligt, dann spielen sie über Kreuz. Die Gegenspieler stellen einen ritualisierten Kampf zwischen Jäger und Tier dar, wobei einer das Wild (Antilope, Strauß) und sein Partner den Jäger spielt. Der Jäger kämpft mit seinen

Jagdwaffen, das Tier mit Hörnern, Schnabel, Sporen oder Klauen. In einer Anheizphase klatschen die Kampfpartner zunächst rhythmisch in die Hände und sagen dazu im Takt »na na na«. Dann beginnen beide in festem Rhythmus Grunz-, Keuch- und Stöhnlaute hervorzustoßen und schlagen sich auf die Brust, was die Laute vibrieren läßt. Dann zeigt der Jäger mit den Fingern einer Hand seine Waffe, der Spieler in der Tierrolle sein Gehörn, falls er eine Antilope spielt. Es handelt sich um die Handzeichen, mit denen sich die Buschleute bei der Jagd verständigen.

Jäger und Wild können durch schnelle Handbewegungen und Vorstöße in die Richtung des Gegners andeuten, daß sie sehr böse sind. Nach diesem Vorspiel kommt es zum eigentlichen Kampf. Die Kampfpartner stoßen nun abwechselnd mit der linken und rechten Hand in den Sand, wobei sie durch Grunz- und Keuchlaute den Rhythmus markieren und eine einfache Lautfolge singen. Bei einem ganz bestimmten Keuchlaut – dem Tötungslaut – wird die Stellung der Hände im Sand des Spielfelds zueinander gewertet. Bei Kreuzstellung der Hände, wenn also entweder beide die rechte oder die linke Hand in den Sand stecken, gewinnt der Jäger. Trifft dagegen Rechte auf Linke oder umgekehrt in einer geradlinigen Stellung zueinander, so hat das Tier gewonnen. Der Sieger richtet sich dann auf, reißt den Arm hoch und schnalzt mit den Fingern, wobei er eine nach rückwärts wegwerfende Handgebärde macht. Der Getroffene senkt seinen Kopf an die Brust und macht Gebärden der Verzweiflung (Kopfhalten mit beiden Händen, Augenverdrehen) und des Schmerzes. Dann spielen beide weiter.

Den genauen Erhebungen von Heide Sbrzesny kann man entnehmen, daß von den fünfzehn von ihr beschriebenen Kampf- und Wetteiferspielen der Buschleute neun ausschließlich von Jungen und Männern gespielt werden. Vier von diesen sind Kampfspiele, bei denen zwei Parteien so lange gegeneinander spielen, bis eine gewinnt. Nur sechs Spiele dieser Kategorie werden auch von Mädchen und Frauen gespielt, allerdings meist zusammen mit Jungen, die dazu auch anregen.

Die große Zahl formalisierter, nach genauen Regeln ablaufender Kampf- und Wetteiferspiele fällt im Vergleich zu anderen Kulturen auf. Die kriegerischen Yanomami-Indianer und die ebenfalls kriegerischen Eipo in Neuguinea – um nur zwei Beispiele anzuführen – kennen keine Regelspiele dieser Art. Ihre Kampfspiele sind direkte Übungen des Kriegs. Buben schießen mit

Pfeilen aufeinander und spielen Überfälle. Erwachsene brauchen das nicht zu spielen, denn sie tun es oft im Ernst. Den friedlichen Buschleuten mangelt es an solchen Gelegenheiten. Vielleicht haben sie gerade deshalb so viele ritualisierte Kampf- und Wetteiferspiele entwickelt als Ventilsitten zum harmlosen Ausleben von Aggressionen.

Daß solche Spiele vor allem von Jungen und Männern gespielt werden, hängt wohl mit der unterschiedlichen Aggressivität der beiden Geschlechter zusammen. Mädchen spielen viel mehr kooperative Spiele als Männer. Heide Sbrzesny zählt elf Tanzspiele bei Frauen gegenüber drei bei Männern. Gut die Hälfte der täglich im Spiel verbrachten Zeit wird auf das Melonenballspiel verwendet. Gewisse Spielinteressen sind geschlechtsspezifisch. Beispielsweise spielen nur Jungen Jagen, und nur Mädchen spielen mit Puppen. Das ist nicht verwunderlich und läßt sich zum Teil damit erklären, daß Mädchen sich mit Frauen und Buben sich mit Männern identifizieren. Bemerkenswert ist nur, daß sie dies freiwillig, also ohne Zwang der Älteren, tun. Uns fiel auf, daß fast immer nur die Jungen mit den von uns eingeführten technischen Geräten wie Schubkarren, Wagen und dergleichen spielten. Sie zeigten ein technisches Interesse, ganz im Gegensatz zu den Mädchen. Die geschlechtsspezifischen Interessen werden vor allem deutlich, wenn man die prozentuale Verteilung der verschiedenen Spiele bei Jungen und Mädchen erfaßt. Bei einer 1973 über einige Tage durchgeführten Erhebung drehte Heide Sbrzesny 60 Jungen- und 48 Mädchengruppen beim Spiel. Die 60 beziehungsweise 48 erfaßten Spiele verteilen sich prozentual wie folgt:

Verteilung der Spiele (in Prozent):	Jungen	Mädchen
spielerisches Verfolgen, Sich-Balgen, Scherzen	16,55	6,25
Experimentierspiele	45,00	4,16
Kampf- und Wetteiferspiele	15,00	–
Melonentanzspiele	–	56,25
Melonensteinspiel (ein Geschicklichkeitsspiel)	–	16,55
Puppenspiel	–	12,50
Spiele mit Sand	5,00	4,16
Spiele mit totem Getier	1,66	–
Imitation von Tieren	5,00	–
Diverses	11,79	–

Ein ähnliches Bild ergab eine im Jahr darauf durchgeführte Erhebung.[40]

In den letzten Jahren wurde häufig die Frage diskutiert, ob die Geschlechtsrollen rein kulturell geprägt werden oder ob es sich dabei um den Ausdruck einer angeborenen unterschiedlichen weiblichen und männlichen Disposition handelt. Beides spielt wohl eine Rolle; und extreme Ansichten wie etwa jene, daß die Geschlechtsrollen so gut wie gänzlich kulturell bestimmt seien, sind überholt.[41]

Die Erhebungen bei den Buschleuten liefern einen weiteren Beleg dafür. Soweit es sich bei den Spielen der Jungen und Mädchen um Unterschiede handelt, die die Geschlechtsrollen der Erwachsenen widerspiegeln, kann man die Frage sicher nicht entscheiden.

Kinder sind wohl in allen Kulturen bereit, sich nach dem Vorbild des gleichgeschlechtlichen Erwachsenen zu richten. Aber beim Spiel mit anderen Gerätschaften gab kein erwachsener Buschmann ein Vorbild, Mädchen spielten nicht mit diesen Dingen, nur die Jungen – die freilich mit um so größerem Eifer.

Noch in einer anderen Situation wurden die geschlechtsspezifischen Interessen offenbar, ohne daß es dafür ein Vorbild gegeben hätte. Ich erwähnte bereits, daß die Takatswane-Gruppe 1972 nach Bere übersiedelte, um dort im Rahmen eines von Hans-Joachim Heinz angeregten Buschleute-Ansiedlungsprogramms in der Rinderzucht unterwiesen zu werden. Sie erhielten in diesem Jahr auch erstmals Unterricht, und zwar von der neuseeländischen Lehrerin Liz Wiley. Diese moderne Pädagogin war bemüht, die freie Entfaltung der Kinder zu fördern, und so lehrte sie beim Mal- und Zeichenunterricht nur die Technik, ohne die Kinder auf Inhalte festzulegen. Sie konnten zeichnen, was sie wollten.

Heide Sbrzesny nahm sich diese Zeichnungen vor und untersuchte sie auf ihren Gegenstand. Sie hatte dazu 556 Zeichnungen von insgesamt sieben Jungen und 610 Zeichnungen von sieben Mädchen gesammelt. Die Analyse zeigt auffällige geschlechtsspezifische Interessen, für die es kein Vorbild in der traditionellen Kultur der Buschleute gibt, denn Auto und Flugzeug, die die Jungen so gerne malten, hatten diese Menschen gerade erst kennengelernt.

Die folgende Tabelle gibt die unterschiedlichen Interessen von Jungen und Mädchen wieder.[42]

Verteilung der Zeichnungsinhalte (in Prozent):	Jungen	Mädchen
Tiere der Horde und des Busches	29,8	7,3
Blumen	8,0	23,7
Technik (Auto, Flugzeug)	19,5	1,2
Haus, Hütte	9,5	23,6
Menschen, Mann	15,4	4,9
Menschen, Frau	3,5	21,9
Mensch (Geschlecht unbestimmbar)	5,0	3,7
Menschen insgesamt	23,9	30,4
Haushaltsgegenstände	0,3	6,0
Unterrichtsgegenstände	6,1	4,2
Sonstiges	1,9	3,6

In diesem Zusammenhang verdient die Arbeit von der amerikanischen Völkerkundlerin Patricia Draper besondere Aufmerksamkeit. Sie untersuchte den Prozeß der Sozialisierung bei den !Kung-Buschleuten und verglich dabei Gruppen, die als Jäger und Sammler lebten, mit solchen, die bereits Viehzucht trieben und Mais pflanzten. Sie stellte ebenfalls fest, daß von der !Kung-Gemeinschaft keineswegs ein sozialer Druck ausgeübt wird, der die Kinder zur Übernahme spezifischer Geschlechtsrollen drängt.

Die Eltern belasten zum Beispiel die Mädchen keineswegs mit der Kinderbetreuung. Nimmt eine Mutter ihr Kind nicht ins Feld mit, dann überläßt sie es einer anderen erwachsenen Frau zur Aufsicht. Natürlich können die Mädchen die Kleinen übernehmen, sie herzen und mit ihnen spielen, aber sie tun dies nicht, weil sie dazu verpflichtet wären, und wie wir zeigen konnten, hat das Kind viele, aber meist kurze Kontakte mit anderen Gruppenmitgliedern.

Mädchen werden auch nicht gezwungen, irgendeine andere Arbeit in der Siedlung zu übernehmen. Mädchen müssen ebensowenig auf Feldkostsuche mitgehen. Die Frauen sind froh, wenn sie nicht mitwollen, denn die Kinder stellen im wasserlosen Feld

Rechte Seite: Heuschreckenspieltanz der !Ko-Männer (spaltenweise von oben nach unten): Nach einigen akrobatischen Figuren präsentiert ein Mann einem anderen seinen Rücken, der genau im Rhythmus darüberspringen muß. Der Springer reiht sich dann hinten in der Reihe ein, während der nächste nachrückt. Aus einem, mit 25 Bildern/Sekunde aufgenommenen 16-Millimeter-Film des Verfassers.

1

2

3

4

5

6

7

8

9

10

eher eine Belastung dar. An kurzen Exkursionen nehmen sie aber gerne freiwillig teil, bei längeren müssen sie oft gegen ihren Protest abgewiesen werden. Nur einmal sah ich, daß ein etwa fünfzehnjähriges Mädchen aufgefordert wurde mitzugehen und dies nur widerstrebend tat. Gleiches gilt für die Jungen, die die Männer auch nicht gerne auf die Jagd mitnehmen.

Patricia Draper faßt die Ergebnisse ihrer Erhebung wie folgt zusammen:

»Die Kinder der Busch-Gruppen arbeiten nicht, und unterschiedliche Aufgabenzuweisung und die verschiedenen Arten von Fertigkeiten, Einstellungen und Erfahrungen, welche Mädchen und Jungen bei solcher Arbeit erwerben könnten, haben keine Bedeutung für die Sozialisierung in ihrer Geschlechtsrolle. Die Geschlechtsunterschiede, die ausgedrückt werden, sind offensichtlich das Ergebnis von unterschiedlichen Entscheidungen, die Mädchen und Knaben selbst treffen. Ich konnte bei den Erwachsenen keinerlei Einstellungen oder Werte finden, daß es einige Außeneinflüsse der Kultur gibt, welche die beobachteten Geschlechtsunterschiede produzieren. Die Identifikation mit dem gleichgeschlechtlichen Elternteil ist sicher ein zusätzlicher Faktor, der zur Differenzierung der Geschlechtsrollen der Kinder beiträgt. Aber dieses Phänomen kann man nicht so ohne weiteres als ›Außeneinfluß der Kultur‹ bezeichnen, da der Impuls offenbar im Kind selbst seinen Ursprung hat.«[43]

Mädchen entfernen sich weniger weit vom Dorf als Knaben. Sie schätzen die Gesellschaft der Erwachsenen mehr als jene und sind für soziale Aufgaben aufgeschlossener, wie Patricia Draper festgestellt hat.

Da es mir um die Erforschung elementarer sozialer Interaktionen geht, habe ich viele Stunden mit der Kamera beobachtet, und zwar sowohl Kinder, die in Kinderspielgruppen vereint waren, als auch Kinder, die im Kreise ihrer Familie weilten. Hier war es vor allem der schon erwähnte N//alo, der meine Aufmerksamkeit fesselte und dessen Sozialisierung ich verfolgen konnte. Als er im Alter von einem Jahr munter umherspazierte, war er oft das Zentrum der Gruppe. Jeder freute sich über sein fröhliches Ungestüm, gepaart mit Tolpatschigkeit. Breitbeinig stolzierte er einher, schwang meist einen Stock in der Hand und hatte auch gar keine Hemmungen, mit ihm zuzuschlagen. Auf jeden drosch er ein. Er machte dazu den Mund weit auf und atmete stoßartig. Diesen vergnügt aufgeregten Gesichtsausdruck kann man bei jedem Kleinkind in vergleichbaren Situationen sehen – und nicht nur beim Menschenkind! Auch die uns nächstverwandten Menschenaffen zeigen diesen Ausdruck, den man dort auch als »Spielgesicht« oder neutraler als »Mund-offen-Gesicht« beschreibt. Er ist ein Vorläufer des Lachens.

Solange das Kind klein ist, duldet man solche spielerischen Aggressionen, auch wenn sie gelegentlich grob sind. Man lacht über die kleinen Helden und ermuntert sie damit sogar. Nur gelegentlich habe ich gesehen, daß sich ein Kind über ein kleineres, allzu aggressives ärgerte, ihm das Stöckchen wegnahm, es wohl auch schalt und vielleicht sogar mit dem Finger stupste. Aber meist währte der Unmut nur kurz, und man merkte so etwas wie den Ausdruck schlechten Gewissens wegen der an dem Kleinen vorgenommenen Bestrafung, denn die eben noch Unwirschen herzten den Kleinen, sobald dieser ob der Bestrafung auch nur eine Spur verdrießlich schaute. Mit einem Wort, Kleinkinder genießen viel Freiraum.

Das einzige, was man gezielt verhindert, ist, daß sich zwei Krabbelkinder in die Haare geraten, was fast immer der Fall ist, wenn man sie in diesem Alter zusammenläßt, denn prompt will das eine gerade das, was das andere in der Hand hält. Man trennt die Kleinen, bevor sie einander umwerfen, aber bestraft sie nicht. N//alo erwies sich gerade in diesem Punkt als recht unverträglich.

Es sei hier darauf hingewiesen, daß Mädchen im allgemeinen lange nicht so aggressiv ihre Umgebung erkunden wie Jungen, aber nicht etwa, weil bei ihnen Aggressionen als unweiblich unterdrückt würden. Sie sind von vornherein weniger aggressiv. Wenn sie einmal mit einem Stöckchen um sich schlagen, dann findet man das genauso niedlich.

Erst wenn die Kinder mit drei bis vier Jahren zur Kinderspielgruppe stoßen, ändert sich das Verhalten der anderen zu ihnen auf dramatische Weise. Von nun an müssen sie sich einfügen; Aggressionen werden nicht geduldet. Benimmt sich ein Kind daneben, dann wird es ermahnt und gelegentlich auch durch Klapse bestraft. Die Rolle der Erzieher übernehmen dabei stets ältere Kinder, zum Beispiel das älteste Mädchen der Gruppe, das als Spielleiterin auftritt. Die Kleineren setzen Aggressionen wohl explorativ ein, erfahren aber aus der Antwort der Spielgefährten, wie weit sie gehen können. Sie werden ferner im Teilen und anderen freundlichen Umgangsformen sowie in kooperativen Spielen unterwiesen. Bemerkenswert ist, daß sich die Erwachsenen dabei kaum einmengen. Nur wenn ein Kind einmal zu laut weint, ermahnen sie den Aggressor durch Zurufe. Im übrigen ist es Sache der Kinder, miteinander auszukommen, und sie schaffen es gut.

Gelegentlich wird solche »Selbstverwaltung« in unseren Kindergärten versucht. Man überläßt die Kinder sich selbst, und vielleicht mag einer, der diese Zeilen liest, meinen, das Beispiel der Buschleute würde bestätigen, daß dies gutgehe und damit der richtige Weg beschritten sei. Vor solch voreiligem Schluß möchte ich warnen. Die Kindergruppe der Buschleute ist nämlich anders zusammengesetzt als die heute bei uns übliche Kindergartengruppe. Dort gibt es immer ältere, sozial erfahrene Kinder, die die Aufgabe eines Gruppenführers übernehmen können, quasi also die Erwachsenen vertreten. Unsere Kindergartengruppen setzen sich dagegen aus kleinen Vorschulkindern zusammen, die diese Reife im allgemeinen nicht besitzen. Durch die Untersuchungen meiner Mitarbeiterin Barbara Hold wissen wir, daß kleine Kinder dazu neigen, mittels Aggressionen ein Dominanzverhältnis aufzubauen. Der oder die Stärkste dominiert und stuft die anderen durch Zwang unter sich ein. Erst bei älteren Kindern wird die Rangstellung nicht mehr in erster Linie durch Aggression erreicht. Vielmehr wählen die Kinder ihren Gruppenleiter. Dabei zählen dessen Fähigkeit, ein Spiel zu initiieren und zu organisieren oder Streit zu schlichten, und sein Einfallsreichtum – kurz, positive soziale Eigenschaften. Erst Kindergruppen, in denen auch ältere Kinder vorhanden sind, organisieren und kontrollieren sich in dieser Weise selbst. Aus dem Dominanzverhältnis, das kleine Kinder anstreben, wird ein auf Übereinstimmung basierendes Führungsverhältnis.

Sicher lehrt uns aber die Kinderspielgruppe der Buschleute, daß das gemeinsame Spiel von ungeheuerer Bedeutung ist für das gesunde Aufwachsen des Kindes in der Gemeinschaft. Das gilt nicht nur für Buschleute. Auch unsere Kinder haben früher in Dorf und Stadt viel miteinander gespielt in Gruppen, die verschiedene Altersstufen umfaßten. Heute können sie es nicht mehr. Die Landstraße, die früher das Dorf durchzog und auf der die Kinder Kreisel drehten, Räder trieben, Fangen spielten und Kugeln rollten, ist zu einem Asphaltband geworden, auf dem ein Fußgänger nur unter Lebensgefahr verweilen kann. Die Dorfplätze, früher Stätten beschaulichen Beisammenseins, sind verschwunden. Die Kinder müssen für sich und, wenn es einen Platz gibt, mit Geschwistern oder mit Gleichaltrigen im Kindergarten spielen. Die Anregung älterer Kinder fehlt oft; die Erwachsenen vermögen sie nicht zu geben.

Im Streit um die Natur des Menschen wird angeführt, daß der Mensch in seinem ursprünglichen Zustand friedlich gewesen sei. Einen Teil dieser Aussage, soweit sie das territoriale Verhalten der Buschleute betrifft, konnten wir als Mythos entlarven. Buschleute führten in früheren Zeiten sogar Kriege. Und sie zeigen sich heute noch Fremden gegenüber reserviert, die Kinder sogar ängstlich. Das beruht auf einer angeborenen Disposition, denn Fremdenfurcht und Fremdenablehnung entwickeln sich zunächst, ohne daß es dazu schlechter Erfahrung mit Fremden bedürfte, ganz so wie bei uns. Auch unsere Säuglinge beginnen im Alter von sechs bis acht Monaten zu »fremdeln«, das heißt, sie wenden sich mit deutlichen Anzeichen von Furcht von Fremden ab.

Es könnte jedoch sein, daß das Zusammenleben der Buschleute innerhalb ihres kleinen Verbandes besonders harmonisch und frei von Aggressionen ist. Aber auch das trifft nur mit Einschränkungen zu. Zunächst einmal zeigt bereits der Säugling Aggressionen. Er kämpft mit anderen Säuglingen um den Besitz von Objekten, und er verteidigt mit großem Eifer den Platz an der Brust der Mutter. Kann er einmal laufen, dann richtet sich seine Aggressivität erkundend und antworterheischend gegen seine soziale Umwelt. Diese Aggressionen gehören zu dem im Erbe angelegten Verhaltensprogramm so wie die Fremdenfurcht, und sie werden erst über einen Prozeß der Sozialisierung unter Kontrolle gebracht. Das ist ein Vorgang, der sich über Jahre hinzieht.

Man hat bei der Beoachtung von Kindern reichlich Gelegenheit, das Repertoire aggressiver Verhaltensweisen zu studieren. Viele von ihnen sind bemerkenswert, weil sie fast kopiengetreu ebenfalls bei Kindern ganz anderer Kulturen verbürgt sind. Bei Verhaltensweisen wie schlagen, kratzen und treten könnten sich die Übereinstimmungen wohl aus der Funktion erklären, nicht so jedoch bei den ritualisierten Verhaltensweisen mit Ausdruckscharakter, da bei diesen eine bestimmte Bewegungsform erst aufgrund einer Übereinkunft eine bestimmte Signalbedeutung erlangt hat. Läge hier eine kulturelle Konvention vor, vergleichbar etwa unserer Sprache, dann wäre eine transkulturelle Übereinstimmung kaum zu erwarten, da die kulturelle Evolution rasche Änderungen bewirkt. Die Tatsache, daß wir über die Kulturen hinweg bis in die Einzelheiten gehende Übereinstimmungen des Ausdrucksverhaltens finden, spricht dafür, daß es sich hier um ein gemeinsames biologisches Erbe handelt.

Dazu einige Beispiele: Wenn Buschleutekinder streiten, dann verlegen sie sich oft nicht auf Tätlichkeiten, sondern zeigen ein ritualisiertes Verhalten, das auf einer höheren Ebene anzusiedeln ist. Dazu gehört das »Drohstarren«. Beide Partner blicken einander mit ernstem Gesicht scharf an, bis einer den Blickkontakt abbricht und aufgibt. Dieses Drohstarren ist als Mittel der Auseinandersetzung weltweit verbreitet. Jemanden zu fixieren gilt überhaupt als Drohung. Man kann zwar nicht umhin, seine Mitmenschen beim Gespräch anzublicken, da aber Anstarren bedrohlich wirkt, muß man den Blickkontakt in kurzen Abständen abbrechen und überdies noch freundliche Zusatzsignale senden. Das kann man bei jeder Unterhaltung bei seinem Partner und bei sich selbst beobachten. Wir nicken uns zu, lächeln und unterbrechen den Blickkontakt in kurzen Abständen. Das auf einen Menschen gerichtete Augenpaar wird überall zunächst als bedrohlich empfunden. Vielleicht weil im Tierreich das Fixieren dem Angriff vorangeht. Nicht nur der Mensch, auch viele Tiere zeigen Reaktionen des Unbehagens, wenn man sie anstarrt. Wegen der furchteinflößenden Wirkung verwendet man Augen auch häufig auf Amuletten, die böse Einflüsse abweisen sollen.[44]

Häufig sah ich ferner, daß der Verlierer bei einem solchen Drohstarrduell den Kopf senkte und dann schmollend die Lippen vorschob. Dieses Unterwerfungsverhalten löste in der Regel Bemühungen des Partners aus, sich wieder zu versöhnen und den vom Partner abgebrochenen Kontakt wiederzuherstellen. Durch Kontaktverweigerung bestraft der Beleidigte gewissermaßen den Partner, und das kann er natürlich nur, weil der Mensch im Grunde ein so ungeheuer soziales Wesen ist, dem der Kontakt mit Mitmenschen viel bedeutet, auch wenn er einmal mit ihnen zankt. Das kann er übrigens auch verbalisieren: »Mit dir rede ich nicht mehr« ist eine verbreitete Form der Kampfansage. Das Schmollen ist ebenso wie das Weinen eine universelle Beschwichtigungsgebärde, die Aggressionen hemmt.

An subtileren Aggressionsformen innerhalb der Gruppe beobachtet man das ebenfalls universelle Auslachen und Verspotten. Es handelt sich um Aggressionsformen, die dazu dienen, die Homogenität der Kleingruppe zu erhalten. Wer bei den gemeinsamen Tänzen nicht mitmacht oder sich dabei ungeschickt anstellt, wer nicht teilt oder sich auch nur anders herausputzt als die anderen, wer sich also von der Gruppennorm absetzt, der wird ausgelacht und verspottet. Sein abweichendes Verhalten wird herausgestellt, indem man es nachahmt. Das übt einen Druck auf den Abweichling aus, der ihn zur Angleichung zwingt.

Es gibt bei Buschleuten auch ein schärferes Spotten durch Verhaltensweisen, die uns obszön anmuten. Als sich die Kinder nicht mehr vor mir ängstigten und »frecher« wurden, war ich gelegentlich wegen meines abweichenden Verhaltens Adressat solcher Verhaltensweisen. Als ich einmal Mädchen mit dem Spiegelobjektiv unbemerkt filmte, tanzten sie seitlich heran und hoben direkt vor der Kamera das Schamschürzchen. Auch die ganz Kleinen machten mit. Einige vollführten dieses Schamweisen, indem sie mir das Gesäß zukehrten und sich tief verbeugten, eine ziemlich primatenhafte Form des Präsentierens.[45]

Sie muß von dem ebenfalls bei den Buschleuten vorkommenden Gesäßweisen unterschieden werden, das eine Defäzierdrohung darstellt. Ich habe öfter gesehen, daß Kinder andere verspotteten, indem sie sich Sand zwischen die Gesäßbacken klemmten, der bei der folgenden Verbeugung gegen den Adressaten freigegeben wurde – eine ohne weiteres verständliche Symbolik.

Eifersüchteleien, Ehebruch und Liebschaften führen zu Streit, zwischen Erwachsenen sogar zu Schlägereien, bei denen Menschen zu Schaden kommen können. Hans-Joachim Heinz beschreibt, wie im Verlauf eines Streits um ein Dongo – ein kleines Musikinstrument – ein Mann einem anderen seinen Pfeil in den Leib rammte.[46] Buschleute haben ein starkes Temperament und können im Ärger außer sich geraten. Zumeist beschränken sie sich aber auf verbale Aggressionen, und in dieser wirksamen Ritualisierung richten sie am wenigsten Schaden an. Buschleute beschimpfen einander nach ähnlichem Muster wie wir. Etwa indem sie dem Widersacher Ekliges zumuten (»Geh und iß Scheiße!«) oder sie sogar mit Namen ekliger Dinge und Tiere belegen (»Du Scheiße«, »Du bist eine Hyäne«) oder ihm Mängel zuschreiben, die vor allem die Sexualorgane betreffen (»Dein Penis riecht schlecht«, »Deine Schamlippen sind so lang wie die eines Pavians«). Auch droht man dem Partner mit aggressiven Akten (»Ich werde dich auffressen«, »Ich werde dich mit meiner Medizin töten«).

Die Buschleute sind auch innerhalb der Gruppe nicht immer friedfertig. Sie bedauern das jedoch und ermuntern keineswegs zur Aggression. Ganz anders als die Yanomami-Indianer vermeiden die Buschleute prahlerisches Gebaren. Sie pflegen ein pazifistisches Ideal. Sie haben verschiedene Möglichkeiten entwickelt, den Konflikt zu meiden oder beizulegen. Wurde ein Mann zum Beispiel von einem anderen gekränkt, dann kann er abends vor seinem Lagerfeuer laut darüber meditieren. Ohne einen Namen zu nennen, redet er den Grund seines Unmuts im Selbstgespräch hinaus. Er sagt, daß er beim Teilen übergangen wurde, oder was immer er zu beklagen hat. Alle hören es, und in der kleinen Gemeinschaft weiß jeder, wer gemeint ist. Man hört dazu auch Kommentare von anderen Feuern. Der Sozialdruck ist auf jeden Fall so stark, daß man ziemlich sicher sein kann, daß am anderen Morgen der Angesprochene kommen wird, um versöhnliche Worte zu sprechen und den Beleidigten zu beschwichtigen.

Auch geht man einem stärkeren Konflikt aus dem Weg, indem man sich mit seiner Familie für ein paar Wochen in den Busch zurückzieht, bis der Ärger verraucht ist. Oder man gibt vor, eine Untat, die Rache herausfordern würde, nicht bemerkt zu haben. Das ist häufig bei Ehebruch der Fall. Kurz, Aggressionen gehören zum Alltag der Buschleute, sie stellen aber eine unerwünschte Störung der Gruppenharmonie dar. Man sucht Konflikte zu vermeiden.

Dazu dienen wohl auch die Rituale des Teilens und Schenkens, die eine Anhäufung von Besitz verhindern. Buschleute nennen persönliche Dinge ihr eigen, und sie würden auch Besitz anhäufen, stünde dem nicht der gesellschaftliche Druck in Form des Neides der anderen entgegen. Wer hat, muß teilen. Und es gibt genaue Regeln, was man mit wem teilen muß. Manches braucht nur innerhalb der Kernfamilie, anderes muß mit allen Gruppenmitgliedern geteilt werden. Wem etwas gefällt, das ein anderer besitzt, der braucht das nur eindringlich genug zu sagen, dann muß der andere den Gegenstand hergeben. Gewiß beschenkt man einander auch ohne diesen Druck, denn damit verpflichtet man den Beschenkten, nach einiger Zeit ein Gegengeschenk zu geben.

Männer und Buben zeigen ein ausgesprochen freundliches Interesse an Säuglingen. Sie übernehmen sie, herzen und küssen sie fast genauso, wie das Frauen tun, allerdings gehen sie mit den Kleinen etwas sportlicher um. Und sie haben auch nicht die

Ausdauer der Frauen. Nach einigen Minuten reichen sie die Kleinen zurück. Melvin Konner hat gezählt, daß die Väter in den ersten beiden Lebensjahren des Säuglings für etwa dreizehn Prozent aller Kontakte sorgen. Das ist nicht wenig, wenn man bedenkt, daß die Männer auch auf Jagd unterwegs sind. Für die Kinder sind diese Kontakte von großer Bedeutung. Väter sind wie Mütter wesentliche Bezugspersonen des Kindes.

Wir haben die Gesellschaft der Buschleute bereits als mußeintensiv charakterisiert. Diese Tatsache äußert sich nicht allein in ihrer Verspieltheit. Buschleute sind künstlerisch und musisch begabt, und sie machen sich Gedanken über ihre Welt.

Ich fand bei den !Ko nicht weniger als fünf Musikintrumente. Sie sind nicht geräuschvoll und zielen nicht so sehr auf die Wirkung auf andere ab. Der Buschmann spielt viel für sich und zeigt dabei einen verträumten Ausdruck. Liegt man aber bei ihm in der Hütte, dann hört man die zarten Weisen und kann mitträumen. Ich habe stundenlang zugehört, wenn //rale auf dem Buschmannbogen spielte. Er besteht aus einem mit einer Saite bespannten Holzbogen; die Saite ist an einer Stelle mit einer Schlaufe gegen den Boden festgezurrt, und zwar so, daß sie in ein kürzeres und in ein längeres Stück unterteilt wird. Mit einem kleinen Stäbchen schlägt der Buschmann schnell abwechselnd auf den längeren und kürzeren Saitenabschnitt und erzeugt damit verschieden hohe Töne, die er noch durch das Fingerspiel der anderen Hand moduliert. Auch vermag er, den Ton auf- und abschwellen zu lassen. Die einfachen Weisen sind beruhigend und passen gut zu dem Zirper der Heimchen und den anderen Insektenlauten der Kalahari.

Auch die einsaitige Buschmanngeige, die mit einem Bogen gespielt wird, entläßt nur zarte Melodien. Als Resonanzkörper wird über ein Ende der Geige eine leere Straußeneischale gestülpt. Als Instrument, das man sowohl für sich selbst als auch in kleiner Gruppe für Zuhörer spielt, dient das Dongo. Es handelt sich dabei um ein Metallzungeninstrument, das in ganz Afrika verbreitet ist. Die Buschleute spielen es mit großer Hingabe und singen auch dazu. Zum Spielen hält man das kleine Instrument in beiden Händen und zupft die Metallzungen mit den beiden Daumen. Die Kahnlaute dürfte von den Bantu übernommen sein. Sie besteht aus einem Holztrog, der als Resonanzkörper dient, und mehreren Saiten, die mit gebogenen Hölzern über einen Steg gespannt werden.

Ein typisches Instrument der Buschleute ist die Schwirrfeder, die mit einem dünnen Lederriemchen an einem etwa einem halben Meter langen Stab befestigt ist. Die Feder wird durch Kreisen des Stabes in schwirrende Bewegung versetzt und brummt je nach Geschwindigkeit in verschiedenen Tonlagen. Die Buschleute wissen die Geschwindigkeit geschickt zu modulieren. Bei den !Ko spielte nur //rale dieses Instrument.

Bei den G/wi sah ich eine Gruppe von Burschen und Mädchen zum Takt tanzen, den zwei der Burschen mit der Schwirrfeder angaben.

Buschleute sind aber nicht nur hingebungsvolle Musiker. Die Männer sind auch ausgezeichnete Erzähler. Sie berichten vor allem von Jagdabenteuern, wobei sich bestimmte Personen hervortun. Und obgleich sich die Geschichten stets wiederholen, findet der Erzähler für seinen temperamentvollen Vortrag immer wieder aufmerksame Zuhörer. Es gehört zum Ritual des Erzählens, daß einer als Partner des Vortragenden auftritt und auf jede seiner Feststellungen mit »ehe« oder der Wiederholung des zuletzt gesagten Wortes antwortet, so die Aufmerksamkeit bekundend. Die !Ko sind übrigens im Erzählen weniger begabt als die !Kung, von denen W. H. Bleek und L. C. Lloyd schöne Mythen aufgezeichnet haben.

Von den !Kung stammt auch das folgende Klagelied eines Buschmanns auf den Tod seines Freunds[47]:

Die zerbrochene Saite
(diktiert im Juli 1875 von Diä!kwain, der es
von seinem Vater Xaätin hörte)

Leute waren es, die
Mir die Saite brachen.
Darum
Ist mir der Ort so seltsam geworden,
Deswegen.

Weil die Saite mir gebrochen ist,
Darum
Fühlt sich mir der Ort nicht an,
Wie er sich früher mir anfühlte,
Deswegen.

Denn
Der Ort fühlt, als stände er offen vor mir,
Weil die Saite mir gebrochen ist.
Darum
Fühlt sich mir der Ort nicht mehr schön an,
Deswegen.

Ein anderes ausdrucksvolles Lied der !Kung, übersetzt von Arthur Markowitz, findet sich bei Jens Bjerre[48]:

An dem Tag, an dem wir sterben,
Kommt der Wind,
Um auszuwischen
Die Spuren unserer Füße.

Sonst
Würde es sein,
Als ob wir
Immer noch lebten.

Der Wind wirbelt Staub auf
Und bedeckt
Die Spuren, die blieben,
Wo wir gegangen.

Drum ist der Wind,
Der kommt,
Auszuwischen
Die Spuren unserer Füße

Oswin Köhler hat von der geradezu poetischen Begabung der im Caprivizipfel beheimateten Kxoe berichtet.[49]

Und so begrüßen die Kxoe das Wiedererscheinen des Mondes:

Anrufung des neuen Mondes

Du Mond bist aufgegangen,
Vor deinem Gesicht
Soll Leben gefunden werden:

Honig und alle Dinge, die es gibt,
Die Python, das Eland etwa,
Die Giraffe und alles, was da ist.

Upfuaa!

Vor deinem Gesicht wollen wir alles
Und Honig sammeln und niederlegen,
Die Python und alle Dinge (Tiere),
Und alles, was fallen kann,
Soll (tot) fallen!
Du Mond bist aufgegangen,
Das Leben wollen wir finden und sein,
Essen wollen wir nur,
Den Tod wollen wir nicht sehen!

Upfuaa!

Was sollen wir tun?
Vor deinem Gesicht wollen wir
Mit scharfem Blick erspähen
Und leben,
Speise soll von allem in Fülle sein,
Die Kinder sollen spielen
Und fröhlich sein
Sie sollen essen,
Gesund spielen und leben!

Upfuua!

(Unser Auge) soll alles erspähen
Vor deinem Gesicht,
Du bist neu aufgegangen,
Du Mond!

Upfuaa!

Kafulo, Dikundu 1974

Auch Frauen spielen Musikinstrumente, vor allem Dongo, doch weniger oft als die Männer. Sie singen viel, aber ihre künstlerische Begabung äußert sich vor allem in der Anfertigung von Schmuck. Sie machen ihn auf traditionelle Weise, indem sie aus den Schalen der Straußeneier kreisrunde Plättchen schleifen und daraus Ketten, Schürzchen und anderen Zierrat herstellen. Schon die Anfertigung der kreisrunden Plättchen ist eine Kunst. Die Straußeneischale wird in vorerst eckige Plättchen zerbrochen. Diese werden durchbohrt und auf eine Schnur gereiht. Nun folgt die Feinbearbeitung. Die aufgereihten Plättchen werden mit einem Antilopenhorn rundgeschlagen, zuletzt die eng aneinandergereihten Plättchen »im Stück« mit einem weichen Kalkstein auf einer Holzunterlage rund geschliffen. Die Kunst verliert sich langsam, aber die alten Frauen der !Ko sind darin noch Meisterinnen. Heute werden vielfach Glasperlen zu bunten Mustern auf Stirnbändern und Schamschürzen verarbeitet.

Der Schmuck ist nicht bloß Luxus, er erfüllt nach den Untersuchungen der Völkerkundlerin Polly Wiessner wichtige soziale Aufgaben. Die schön gearbeiteten Perlstirnbänder und Armbänder der !Kung werden an bestimmte Partner in einem wechselseitigen Geschenketausch vergeben. Jede Person hat etwa ein Dutzend Geschenkpartner, die über ein größeres Gebiet verteilt leben. Geschenkpartner sind verpflichtet, einander in Notzeiten beizustehen, unter anderem gestatten sie einander den Zugang zu ihrem Territorium. Das ist eine Art Sozialversicherung. In die Geschenke wird viel Arbeit investiert. Man stellt sich so als wertvoller Geschenkpartner dar. Die Muster der Stirnbänder zeigen einen gruppentypischen Stil. Diejenigen, die man zu Geschenkzwecken anfertigt, tragen jedoch Stilmerkmale des Geschenkpartners, so, als wolle man damit den Respekt vor dessen Eigenart bekunden.[50] Auch Pfeile und andere Wertgegenstände werden ausgetauscht. Ehepartner bedenken immer nur die eigenen Xharo-Partner. Sie können aber ihrem Ehepartner etwas schenken, damit dieser diese Gabe an seinen Geschenkpartner weitergibt.

Die traditionellen Schamschürzen der Frauen der !Ko und G/wi sind so etwas wie eine Tracht. Die !Ko fassen ihre Schürzchen aus Gazellenhaut mit einem Saum aus mehreren Reihen von Straußeneiplättchen ein. Die G/wi verzieren sie dagegen mit einem Vorhang aus Springhasenknöchelchen, die an schmalen Lederstreifen von oben über das Schürzchen hängen.

Wie alle Menschen machen sich die Buschleute Gedanken über diese Welt. Hans-Joachim Heinz hat über die religiösen Vorstellungen der !Ko berichtet.[51] Sie glauben an einen Hochgott Gu/e, der als Schöpfer der Welt angesehen wird. Er hat einigen Informationen zufolge Frau und Kinder und sicher ein großes Haus, obgleich niemand weiß, wo. Die Kinder von Gu/e führen die Buschleute zu den Antilopen und sammeln auch die Seelen der Toten ein. Gu/e hat viele Kinder. Nach anderen Informanten sammelt Gu/e jedoch selbst die Seelen der Männer und seine Frau die der Frauen. Gu/e hat auch einen Geist zweiter Ordnung geschaffen, der sowohl das Gute als auch das Böse verkörpern kann.

In der Schöpfungssage drückt sich ein Minderwertigkeitskomplex der Buschleute aus. Gu/e machte zuerst alle Menschen gleich, teilte sie aber dann in verschiedene Rassen, von denen einige dafür bestimmt sind, für die anderen zu arbeiten. Zuerst machte er die Weißen, dann die Schwarzen, und aus den Überbleibseln in seinem Topf machte er die Buschleute, die deshalb so klein gerieten und auch im Vergleich zu anderen »so little sense« haben. So schuf er auch die Tiere, zuerst die großen, dann aus den Überbleibseln im Topf die kleinen. Gu/e lehrte die Menschen, mit Pfeil und Bogen zu jagen, er zeigte ihnen die Feldkost und die giftigen Pflanzen und unterwies sie in all den anderen Fertigkeiten wie den Tänzen; er gab ihnen Gesetze, die Nahrungstabus durchsetzen sollen. Er bestraft die Menschen durch den Tod. Wenn er nicht will, daß einer stirbt, dann können die Löwen um dessen Feuer sitzen, und es wird ihm nichts geschehen.

Gu/e bestraft die Menschen für viele Vergehen – für Inzest, Lüge, Diebstahl, Ehebruch, Eifersucht und Mord. Dann schickt er eine Giftschlange, um den Sünder zu bestrafen, oder einen Leopard oder irgendein Unheil, etwa eine Krankheit. Man bittet ihn um Gutes und dankt ihm für gewährten Schutz. Von /oa ist dagegen im allgemeinen nicht viel Gutes zu erwarten. Er ist unter den Menschen, wenn sie Böses anrichten, und er verursacht Krankheit und Tod. Gu/e ist im Range /oa übergeordnet.

Der Mensch hat eine Seele, /aa, die ihn beim Tod verläßt. Auch Tiere sind beseelt, denn sie handeln mit Vernunft. Die Seelen der Toten leben überall im Himmel und auf der Erde. Sie brauchen nichts zu essen, da sie keine Körper haben. Manche Buschleute fürchten die Geister, andere nicht.

!Ko-Mädchen mit Stirnschmuck aus Blättern, spielerisch angefertigt.

Windhosen sind die Seelen von Selbstmördern. Gu/e hat ja in diesem Fall nicht den Befehl gegeben zu sterben, und so glauben diese Leute, noch zu leben, und wandern rastlos über das Feld. Man versucht sie durch Sandwerfen oder Ausstrecken der Hand mit hornartig vorgehaltenen Fingern abzuweisen. Die Seelen guter Menschen gehen zu Gu/e, die der Schlechten zu /oa.

Auch die Erde wurde von Gu/e geschaffen, und »die Sonne ist ein Mann, weil sie heiß ist und Buschleute zu verbrennen und zu töten wünscht. Wir mögen sie daher nicht.«[52]

Der Mond hingegen wird geliebt, weil er kühl ist. Sonne und Mond werden täglich von bestimmten Geistern verzehrt und danach wiedergeboren. Von den Sternen behaupten die einen, sie seien die Augen der Toten, andere streiten das ab. Von !Ko-Buschleuten hörte ich, daß es sich hier um die Lagerfeuer der Seelen handle. Meteore zeigen an, daß jemand gestorben ist; sie werden daher gefürchtet.

Religiöse Rituale beschränken sich auf den Trancetanz, den wir bereits beschrieben haben. Ihr Singen und Tanzen verstehen die Buschleute in gewissem Sinn als Gebet zu Gu/e, den man bei diesen Tänzen auch anwesend wähnt. Das Böse, das von /oa kommt, wird bei diesen Tänzen von den Männern, die in Trance über besondere Kräfte verfügen, aus den Frauen aufgenommen, die vor allem davon betroffen werden. Es gibt geringfügige gruppenspezifische Varianten des Trancetanzes. So geraten bei den G/wi und !Kung auch Frauen in Trance. Sie tanzen allerdings nicht nach Art der Männer und tragen auch keine Rasseln an den Beinen. Sie heilen einander, indem sie sich gegenseitig mit ihrem Achselschweiß einreiben und den Geruch ihres Haupthaars mit den Handflächen abstreifen und ihn auf den Kranken oder auf den Partner übertragen. Auch Männer übertragen beim Trancetanz so ihren Körpergeruch auf andere.

Der Trancetanz ist in mehrfacher Weise bemerkenswert. Er ist zunächst einmal Ausdruck des spezifisch menschlichen Bedürfnisses, die Welt zu erklären, um im Rahmen des in sie projizierten Ordnungsmusters handeln zu können. Das befreit, wie schon ausgeführt, von Angst und deren physiologischen Folgen (Streß), die bekanntlich gesundheitsschädigend sind. Damit wird die Resistenz gegen Krankheiten erhöht und so ein echter therapeutischer Erfolg erzielt. Zugleich erfüllt dieses Ritual gemeinsamen Kampfes gegen das Böse eine die Gruppe vereinende Funktion und leitet Aggressionen ab. Darüber hinaus grenzen sich Gruppen über solche Rituale von anderen ab. In Ritualen heben die Ethnien durch Kontrastbetonung ihre Eigenständigkeit hervor.

Rituale markieren die entscheidenden Abschnitte im Leben der

Buschleute. Dabei wird einer Geburt geringe Bedeutung zugemessen, vielleicht, weil die Lebenserwartung eines Neugeborenen nicht sehr hoch ist. Die Frau gebiert allein oder mit dem Beistand einer alten Frau im Feld und kommt mit dem Kind zur Gruppe zurück. Man begrüßt die Mutter und das Kleine, dessen Stirn die Frauen mit Fett einreiben, ein symbolischer Akt der Aufnahme des Kindes in die Gruppe.

Von großer Bedeutung für die !Ko-Gemeinde ist es, wenn ein Knabe oder ein Mädchen zur Reife herangewachsen ist. Der jugendliche Mensch wird dann durch ein besonderes Initiationsritual (Reifezeremonie) in den Kreis der Erwachsenen aufgenommen. Das Mädchen, dessen Reife eindeutig durch das Einsetzen der Regel markiert ist, wird zunächst in einer eigens dafür erbauten Hütte abgesondert. Es darf nicht mehr mit bloßen Füßen den Boden betreten, muß verschiedene Speiseverbote befolgen und wird von einer Großmutter oder einer alten Frau betreut, die es zugleich unterrichtet und in die Pflichten der Frauen einweist. Man lehrt es unter anderem, die Autorität alter Menschen zu achten, sich nicht an fremden Feuern niederzulassen, den späteren Ehemann nicht durch schlechtes Verhalten zu beschämen, die verschiedenen Pflichten als Hausfrau zu erfüllen, während der Periode nicht die Jagdgeräte des Mannes zu berühren und andere Regeln des Anstands. Auch wird es in allem unterwiesen, was mit Geburt und Säuglingspflege zusammenhängt. Hans-Joachim Heinz bezweifelt, daß die Mädchen wirklich viel Neues dabei erführen, denn das meiste wüßten sie bereits.[53] Die Unterrichtung ist eine Art symbolisches Resümee.

Während der Zeit, in der das Mädchen in der Hütte abgesondert ist, tanzen die anderen Frauen und Mädchen jeden Morgen den Elandtanz, bei dem sie ihr Gesäß entblößen, eine Sexualsymbolik, die deutlich macht, daß es sich hier um ein Fruchtbarkeitsritual handelt. Später tanzen auch Männer mit. Sie halten eine Astgabel wie ein Gehörn vor ihre Stirn. Es handelt sich um ein religiöses Ritual, bei dem die Gruppe an höhere Mächte appelliert. Zum Abschluß der sich über eine längere Zeit erstreckenden Zeremonie wird das Mädchen in einer Art Wiedergeburt in die Gemeinschaft eingeführt, nun als erwachsenes Mitglied.

Bevor es zum erstenmal die Hütte verlassen darf, läßt man es mit Pfeil und Bogen auf ein kleines Schild aus dem Stirnfell des Spießbocks (Oryx) schießen. Das soll Glück für die Jagdwaffen der Männer bringen. Dann führt die alte Frau, die seine Lehrerin war, es aus der Hütte, während die Männer und Frauen als Elandantilopen tanzen. Danach kehrt das Mädchen wieder in die Hütte zurück. Am folgenden Tag wird es wieder aus der Hütte geholt und nun allen Gruppenmitgliedern vorgestellt. Bei den G/wi wird es zugleich noch einmal darin unterwiesen, was sein Land ist. Das Mädchen wird von Hütte zu Hütte geführt. Es zeigt mit einem Stock, den es am Feuer vor der Hütte entzündet, auf jede Hütte. Auch das soll Glück bringen. Während es dies tut, geben die Frauen zirpende Laute von sich. Das Mädchen wird bei jeder Hütte beschenkt.

Auch das Initiationsritual der Männer stellt eine symbolische Wiedergeburt dar, verbunden mit einer Unterweisung der Knaben in die Pflichten der Erwachsenen. Sie werden wie Kinder behandelt, dürfen nicht allein gehen, nicht aufblicken, nichts mit den Händen berühren und müssen sogar gefüttert werden. Während dieser Zeit werden sie unterrichtet, durch Drohungen eingeschüchtert und tätowiert.

Initiationsrituale dieser Art kennt man bei vielen Völkern. Gerade in den individualisierten Kleinverbänden ist es von größter Bedeutung, daß sich der junge Erwachsene mit den Werten der Gruppe identifiziert und sich als loyales Gruppenmitglied einfügt.

Da die Kinder zunächst sich ziemlich selbst überlassen aufwachsen, muß diese Unterweisung in konzentrierter Form nachgeholt werden. Psychologisch wird über die Infantilisierung ein Abhängigkeitszustand geschaffen, der die psychologische Bereitschaft erzeugt, Belehrungen entgegenzunehmen und die Erwachsenen als ranghöher zu akzeptieren. Bezeichnenderweise wird diese Technik auch angewandt, wenn mittels »Gehirnwäsche« Menschen umerzogen werden. Man fesselt zum Beispiel Gefangene, so daß sie alle ihre Bedürmisse nur mit Hilfe jener, die auch ihre Lehrer sind, erfüllen können. Sie werden gefüttert und dabei indoktriniert. Da sie auch niemanden sonst als Gesprächspartner haben und eine lange Isolation vorangeht, sind sie bereit, zuzuhören und den Lehrer als ranghohen Sozialpartner anzuerkennen. Im gleichen Maße, wie sie sich aufnahmebereit zeigen, werden die Einschränkungen abgebaut.

Auch bei den Initiationsritualen sind Isolation, Einschränkungen und Infantilisierung Mittel, um junge Menschen gefügig zu machen. Bei den Knaben kommen Drohungen und bei vielen

Völkern auch grausame Mißhandlungen dazu. Das Tätowieren ist eine solche schmerzhafte Prozedur. Es demütigt zwar und stuft rangniedrig ein, bewirkt aber die Bereitschaft, Anordnungen und Belehrungen vom Ranghohen zu übernehmen, eine Tatsache, die man sich auch in unserer Kultur, zum Beispiel beim militärischen Drill, zunutze macht. Bei den Buschleuten allerdings scheint die Initiation ein weniger traumatisches Ereignis zu sein als in anderen Kulturen.

Am Tod eines Gruppenmitglieds nimmt die Gruppe Anteil. Sie betrauert den Verlust, aber man hat den Eindruck, daß sie den Toten fast furchtvoll möglichst schnell vergessen möchte. Der Tote wird begraben – jeder wirft eine Handvoll Erde in die Grube, ähnlich wie das bei uns Brauch ist. Nach dieser rituellen Verabschiedung wird die Begräbnisstätte jedoch gemieden und nicht weiter gepflegt.

In den letzten Jahren sind einige bemerkenswerte Monographien und Arbeiten über die Buschleute erschienen.[54] Sie schließen in gewisser Weise ein Kapitel Buschleutegeschichte ab, indem sie, wie auch dieser Bericht, von Vergangenem berichten. Gegenwärtig gibt es noch Gruppen, die traditionell jagen und sammeln, aber diese Erwerbsquelle ist nicht mehr ihre einzige. Die Geldökonomie ist bis in die zentrale Kalahari vorgedrungen und mit ihr die Waren der westlichen Zivilisation. Mit dem Bedürfnis nach Stoffbekleidung, Plastikeimern und anderen Gütern ist die Abhängigkeit vom Geld gewachsen. Die Buschleute verdingen sich als Farmarbeiter, verkaufen Souvenirs an Touristen und züchten Ziegen und Rinder. Vor der Unabhängigkeit Namibias waren viele !Kung-Buschleute beim südafrikanischen Militär verdingt, was für Buschleute viel Geld bedeutete. Heute ist diese Einnahmequelle versiegt, und das könnte einige Gruppen dazu bewegen, wieder die traditionelle Lebensweise aufzugreifen, die sie nach wie vor beherrschen. Vom Schicksal der G/wi habe ich bereits berichtet. Sie werden von karitativen Organisationen versorgt und in die Abhängigkeit gefüttert.

Nicht ganz so schlecht steht es um die kleine !Ko-Gruppe, die wir kennen- und liebenlernten. Wie erwähnt, siedelte sie von Takatswane nach Bere um, wo Heinz ihnen einen Brunnen bohren ließ und sie in der Rinderzucht unterwies. Mit seinem Entwicklungsprojekt wollte er den Buschleuten zu Ansehen in dem Bantustaat verhelfen. Die Buschleute sollten in ihrem traditionellen

Gebiet zu Rinderzüchtern und zu gesetzlich anerkannten Landeigentümern werden, Lederverarbeitung lernen und ihre Produkte an Touristen absetzen. Er erreichte, daß eine Schule eingerichtet wurde, und verpflichtete die bereits genannte Lehrerin Liz Wiley, die sehr engagiert und gut war, aber einen dogmatischen Kollektivismus vertrat, der, wie sie meinte, auch dem Wesen der Buschleute entspreche. Hier spielte wohl die Vorstellung der kollektiven Urgesellschaft eine Rolle. Heinz jedoch kannte die Buschleute, und er wußte, daß diese ausgesprochene Individualisten sind, für die zunächst einmal nur die Sippe etwas gilt. Erst dann kommen die Mitglieder der Kleingruppe und die Tauschpartner. Das den Alltag einer kleinen Buschleute so bestimmende Bemühen, die Gruppenmitglieder gleichzustellen, erfolgt unter einem starken Normierungsdruck. Er ist notwendig in einer Umwelt, die eine tägliche sichere Versorgung mit Lebensmitteln auf individueller Basis nicht sicherstellt.

Entfällt der so bedingte kulturelle Normierungsdruck, dann entwickeln sich – der natürlichen Neigung folgend – schnell Ungleichheiten, auch unter den Buschleuten.[55]

Buschleute waren früher durchaus kriegerisch, wie alte Höhlenmalereien in Südafrika aus frühgeschichtlicher Zeit belegen. Links und rechts unten im Bild zwei einander mit Pfeilen bekriegende Gruppen (aus: Bleek, 1930).

Heinz, der den Individualismus der Buschleute kannte, war der Ansicht, die Rinder sollten einzelnen Personen gehören. Das würde besser zur Tierhaltung motivieren. Liz Wiley dagegen glaubte, die Rinder sollten Eigentum der ganzen Gruppe sein. Es gelang ihr, das Entwicklungsprojekt an sich zu reißen und Heinz auf unerfreuliche Weise zu verdrängen. Sie ließ sich von der Regierung Botswanas als Leiterin eines Buschleuteentwicklungsprogramms anstellen und erreichte sogar, daß Heinz untersagt wurde, Bere zu besuchen, obwohl Namkwa ihm einen Sohn geboren hatte. Nachdem sie das bewirkt hatte, zog sich Liz Wiley aus dem Projekt zurück, ging zunächst nach Gaberone, dem Regierungssitz, und verließ schließlich das Land. Das Entwicklungsprojekt hat schwer gelitten.

Die Regierung unterhält zwar die kleine Schule, in der ein Bantulehrer unterrichtet, und auch der medizinische Posten ist besetzt, allerdings nur sporadisch. Die festen Gebäude, die Heinz für die Lederverarbeitung und andere Zwecke errichtet hatte, waren bei meinem letzten Besuch 1986 verfallen. Die Gruppe ist weiterhin bei Bere ansässig. Sie züchtet Rinder und Ziegen, die Eigentum der einzelnen Familien sind. Einige Männer sind von der Straßenbauverwaltung angestellt, den nahe an Bere vorbeiführenden Teil der ungeteerten Straße von Kang nach Ghanzi instand zu halten. Im übrigen leben die Bere-!Ko noch in den typischen Buschleutehütten. Allerdings kleiden sie sich nicht mehr traditionell. Sie gehen weiterhin mit Pfeil und Bogen auf Jagd und sammeln mit dem Grabstock zusätzliche Feldkost. Sie spielen und tanzen wie früher. Ist einer erkrankt, dann sucht er die medizinische Station auf, aber die Gruppe bemüht sich abends um seine Heilung, indem sie einen Trancetanz veranstaltet. Dann sind die Buschleute ganz die alten.

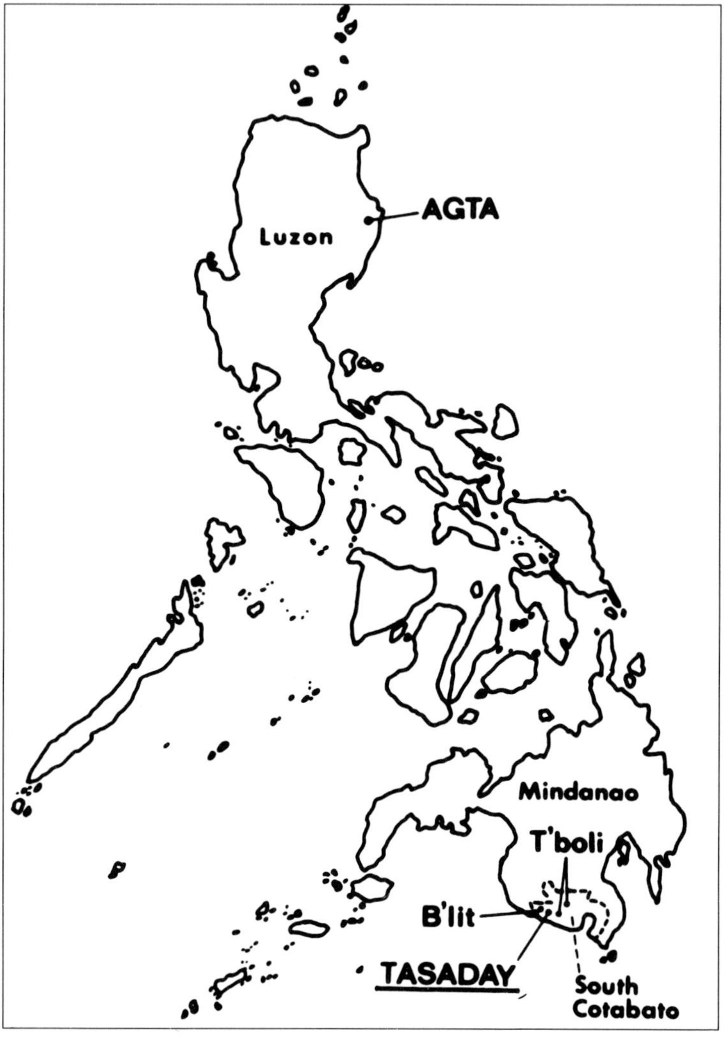

Karte der Philippinnen mit den Wohngebieten der Blit, Tasaday, Tboli und Agta.

Die Tasaday

Höhlenbewohner in den Bergwäldern Mindanaos

Meine Begegnung mit den Tasaday war nur flüchtig, dennoch möchte ich darüber kurz berichten. Auch weil sich über die Tasaday eine lebhafte Diskussion entwickelt hat unter den Anthropologen, von denen einige glauben, man habe hier eine kulturell avancierte Gruppe von Menschen dazu überredet, »Wilde« zu spielen.

Ich habe die Tasaday nicht in mein Dokumentationsprogramm aufgenommen, weil ich sie für »Sekundärprimitive« halte, für Menschen also, die sich aus irgendeinem Grund von einer avancierten Gruppe mit Gartenbau und Tierhaltung abgespalten haben und in der Isolation zu Wildbeutern geworden sind. Da ich bei meinem Programm an genuinen Jäger-und-Sammler-Völkern interessiert bin, habe ich es bei einem einmaligen Kurzbesuch belassen.

Um das Jahr 1960, der genaue Zeitpunkt läßt sich nicht mehr rekonstruieren, hatte ein Jäger aus dem Bergvolk der Blit eine seltsame Begegnung. Er hieß Dafal und war in gewisser Hinsicht ein Sonderling, denn er wagte sich allein in die unwirtlichen Regenwälder der Gebirge im Süden Mindanaos (Philippinen), die an das Wohngebiet der Blit angrenzen. Die Blit fürchten die Wälder wegen der Geister, die dort wohnen, aber Dafal stellte dort gerne seine Wildfallen auf und sammelte die Blätter einer Rebe zum Betelkauen. Er war vielleicht einige Tage unterwegs, als er im weichen Boden des bisher als menschenleer geltenden Waldes die Abdrücke von Füßen entdeckte. Er folgte ihnen und sah schließlich durch Blätterwerk hindurch eine braune Gestalt. Vorsichtig schlich er näher und erkannte, daß es drei Männer waren. Sie waren nackt bis auf ein Blatt, das ihre Schamregion bedeckte, und gruben mit Stöcken nach Wurzeln. Einer der Männer sah Dafal, rief etwas, und die drei verschwanden wie scheues Wild. Dafal folgte ihnen und rief, er komme in freundlicher Absicht, aber zunächst liefen die drei weiter, und er hatte Mühe zu folgen. Dann endlich besannen sich die Flüchtenden. Sie blieben stehen und warteten. Sie glaubten, die freundliche Absicht Dafals erkannt zu haben, zitterten aber, als er herankam. Dafal sprach freundlich auf sie ein, und sie verstanden einige seiner Worte – ihre Sprache war offensichtlich mit jener der Blit verwandt. Dafal gab ihnen etwas von seinem Proviant und erhielt dafür Blätter zum Betelkauen. Dann trennte man sich.

In den folgenden Jahren nahm Dafal wiederholt Kontakt mit der kleinen Gruppe auf. Er traf sie an dem Flüßchen, an dem er ihnen zuerst begegnet war. Sie gaben ihm die Blätter der Huirebe zum Betelkauen und eßbare Wurzeln, er überreichte ihnen Stoffstreifen und gelegentlich Metallgegenstände wie Messer, Ohrringe aus Bronze und dergleichen. Außerdem unterwies er sie angeblich in der Jagd. Sie sollen damals Pfeil und Bogen noch nicht gekannt haben!

Die Weltöffentlichkeit erfuhr von diesen Waldmenschen erst 1971. Manuel Elizalde, Sproß einer wohlhabenden Familie aus Manila, hatte sich der bedrängten Minderheiten Mindanaos angenommen und 1968 eine Organisation zum Schutz dieser Kleingruppen gegründet. Sie nennt sich Panamin (Private Association for National Minorities) und ist in ihrer Arbeit sehr erfolgreich. So wurden die Tbolis und Ubos viele Jahre von christlichen Siedlern tyrannisiert und in einem aufreibenden Kleinkrieg aus ihrem angestammten Land verdrängt. Dem gebot Elizalde Einhalt; es gelang ihm gegen große Widerstände, den Präsidenten der Philippinen und andere hohe Regierungsmitglieder für sein Anliegen zu gewinnen. Den bedrängten Gruppen wurde gestattet, sich selbst zu verwalten und eine eigene Polizei aufzustellen. Der Kleinkrieg hörte auf. Das Motto aller Bemühungen Elizaldes ist, »das Recht des Menschen zu schützen, eine eigene Entscheidung zu treffen« – das Recht der Minderheiten, einen eigenen Weg zu gehen.

Elizalde hörte von Dafals Kontakten mit den Waldmenschen. Dafal erklärte sich bereit, ein Zusammentreffen am Rand des Waldes, in der Nähe einer Blit-Siedlung, zu arrangieren. Am 4. Juni 1971 kam das Treffen zustande. Eine kleine, verschreckte Gruppe war aus ihrem Wohngebiet an den Waldrand gekommen. Ohne Dafal wäre sie längst davongelaufen; der Hubschrauber und die fremden Menschen ängstigten sie. Man verständigte sich in der Sprache der Blit und erfuhr, daß sie sich nach einem Berg, in dessen Nähe sie lebten, »Tasaday« nannten. Ihre Sprache war zwar mit jener der Blit verwandt, aber es wurde auch klar, daß es sich bei diesen Menschen um eine schon längere Zeit isolierte Kulturgruppe handelte, die sprachlich von den Blit unterschieden war. Man erfuhr, daß sie nur vom Sammeln lebten, kaum zu jagen verstanden, einfache Steinwerkzeuge benutzten und in Höhlen wohnten.

Man traf sich im selben Jahr noch einmal am Waldrand und kam überein, die Tasaday in ihrem Gebiet aufzusuchen. Dazu mußte ein von Dafal geleiteter Trupp zuerst einmal auf einem Bergrükken im Tasaday-Gebiet einen großen Baum fällen und einen Landeplatz errichten, auf dem die Besucher abgesetzt werden konnten. Zu den ersten, die auf abenteuerliche Weise eingeflogen wurden, gehörten neben Manuel Elizalde die beiden Anthropologen Frank Lynch und Charles Fernandez, denen wir den ersten ausführlichen Bericht über die Tasaday verdanken.[56] Wenige Wochen später kam der Journalist von Associated Press John Nance, der sich in der Folge intensiv mit den Tasaday befaßte und den bisher vollständigsten Bericht über sie vorgelegt hat.[57]

Je näher man sie kennenlernte, desto rätselhafter wurden sie: Menschen, die sich nur mit Blättern bekleideten, die nicht zu weben und zu flechten verstanden, nur grob zugehauene Steinwerkzeuge besaßen, keine Gefäße und kaum Körperschmuck kannten, mit Ausnahme von einfachen Ohrringen aus Rotan (Rotanpalme: Calamus). Menschen, die nur vom Sammeln lebten und die keine Jagdwaffen hatten. Mit Pfeil und Bogen, die Dafal ihnen gebracht hatte, wußten sie damals kaum umzugehen. Sie kannten Affen- und Rattenfallen; das übrige erbeuteten sie mit der Hand. Insekten sowie Krabben, Kaulquappen und Frösche aus einem Bach lieferten das tägliche Eiweiß. Sie wohnten in natürlichen Felshöhlen an einem Berghang und entfernten sich offenbar nie weit davon.

Die Gruppe bestand 1971 aus 5 verheirateten Paaren, 1 Witwer, 1 Junggeselle und 13 Kindern, von denen 11 männlichen Geschlechts waren – insgesamt 25 Personen. Man konnte in Erfahrung bringen, daß drei der erwachsenen Frauen und einige Männer aus einer anderen Gruppe stammten. Sie nannten die Namen Tasafeng und Sanduka, konnten aber weder angeben, wann sie die letzten Kontakte mit diesen Gruppen gehabt hatten, noch, wo sich diese zur Zeit aufhielten. Es machte sie geradezu verlegen, daß sie zugeben mußten, den Kontakt mit ihresgleichen verloren zu haben. Immerhin erfuhr man so, daß es noch andere Tasaday-Grup-

1

4

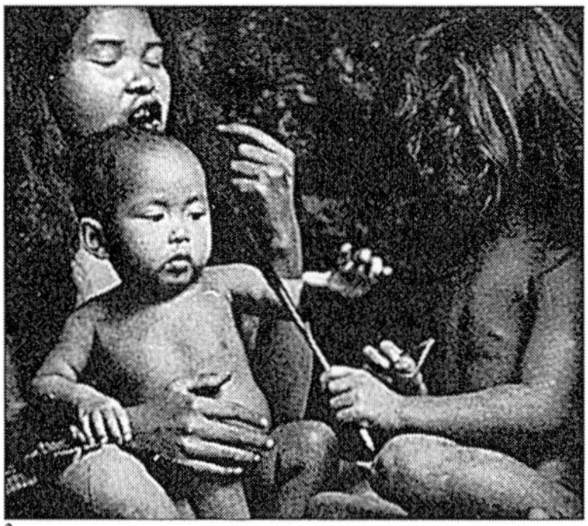
2

5

3

6

Ein kleines Mädchen ärgert einen gleichgeschlechtlichen Säugling, indem es ihm ein Hölzchen vorhält, das er gerne ergreifen möchte, es dann aber dem Zugriff entzieht. Zuletzt bekommt der Säugling einen Wutanfall und weint, woraufhin er das Hölzchen kurz bekommt. Danach wird es ihm

7

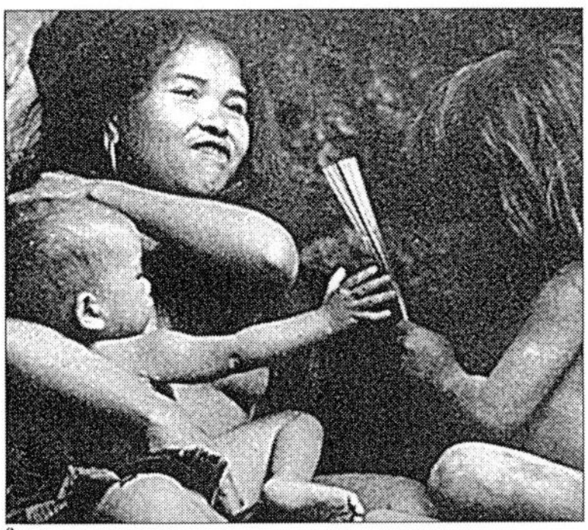

8

9

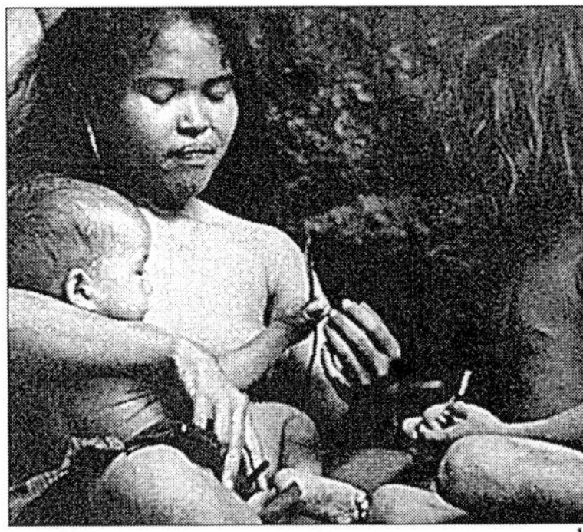

10

11

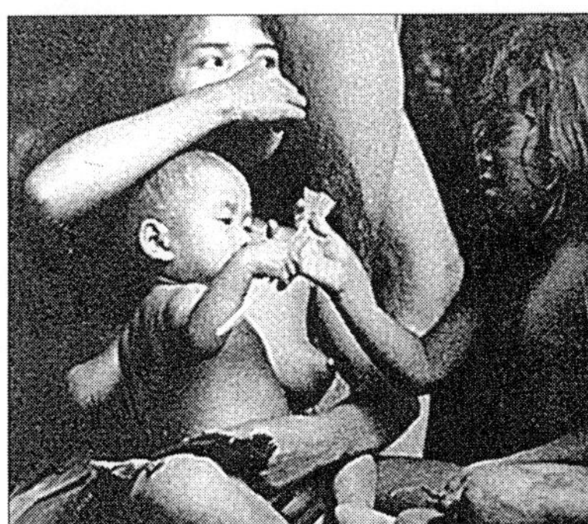

12

wieder weggenommen, zuletzt aber überlassen – eine harmlose Neckerei, aber sie zeigt die menschliche Disposition zur Aggression. Aus einem mit 25 Bildern/Sekunden aufgenommenen 16-Millimeter-Film des Verfassers: 1., 42., 224., 245., 278., 315., 380., 591., 650., 686., 744. und 941. Bild der Serie.

pen gab und daß man von dort seine Heiratspartner holte, wobei die Frau in die Gruppe des Mannes einheiratete. Sie waren monogam. Befragt, von wo sie die Frauen für ihre heranwachsenden jungen Männer beziehen würden, behaupteten sie, sie wüßten jetzt nicht, woher sie Frauen bekämen, sie hätten keinerlei Kontakt mit anderen Gruppen.

Die erstaunliche Armut der materiellen Kultur und die Tatsache, daß diese Menschen praktisch nur vom Sammeln lebten, gaben Rätsel auf. Repräsentierte diese reine Sammlerkultur einen der ursprünglichen Zustände menschlicher Kulturentwicklung, oder handelte es sich um eine Regressionsgruppe, um Menschen also, die von einer höheren Kultur abstammten, aber aus irgendeinem Grund in Isolation geraten waren und ihr ursprüngliches Kulturniveau verloren hatten?

Die Berichte machten mich neugierig. Ob die Tasaday nun schon immer oder erst seit einiger Zeit in dem geschilderten Kulturzustand lebten, es war auf jeden Fall interessant, eine lang isolierte Menschengruppe kennenzulernen. Nach den damals vorliegenden Untersuchungen waren sie von den ihnen nächstverwandten Blit 800 bis 1000 Jahre getrennt.

Ich schrieb an Manuel Elizalde und an den Leiter des deutschen Kulturinstituts in Manila, Dr. Hubertus Kühne, und bekam die Erlaubnis, das Gebiet zu besuchen, ferner die Zusage, daß man mich mit dem Hubschrauber einfliegen werde. Am 5. Mai 1974 war es dann soweit. Ein Hubschrauber, den Manuel Elizalde gechartert hatte, holte uns von Davao ab. Wir waren zu viert: ein Dolmetscher, Dr. Kühne, John Nance und ich. Niedrig flogen wir über Palmenhaine, Buchten, kleine Dörfer und Wälder. Wir konnten durch den durchsichtigen Kunststoffboden des Hubschraubers direkt nach unten schauen. Nach einer Weile stieg das Terrain an, und wir flogen über bewaldete Hügel und Bergkämme in das Gebiet der Manubo-Blit. Wir sahen auch die Heimat der Tasaday, aber die Berge waren wolkenverhangen. So landeten wir zunächst bei den Blit.

Das war ein unvergeßliches Erlebnis. Von allen Seiten strömte jung und alt herbei, um uns zu begrüßen. Sie hingen in Trauben an uns, versuchten unsere Hände zu erhaschen und zu küssen. Dazu preßten sie den Nasenrücken auf den Handrücken und atmeten betont ein, ein Riechkuß also, wie er in weiten Teilen des tropischen Asiens üblich ist. Einige alte Frauen wimmerten leise bei der Begrüßung, so als würden sie weinen. Eine Gruppe junger Mädchen geleitete uns schließlich, unsere Hände haltend, zu einem Haus, unter dessen Vordach wir uns auf zwei Bänken niederließen. Wir hatten Mühe, in dem Gedränge zu gehen, ohne auf die vielen nackten Füße zu steigen. Die Frauen trugen Rock und Bluse aus bunten Stoffen, Messingringe in den Ohren sowie bunte Glasperlenketten und waren geschminkt. Die Männer trugen Hose und Hemd. Die Blit sind zierlich und klein und haben hübsche Gesichter. Auch als wir auf der Bank saßen, schmiegten sich die Mädchen an uns, und eine barg sogar den Kopf an meiner Brust, ein rührender Ausdruck der Zutraulichkeit.

Diese erstaunlich freundliche Aufnahme verdankten wir dem Wirken von Manuel Elizalde, der die Bergstämme vor der Bedrohung durch die christlichen Siedler gerettet und darüber hinaus sogar Frieden zwischen den traditionell verfeindeten und glaubensverschiedenen Volksgruppen gestiftet hatte.

Es klarte bald auf, und wir konnten weiterfliegen. In einigen Minuten hatten wir einen Bergrücken und ein bewaldetes Tal überquert und landeten auf einem steilen Berggrat, der nur einige Meter breit war: der Landeplatz. Von hier marschierten wir in einer halben Stunde zu einem von Elizalde eingerichteten Zelt, das sich nur einige Minuten unterhalb der Höhlen befand. Hier sah ich die ersten Tasaday. Sie waren zierlich, klein, hellhäutig, mit rundlichen, fein geschnittenen Gesichtern. Die Männer hatten ein Blatt schurzartig zwischen den Beinen durchgezogen und hinten und vorne an einem Schnurgürtel befestigt; die Frauen trugen einen Rock aus grünen Blättern. Männer und Frauen hatten langes Haar. Bei einigen stand es wirr als Haarkrone nach allen Seiten, bei anderen hing es glatt bis zu den Lenden herab und war hinten zusammengebunden. Sie waren neugierig, da sie seit vielen Monaten keinen Besuch gehabt hatten, und begrüßten John Nance als alten Freund. Nachdem wir die Landblutegel von unseren Schuhen abgestreift hatten, stiegen wir zu den Höhlen hinauf. Wir wurden dort vom Rest der Gruppe herzlich empfangen. Man betätschelte uns und bedachte uns mit Riechküssen.

Auf Anraten von John Nance hatte ich meine Filmkamera zunächst im Lager zurückgelassen und nur meinen Fotoapparat mitgenommen. So hatte ich Muße zu schauen, und die Tasaday konnten sich an mich gewöhnen. Sie waren neugierig und fröhlich ungehemmt. Sie beschnupperten alles. Der Fotoapparat ging von

Hand zu Hand. Der Lederriemen, das Kettchen meines Belichtungsmessers, die Linse – das alles wurde sorgfältig berochen; und auch wir wurden eingehend untersucht.

Wir unterhielten uns lange mit John Nance, der heute wohl als einer der besten Kenner der Tasaday gelten darf, denn er hat die meisten Expeditionen begleitet und sich mit großem Interesse und Geschick in die Kultur dieser kleinen Gruppe vertieft. Die angebliche Friedfertigkeit kam dabei zur Sprache. Auch Nance erzählte mir, wie friedlich doch diese Menschen seien. Und noch während er sprach und ich interessiert zuhörte, erhob sich ein lautes Geplärre. Zwei kleine Buben stritten um einen Stock. Der eine zog, der kleinere hielt und protestierte. Sein Freund hatte ihn im Eifer der Auseinandersetzung getreten. Ich sagte nichts, sondern zeigte nur dorthin, denn ich wollte Nance nicht unterbrechen. Ja, meinte er dann, streiten würden die Tasaday schon. Sie nähmen einander Dinge weg, auch hänselten und rauften sie, aber zu ernsthaften Schlägereien komme es nie. Sie würden ihresgleichen nicht umbringen und hätten keine Waffen.

Ich wies ihn daraufhin, daß man doch auch bei uns in einer Familie oder einer kleinen Gemeinschaft kaum je Schlägereien beobachten könne. Wer sich auf einen Tiroler Bauernhof zurückzieht und dort einige Wochen beobachtet, wird kaum Zeuge einer Gewalttat werden. Er wird vielmehr sehen, wie die Menschen einander freundlich besuchen, wie die Kinder miteinander spielen und auch ein bißchen streiten, aber im Grunde würde sich ihm ein friedvolles Bild bieten. Das ist in Gemeinschaften, die fast wie eine Familie miteinander leben, gang und gäbe. Er sei aber kaum versucht, aus seinen Beobachtungen von Tirolern auf eine grundsätzliche Friedfertigkeit der Österreicher zu schließen. Auch hier bei den Tasaday müsse man die Gemeinschaft als eine intime Großfamilie betrachten, in der zwar Streit nicht fehle, Gewalttätigkeiten aber kaum zu erwarten seien.

Und während ich meine Rede hielt, neckte ein kleiner Bub einen weiblichen Säugling, der gerade an der Mutter trank, indem er an die andere Brust ging und so tat, als ob er trinken wollte. Das löste Proteste aus. Die Kleine vertrieb schließlich den Rivalen und besetzte auch die andere Brust, indem sie eine Hand ausstreckte und mit der Brustwarze spielte, während sie an der anderen trank.

Wir konnten an diesem Tag freundliches Zusammenspielen, Herzen von Kleinkindern, aber auch das Necken von Säuglingen wiederholt beobachten. Ein kleines Mädchen neckte einen Säugling, der schon sitzen und krabbeln konnte, indem es ihm ein Stück Holz hinhielt, als wollte es ihm dieses geben. Und immer, wenn er zugriff, zog es die Hand im letzten Augenblick zurück. Das wiederholte es, und erst als er zu weinen begann, gab es ihm das Holz und umfing ihn dann zärtlich und tätschelte ihn, um ihn zu trösten. Harmlose Späßchen, aber doch aufschlußreich, wenn es um Fragen nach der menschlichen Natur geht. Die Begabung zum Guten und zum Bösen liegt auch hier vor.

Selbst die Fremdenfurcht war bei Säuglingen und Kleinkindern ausgeprägt, obgleich sie nichts Böses erfahren hatten, ein Hinweis, daß auch die Bereitschaft zum Mißtrauen gegenüber Fremden vorgezeichnet ist.

Sie wird bei der Erziehung der Kinder genutzt. In einem von Nance unbemerkt aufgenommenen Tonband ermahnt eine Mutter ihr Kind mit den Worten: »Komm herüber, oder der Mann mit dem scharfen Blick wird dich holen!« An dieser Aussage ist nicht nur das Anspielen auf die Fremdenfurcht als erzieherisches Druckmittel bemerkenswert, sondern auch die Angabe, was man vor allem fürchtet. Es ist der Blick.

Was stimmt, ist die Tatsache, daß die Tasaday in der beobachteten Zeit keine Kriege führten und auch keine Waffen gebrauchten. Pfeil und Bogen waren, wie gesagt, angeblich erst von Dafal eingeführt worden – obgleich ich gewisse Zweifel an dieser Aussage habe. Denn als sich die Tasaday einmal bedroht glaubten, griffen sie zu diesen Waffen und hielten Wache, bereit, einen Überfall abzuweisen.[58] Daß sie bereit sind, sich zu verteidigen, darf man auch einem anderen Vorfall entnehmen, von dem mir Nance berichtete. Tboli-Jäger hatten im Bergland der Tasaday Fallen aufgestellt, allerdings weit von dem Gebiet der uns bekannten Gruppe entfernt. Als sie die Fallen prüfen wollten, wurden sie von nackten Menschen überfallen, die ihnen mit Stöcken zusetzten, allerdings hätten sie nicht gut zu kämpfen verstanden. Vielleicht war einer von ihrer Gruppe in eine Falle geraten, und die anderen wollten dies rächen. Kriegerisch aber dürften sie nicht sein, wohl deswegen, weil die Gruppen so extrem weit verstreut leben, daß sie kaum Kontakt halten können.

Bei den vielen interessanten Auseinandersetzungen, die ich beobachten konnte, brannte ich natürlich darauf zu filmen. Am nächsten Morgen war es endlich möglich. Es war ein schöner Tag, und die Tasaday saßen in trauter Gruppe auf einer kleinen Plattform nahe am Eingang im oberen Teil der Höhle. Das Licht reichte dort gut für die Aufnahme, und ich war vergnügt und deponierte meine Ausrüstung im unteren Teil der Höhle.

Da es mir nun nicht liegt, ungebeten irgendwo einzudringen, ließ ich durch Nance nachträglich um Erlaubnis bitten. Nance sagte es einem unserer Führer; der wandte sich an einen Blit, der Tasaday sprach, und dieser gab meine Anfrage an die Tasaday weiter. Daraufhin verließ die ganze Tasaday-Gruppe ihren schönen Platz im Licht und scharte sich im unteren Teil der Höhle um mich. Was war geschehen? Ich erfuhr, daß man den Tasaday gesagt hatte, sie sollten hierherkommen. Es war wie beim Stille-Post-Spiel: Einer sagt etwas, der andere sagt es weiter, und da keiner den anderen genau versteht, wird schließlich der Sinn des Gesagten völlig verändert.

Nun hieß es, sich in Geduld zu fassen. Ich wartete eine Weile, machte pro forma ein paar Aufnahmen, die natürlich ganz unterbelichtet waren. Was photographieren bedeutet, das hatten die Tasaday durch die vorangegangenen Expeditionen bereits erfahren. Ich wollte sie nicht sogleich zurückschicken; ich hoffte, sie würden sich nach einiger Zeit von selbst wieder auf ihren bevorzugten Platz begeben. Aber nichts dergleichen geschah. Brav und ergeben warteten sie auf die nächste Anordnung. Gedrängt hockten sie in ihrem Winkel und schauten mich erwartungsvoll mit ihren großen Augen an. Ich stand wie auf Nadeln, kostbare Zeit verstrich. Nach etwa 45 Minuten meinte ich, doch etwas tun zu müssen, und bat Nance, er möge den Dolmetschern sagen, daß ich nunmehr genug aufgenommen hätte, die Tasaday könnten sich frei bewegen.

Nance sprach, dann der erste Dolmetscher und schließlich der zweite. Und wieder traute ich meinen Augen nicht. Die Tasaday erhoben sich wie ein Mann und begannen auf und ab zu marschieren. Immer vier Schritte bis nahe zum Höhleneingang und wieder vier Schritte zurück. Ich war sprachlos. Was war denn nun wieder geschehen? Eine Weile schaute ich dem seltsamen Treiben zu, ehe ich Worte fand. Die Rückfrage ergab, daß der letzte Dolmetscher ihnen kurz gesagt hatte, sie sollten nun umhergehen. Und die Tasaday erwiesen sich als gut dressiert – im Jahr 1972 waren Leute der National Geographic Society hier gewesen und danach eine britische Fernsehgesellschaft.

Später erzählte mir Nance, daß er ganz ähnliche Pannen erlebt habe. Balayam, ein junger Mann, war ein besonders eifriger Informant und ergriff immer das Wort, wenn Nance eine Frage stellte – auch dann, wenn diese Fragen an andere Gruppenmitglieder gerichtet waren. Aber einmal wollte Nance ausdrücklich die Meinung der übrigen hören und ließ diesen Wunsch durch den Dolmetscher übersetzen. Der Dolmetscher sprach, und Balayam fuhr wie vom Blitz getroffen zusammen. Betretenes Schweigen um ihn herum. Der Dolmetscher hatte ihm, kurz und bündig gesagt: »Halt den Mund!«

Ich sagte gar nichts mehr, und das war das beste. Nach einer Weile begann ein Mann zu albern. Er mimte einen Affen und versuchte die anderen zu fangen. Es entwickelte sich ein Verfolgungsspiel, und schließlich gab man sich ungezwungen. Nach und nach fanden sie sich wieder auf ihrer Plattform ein, und ich konnte zu filmen beginnen. Da die Leute, wie gesagt, Filmerfahrungen hatten, erwies sich die Technik der unbemerkten Aufnahme als besonders nützlich.

Ich ließ zunächst einmal durch Nance einige Ausdrücke auslösen, die ich bei allen besuchten Kulturen filme. Als erstes drehte ich Reaktionen auf freundliches Anreden und Blickkontakt und sah unter anderem das schnelle Brauenheben, das freundliche Kontaktbereitschaft ausdrückt und das ich bisher in allen von mir untersuchten Kulturen gefunden habe. Auch das anschließende freundliche Zunicken fehlte nicht. Dann ließ ich ein Gummipüppchen zeigen und filmte den Ausdruck der Überraschung. Einer der Männer hielt sich dabei die Hand vor das Gesicht. Frauen zeigten auf Blickkontakt Reaktionen der Verlegenheit, die ebenfalls einem universell angelegten Verhaltensmuster entsprechen. Dann ließ ich Fragen stellen und filmte, wie sie durch schnelles Brauenheben und Zunicken bejahten und durch Kopfschütteln verneinten.

Und dann beobachtete ich durch die Kamera; sie zeigte hinaus ins Gelände, als würde ich das Panorama und die Bäume aufnehmen. Im Spiegel allerdings hatte ich eine Mutter, deren Baby mit einem Blatt ihres Schurzes spielte, während es an der Brust trank. Dann wechselte die Hand und spielte mit der freien Brust der Mutter, zart die Brustwarze fassend und streichelnd. Es war ein Mädchen, ich schätze es auf etwa ein Jahr. Es war seiner Umwelt sehr zugewandt und auch zu allerlei Schabernack aufgelegt. Als ein kleiner Junge in seine Nähe kam, kniff es ihn scherzhaft einige Male in die Seite. Dann betastete es andere Kinder in seiner Umgebung, während es trank. Die Reaktionen waren unterschiedlich und ein wenig ambivalent. Manchen Kindern war es lästig; sie wiesen die Annäherung der Kleinen zurück. Meist jedoch reagierten sie freundlich. Das Verhalten des Bruders wechselte. Einmal half er seiner kleinen Schwester an die Brust der Mutter, aber eine leichte Rivalität war nicht zu übersehen. Als der Bruder an die andere Brust wollte, schubste die Mutter ihn weg.

Während ich filmte, erzählte mir Nance, er habe echte Geschwisterrivalität beobachtet. Als Etut ihren neugeborenen Buben abnabelte, bekam ihr älterer Sohn Illib Wutanfälle und heulte laut, weil er nicht zur Mutter gelassen wurde! Später durfte er gelegentlich an die andere Brust, wenn der Kleine trank, allerdings nur ganz am Anfang. Die Ablösung erfolgte hier weniger dramatisch als bei den Buschleuten, doch zeigen meine Aufnahmen, daß schließlich die Mutter ihr älteres Kind zurückweist, wenn ein weiterer Brustsäugling ihre Aufmerksamkeit beansprucht.

Die Mutter war zu ihrer kleinen Tochter recht zärtlich. Wiederholt berührte sie mit dem Mund kurz kußartig den Körper der Kleinen, dann wieder preßte sie ihre Nase gegen das Gesicht des Babys und atmete ein, ein Verhalten, das als »Riechkuß« oder »Nasenkuß« im tropischen Ostasien weit verbreitet ist. Sie stemmte das Baby hoch, küßte es immer wieder und umschlang es dabei mit den Armen. Als ihr Mann herbeikam, drehte sie das Gesicht des Babys zu ihm hin, daß auch er es ins Gesicht küssen konnte. Dann küßte sie es wieder und ließ es an die Brust. Nun küßte der Vater das Knie seiner trinkenden Tochter und dann noch eine Gesäßbacke.

Als das Baby wenig später weinte, übergab es die Mutter dem Vater, der es auf den Armen trug und dabei in der Höhle auf und ab spazierte. Bald war die Kleine wieder beruhigt. Während sie trank, nahmen andere mit ihr Kontakt auf. Einer kniff das Baby, das mit einer Hand schlug und anschließend gezielt mit einem Fuß einen Tritt austeilte. Die Kleine war energisch.

In weiteren Aufnahmen hielt ich dann fest, wie zwei Buben den Säugling neckten. Sie hatten einen lebenden Käfer und legten das krabbelnde Insekt zuerst auf die Schulter und dann in die Hand der Kleinen. Aber das machte ihr nichts aus, sie reichte das Insekt zurück. Die Mutter nahm es und reichte es ihr wieder. Die Kleine nahm das Insekt und versuchte nun ihrerseits, einen der Buben zu necken. Später hielt ihr Bruder sie eng umschlungen, und sie schlug spielerisch nach der Mutter, denn diese hielt ihre Beine fest, damit sie nicht von der Plattform fiel, an deren Rand die Geschwister saßen. Diese Einschränkung behagte dem Töchterchen nicht, es greinte. Die Mutter putzte ihm die Nase und reichte ihm ein Hölzchen. Ein Dialog des Gebens und Nehmens entwickelte sich, so, wie ich ihn bei Buschleuten und in vielen anderen Kulturen filmte.

Danach säuberte die Mutter ihrer kleinen Tochter die Beine und nahm das Kind an die Brust. Der Vater sah zu. Nun zeigte der Bruder etwas Eifersucht. Er trat nach der Mutter, dann schmiegte er sich zärtlich an ihre Seite. Eine andere Frau gesellte sich unterdessen zur Gruppe und streichelte den Rücken der trinkenden Kleinen.

Es gelang mir an diesem Tage, noch viele schöne Dokumente dieser Art zu sammeln. Die elementaren sozialen Interaktionen

Bei meinem kurzen Besuch zeigten sich die Agtas fast ebenso verspielt wie die Buschleute. Diese Jäger und Sammler der Küste leben unter kleinen Windschirmen, die sie bei Standortwechsel mit sich tragen.

und viele Verhaltensweisen glichen bis in die Einzelheiten denen, die ich bereits in anderen Kulturen aufgenommen hatte. Ein Mann zum Beispiel stellte sich mit herausgestrecktem Becken und gegrätschten Beinen ganz auffällig vor dem Höhleneingang in Positur – und lachte, als ich hinschaute. Später setzte er sich mit gegrätschten Beinen auf einen Felsen, ebenfalls deutlich auf mich bezogen. Es war ein phallisches Imponieren, mit dem er mich ein wenig herausforderte.

Während ich so filmte, unterhielt ich mich mit John Nance. Er hatte gut beobachtet, wußte anregend von diesen Menschen zu berichten, und ich lernte viel von ihm, denn er erzählte freimütig. Er war ein angenehmer und freundlicher Partner, und ich denke gerne an seine Gesellschaft. Wir unterhielten uns lange über die Frage, ob denn die Tasaday nun wirklich primär auf dieser einfachen Kulturstufe stünden oder ob es sich um eine sekundär verarmte Kultur handele. Er berichtete mir, daß der Botaniker Douglas Yen, der hier gearbeitet hatte, von der geringen Pflanzenkenntnis der Tasaday überrascht war. Sie verwechselten Pflanzen und nutzten nicht alle verwertbaren Pfanzen ihres Gebiets.

Das gibt zu denken, denn bei einer Gruppe, die über Jahrtausende als Sammler gelebt haben soll, müßte man eigentlich ausgezeichnete Kenntnisse der Pflanzen und der Tierwelt erwarten, man vergleiche nur das erstaunliche botanische und zoologische Wissen der Kalahari-Buschleute. Auch sind die Überlebensstrategien, die die Tasaday entwickelt haben, höchst einfach im Vergleich zu den Sammel- und Jagdtechniken der Buschleute, die zweifellos alteingesessene Sammler und Jäger sind. Ich halte es daher für wahrscheinlich, daß es sich hier um eine Menschengruppe handelt, die sekundär kulturell verarmt ist.

Wie es dazu gekommen sein mag, darüber kann man nur spekulieren. Krankheiten, kriegerische Auseinandersetzungen oder Fehden könnten vor einigen hundert Jahren eine kleine Gruppe abgesplittert haben. Der Einwand, es sei doch nicht zu erwarten, daß in einem solchen Fall der ganze bereits erreichte Kulturbesitz vergessen würde, besteht sicher zu Recht. Was aber, wenn diese Gruppe damals nur aus wenigen Familien bestand und die Erwachsenen verunglückten, so daß nur die Jugendlichen und Kinder überlebten? Das ist durchaus denkbar und würde einen Kulturverlust erklären. Ich halte es nicht für wahrscheinlich, daß eine Gruppe, die über 30 000 bis 40 000 Jahre als Jäger und

Sammler lebte, eine so wenig entwickelte Jagd- und Sammelstrategie entwickelt hat. Von ihren Nachbarn, den Blit, sind sie einige hundert Jahre getrennt. Die Blit kultivieren Land, verarbeiten Metalle, bauen Häuser, halten Haustiere, bekleiden sich, töpfern, kurz, sind hochentwickelt. Sollten sie vor relativ kurzer Zeit noch auf einer Kulturstufe gestanden haben, die der der Tasaday vergleichbar ist? Das ist unwahrscheinlich, was ebenfalls dafür spricht daß die Tasaday eine Kulturverarmung erlebten.

In diesem Zusammenhang verdient ein Gedanke Teodoro Llamadons Beachtung. Er weist darauf hin, daß der Name »Tasaday« an das malayische Wort »sadai« erinnert, das soviel wie »verlassen« und »ausgesetzt« bedeutet. Die erste Silbe erinnert ferner an das malayopolynesische Wort »Tawo«, das heißt »Mann«, »Mensch«. Sollte das Wort, was anzunehmen ist, auf diese beiden Wortstämme zurückgehen, dann würde »Tasaday« »die Ausgesetzten« bedeuten, und das würde darauf hindeuten, daß es sich um eine sekundär abgespaltene Kleingruppe handelt, die aus irgendeinem Grund von den anderen verlassen oder sogar ausgesetzt wurde.[59]

Wie lange ist sie schon isoliert? Darüber gehen die Meinungen auseinander. Neuerdings meint man aufgrund der linguistischen Befunde, es könne sich nur um rund 200 Jahre handeln. Das würde gut erklären, weshalb die Tasaday sich nicht besser angepaßt haben an die Lebensweise als Wildbeuter. Daß es hier um einen Betrug gehen könnte, glaube ich nicht. Der würde ein erstaunliches schauspielerisches Geschick erfordern, und wie könnte man Erwachsene und sogar Kinder dazu bringen, einen eigenen Dialekt zu sprechen? Das Argument, sie seien nur einige Gehstunden von einer avancierten Gruppe entfernt, spricht nicht dagegen, daß eine längere Isolation vorausgegangen ist. Es kann durchaus sein, daß sie Holzfällern ausweichen wollten und deshalb in dieses Randgebiet gezogen sind und daß sie aus Angst engere Kontakte mit den Blit mieden.

Auf dem Rückflug hielten wir wieder bei den Blit. Sie empfingen uns so herzlich wie beim Herflug. Wieder geleitete uns eine Traube junger Mädchen zum Gästehaus, und diesmal hatte man sich auch eine Unterhaltung für uns ausgedacht. Man führte uns einen Kriegstanz vor.

Wir saßen vor dem Haus des Bürgermeisters, der uns mit gerösteten Süßkartoffeln bewirtete. Vor uns lag ein freier grasbewachsener Platz, auf dem sich eine Gruppe von vier Mädchen, flankiert von je zwei waffentragenden Kriegern, zum Tanz aufstellte. Mit trippelnden Schritten tanzten die Mädchen an uns heran und wieder im Bogen zurück. Die Männer kamen, Messer und Speere schwingend, mit ruckartigen Bewegungen und aufstampfend auf uns zu. Immer wieder erstarrten sie in einer grimmigen Pose, das Schwert erhoben, den anderen Arm abgespreizt und den Körper nach vome gebeugt, als würden sie einen im nächsten Moment anspringen. Sie verharrten in solchen Stellungen regungslos, nur das Mienenspiel bewegte sich. Es war zur Drohgrimasse verzerrt, und Zuckungen gingen über das Antlitz. Die Augen waren zunächst starrend auf uns gerichtet, dann rollten sie. Nur einmal hatte ich ähnlich eindrucksvoll das Verlieren der Beherrschung gemimt gesehen. Es war in Japan, als uns ein Kabuki-Schauspieler Wut vorspielte. Auch hier wurde durch Zerfall der Bewegungskoordination der höchste Grad des Ärgers ausgedrückt.

Bemerkenswert fand ich die Kombination von Mädchen und Kriegern in diesem Tanz. In Antithese wurden damit zwei Appelle vorgetragen. Ein freundlicher, beschwichtigender über die Mädchen, während das kriegerische Gebaren auch der aggressiven Selbstdarstellung diente.

Dieser Tanz, den die Blit Atang-blongit nennen, wird zur Begrüßung von Gästen aufgeführt. In ihm werden die wesentlichen Elemente eines Begegnungsrituals, das Imponieren und das Beschwichtigen, kombiniert.

Daß auch in unserer Kultur diese Kombination nicht fremd ist, mag eine Stelle aus Viktor von Gerambs Buch »Sitte und Brauch in Österreich« belegen. Er zitiert aus F. Krauß' Werk »Der eherne Markt«, erschienen 1897: »(...) und wieder an anderer Stelle maßen die Burschen ihre Kräfte in regelrechtem Ringkampf. Nachts wurde in großartiger Weise der Schwerttanz aufgeführt, und zwar von hundert Männern mit blanken Schwertern, zwischen denen fackelschwingende, blumengeschmückte Mädchen im Takte der Musik auf- und niedergingen.«[60]

Später werden wir einen Festtanz der Yanomami-Indianer beschreiben. Auch in diesem Tanz wird das aggressive Gebaren der Männer durch mittanzende Kinder und Frauen neutralisiert.

Von den Blit flogen wir zu den benachbarten Tboli, die derselben Sprachgruppe angehören. Sie waren es, die von den christli-

Die Tboli sind nahe Verwandte der Tasaday. Sie stehen auf einem hohen Kulturniveau, was vermuten läßt, daß es sich bei den Tasaday um Sekundärprimitive handelt.

chen Siedlern bedrängt worden waren, bevor Elizalde eingriff. Bis dahin hatten sie schon einen großen Teil ihres Landes verloren und waren in die Berge zurückgedrängt worden. Die Tboli sind den Blit ähnlich. Auch sie geleiteten uns zu einem Gästehaus und unterhielten uns durch Tanz, Musik und einen Pferdekampf, den sie für uns veranstalteten.

Am Abend sang ein Mann uns vor. Er pries Elizalde, der den Frieden gebracht habe, in einer blumigen Sprache. Er verglich den Alafluß im Tal mit den Siedlern und sang, daß der Fluß schwierig zu bekämpfen gewesen sei, als er alles weggespült habe fort zu den Siedlern, aber nun habe der große Bruder einen Damm gebaut, der die Flut aufhalte. Der Gesang endete mit einer Bitte: »Aber vergeßt uns nicht, wir sind dankbar, aber wir brauchen noch immer eure Hilfe.«

Am Ende meines Besuchs auf den Philippinen verbrachte ich zwei Tagen bei den Agta, einem Jäger- und Sammlervolk an der Küste von Luzon.

Die Agta sind Negritos, kleine, dunkle Menschen mit Kraushaar, die einer inzwischen alten, einst über Hinterindien und den malayischen Archipel weitverbreiteten Menschenrasse angehören. Sie sind durch Einwanderungswellen auf kleine Restbevölkerungen zurückgedrängt worden. Es überraschte mich, auf der Insel, auf der die Großstadt Manila liegt, eine so archaische Volksgruppe vorzufinden. Aber die Insel Luzon ist groß, und die Küste ist durch wilde Gebirge vom übrigen Teil abgetrennt. Es gibt keine Straßen, und so lebt dieses Volk hier in relativer Isoliertheit. Im Hinterland soll es sogar Stämme geben, die bisher keinen Kontakt mit der Außenwelt hatten. Das gilt nicht für die Agta, die ich kennenlernte. Sie lebten aber immer noch wie zuvor. Am Strand stellen sie kleine Windschirme auf. Sie sind aus Stangen und Blättern angefertigt und können von einem Mann getragen werden. Bricht eine Familie auf, dann nimmt sie ihre Häuser gewissermaßen mit. So wandern sie die Küste entlang, sammeln Schnecken und anderes Getier der Uferregion und tauchen nach Fischen an den Riffen. Sie jagen ferner mit Pfeil und Bogen. Sie sind gute Taucher, aber daß dieses Geschäft nicht ungefährlich ist, sah ich an einem Mann, dem ein Hai den rechten Arm knapp unter der Schulter abgebissen hatte.

Ich lag den ganzen Tag unter einem der Windschirme und schaute den Agta zu. Einige Teenager beiderlei Geschlechtes spielten »Abschießen«. Sie bildeten einen Kreis aus acht Personen. Vier hielten sich in der Mitte des Kreises auf. Sie wurden mit kleinen Früchten und Hölzchen beschossen und versuchten aus-

Oben: Die Luftaufnahme eines im Bau befindlichen Shapono der Yanomami, eine Insel im Uferwald des Orinoko.

Rechts: Eines der typischen Pultdächer (Auweitheri).

Oben: Meine erste Begegnung mit den Hasupiwëtheri am Ufer des Orinoko im Jahre 1969. Die Gruppe war damals noch sehr wild und hatte keinerlei Zivilisationsgüter. Den Penis haben die Männer mit einer Schnur hochgebunden.

Rechte Seite: Yanomami-Mädchen mit Blumenschmuck und Zierstäbchen in Nase, Mundwinkeln und Unterlippe. Um die Leibesmitte tragen sie eine dünne Schnur, die jedoch dem Bedürfnis nach Bekleidetsein vollkommen genügt (Kashorawëtheri).

Folgende Doppelseite: Die Yanomami verbringen viele Stunden am Tag gesellig in den Hängematten. Hier die von uns zum erstenmal kontaktierten Aratotheri.

Linke Seite: Ihiramawëtheri-Frau mit Kind. Die Aufnahme vermittelt einen guten Einblick in den Wohnsektor eines Yanomami-Shapono. Am Gestänge hängen Hausrat und Bananen. Am Boden glost ein Feuer.

Oben: Eintanz zum Palmfruchtfest. Der Häuptling der Iweietheri tanzt in das Shapano der Shipariotheri ein. Er imponiert in vollem Waffenschmuck. Sein kriegerisches Gebaren wird durch das mittanzende Kind neutralisiert, das grüne Wedel schwingt. Freundliche Absichten werden weltweit durch den Appell über das Kind ausgedrückt. Hier beschwichtigt das Kind antithetisch zum kriegerischen Gehabe des Mannes. Die zuschauenden Gastgeber begleiten den Eintanz mit schrillen Rufen.

Oben: Eintanzender Krieger, Blattwedel als »Friedenspalme« schwingend. Links: Aggressives Prahlen gehört zur Selbstdarstellung der Waika auf solchen Festen, bei denen oft auch Keulenturniere ausgetragen werden. Waika heißt »Töter«, und jeder Mann hat sich mutig zu geben. Hier droht ein Waika mit erhobener Machete (Sierra Parima, Mayupëtheri).

zuweichen. Oft taten die Schützen nur so, als würden sie werfen, und lachten dann über die Ausweichbewegungen der Bedrohten. Diese ihrerseits verhöhnten die Schützen. Wiederholt sah ich, daß Burschen auf diese zuliefen und herausfordemd ihr Gesäß wiesen. Wurde einer getroffen, dann mußte er aus dem Kreis.

Dann spielten Mädchen ein Ratespiel. Drei saßen in einer Reihe, und eine von ihnen versteckte einen Stein in den Fäusten der anderen. Sie tat dabei so, als würde sie ihn weitergeben. Danach hielten alle ihre geschlossenen Fäuste einem vierten Mädchen vor, das nun erraten mußte, wo der Stein versteckt war. Riet es richtig, dann durfte es den Stein verstecken, und die anderen Mädchen mußten raten.

Zwei andere Mädchen häuften einen Sandhügel auf und legten ein Holzstück darauf. Sie gingen zurück mit zum Himmel gewandtem Blick – so daß sie das Holz nicht sehen konnten –, dann wieder an den Hügel heran und versuchten mit einem Fuß das Holz blind vom Hügel wegzutreten. Danach legten sie das Hölzchen auf den Fußrücken, hüpften damit und schleuderten es schließlich weg, wobei sie einander zu übertrumpfen suchten.

Eine Gruppe von acht Burschen zeichnete ein großes Quadrat in den Sand, das sie in vier kleinere Quadrate unterteilte. In jedes stellte sich einer als Aufpasser hinein. Die restlichen vier standen in einer Linie am Rand des großen Quadrats. Ihre Aufgabe war es, an den Aufpassern vorbei auf die andere Seite des Spielfelds und wieder zurückzukommen, ohne von diesen abgeschlagen zu werden. Das erforderte viel Geschick, und dabei ging es lebhaft zu.

Zwei Mädchengruppen spielten, indem sie zwei Schlangen bildeten. Sie standen hintereinander und hielten einander an den Hüften fest. Den Kopf bildete jeweils eine Frau. Die beiden Schlangen versuchten einander zu umgehen und von hinten anzugreifen. Dabei wurde schließlich die Hinterste einer Reihe umgeworfen. Die Schlange biß sie dann spielerisch in den Nacken.

Ein kleiner Bub bastelte aus Hölzchen ein kleines Flugzeug. Wir waren mit einer kleinen Sportmaschine auf einer Küstenpiste gelandet, die vor Jahren von einem Vermessungstrupp angelegt, seither aber nicht mehr benutzt worden war. Einige Mädchen machten sich aus Holzstöckchen und Bast kleine Puppen, die an Vogelscheuchen erinnerten. Die Kinder übten Weitsprung, Purzelbäume, Kopfstand, zogen in zwei Parteien an einem Stock, kurz, sie waren erfinderisch und dauernd in Bewegung. Sie schienen mir einfallsreicher und reger als die Tasaday, die wohl einander haschten und deren Kinder gerne auf Bäume kletterten und sich an Lianen schwangen, die aber insgesamt wesentlich ruhiger waren.

Ich lag unter meinem Windschirm in einer merkwürdig versponnenen Stimmung und machte mir Gedanken über die Zukunft der Menschengruppen, die ich in diesen Tagen zwar nur kurz, aber doch auf eine sehr intensive Weise kennengelernt hatte. Morgen schon würde ich wieder in Manila sein, umbrandet vom Verkehr und hektischen Getriebe der Großstadt. Wie lange wird es dauern, bis die Wogen der Zivilisation auch diesen Küstenstrich überspülen und den Agta das Land nehmen wird? Der Gesangsvortrag der Tboli ging mir nicht aus dem Ohr. Die Melodie erklang mir immer wieder gegen den Hintergrund des Kinderlachens und der Brandung.

Nichts als ein Yanomami-Dorf

In der Entstehungssage der Yanomami heißt es:

»Suhirina, der Hilfsgeist der Jäger, tötete den Mond durch Pfeilschuß. Er rächte damit seine Tochter, die Sternenfrau Sidikarignuma, die Gattin des Mondes, die dieser getötet und verzehrt hatte. Das Blut des Mondgeistes Periboriwä verwandelte sich beim Berühren der Erde in Menschen, aber nur in Männer. Die meisten heute lebenden Yanomami sind Abkömmlinge des Periboriwä; und weil sie aus Blut entstanden sind, führen sie dauernd Krieg miteinander.«

Umgeben vom undurchdringlichen Urwald, Hunderte von Kilometern nach allen Seiten abgeschlossen und unberührt von der übrigen Welt, liegt eine winzige Oase menschlicher Betriebsamkeit – mein Yanomami-Dorf! Es ist eine ungewöhnliche Siedlung, die so gar nicht an unsere Vorstellung von Dorf paßt. Um einen zentralen freien Platz gruppiert sich im Rund eine Reihe von miteinander verbundenen Pultdächern. Jedes dieser nach innen geneigten Pultdächer besteht aus einem Stangengerüst, das mit Blättern sorgfältig abgedeckt ist. Die Dächer sind sieben bis acht Meter lang und etwa dreißig Grad geneigt. Zwischen den Stützpfählen haben die Yanomami-Indianer ihre Hängematten gespannt. Jede Familie bewohnt einen Sektor dieses das ganze Rund umfassenden Gemeinschaftsdaches. Jede hat eine eigene Feuerstelle und ihren Hausrat unter dem Dach. Und auch ich habe meine Hängematte in einem solchen Sektor aufgespannt. Rechts und links von mir, kaum mehr als zwei Meter entfernt, lebt je eine Familie. Beide Mütter haben Brustkinder, die rechts von mir ein etwa vierjähriges Mädchen und einen vielleicht achtmonatigen Buben. Das Mädchen zeigt jene merkwürdige Ambivalenz von Zärtlichkeit und Aggression gegenüber ihrem kleinen Bruder, wie sie mir oft bei Naturvölkern auffällt.

Fast übertrieben zärtlich umarmt sie den Kleinen, tätschelt ihn und nimmt ihn in die Arme, obwohl er ihr fast zu schwer ist. Aber dann wird ihr Tätscheln grob, das bringt ihr einen Klaps der Mutter ein.

Die zärtlichen Beziehungen überwiegen jedoch bei weitem das aggressive Verhalten. Manchmal nimmt der Vater den Kleinen zu sich in die Hängematte, stemmt ihn hoch, spricht in hoher Stimmlage zu ihm und küßt ihn. Greint er dann, bekommt ihn die Mutter schnell zurück. Während sie stillt, rückt sie die Bananen in der Glut zurecht, dann macht sie sich daran, Baumwolle zu einem Faden zu spinnen.

Von meinem Platz aus kann ich das ganze Dorf überblicken, keine Wände verhindern den Blick zum Nachbarn. 33 Feuer zähle ich im Rund. Die Yanomami sind am frühen Morgen geruhsam dabei, ihre Bananen zu rösten. Die Frauen und Männer tun das im Liegen von der Hängematte aus. Die Mütter stillen ihre Kleinen, nebenan lausen zwei Mädchen einander, und zwei kleine Buben balgen sich. Eine verrunzelte Alte herzt ihren Enkel, und ein junges Mädchen malt sich mit einer braunen Paste runde Kringel ins Gesicht. Ein Bild friedlicher Geschäftigkeit.

Und doch bin ich hier bei einem Indianervolk, dessen Geschichte so blutig ist wie seine Entstehungssage.[61] Das Volk wandert von Ost nach West und ist in ständige Kleinkämpfe mit seinesgleichen verwickelt. Sie nennen sich gegenseitig »Waika«, ein Wort, das sich von »waikai« – »ein Ende machen« – ableitet und soviel wie »Töter« heißt. Meist belegen sie ihre gleichsprachigen Nachbarn mit diesen Namen, gelegentlich aber auch sich selbst.[62] Die allgemein übliche Selbstbezeichnung lautet »Yanomami«, was »Hausbewohner« bedeutet. Waitheri – mutig sein – ist das Ideal der Männer, und es gibt kaum einen, der nicht auf seinem zur Tonsur geschorenen Scheitel tiefe Narben aufzuweisen hat, die von Keulenturnieren herrühren. Recht treffend hat der amerikanische Völkerkundler Napoléon Chagnon seiner Arbeit über diese Menschen den Titel »The Fierce People« gegeben, was man mit »Das heißblütige Volk« übersetzen kann.[63]

Die Yanomami bewohnen in Venezuela das Gebiet des oberen Orinoko mit seinen Nebenflüssen Padamo, Ocamo und Mavaca und deren Einzugsgebiet. Sie steigen nach Nordosten bis in das Bergland der Sierra Parima hinauf und erreichen von dort brasilianisches Territorium. Im Süden besiedeln sie das wenig erforschte Flußgebiet des Siapa. Auch nach Osten und Süden erstreckt sich das Verbreitungsgebiet der Yanomami über die Wasserscheiden ins brasilianische Gebiet, die Oberläufe der Nebenflüsse von Rio Negro, Rio Uraricuera und Rio Branco einbeziehend, von 62° bis 67°30' West und von 5°30' Nord bis 0°.

Es handelt sich um ein geschlossenes Siedlungsgebiet von rund 80 000 Quadratkilometern, das ausschließlich von Yanomami-Indianern bewohnt wird. Zentrum des Verbreitungsgebiets ist nach

Einige Geräte der Yanomami: rechts oben Kalebassengefäß, daneben Köcher aus Bambus mit Pfeilspitzen. Darüber Pfeilspitzen aus Bambus mit aufgemalter Wellenlinie, darüber vergiftete Hartholzspitze und zuoberst Nagetierzahnmesser mit Knochengriff. Am Köcher ein Bündel Nagetierzahnmesserchen mit Holzgriff. Flaches und tiefes Körbchen, daneben Knochenflöte und links unten Hobel aus dem Unterkiefer eines Schweines.

William Smole die Sierra Parima.[64] Auch die Ursprungssagen der Yanomami weisen auf dieses Gebiet.

Die Yanomami zerfallen in mehrere Untergruppen. Auf venezolanischem Gebiet unterscheidet man die Sanoma, Cobari, Barafiri, Yanamaya, Waika, Schamatari und eine noch nicht klassifizierte Gruppe.[65] Diese Untergruppen bilden keine politische Einheit. Allianzen gibt es nur zwischen den einzelnen Dörfern. Ein Netz von Verwandtschaftsbeziehungen verbindet jedoch den ganzen Bereich, und wohl aus diesem Grund ist die Kultur über ihr großes Verbreitungsgebiet hinweg recht einheitlich geblieben. Die Yanomami gehören einer alten Einwandererschicht an. Ein Blutgen, das die mongolischen und indianischen Völker besitzen, der sogenannte Diego-Faktor, fehlt ihnen. Sie teilen dieses Merkmal mit den Europäern, ein Hinweis, daß sie von einer vormongolischen Bevölkerungsschicht abstammen.

Die Unberührtheit verdanken die Yanomami zum guten Teil ihrem Ruf als kriegerisches Volk. Vor allem das Gebiet des oberen Orinoko war durch einen Zwischenfall für Weiße lange unbetretbar. Der nordamerikanische Geograph Alexander Hamilton Rice hatte 1920 am Raudal de los Guaharibos, einer Stromschnelle des Orinoko, eine feindliche Berührung. Eine größere Yanomami-Gruppe befand sich am linken Ufer, und von dieser kamen vier Krieger mit angelegtem Bogen auf das Lager der Expedition zu. Rice, der dieses bei den Yanomami übliche Drohimponieren, das keineswegs Feindseligkeit ausdrückt, falsch interpretierte, gab einen Warnschuß ab. Die Expedition mußte sich zurückziehen und angeblich mit Gewehrschüssen verteidigen. Die Yanomami waren in der Folge Weißen gegenüber feindlich gesinnt, und das schützte sie. Die Gruppe, mit der Rice die Auseinandersetzung hatte, gehörte – wie sich später herausstellte – zu den Hasupïwëtheri, die zur Untergruppe der Shamatari zählen.

Wegen der bis in die fünfziger Jahre nur sporadischen und flüchtigen Kontakte mit der Außenwelt bilden die Yanomami heute die größte intakte Gruppe von Urwaldindianern im ganzen südamerikanischen Raum. Sie zählt etwa 15 000 Menschen, die auf rund 125 Dörfer verteilt sind. Die Akkulturation hat erst vor kurzem eingesetzt, und sie beschränkt sich zunächst noch auf die nähere Umgebung der erst in jüngster Zeit zahlreichen Missionsstationen.

Von dort breiten sich einige Gerätschaften, wie Haumesser, bis in die noch nicht kontaktierten Gebiete aus. Sie werden im Zwischengruppenhandel weitergegeben. Bis in die frühen achtziger Jahre gab es weite Gebiete, die noch nie eines Europäers Fuß betreten hatte. Ich durfte Exkursionen in solche untemehmen. Aber selbst in Gebieten, in denen es Kontakt mit der Außenwelt gab, blieb bis in die Gegenwart traditionelles Leben erhalten. Die Yanomami führen noch ihre Kriege, leben noch in ihren Shaponos auf traditionelle Weise. Aber allmählich dringen Hemden, Hosen, Kleider, Schüsseln und Kochtöpfe vor.

Das Zusammentreffen mit der Zivilisation beschränkt sich auf gelegentliche Besuche der wenigen Missionsstationen, denen ebenso sporadische Gegenbesuche folgen. Nur in der unmittelbaren Nähe der Station sind stärkere Akkulturationserscheinungen zu beobachten. Dort gehen die Kinder inzwischen in die Schule. Feuerwaffen verbreiten sich peu à peu, doch jagen die meisten Yanomami nach wie vor mit Pfeil und Bogen, und sie tragen auch ihre kriegerischen Konflikte mit ihren alten Waffen aus. Es ist allerdings zu erwarten, daß sich die Situation bald ändern wird. Aus Brasilien kommen Goldsucher in großer Zahl in das Territorium der Yanomami. Im brasilianischen Gebiet hat sich das bereits verheerend ausgewirkt, und es ist zu befürchten, daß von Brasilien aus auch die Yanomami-Bevölkerung Venezuelas ungünstig beeinflußt wird, obgleich sich die venezolanische Regierung in beispielhafter Weise darum bemüht, die Indianer zu schützen.

Die Yanomami sind hellhäutig und klein. Die Männer erreichen etwa 1,50 Meter, die Frauen um 1,40 Meter. (Der Durchschnittswert von 37 Männern, die der deutsche Völkerkundler Otto Zerries maß, betrug 151,9 Zentimeter, der von 18 Frauen 141,4 Zentimeter.) Sie sind wohlproportioniert und haben feingeschnittene Gesichter, die nur durch die in der Unterlippe getragene Tabakrolle gelegentlich etwas entstellt werden. Sie gehen nackt und wohnen in den schon geschilderten Pultdachsiedlungen, die man Shapono nennt und die geradezu ideale Beoachtungsmöglichkeiten bieten.

Nach ihrer Wirtschaftsform sind die Yanomami Jäger und beginnende Pflanzer. Sie kennen außer dem Hund kein Haustier, sondern fischen und erjagen ihr tierisches Eiweiß. Auch Insekten spielen eine große Rolle auf ihrem Speisezettel. Sie kultivieren Bananen, die heute ihr Hauptnahrungsmittel darstellen, ferner süßen Maniok, Ocuma (Xanthosoma) und Yamswurzeln (Dioscorea tritida), sammeln aber auch Früchte des Waldes. Verschiedene

Die wichtigsten bekannten Yanomami-Gruppen sind im Grenzgebiet Venezuelas mit Brasilien. Die Schreibweise wechselt; wir haben sie vereinfacht. Die Numerierung bezieht sich auf die Ziffern in der Karte.[66]

1. Iweietheri
2. Witokayatheri
3. Pishaasitheri
4. Tayaritheri
5. Mahekototheri
6. Sasanawëtheri
7. Yapithawëtheri
8. Kashorawëtheri
9. Konoporipïweitheri
10. Hasupïwëtheri
11. Ihiramawëtheri
12. Warokoawëtheri
13. »Hayatheri«
14. »Porepoitheri«
15. Kosirowëtheri
16. Sedukurawëtheri
17. Thoropotheri
18. Yëpropëtheri
19. Yeisipïweitheri
20. Waputhawëtheri
21. Aroarimopuweitheri
22. Warimahipïweitheri
23. Koyekasitheri
24. Warapawëtheri
25. Hokanakawëtheri
26. Kakasiwëtheri
27. Auweitheri
28. Yïrekemopëtheri
29. Hukowëtheri
30. Thokonawëtheri
31. Wanapïweitheri
32. Pasopëkëtheri
33. Yoresianatheri
34. Niyayowetheri
35. Hïrokaopëtheri
36. Mïmaripïweitheri
37. Misimisimapïweitheri
38. Ironasitheri
39. Miyomapïweitheri
40. Hapromapïweitheri
41. Karohitheri
42. Macorimatheri
43. Krauwëtheri
44. Motusipuweitheri
45. Kuarotheri
46. Peripotheri
47. Porethatheri
48. Patanoëtheri
49. Ihirupïtheri
50. Opothawëtheri
51. Matowëtheri
52. Karihatheri
53. Akanasimopëtheri
54. Thakowëtheri
55. Titiritheri
56. Koyosiwëtheri
57. Mayupëtheri
58. Hokomisipraopëtheri
59. Sorohedupëkïtheri
60. Kafisipïwëtheri
61. Yariyatuwëtheri
62. Moshimacëpëtheri
63. »Mocahuromotheri«
64. Reyapopïweitheri
65. Asithowëtheri
66. Mokarithatheri
67. Hawarowëtheri
68. Hiomisitheri
69. Pakowaripïweitheri
70. Yeihiopëtheri
71. Masiripïweitheri
72. Toohopatotoitheri
73. Yeisikorowëtheri
74. Shipariotheri
75. Aratotheri
76. Otoputheri
77. Sacriputheri

Von mir besuchte Gruppen: 1, 2, 3, 5, 8, 10, 11, 18, 19, 20, 27, 33, 34, 42, 48, 57, 62, 74, 75, 76, 77

Die Schreibweise der Namen wechselt. Die Gruppen nennen sich nach dem Ort, wo sie wohnen, und sie wechseln den Namen häufig mit dem Ortwechsel. Es dauert aber in der Regel einige Zeit, bis der neue Name allgemein akzeptiert wird. So nannten sich die Patanoëtheri auch nach ihrer Übersiedlung nach Sheroana zunächst noch Patanoëtheri, vor allem die Älteren. Die jüngeren jedoch nannten sich Sheroanatheri. Eine Gruppe spaltete sich ab und übersiedelte nach Thorita und nannte sich Thoritatheri. 1988 übersiedelte ein Teil der Sheroanatheri nach Hapokashita. 1991 nannten sie sich bereits nach diesem Ort. Von anderen werden sie jedoch weiterhin Patanoëtheri genannt. Auch die Schreibweise der Yanomami wechselt (Yanomama, Yanomamö, Yanoama, Yanomami). Ich schließe mich der französischen Schreibweise Yanomami an. Das »i« am Ende wird wie ein kurzes »ö« gesprochen.

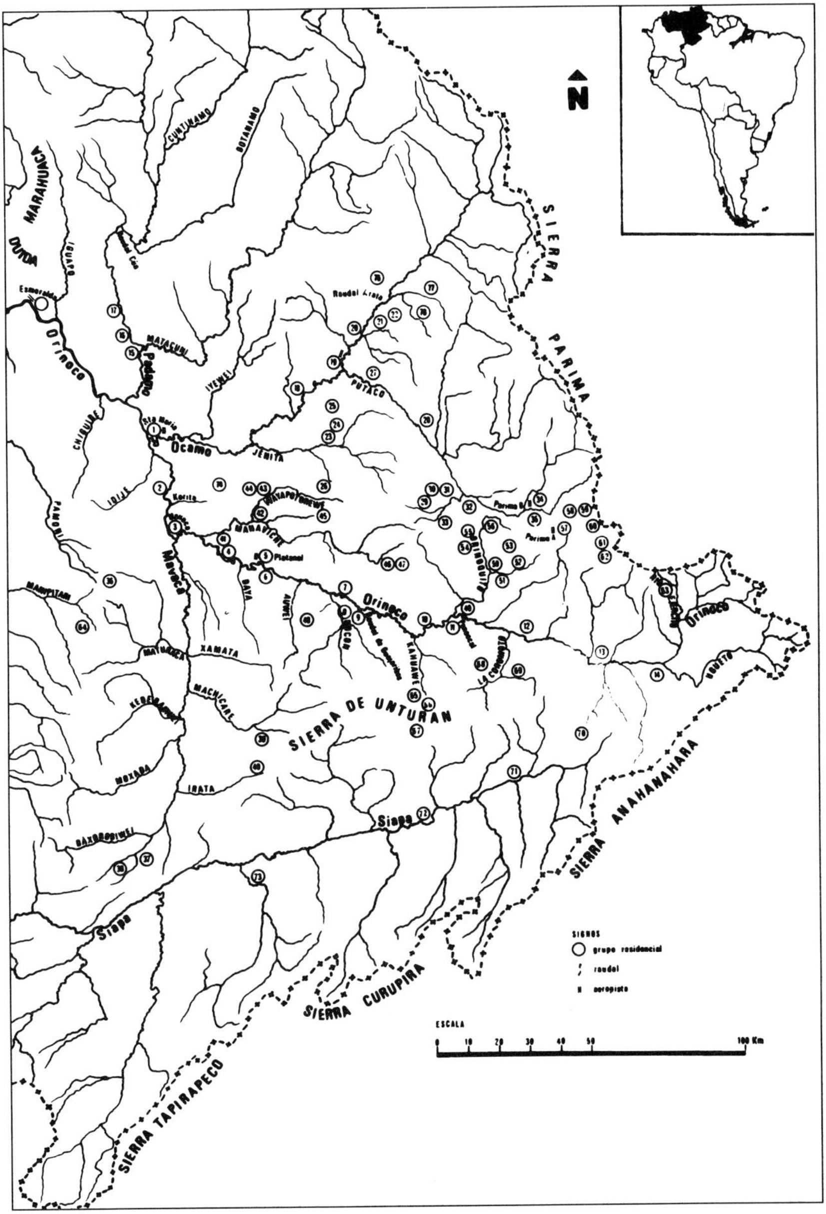
SIERRA PARIMA
SIERRA DE UNTURAN
SIERRA ANAHANAHARA
SIERRA CURUPIRA
SIERRA TAPIRAPECO
Orinoco
Ocamo
Mavaca
Padamo
Siapa
Esmeralda
MARAHUACA
DUIDA
PUTACO
MATACUNI
MANAVICHE
MATAPOTONE
Platanal
JENITA
CUNTINAMO
BOTANAMO
IGUAPO
CHIGUIRE
IDIJE
PAMONI
MANIPITARE
XAMATA
MACHICARE
MOXAPA
IRATA
Parima B
Parima A
Raudal Arato
SIGNOS
grupo residencial
raudal
aeropista
ESCALA
0
10
20
30
40
50
100 Km

Anzeichen sprechen dafür, daß sie erst in jüngerer Zeit zum Gartenbau übergegangen sind. Unter anderen berichtet Helena Valero, die viele Jahre Gefangene der Yanomami war, von einer Gruppe, die ausschließlich von Wildgemüsen und Wildfrüchten lebt.[67] Kulturpflanzen stellen nach Angaben von Otto Zerries und seinen Kollegen Meinhard Schuster etwa 60 Prozent des Nahrungsbedarfs, Wildpflanzen 20 Prozent, Wildbret und Kleintiere 15 Prozent und Fische 5 Prozent.[68] Doch wechseln die Anteile in den verschiedenen Gebieten. Bei manchen Yanomami-Gruppen spielt die Sammeltätigkeit eine noch größere Rolle. Sie kultivieren außerdem Tabak, den sie als Rolle in der Unterlippe tragen. Sie rauchen nicht. Rituale, die mit dem Gartenbau zusammenhängen, wurden nicht entwickelt, wohl aber solche, die mit dem Jagen und Sammeln in Verbindung stehen.[69]

Gesammelt werden viele Früchte und Nüsse, ferner Kerbtiere, Spinnen, Wasserschnecken, niedere Wirbeltiere wie Frösche und Eidechsen. Man ißt sogar die großen Agakröten, nachdem man sie enthäutet hat. Die Yanomami verstehen sich darauf, Tümpel zu vergiften und die betäubten Fische herauszufangen. Sie jagen Krokodile, Affen, eine Vielzahl von Vögeln, Gürteltiere, Agutis, Tapire, kurz: Der Speisezettel ist reichhaltig. Aber nicht jeder darf alles essen. Hier sind es bestimmte Altersklassen, denen Bestimmtes zu essen untersagt ist. Ein Grund ist nicht recht einzusehen, es sei denn, daß dies innerhalb der Altersklassen eine gewisse Solidarität schafft.

Zur Affenjagd verwenden die Yanomami Hartholzpfeilspitzen mit einem Knochen als Widerhaken. Sie sind mit Curare vergiftet.

Es ist merkwürdig, daß sie außer dem Hund keinerlei Nutztiere haben, denn sie ziehen viele Tiere auf. Manche verspeisen sie später, aber die meisten halten sie zu ihrem Vergnügen. Manche Shaponos sind kleine zoologische Gärten. Grüne Papageien laufen emsig über den Boden. Man stutzt ihnen die Flügel, damit sie nicht entweichen, dazwischen hüpft ein großschnäbeliger Tukan. Ein zahmes Aguti ist mit einer Schnur an einem Bein an einen Pfosten gefesselt, und ein schon ausgewachsener Kapuzineraffe macht das Shapono unsicher. Er wird von den Mädchen gelaust und in die Hängematte genommen. Aber auch beschimpft, wenn er etwas anstellt, und er versteht dann wohl kaum, weshalb man ihn mit Holzscheiten bewirft. Dann sitzt er zeternd da und läßt alles über sich ergehen, ja, er flieht sogar zu seinen Peinigern. Ich hatte eine Zeitlang meine Freude an ihm, bis er mit meinem Protokollheft davonturnte. Ich mußte ihm lange unter dem wiehernden Gelächter der Yanomami nachstellen, ehe ich mein Heft wieder hatte.

Bei den Kachoroatheri gab es zwei Aras. Denen ging es weniger gut. Als ich ankam, war der eine gerade seiner roten Federn beraubt worden. Gerupft sah er zum Erbarmen aus, der große Kopf auf dem dünnen, schütter befiederten Hals und dann der fast nackte Rumpf ohne jede Schwanzfeder. Verständlicherweise schimpfte der Ara laut, wenn irgend jemand in seine Nähe kam. Der andere dagegen war damals noch ganz stattlich.

Die materielle Kultur der Yanomami ist nicht besonders reich. Zur Jagd und zum Kampf dient in erster Linie der große Hartholzbogen. Die mehr als zwei Meter langen Pfeile sind eine Anpassung an das Jagen im Wald. Dank ihres Gewichts lassen sie sich nicht durch Ästchen und Blätter ablenken. Yanomami-Pfeile wiegen um hundert Gramm, die Pfeile der Buschleute etwa nur ein Zehntel davon; zwölf bis vierzehn Gramm sind es bei den !Ko. Die Yanomami-Pfeile sind mit Bambus- oder Hartholzspitzen bewehrt. Für die Affenjagd bindet man an die Hartholzspitzen einen Knochensplitter als Widerhaken. Reservespitzen befinden sich meist in einem kleinen Köcher aus Bambus, der manchmal eine Ritzverzierung aufweist. Die Pfeilspitzen aus Bambus werden auch im Kampf verwendet. Sie haben darüber hinaus noch eine soziale Bedeutung. Man tauscht sie mit anderen, wenn man zu Besuch kommt. Bei dieser Gelegenheit breitet man den Inhalt seines Köchers vor seinen Freunden aus und erklärt, von wem man diese und jene Spitze bekam. Es handelt sich um eine Selbstdarstellung, um ein Imponieren mit dem sozialen Beziehungsnetz: Seht, welche Freunde ich habe!

In Wien war es früher üblich, die Visitenkarten der Besucher in einer Schale im Vorzimmer zu sammeln. Heute dient unter anderem das Gästebuch solcher Selbstdarstellung. Im Köcher der Yanomami befindet sich auch der Feuerbohrer. Außen am Köcher hängen oft noch kleine Messerchen aus Agutizahn. Man schäftet den Zahn und hat damit ein einfaches, aber wirkungsvolles Schnitzwerkzeug.

Zur Holzbearbeitung verwendet man ferner den Unterkiefer des Wildschweins. Die Hauer werden wie ein Hobel eingesetzt. Man benutzt Bambusmesser zum Schneiden und Bambusstreifen, um

Tonsuren auszuscheren. Das Steinbeil wurde verdrängt durch die im Intergruppenhandel offenbar schon vor der Kontaktperiode eingeführten Haumesser. Man findet jedoch die Steinklingen noch häufig in Gebrauch: Man zerreibt damit die Yopodroge.

Bei ihren Turnieren kämpfen die Männer mit bis zu zwei Meter langen Hartholzkeulen mit scharfen Kanten. Sie sind oft bemalt.

Kurze Blasrohre dienen zum Yoposchnupfen. Kochtöpfe werden aus Ton hergestellt. Man findet sie aber nur noch in entlegenen Gebieten wie der Sierra Parima; Aluminiumtöpfe haben sich weitgehend durchgesetzt. Wie die Macheten wandern sie im Tauschhandel bis in die noch nicht kontaktierten Gebiete.

Zur Ausrüstung eines Haushalts gehört eine Vielzahl von Körben. Große Tragkörbe mit breiten oder feinen Maschen verschiedener Flechtart, kleine, feingeflochtene Körbe zum Aufbewahren von Kleinkram wie von Knochenahlen, Harzklumpen, Feuerbohrern, Onoto zur Körperbemalung und anderem. Schön dekoriert sind die flachen, schüsselartigen Körbe. Als Wasserbehälter nehmen die Yanomami große Kalebassen, halbiert benutzt man sie als Schöpfer und Trinkgefäße, die ganz kleinen auch als Löffel. Aus Palmblatt gefaltete Tröge dienen ebenfalls dazu, Nahrung aufzubewahren. Schmuckfedern steckt man in zusammengenähte Blattbehälter.

Der ganze Hausrat wird in den Verstrebungen unter dem Dach verstaut. Dort liegen auch die Pfeile und Bündel der Knochen von Jagdtieren, die man als Jagdzauber aufhebt. Schließlich hängen hier auch noch die Kalebassen mit der Totenasche, die tabu sind und die niemand berühren darf.

Man schläft in Hängematten. Davon gibt es drei Typen: solche aus breiten Bastbändern, die man schnell anfertigt, wenn man unterwegs ist; andere werden aus dünnen Streifen einer Liane hergestellt. Bei beiden Typen sind die Längsstreifen der Hängematte nur an den Enden zusammengebunden. Schließlich gibt es aus Baumwolle gefertigte Hängematten. Man sammelt dazu wilde Baumwolle und spinnt sie mit einem einfachen Wirtel zu einem Faden. Die starken Längsfäden werden dann durch querlaufende Fäden untereinander verbunden. Aus Baumwolle stellen die Frauen auch kleine Fransenschurze her, die sie zu festlichen Anlässen tragen, und für die Männer Wulstgürtel. Bei den Kashorawëtheri waren 1972 von 61 Hängematten 26 aus Lianen oder Bast. Bei den Mayupëtheri waren es von den insgesamt 112 Hängematten

In den ersten Tagen waren wir stets der Mittelpunkt der Aufmerksamkeit unserer Gastgeber; hier: umgeben von neugierigen jungen Männern.

beider Shaponos 29. Die Kunst, Baumwollhängematten und -schürzchen herzustellen, haben die Yanomami von ihren Nachbarn übernommen. In zwei Dörfern hörte ich einen Mann auf einer einfachen Flöte spielen. Bei den Waputhawëtheri war es eine Knochenflöte, bei den Niyayowëtheri eine Flöte aus Holz.

Nahrung wird in den Tongefäßen gekocht, zum Beispiel Bananensuppe, Palmfrüchte und Fleisch. Viel wird in Blättern verpackt und dann erst gedünstet oder geröstet.

Ursprünglich lebten die Yanomami abseits der großen Flüsse im Hügelland an kleineren Bächen. Dort ist die Mückenplage nicht so groß. Erst in jüngster Zeit beginnen sie zum Orinoko zu wandern. Das hat mehrere Gründe, die alle mit dem Eintreffen der Weißen zu tun haben. Die Weißen bieten zunächst einmal Sicherheit. Der Strom ist eine Art Zuflucht geworden. Des weiteren kommen mit den Europäern geschätzte Waren in das Land. In erster Linie Haumesser, dann Perlen, rote Stoffstreifen und viele andere Dinge. Unter anderem erlauben es die eingeführten Angelhaken, den Fischreichtum des Stroms besser zu nutzen. Die Yanomami brauchen eine Angel nur kurze Zeit in das Wasser zu halten, und schon haben sie einen Piranha.

Sie leiden hier jedoch sehr an den Kribbelmücken und Moskitos und suchen daher zum Schutz Kleidungsstücke wie Hemden und Hosen zu erwerben. Sie tragen diese dann, bis sie ihnen buchstäblich am Leib zerfallen.

Die Bewohner eines Shaponos setzen sich aus mehreren Familiengruppen zusammen. Sie umfassen die Kernfamilie: Eltern, deren Kinder und, soweit vorhanden, die Großeltern, meist der väterlichen Seite, denn die Familiengruppen sind in der Regel patrilinear[70], doch kommt es auch vor, daß ein Mann in das Shapono der Frau übersiedelt. Dann schließt er sich der Familiengruppe seiner Frau an und übernimmt die gleichen Pflichten, die den Männern dieser Gruppe obliegen. Ein Mann kann mehrere Frauen haben, oft handelt es sich dann um Schwestern.

Jede Shaponogemeinschaft besitzt ein großes Territorium (urifi = Wald). Die zum Zeitpunkt der Erhebung 73 Personen zählende Gemeinde der Jorocobatheri verfügte über ein Gebiet von rund 650 Quadratkilometern.[71] Die territoriale Gliederung ist am ausgeprägtesten in der Sierra Parima, dem Zentrum des Siedlungsgebiets. In dem infolge der Wanderbewegung erst seit kurzem besiedelten Flußgebiet des Orinoko scheinen die Territorialgrenzen weniger fixiert.

Jede Familie hat eine eigene Feuerstelle. Ein eigenes Feuer unterhalten ferner unverheiratete Erwachsene. Aus der Anzahl der Feuerstellen kann man ungefähr die Zahl der Personen errechnen. Man nimmt im Durchschnitt drei Personen pro Feuerstelle an. Wie viele Personen es gibt, läßt sich auch gut anhand der Hängematten ablesen. Bei den Kashorawëtheri zählte ich 1972 insgesamt 24 Feuerstellen und 61 Hängematten. Bei den Mayupetheri 1973 im ersten Shapono 20 Feuerstellen und 54 Hängematten und im zweiten 21 Feuerstellen und 58 Hängematten.

Die Familiengruppen unterhalten untereinander freundliche Beziehungen, auch durch den ritualisierten Geschenketausch. Aber schon die Kinder lassen erkennen, zu welcher Familiengruppe sie zählen. Kinder einer Familie schließen sich zum Beispiel oft als Partei im Spielkampf gegen andere zusammen, sie stehen einander bei.

Es dauerte bis 1954, ehe es der New Tribes Mission unter James B. Barker und der salesianischen Mission unter Padre Luigi Cocco gelang, das Mißtrauen der Yanomami zu überwinden. An der Einmündung des Mavaca und des Ocamo in den Orinoko und bei Platanal wurde je eine Missionsstation angelegt. Im April 1954 begann die systematische Erforschung der Yanomami dieses Gebiets durch Otto Zerries und Meinhard Schuster, die bis Ende Februar 1955 im Shapono der Mahekotheri arbeiteten.[72]

Die Gruppen nennen sich, wie gesagt, meist nach dem Ort, an dem sie gerade leben, und ändern mit dem Ortswechsel häufig auch den Namen. Die Endsilbe theri oder tedi heißt soviel wie Dorf. Bezieht sich der Gruppenname aber auf persönliche Merkmale, dann behalten sie ihn auch nach einem Ortswechsel bei, wie dies Inga Steinvorth-Goetz herausgefunden hat.[73]

Das gilt etwa für die Patanoëtheri, deren Namen sich von »pata« (»groß«) ableitet, was sich auf die Körpergröße bezieht. Sie nannten sich bereits 1955 wie heute, obwohl sie mittlerweile wiederholt ihren Platz gewechselt haben. Von dem Ort, an dem Chagnon in den frühen sechziger Jahren beobachtet hatte, übersiedelten sie nach Sherona, wo wir 1981 die Arbeit aufnahmen. 1988 ging ein Teil der Gruppe nach Hapokashita. Nach diesem

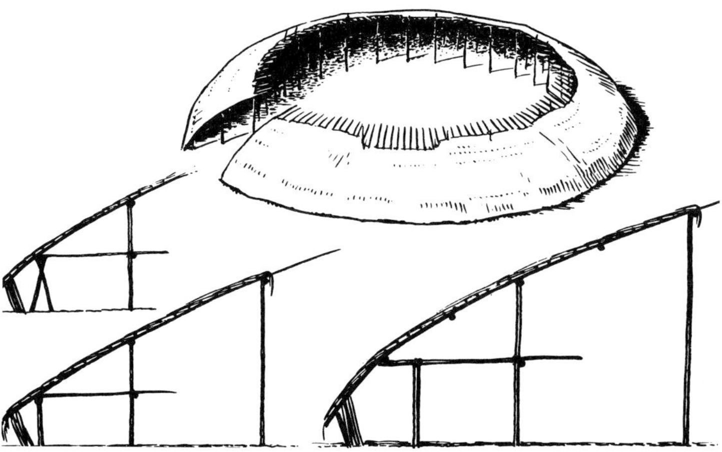

Schematische Darstellung eines Shabonos der Yanomami. Aufsicht von oben (ohne Palisadenschutz) und Schnitte durch den Dachsektor, dessen höchster Punkt von zwei bis sechs Metern variiert.

Ort werden sie nun von anderen genannt, was sie aber nicht dazu veranlaßt hat, von ihrem ursrpünglichen Namen abzugehen. Es gibt bei uns Vergleichbares. Tiroler Bauern beispielsweise werden oft nach ihrem Hof genannt: Ebentaler, Siedinger usw. Sie tragen und nennen aber auch ihren jeweiligen Familiennamen, der als der amtliche gilt.

Es folgte 1962/63 der italienische Völkerkundler Ettore Biocca[74], der 1965 auch die bemerkenswerte Lebensgeschichte der Helena Valero auf Tonband festhielt und in Buchform veröffentlichte. Helena Valero war 1934 als etwa zehnjähriges Mädchen von den Shamatari – einem Yanomami-Stamm am oberen Rio Negro – verschleppt worden. Sie lebte zwanzig Jahre wie eine Yanomami und kam schließlich mit ihren vier Söhnen wieder in die Zivilisation zurück. Ab 1961 unternahm Inga Steinvorth-Goetz Reisen am oberen Orinoko, die sie bis zu den Ursprungsquellen dieses Flusses führten. Ihrer Hilfe verdanke ich meine ersten Reisen in dieses Gebiet. 1964 bis 1972 arbeitete der Völkerkundler Napoléon A. Chagnon und seit 1968 auch sein Kollege Jacques Lizot in dieser Region.

Ich habe das Gebiet seit 1969 dreizehnmal besucht, zuletzt 1991. Diese Reisen führten mich in die Sierra Parima, den Ocamo aufwärts und zum oberen Orinoko. Ich verbrachte meist einige Wochen in einem Dorf und filmte. Einen Teil meiner Zeit nutzte ich zu Exkursionen, die mich auch in Siedlungen führten, die bisher nicht kontaktiert worden waren.

Ich besuchte dabei folgende Gruppen: Iweietheri, Pishããsitheri, Mahekototheri, Kashorawëtheri, Ihririmawëtheri, Hasupuëtheri, Macorimatheri, Shipariotheri, Yapropotheri, Sacriputheri, Otoputheri, Auweitheri, Waputuputheri, Aratotheri, Niyayowëtheri, Noreshinatheri, Mayupëtheri, Moshimaënëtheri, Patanoëtheri. Das häufig vorkommende »ë« wird wie ein kurzes »ö« ausgesprochen, ähnlich wie der letzte Vokal in »heute«.

Meine ersten Reisen dienten der Orientierung. Umfangreichere Dokumentationen machte ich bei den Waputuputheri am oberen Ocamo, ferner bei den Kashorawëtheri, Ihirimawëtheri, Hasupuëtheri, und Patanoëtheri. Letztere besuche ich in Verfolgung einer Langzeitstudie auch weiterhin.

Insgesamt habe ich bisher 53 000 Meter 16-Millimeter-Film gedreht. Auf den drei Reisen zu den Hasupuëtheri hat mich der amerikanische Anthropologe Kenneth Good begleitet, der die

Sprache der Yanomami perfekt beherrscht. Er ist mit einer Yanomami aus dieser Lokalgruppe verheiratet, worüber er auch ein Buch geschrieben hat. Seit 1983 arbeite ich ausschließlich bei den Patanoëtheri, zuerst zusammen mit meinem Mitarbeiter Harald Herzog, einem jungen außerordentlich begabten Linguisten. Nach dessen tödlichem Unfall Weihnachten 1985 setzt seine Frau Gabriele Herzog die völkerkundlichen Erhebungen fort, während Marie-Claude Mattei-Müller uns als Linguistin beisteht.

Was sind das für Menschen, diese kriegerischen Yanomami? Wie leben sie miteinander? Wie wachsen sie auf und erlangen das aufbrausende Temperament, für das sie so bekannt sind? Und womit ist ihre kriegerische Einstellung zu erklären? Und ist Unverträglichkeit wirklich der bestimmende Wesenszug ihres Charakters?

Bereits auf meiner ersten Reise gewann ich wichtige Einblicke in das Wesen dieser Menschen – und lernte sie dabei vor allem von ihrer liebenswerten Seite kennen. Im Februar 1969 ließ Inga Steinvorth-Goetz mich in das Gebiet des oberen Orinoko einfliegen. Ihre Tochter, Elke Fuhrmeister-Goetz, die das Gebiet gut kennt, führte mich. Wir hatten das große Glück, daß der Häuptling der Iweietheri (Ocamo), der mit Inga Goetz und ihrer Tochter gut befreundet war, am Tag nach unserer Ankunft mit seiner Gruppe aufbrach, um die Shipariotheri zu besuchen. Diese hatten die Iweietheri eingeladen zu einem Reaho, einem Palmfruchtfest. Und der Häuptling schlug uns vor, mitzukommen. Das war wohl die beste Einführung in mein künftiges Arbeitsgebiet, die ich mir vorstellen konnte.

Wir bestiegen zwei große Einbäume – ein Fortbewegungsmittel übrigens, das die Yanomami ursprünglich nicht gekannt hatten und von den benachbarten Makiritare-Indianern übernommen haben; vorher benutzten sie einfache Rindenboote. Wir fuhren den Ocamo aufwärts, der sich durch einen prachtvollen Urwald windet. Eine wechselvolle grüne Waldkulisse zog langsam an uns vorbei. In den Kehren hatte die Strömung das Ufer unterwaschen, und große Baumriesen neigten sich tief über das braune Wasser. Auch wenn sie bereits halb im Wasser lagen, prangten sie noch in üppigem Blätterschmuck, bis dann das nächste Hochwasser sie ertränkte. Solche toten Baumgerippe versperrten immer wieder den Weg. Auf ihren kahlen Ästen saßen Schlangenhalsvögel und Reiher. Manchmal trieben ganze Teppiche gelber und violetter

Blüten auf dem Wasser. Dann wieder stand einer der großen Waldbäume am Ufer in Blüte. Große Hummeln umschwirrten uns, Nashornvögel und Aras flogen zeternd von den Uferbäumen auf. Manchmal überraschten wir auch einen Trupp Brüllaffen, der sich eilig in den Bäumen davonmachte. In den Büschen an flachen Uferstellen scheuchten wir Scharen rostbrauner Schopfhühner (Opisthocomus) auf. Die noch nicht flüggen Jungen kletterten im Gebüsch davon, wobei sie die Flügel zu Hilfe nahmen. Die ersten und zweiten Finger der Jungen sind besonders lang, frei beweglich und mit Krallen bewehrt. So können sie mit ihren Flügeln Zweige ergreifen und reptilartig mit allen vieren im Gezweig klettern. Einzelne ließen sich auch ins Wasser plumpsen und schwammen ein Stück, ehe sie einen etwas weiter entfernten Strauch erklommen.

Bei jedem größeren Getier, das wir aufscheuchten, gerieten die Yanomami in Erregung und nahmen Pfeil und Bogen zur Hand. Aber sie erwischten nichts. Die begehrten Wasserschweine verschwanden mit einem Plumps unter Wasser, und die Vögel blieben auch nicht ruhig auf den Zweigen sitzen.

Mir gegenüber im Boot saßen ein Ehepaar mit einem Säugling und dessen vielleicht fünfjähriger Bruder. Das Baby war rund, dick und freundlich und genoß die volle Aufmerksamkeit seiner Eltern. Zuerst erheiterte die Mutter es, indem sie mit aufgesetzten Lippen auf seinen Bauch blies, worüber der Kleine herzlich lachte. Dann rieb sie ihre Stirn an der seinen, hob ihn hoch, schüttelte ihn und lutschte danach lange an seinem kleinen Penis. Das Brüderchen schaute zu, und als die Mutter den Säugling rücklings auf ihren Schoß legte, da lutschte auch er kurz und betapste zärtlich seinen Bruder. Das ging ein Weilchen so, dann löste sich ein kleiner Springbrunnen von dem Kleinen und benäßte den Bruder. Der nahm das übel, er wandte sich abrupt ab und schmollte, aber nicht lange. So bemühten sich Vater, Mutter und Bruder um den Kleinen. Zwischendurch lag er an der Brust, und als er einmal sein Geschäftchen verrichten mußte, da deutete die Mutter die Unruhe richtig und hielt ihn, ein Bein hochziehend, außenbords. Es war eine kurzweilige Fahrt, bei der auch ich mich in Säuglingspflege übte, was in kurzer Zeit ein herzliches Band stiftete.

Am Abend erreichten wir einen kleinen Nebenfluß, den wir ein Stück hochfuhren, dann kampierten wir am Ufer, und anderntags ging es weiter. Der Weg führte durch den Wald. Ich hätte den Pfad nie ausgemacht, zumal er streckenweise durch einen Bach ging. Aber die Yanomami fanden sich gut zurecht.

Der Häuptling der Iweietheri trug einen gut zwei Meter langen Hartholzbogen und ein Bündel ebenso langer befiederter Riedpfeile. Einige waren mit einer blattartig zugespitzten Bambusspitze versehen, andere hatten auf eine lange Holzspitze einen Affenknochen als Widerhaken aufgebunden. An einem kleinen Köcher, der frei an einer Schnur über seine Schulter hing, waren zwei Messerchen aus Nagetierzähnen befestigt und als kleines Bündel eine Hängematte aus Bast. Im übrigen war er nackt; seine Schambekleidung bestand nur aus einer Schnur um die Lenden, mit der er seinen Penis an der Vorhaut hochband. Was er sonst noch am Körper trug, war Schmuck: Oberarmbinden aus schwarzem Vogelbalg, an denen kleine blaue und rote Federbälge zur Verzierung befestigt waren, und in den Ohren Rohrstäbchen, in denen vorne einige gelbe, rote und schwarze Federn steckten. Die anderen Männer waren ähnlich »bekleidet«. Die Oberarmbinden wechselten im Aussehen: Manche waren aus einem fingerdicken Baumwollwulst angefertigt, der rot gefärbt und mit schwarzen Wellenlinien verziert war, andere bestanden aus Vogelbälgen.

Auch die Frauen gingen für unsere Begriffe splitternackt. Sie trugen nichts außer einer dünnen, feingearbeiteten Schnur um den Leib. Ihre Scham war vollkommen unbedeckt. Eine trug zusätzlich zwei dünne Schnüre kreuzweise über Schulter und Brust. Die Frauen wähnten sich aber mit ihrer einfachen Lendenschnur durchaus züchtig bekleidet. Das merkte ich, als ich eine solche Lendenschnur haben wollte. Zuerst verstanden sie mich nicht recht, dann gab es ringsum ein Gekicher und Gelächter, und die befragte Schöne verbarg lachend ihr Untergesicht hinter einer Hand, neigte den Kopf zur Seite, stieß dann ihre Nachbarin an – kurz, sie war höchst geniert. So lernte ich, daß die Frauen und Mädchen sich ohne diese Schnur unanständig nackt fühlen, was einige aber nicht daran hinderte, sie dann doch gegen weiße Glasperlen einzutauschen. Sie zogen sich allerdings sogleich eine andere Schnur an, um wieder ordentlich gekleidet zu sein.

In ähnlicher Weise fühlten sich die Männer nackt, wenn sie ihre Penisschnur lösten oder wenn sie von selbst aufging. Es handelt sich bei diesen Schnüren wohl um Überbleibsel einer Bekleidung, denn nackt kamen die Ahnen der Yanomami ganz sicherlich nicht während der Eiszeit über die Beringstraße. Hier im tropischen Regenwald legten sie die Kleidung als unzweckmäßig ab bis auf jenes Restchen, das sie brauchen, um sich »kultiviert« zu fühlen, und vielleicht auch, um die Spannung der Koketterie erleben zu können. In diesem Sinne ist die Bekleidung, rudimentär, wie sie ist, doch funktionell, weil symbolisch.

In den Ohren der Frauen steckten Ohrpflöcke oder Büschel aus Pflanzenfasern, wohlriechende Blätter und gelbe Blüten. Besonders eigenartig war ihr Gesichtsschmuck – ein langes dünnes Stäbchen war durch die Nasenscheidewand gezogen. Zwei weitere dünne Stäbchen steckten in Löchern beidseitig am Mundwinkel und ein drittes unterhalb der Unterlippe mitten im Kinn.

Das Haar der Männer und Frauen war halblang geschnitten. Alle Männer und einige der Frauen hatten am Scheitel eine kreisrunde Tonsur ausgeschoren. Die Frauen trugen feingeflochtene Körbe auf dem Rücken. Sie waren vollgepackt mit Bananen und wurden von einem Stirnband aus Bast gehalten. Manche schleppten zusätzlich einen Säugling in einem Tragband aus Bast.

Kurz nach Mittag schlugen wir wieder ein Lager auf. Die Yanomami bauten aus Stangen und Blättern Unterstände, in denen wir unsere Hängematten aufspannen konnten. Sie errichteten auch solche für sich selbst, und so konnten wir von unserer luftigen Warte aus das muntere Treiben um uns herum beobachten.

Uns gegenüber war ein schon etwas älterer Mann, dem es offenbar meine Begleiterin angetan hatte, denn er schaute unverwandt zu ihr herüber und wartete nur darauf, daß sie hinsah. Tat sie es, dann züngelte er ungeniert und verdrehte die Augen. Die anderen beschäftigten sich mehr mit eigenen Angelegenheiten. Sie entfachten Feuer, brieten Bananen und kochten die Früchte der Pijiguaopalmee (Guilielma gasipaes). Sie waren aufmerksam und bedachten auch uns mit Bananen und Palmfrüchten. Nachdem sich alle gestärkt hatten, begann man die inneren hellen Blattspreiten einer Palme von der Hauptrippe aus fein zu zerspleißen, so daß sie schließlich einen feinen gelben Fransenvorhang bildeten. Bald befaßten sich die meisten mit dieser merkwürdigen Tätigkeit, deren Bedeutung wir bald kennenlernten.

Am späten Nachmittag besuchten uns drei prächtig geschmückte Krieger der Shipariotheri. Einer hatte in seinen Armbündel Büschel weißer Reiherfedern und rote Arafedern stecken. Ihre Körper waren mit rotbraunen Kringeln und Wellenlinien bemalt.

Die Kinder waren meist zutraulich oder zu Schabernack aufgelegt.

Das gilt als Friedensbemalung. Zum Krieg färbt man fast den ganzen Körper schwarz, das tarnt ihn in der Dunkelheit und macht ihn zugleich unheimlich. Einzelne tun dies auch bei Festen; doch kleben sie weiße Daunen auf ihre Stirnbinde, was sie auffällig sichtbar macht. Schwarz ist eine Farbe, die auf uns Menschen bedrohlich wirkt, darum tragen westliche »Elitetruppen« oft schwarze Uniformen. Einer der Gäste hatte sein Gesicht schwarz bemalt, was die Augen in auffälligem Kontrast hervorstechen ließ, zumal die Umgebung des Auges nicht gefärbt war. Um den Kopf hatten die Krieger Fellbinden, die mit weißen Raubvogeldaunen beklebt waren. Diesen Schmuck tragen sie bei friedlichen Anlässen. In den Ohren staken dünne Riedpflöcke, an deren vorderem Ende je ein hellblauer kleiner Vogelbalg befestigt war.

Unser Häuptling ging der Gruppe entgegen und blieb vor dem Krieger mit den Arafedern stehen. Nun gingen beide in die Hocke, und es begann eine eigenartige Wechselrede, bei der die beiden heftig im Rhythmus der Worte mit den Armen gestikulierten. Sie sprachen laut, fast schreiend, als wären sie in höchster Aufregung. Es war eine Art Begrüßung. Die Gastgeber teilten mit, sie seien bereit, am anderen Morgen die Gäste zu empfangen. Sie hatten Palmfrucht und geräuchertes Wild mitgebracht.

Am nächsten Morgen zogen wir vor das Shapono der Gastgeber. Unsere Gruppe hielt in einer Bananenpflanzung, man badete in einem Bach und begann sich dann zu schmücken. Frauen, Kinder und Männer bemalten sich mit roten und braunen Wellenlinien und Kringeln, putzten sich mit Federn, legten Stirnbinden an und beklebten sie mit Flaum. Selbst die Hunde bekamen braune Tupfer und Kringel über den ganzen Körper. Als Farbe diente Onoto, ein aus einer Fruchtschale gewonnener Farbstoff.

Die Gastgeber hatten unterdessen für einen Imbiß gesorgt. Sie brachten gegorene Bananen und wiederum Wild und breiteten dies auf Bananenblättern auf dem Boden aus. Während wir uns stärkten, ging ein buntgeschmückter Krieger unserer Gruppe ins Dorf der Shipariotheri und kündigte unseren Besuch an. Später hatte ich Gelegenheit, eine solche Ankündigung mitzuerleben: Zunächst stellt sich der Besucher, Pfeil und Bogen senkrecht auf den Boden gestützt oder schräg in der Hand haltend, auf dem freien Platz im Shapono auf. Der Blick starr, hochmütig in die Ferne gerichtet, als würde er niemanden wahrnehmen, so verharrt er regungslos. Das ist eine Demonstration des Muts. Er bietet sich als Zielscheibe dar. Das machen Besucher immer, gleich ob sie zu einem Fest geladen sind oder nicht, und sie werden dabei oft scherzhaft mit Pfeil und Bogen bedroht. Hat er etwa eine Minute lang in dieser Pose verharrt, dann beginnt er singend den Besuch anzukündigen. Oft führt er dabei eine Art »Tanz« auf: Während er erregt singt, beugt er sich im Rhythmus seines Vortrags abwechselnd nach links und rechts und legt dabei Pfeil und Bogen für Sekundenbruchteile flach auf den Boden. Dieser Abgesandte der Besucher wird mit einer Kalebasse Bananensuppe bewirtet. Er meldet dann seiner Gruppe, daß alles zum Empfang bereit sei.

Nach dem beschriebenen Ankündigungszeremoniell tanzte jeder einzelne der Iweietheri-Männer in vollem Schmuck eine Runde im Shapono der Shipariotheri, als erster der Häuptling. Schrilles Geschrei der vor jedem Stützpfosten des Shaponos postierten Shipariotheri-Krieger begrüßte ihn. Prächtig geschmückt, die Brust vorgewölbt, den Kopf zurückgeworfen, lief er einige Schritte vor, stampfte dann kraftvoll auf der Stelle, machte auch ein, zwei Schritte rückwärts. In der Hand hielt er Pfeil und Bogen. Es war das klassische Bild eines Imponiergehabes, eine Selbstdarstellung, die jedoch nicht peinlich wirkte, sondern würdevoll. Mit dem Häuptling zusammen tanzte dessen kleiner Sohn. Sein Kopfhaar war mit weißen Daunen aufgeputzt, und mit beiden Händen schwenkte er die hellgelben zerschlissenen Wedel, deren Herstellung ich beobachtet hatte. Die beiden ergaben ein interessantes Gegensatzpaar: Die Aussage »Ich bin ein starker und kampfbereiter Krieger« war mit einem friedlichen Appell über das Kind verknüpft und damit das drohende Gebaren des Kriegers entschärft. Die Aussage war klar: Wir kommen nicht unterwürfig, aber in friedlicher Absicht.

Viele Rituale menschlicher Begrüßung ähneln sich. Ich erinnere an den erwähnten Begrüßungstanz »Atang-blongit« der Blit und den von Viktor von Geramb aus Österreich beschriebenen Schwerttanz, in denen die aggressive Selbstdarstellung mit freundlichen Appellen über Frauen einhergeht. Erst kürzlich habe ich auf Bali den Begrüßungstanz »Puspa wresti« gefilmt, in dem mit Speeren ausgerüstete Burschen einen Kriegstanz vorführen, während Mädchen im Blumenopfertanz Blumen ausstreuen. Beim Gruß werden Elemente der Selbstdarstellung häufig mit freundlichen Signalen kombiniert. Man schießt Salut, überreicht dem Staatsbesuch aber gleichzeitig Blumen, übrigens gerne durch ein Kind. Und wenn wir uns bei einer Begegnung kräftig die Hände schütteln oder auf die Schulter klopfen, dann spielt da aggressive Selbstdarstellung mit. Gesichtsausdruck und Worte allerdings entschärfen dieses Imponiergehabe.

Diese Selbstdarstellung in Ritualen freundlicher Begegnung dient dazu, Dominanzbestrebungen des Grußpartners abzublokken. Wir Menschen neigen ja dazu, Schwächen eines Mitmenschen auszunutzen, um Oberhand zu gewinnen. Daher sind wir bemüht, vor allem bei Begegnungssituationen, uns stets kompetent und stark zu zeigen.

Aber zurück zu den Iweietheri. Einer nach dem anderen tanzten die Krieger ein, manche schwenkten grüne Palmwedel, andere traten in vollem Waffengepränge auf, von Kindern begleitet, andere wiederum mit ihren Frauen, die ebenfalls gerne zur Demonstration der friedlichen Absicht verwendet werden. Wer mit Frauen kommt, will nicht Krieg führen.

Manchmal tanzten auch zwei Krieger im Gegenlauf. Nach den imponierenden Eintänzern machten Tänzer die Runde, die Geschenke zeigten. Tanzend trugen sie die Äxte, Pfeile und Haumesser. Sie hielten sie in den erhobenen Armen. Vor jedem Familiensektor legten sie die Gabe ab, tanzten und sangen dazu, nahmen sie wieder auf und tanzten weiter. Hatten sie die Runde vollendet, verließen sie das Shapono wieder.

Marie-Claude Mattei-Müller und Gabriele Herzog haben einige der Gesänge der eintanzenden Gäste übersetzt. In diesen »Praaï« genannten Gesängen stellen sich die Männer teils aggressiv, teils freundlich vor in einer Variante der antithetischen Selbstdarstellung. In einem von mir gefilmten Eintanz singt einer: »Ich bin mutig, ich bin mutig«[75], ein anderer: »Wir mischen uns, wir mischen uns«, was soviel bedeutet wie »wir sind Freunde«. Sie rufen auch aus, was sie als Geschenk mitbringen.

Die Gastgeber begrüßen die Besucher gelegentlich mit aggressiven Kommentaren. »Sie benehmen sich wie böse Geister«, sagte einer; ein anderer: »Ich bin hungrig auf Fleisch«, ein verblümter Ausdruck für seinen Wunsch zu morden. Kommentare dieser Art belegen die Spannung einer solchen Begegnung. Gelegentlich kommt es sogar zu aggressiven Auseinandersetzungen.

Nachdem jeder getanzt hatte, tanzten alle Gäste noch einmal gemeinsam. Zuletzt stellten sie sich auf dem freien Platz auf und warteten darauf, von den Bewohnern der verschiedenen Sektoren eingeladen zu werden. Die Gastgeber forderten sie durch Berühren mit der Pfeilspitze auf mitzukommen. Als einige Gäste übrigblieben, griff der Häuptling der Gastgeber ein und wies sie bestimmten Familien zu.

Die Gäste spannten ihre Hängematten zwischen denen der Gastgeber auf und legten sich in merkwürdiger Pose zur Ruhe. Sie gaben sich betont teilnahmslos, als würden sie ihre Umgebung nicht weiter beachten. Wenn ich sie ansprach, gaben sie weder durch Miene noch durch Worte zu verstehen, daß sie das wahrnahmen, und sie zeigten zunächst auch keinerlei Interaktionen mit ihren Gastgebern. Der Häuptling der Gastgeber hält nach dem Einzug der Gäste mitunter auch eine Ansprache. Jacques Lizot hat die Rede des Shimoriewe der Kashoriwëtheri anläßlich des Besuchs der Hokanakawëtheri übersetzt. Wir zitieren den bemerkenswerten Text nach der französischen Vorlage:

»Ihr seid Besucher, stimmt's? Ich habe unsere Frauen schon gewarnt, sich nicht verführen zu lassen, für den Fall, daß ihr ihre Scham begehrt. Wir sind Erwachsene und können uns zügeln. Warum solltet ihr die Frauen am Arm mit euch ziehen? Laßt sie in Frieden. Schleppt sie nicht mit euch! Unsere Frauen haben bemalte Augenlider, sie haben sich für das Fest geschmückt. Sie haben alle bemalte Augenlider. Und ihr seid hier wohlig ausgestreckt in euren Hängematten, nicht wahr? Geht nicht zu den Frauen, ihr müßtet sonst verschwinden.
Schwager, glaubt nicht, daß ihr angegriffen werdet. Sagt das nicht, sagt das nicht! Wir sind wirklich Freunde. Ich bin für euch ein Freund. Warum sollten wir Feinde werden? Werden wir uns wegen Frauen schlagen? Nein! Ihr werdet alle nötige Nahrung haben, auch wenn einige der Unsrigen euere Plantagen aus Wut beschädigt haben. Kommt hierher! Schwager, bleib hier! Wir sind Freunde. Hier spricht ein einflußreicher Mann, er soll nicht von mir verachtet werden, Schwager! Auf diesem Weg, der aus dem Lager führt, glaubt nicht, daß wir eure Frauen wegziehen werden und daß ihr angegriffen werdet. Hoffentlich eilt ihr aus Furcht nicht in Scharen davon. Wir werden unsere Nahrung teilen, habt keine Angst um eure Frauen! Hier ist meine kranke Schwester.
Bei denen von Hokankawe sind ein Mann und eine Frau eingetroffen, sie sagten: ›Wir werden uns lieben!‹ Sie haben sich getäuscht. Nein, nein, nein, wir schlafen nicht miteinander! Ihr aus Karohi, meine Söhne, eure Frauen sind geizig, weil sie ihren Gästen keinen Tabak anbieten. Wir werden ein Stück Tabak haben. Werden sie glauben, daß ich keinen habe? Sollte ich ums Feuer laufen und darum betteln? Haben sie das gedacht? Ich bin nicht um die Feuerplätze gelaufen! Ich bin großzügig! Ich werde einen ganzen Korb voll Tabak anbieten! Ich habe ihn den Frauen, die ihn zubereiten, abverlangt. Nehmt euren Kautabak.[76]

Doch zurück zum Fest der Shipariotheri. Die Gastgeber hatten unterdessen in großen Gefäßen aus Bananen eine Suppe gekocht und gossen diese nun in einen großen Rindentrog, der eigens für dieses Fest angefertigt worden war. Jetzt kam auch wieder Leben in die Gäste. Man versammelte sich um den Trog, und die Gäste schöpften mit Kalebassen die Suppe, sie tranken fast bis zum Platzen.

Inzwischen begannen einzelne Männer der Shipariotheri über dem Feuer Rindenbast vom Njakoamabaum zu trocknen, den sie anschließend mit einer alten Steinbeilklinge auf einem Tonscherben zerrieben und mit Asche mischten. Sie bereiteten so Schnupfpulver von stark berauschender Wirkung zu. Sie nennen es Epena (venezolanisch Yopo). Das Schnupfpulver enthält mehrere alkaloidreiche Pflanzenbestandteile: neben der erwähnten Baumrinde die zerriebenen Bohnen einer Akazienart (Piptadenia peregrina) und die veraschte Rinde eines anderen Baums.

Die Zusammensetzung des Drogenpulvers wechselt. Die gebräuchlichste Schnupfdroge (Yakoana) wird aus dem Rindenbast der Liane Virola elongata gewonnen. Sie wird getrocknet, zerrieben und mit einer Baumrindenasche gemischt. Die Patanoëtheri mischen die zerriebenen Samen Piptadenia peregrina dazu. In dieser Zusammensetzung gilt sie als die stärkste Droge. Sie zeichnet sich durch einen hohen Bufoteningehalt aus.

Nach der Herstellung des Pulvers versammelten sich die Männer der beiden Dörfer zum Schnupfen. Dazu hockten sie sich immer paarweise einander gegenüber und bliesen sich gegenseitig das Schnupfpulver mit einem kurzen Blasrohr in die Nase, und zwar nacheinander in beide Nasenlöcher. Der Empfänger einer Prise zuckte stark zusammen und raufte sich oft die Haare. Es war für viele ein offensichtlicher Schock und keineswegs angenehm. Auch die weiteren Folgen schienen eher unerfreulich. Viele übergaben sich kurz danach, gleichzeitig setzte eine starke Nasenschleimsekretion ein, die einen Teil der Drogen wieder ausspülte. Das sah nicht gerade appetitlich aus.

Nach Überwindung des ersten Schocks saßen die Schnupfer zunächst benommen da, dann, nach drei bis fünf Minuten, begannen ihre Augen zu glänzen, und sie agierten im Sitzen und im Stehen, als hätten sie Visionen. Sie schauten in die Ferne, stießen Rufe aus, und man erzählte mir, sie würden Hekuras sehen, Geister, die sie zwar fürchten, die ihnen aber auch Verbündete sein können. Und schließlich begannen sie in Trance zu tanzen. Mit erhobenen Händen stampften sie auf und ab und sangen dazu in einer tragenden Weise. Ich habe die Gesänge später noch oft gehört, sie gehören zum Alltag der Yanomami. Man schnupft nämlich Epena nicht nur bei festlichen Anlässen, sondern auch bei der Behandlung eines Kranken. Und schließlich rufen sie mit Epena die Geister an. In Trance haben die Yanomami die Macht, die Geister zu ihren Feinden zu senden.

Bis zum Einbruch der Dämmerung schnupften und tanzten die Männer, dann versammelten sich alle an einer Stelle, und unvermittelt begannen sie drohend Waffen und Axte zu schwingen und sich unter den Pultdächern fortzubewegen, die einen aufrecht, die anderen in Hockstellung oder auf allen vieren kriechend. Frauen und Kinder stoben zur Seite und brachten ihren Hausrat in Sicherheit. Wie ich später erfuhr, handelte es sich um eine Geistervertreibung.

Als nächstes folgte die Totentrauer, an der Gastgeber und Gäste, diesmal Männer und Frauen, teilnahmen. Einige Frauen, die jüngst ein Kind oder den Gatten verloren hatten, hielten Kalebassen in den Händen. Zum Zeichen der Trauer waren ihre Wangen schwarz bemalt. Die Kalebassen umschlossen die zu Pulver zerstampften veraschten Knochen ihrer Angehörigen.

Die Yanomami verbrennen ihre Toten, sammeln danach die Knochen ein und zerstampfen sie zu einem feinen Pulver, das sie in Kalebassen aufbewahren. Nun hielten sie diese Kalebassen in ihren Händen vor sich hin, herzten sie und klagten laut. Dabei sangen sie Texte etwa der Art: »Mein Kind, warum bis du von mir gegangen, so komm doch zurück, niemand pflückt mir mehr Blumen!« Tränen flossen über die Wangen der Frauen, und auch die Männer schauten tiefernst drein, einige weinten. Um die Gruppe herum standen junge Krieger postiert mit den Waffen in der Hand.

Ich hatte meine Bolex mit einem lichtstarken Objektiv und einem hochempfindlichen Film bereit und wollte zu filmen beginnen, als einer der Krieger mich mit seinem Pfeil bedrohte und mich so davon abhielt. Nachdem alle eine Weile geklagt hatten, überreichte eine der Frauen ihre Kalebasse dem Häuptling der Shipariotheri. Der weinte nun ebenfalls laut, klagte und herzte die Kalebasse. Dann öffnete er sie und goß etwas von der Asche in eine mit Bananensuppe gefüllte Kalebasse, verrührte sie und gab sie einem der umstehenden Männer zu trinken. Der leerte sie in vollen Zügen, reichte sie zurück, und es bekam der nächste

Bananensuppe mit Asche. Dem Glauben der Yanomami zufolge wird erst durch dieses Ritual die Seele des Verstorbenen endgültig freigegeben, und sie kann in eine andere Welt ziehen.

Die persönlichen Besitztümer des Toten werden zerstört. Papageien, die ihm gehören, werden getötet und den Flammen übergeben. Von den Toten soll nichts übrigbleiben, sonst wird die Seele nicht frei.

Die Yanomami haben einen komplizierten Seelenglauben. Jeder besitzt eine Totenseele (Nopolepe) und eine Schattenseele (Noneshi). Die Schattenseele steckt zu Lebzeiten in einem Tier. Bei Männern in einem Adler (Harpye), Jaguar oder Spinnenaffen, je nach der Clanzugehörigkeit, die übrigens in der väterlichen Linie vererbt wird. Schießt man ein solches Tier, dann hat man damit auch einen Yanomami getötet. Daß man sich als Jäger dabei selbst umbringt, ist nicht wahrscheinlich, da die Totemtiere, die die eigene Schattenseele tragen, die Jagdgebiete des Jägers meiden. Man tötet praktisch immer nur Feinde, wenn man ein solches Tier erlegt. Jagd und Krieg werden in dieser Hinsicht oft gleichgesetzt. Die Schattenseelen der Frauen sitzen in Fischottern, die der Kinder in Eidechsen.

Bei der Verbrennung steigt die Totenseele, die zeitlebens mit dem Körper verhaftet ist, mit dem Rauch auf und vereinigt sich mit der Schattenseele. Die Seelen kommen vor den Totenrichter Wadawadaua. Die Redlichen kommen in eine Art Paradies, ins Zentrum des Himmels, wo sie jagen und sammeln können und stets reiche Beute finden. Die alten Frauen werden dort wieder jung. Krieger, die im Kampf fielen, kommen in ein Pfeildorf im Osten des Himmels. Dort lebt man weniger gut, aber doch noch im Himmel. Kinder ab fünf Jahren etwa und Jugendliche bis achtzehn Jahre kommen als unreife Menschen in einen anderen Himmelsabschnitt, wo sie erwachsen werden. Geizige schließlich gelangen in eine Feuerhölle, wo sie verbrennen und so ein zweites Mal und für immer sterben. Kinder unter fünf Jahren haben keine Totenseele, man verbrennt sie dennoch und konsumiert ihre Asche, damit sie nicht zu Geistern werden, sondern gewissermaßen in den Lebenden wieder Aufnahme finden. Menschen, die nicht verbrannt und als Totenasche von den Hinterbliebenen aufgenommen wurden, irren als Geister in den Wäldern umher und trachten, den Menschen zu schaden.[77]

Nicht ganz klar ist das Konzept der Bildseele (Noudipe). Wol-

Zwei Yanomamimädchen essen blaue Beeren. Eine zeigt der anderen die gefärbte Zunge, dann will sie ihrer Freundin etwas wegnehmen. Diese entzieht ihre Früchte dem Zugriff, gibt aber dann ab, als die andere das respektiert und nur wie bittend die Hand aufhält.

len die Yanomami einen Feind bekämpfen, dann stellen sie vor dem Kriegszug eine Puppe aus Blättern her und schießen darauf ihre Pfeile ab. Das soll den Kriegserfolg beschwören. Auch die Seele kleiner Kinder, die in Eidechsen und anderen Kleintieren lebt, wird als Bildseele bezeichnet. Bildseelen nennt man ferner aus Pflanzenteilen angefertigte Puppen, die man über den Hängematten erkrankter Kinder anbringt. Das kleine Kind hat auch eine Schattenseele, verliert diese aber leichter als ein Erwachsener, und da die Seele den Weg zurück noch nicht kennt, muß man bei Erkrankung durch bestimmte Rituale der Seele zur Rückkehr verhelfen, zum Beispiel, indem man mit bestimmten Pflanzen den Boden fegt, die Seele quasi aufkehrt.

Das Ritual des Aschetrinkens war bald vorüber. Nach zwanzig Minuten kehrten die Teilnehmer zu ihren Hängematten und Feuern zurück. Es wurde ruhig im Shapono. Man aß und plauderte.

Die Ruhe währte aber nicht lange. Einer der Shipariotheri-Männer begann in seiner Hängematte zu singen und zu reden, und das war offenbar die Aufforderung an einen der Gäste, zu ihm zu kommen. Der Herankommende sang ebenfalls. Nun stieg der Gastgeber aus seiner Hängematte und hockte sich auf den Boden hin. Der Gast tat das gleiche, und einander gegenübersitzend begannen die beiden einen Wechselgesang, der mich an jenen erinnerte, den unser Häuptling vor unserer Ankunft mit dem Abgesandten der Shipariotheri angestimmt hatte. Anfangs sangen sie immer abwechselnd kurze Sätze in einem festen schnellen Rhythmus. Die Sätze wurden zuletzt auf Worte und Wortfetzen beschränkt, die die beiden in genau abgestimmtem Rhythmus einander abwechselnd zuriefen. Ich nahm solche Wechselgespräche später bei einem Fest der Mahekototheri auf, und Padre José Berno übersetzte mir einen Teil davon. Ich erfuhr, daß es sich bei diesen Gesängen um Abschlüsse von Kontrakten handelt. Der Gast fordert bestimmte Dinge, bekommt sie vom Gastgeber zugesichert, der seinerseits etwas dafür verlangt. Gleichzeitig mit der Ankündigung des Geschenkeaustauschs versichern die Partner dem jeweils anderen Zuneigung und Freundschaft. Sie wiegeln gegen Feinde auf, üben aber auch Kritik am Partner und fordern Gaben und Gegengaben. »Gib mir, ich gebe dir« ist die Essenz dieser Gespräche. Die Männer schließen damit Bündnisse auf individueller Basis. Frauen nehmen an dieser Zeremonie nicht teil. Hatte einer der Gäste seinen Kontraktgesang beendet, dann wurde ein anderer dazu aufgefordert. Auch sang ein Gast oft mit mehreren Gastgebern hintereinander. Bis zum frühen Morgen erklangen die Kontraktgesänge.

Am anderen Morgen wurde noch einmal kurz gemeinsam getrauert. Dann wurden die Geschenke verteilt. Die Gastgeber hatten Bananenblätter auf dem Boden ausgebreitet. Darauf lagen Pakete geräucherten Wildes: Vögel, Affen, Gürteltiere und Krokodile, dazu große Körbe mit Bananen und Palmfrüchten. Die Gäste, die in der Nachbarschaft der Mission lebten, hatten Haumesser, kleine Spiegel, rote Stoffstreifen und Glasperlen gebracht. Bevor die Gäste schieden, kam es noch einmal zu einer Zeremonie, bei der alle in die Hocke gingen und sich aufgeregt durcheinanderbewegten. Nach kurzer Zeit hatten sich zahlreiche Männerpaare gebildet, die wieder wild gestikulierend in der schon erwähnten Singweise einander ihre Freundschaft beteuerten. Erst dann brach man auf.

Ich habe später noch mehrere Male Reahos beobachtet. Sie laufen nach einem recht einheitlichen Muster ab. Aber es gibt Varianten. So zeigt man gelegentlich beim Umhertanzen, was man mitbrachte und zu geben gedenkt. In der Sierra Parima trug ein eintanzender Gast eine lange Stange, an der Macheten und Äxte festgebunden waren. In der Nähe der Mission hat sich die Totentrauer etwas gewandelt. Man trauert gemeinsam, streut dann jedoch die Totenasche in das Feuer, anstatt sie zu trinken.

Die Yanomami unterscheiden zwei Typen von Kontraktgesprächen: das Wayamou und das Himou.[78] Das Himou findet tagsüber statt und stets im Rahmen eines Festes (Reaho). Der Gast richtet sich dabei persönlich an einen Partner, den er auch gezielt unter dessen Wohndach anspricht. Es geht darum, Handelsbeziehungen herzustellen, Informationen zu erhalten, über Kriegsgefahren zu reden, Allianzen zu begründen, zu Festen einzuladen usw. Die Frauen kommentieren dabei aus dem Hintergrund, was sie beim Wayamou nicht tun.

Ein Wayamou findet nur nachts statt. Der Besucher spricht dabei im Namen seines Dorfs und wendet sich nicht direkt an eine bestimmte Person. Es können unangemeldete einzelne Besucher sein oder Festgäste, die bereits ein Himou abhielten und nun das, was sie tagsüber ausgehandelt haben, nachts im Wayamou bekräftigen, bevor sie am anderen Morgen abreisen. Ähnlich wie beim Himou wird beim Wayamou gesprochen über Fragen des Tauschhandels, die Einladung zu Festen, die Herstellung von Heiratsbeziehungen und dergleichen mehr, dies aber auf Dorfebene. Die Kontraktgespräche werden oft stehend auf dem Shaponoplatz getätigt oder zumindest stehend begonnen. Wenn es regnet, kann ein Wayamou auch unter einem Shaponodach stattfinden.

Als 1975 einige Patanoëtheri zu den Kashorawëtheri kamen, begann zunächst einer der Gastgeber in seiner Hängematte zu singen, einer der Gäste war damit angesprochen, und dieser kam nun singend langsam heran. Der Gastgeber verließ daraufhin seine Hängematte und hielt eine kurze Rede, die in einen gesangähnlichen rhythmischen Vortrag überging. Er hatte dabei Pfeil und Bogen in der Hand und ging auf und ab. Dann kam der Gast an die Reihe. Er sang ebenfalls rhythmisch, wobei er sich nach jedem zweiten Wort abwechselnd nach der linken oder der rechten Seite tief verbeugte und Pfeil und Bogen kurz flach auf die Erde legte, ohne sie allerdings loszulassen. Das machte er gut zehn Minuten lang, eine ziemlich anstrengende Pflichtübung. Ich bin der Meinung, daß es sich hier um ein symbolisches Ablegen der Waffen handelt, eine beschwichtigende Gebärde also.

Die Sprache der Kontraktgespräche weicht von der Normalsprache in mehrfacher Weise ab. Zunächst wird der Vortrag in kurze Phrasen zerhackt, wozu die Worte oft geteilt werden. Die Aussage »Ya ku, weikëta« (»Ich möchte sagen«) wird in die folgenden vier Phrasen zerlegt:

ya ku
ku wei
we kë
kë ta

Die letzte Silbe wird in der nächsten Aussage wiederholt. Das Ganze wird in schneller Folge und in einer Art Singsang vorgetragen. Der Partner antwortet auf jede Zeile. Das scheint allerdings die Besonderheit bestimmter Gruppen oder Individuen zu sein. Bei anderen Gruppen hörte ich zwar eine ähnliche rhythmische Art der Zerlegung in kurze Phrasen, aber ohne Wiederholung der letzten Silbe in der nächsten Zeile.

Bemerkenswert ist die Verschleierung der Ausdrucksweise. Wenn zum Beispiel ein Besucher eine Machete (Haumesser) gefordert hat und der Gastgeber sie nicht hergeben will, dann sagt er zum Beispiel: »Hei napëyoma a rë kuwi, a naka ha kirin« – »Die fremde Frau schämt sich, ihre Scham zu zeigen.« Für den in den Code Uneingeweihten ein unverständlicher Satz. Man muß dazu wissen, daß »fremde Frau« (napëyoma) ein Synonym für Stahlhaumesser ist, und die Aussage, daß sie sich »bedeckt«, »schämt«, »ihre Beine schließt«, bedeutet nichts anderes, als daß der Angesprochene die Machete nicht aushändigen will. Andere Redewendungen der Ablehnung sind: »Die fremde Frau versteckt sich«, »Sie will nicht herauskommen«, »Sie dreht mir den Rücken zu«. Oder: »Ich spreche wie ein Weißer«, das heißt, »Ich spreche konfus wie ein Fremder«, was bedeutet, daß er nicht verspricht, ein Haumesser abzugeben. Die Verschleierung der Ausdrucksweise mildert Ablehnung und Forderung und dient somit dem Konfliktmanagement. Es handelt sich um ein kulturenübergreifendes Prinzip. Wir verfolgen ganz ähnliche Taktiken.[79]

Durch Feste werden Allianzen zwischen Dörfern gefestigt. Besonders die kleinen Dörfer sind darauf angewiesen, ihre Verbindungen zu pflegen, denn in dem kriegerischen Klima der Yanomami sind sie ohne den Beistand stärkerer Freunde verloren.

Manchmal gibt es auf solchen Festen Verrat, die Gastgeber überfallen die Gäste. Helena Valero erzählte, wie die Shamatari und die Hasupiwëtheri die Pishääsitheri zu einem Fest einluden, angeblich um sich mit ihnen nach einem Zwist zu versöhnen. Beim ersten Mal fügten sie ihnen kein Leid zu, und auch das zweite Fest wenige Monate danach verlief in Harmonie. Als sich die Gäste schließlich beim dritten Fest sicher wähnten, überfiel man sie und tötete viele.

Die Gefahr solchen Verrats ist immer gegeben, und die Yanomami rechnen damit, wenn sie es mit ehemaligen Feinden zu tun haben. Sie gehen aber dennoch zu ihnen, weil sie ihre Angst nicht zeigen und das Gesicht wahren möchten. Bezeichnend ist eine Unterhaltung zwischen einem Onkel und seinem Neffen. Der Onkel lud den Neffen zu einem Fest ein. Die Übersetzung stammt aus einem Buch von Padre Luigi Cocco[80]:

Neffe = N, Onkel = O

N: »Ich will zu deinem Shapono gehen und dort bleiben. Wir werden die Asche deiner Mutter essen, und dann bleibe ich dort.«

O: »Ja, Neffe. Komm, komm, komm.«

N: »Vielleicht wird es mir leid tun. Aber ich werde gehen, um zu zeigen, daß ich keine Angst habe. Es kann sein, daß du mich einlädst, um mich zu töten.«

O: »Nein, Neffe. Ich habe dir bereits gesagt, daß ich dich nicht töten werde. Ich bin es, den die Mahekototheri töten wollen.«

N: »Ich werde gehen, ich werde die Asche deiner Mutter essen, dann werde ich bleiben, um dich zu rächen. Deswegen bin ich dein Neffe. Mir sagt man, ich hätte Angst, ich will keine Feinde erschießen. Ich will nicht die Feinde von Leuten erschießen, die ich nicht kenne, denn ich habe kleine Söhne und will sie nicht alleine lassen. Aber deine Feinde, Onkel, die werde ich erschießen. Wenn sie mich töten, werden meine Söhne bald heranwachsen, um mich zu rächen. Onkel, ich werde zu deinen Shapono gehen. Habe keine Angst.«

O: »Ja. Komm, komm, Neffe, Neffe.«

N: »Dränge mich nicht, Onkel. Ich werde gehen, ich werde gehen. Ich habe keine Angst.«

O: »Pu-si-we, pu-si-we! Schau, der Große Bart (gemeint ist Padre Luigi Cocco), der dort unten lebt, hat Macheten (dort unten bedeutet flußabwärts). Er lebt mit den Iweietheri. Die Iweietheri lebten früher weiter oben. Danach kam Watupawe, um sie zu erschießen, und sie flohen, und sie gingen mit dem Großen Bart, um am Fluß zu leben. Darum verwandeln sie sich jetzt in Weiße. Sie haben Macheten, Äxte und Gewehre. Gib mir eine Machete, Neffe. Erbitte sie vom Großen Bart.«

N: »Ja, ich werde sie dir geben, Onkel.«

O: »Neffe, jetzt ist das Yopo grün. Sag mir, wann es gut (wann es soweit) ist! Ich bin dein Onkel. Du gibst es anderen und gibst es nicht mir, der ich dein Onkel bin. Gib mir Yopo, wenn du es hast. Ich habe ein Recht, es von dir zu erbitten. Als wir gemeinsam in Wanapiwei-keu lebten, war ich der Freund deines Vaters, und auch in Koxipiwei-teka. Jetzt, wo du erwachsen bist, kommst du nicht, um mich zu besuchen. Es scheint, als ob du Angst hättest, daß sie dich töten. Ich räche einen der Unseren, den die Hawarowëtheri getötet haben. Ich bin waitheri (tapfer, mutig, alle guten Eigenschaften).«

N: »Ja, ja, ja.«

Die Feste werden längere Zeit im voraus geplant. Zwölf bis fünfzehn Tage vor Beginn werden die Gäste offiziell eingeladen. Der Überbringer der Einladung badet vor seiner Ankunft in einem Bach, und dann bemalt er sich und legt Schmuck an. Daraufhin wird er von einem Verwandten in seine Hängematte zum Ausruhen eingeladen und mit Bananenbrei verköstigt. Danach spricht er in der schon erwähnten Weise die Einladung aus, zuerst an den Häuptling, dann an die anderen. Dann ruht er wieder. Abends wiederholt er die Einladung, und das kann die Nacht über dauern.

An der Vorbereitung des Festes sind alle Bewohner eines Gast-

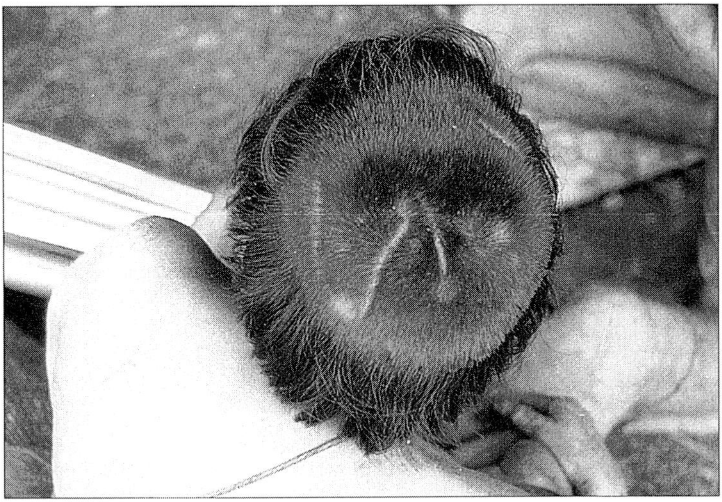

Die Yanomami sind heißblütig. Tiefe Schlagnarben, die von Kämpfen mit Holzprügeln herrühren, »zieren« die Tonsur einer Frau.

geberdorfes beteiligt. Männer ziehen etwa acht Tage vor dem Fest auf Jagd. Die im Dorf verbliebenen Männer und Frauen singen Jagdgesänge (Heligesänge), damit die Jäger Erfolg haben. Der Häuptling organisiert das Fest, gibt die Befehle zum Einholen der Palmfrüchte und schickt die Männer, Rinde für die Bananensuppentröge herbeizuschaffen.

Alle Feste, die ich bisher bei den Yanomami erlebt habe, liefen im Grunde nach dem gleichen Schema ab. Das Fest läßt sich in drei Abschnitte gliedern:

In der Eröffnungsphase nehmen Gastgeber und Gäste einander offiziell zur Kenntnis. Beide nutzen die Gelegenheit zur Selbstdarstellung (Imponieren), zugleich aber auch zur Beteuerung der friedlichen Absicht (Appell über Frau und Kind).

Damit sind die Weichen gestellt für die zweite Phase, die intensive Interaktion. Nun dokumentiert man Einheit und Einverständnis, und die Gäste werden bewirtet. Man tanzt gemeinsam, zeigt gegenseitige Anteilnahme in der gemeinsamen Trauer, bekämpft gemeinsam die bösen Geister und sendet sie in einer ritualisierten Form gemeinschaftlicher und damit bindender Aggression zu den Feinden. In Kontraktgesängen festigt man die

Bindungen auf individueller Basis. Man dokumentiert Einverständnis in Rede und Gegenrede und dankt einander mit Versprechungen und Geschenken.

Schließlich, in der dritten Phase, dem Abschied, kommt es noch einmal zu Freundschaftsbeteuerungen und zum Geschenkeaustausch, der das Band für die Zukunft festigt.

Betrachtet man Feste in anderen Kulturen, dann wird man feststellen, daß sie ähnlich verlaufen. Sie sind nach universell gültigen Regeln strukturiert. Auch ein Tiroler Schützenfest beginnt mit einem Aufmarsch mit Gepränge und Selbstdarstellung. Aber mit der Dorfkapelle und den kecken Schützen ziehen die Mädchen; sie senden freundlich stimmende Signale. Nach dieser Eröffnungsphase kommt es zu intensiver Interaktion beim gemeinsamen Mahl und Tanz und im sportlichen Wetteifer des Schießens, das man als ritualisierten Kampf auffassen darf. Man bekundet ferner Anteilnahme, indem man die gemeinsamen Toten betrauert, unter anderem in Form der Kranzniederlegung am Heldendenkmal. Gastgeber und Gäste halten Reden, und schließlich gibt es einen formellen Abschied.

Eng verwandt mit dem Fest ist das Grußritual, das einem ähnlichen Aufbau zeigt. Wie ich schon sagte, eröffnet man den Gruß durch Selbstdarstellung (Händedruck, Salut) und bekundet gleichzeitig seine friedliche Absicht. Damit sind die Kommunikationskanäle geöffnet, und nun findet eine mehr oder weniger lange verbale Interaktion statt. Übereinstimmung wird bekundet durch einfache, nichtssagende Floskeln, etwa der Art: »Ein schönes Wetter heute«, »Ja, regnen könnte es wohl wieder einmal« usw. Dann erkundigt man sich nach dem Wohlbefinden sowohl des Partners als auch von dessen Angehörigen (»Wie geht es dir« ist eine stehende Floskel). Ist so Übereinstimmung und Anteilnahme dokumentiert worden, scheidet man mit einem guten Wunsch – einem verbalen Geschenk also. »Behüt dich Gott«, »Petri Heil«, »Auf Wiedersehen« und dergleichen mehr. Auch hierzu findet man im Kulturenvergleich zahlreiche Belege. Beim flüchtigen Begegnungsgruß ist diese Dreiteilung allerdings nicht mehr zu finden, sondern nur, wenn das Begegnungsritual ausgesponnen wird. Die Feste der Yanomami beruhen auf Gegenseitigkeit. Man erwartet nach einiger Zeit die Gegeneinladung.

Feste mit Geschenketausch binden auch innerhalb der Shaponogemeinschaft. In dieser leben meist mehrere Familiengruppen.

Bei den Mahekototheri, deren Geschenketausch Otto Zerries und Meinhard Schuster beschreiben, waren es drei Familiengruppen. Diese pflegten einander von Zeit zu Zeit mit Jagdbeute und gekochten Bananen oder Palmfrüchten zu beschenken. Auch das beruhte auf Gegenseitigkeit. Hatte eine Gruppe gegeben, dann erwartete sie, beim nächsten Mal von dieser Seite etwas geschenkt zu bekommen.[81]

Yanomami befreundeter Gruppen besuchen einander nicht nur aus dem offiziellen Anlaß eines Festes. Junge Männer kommen oft einzeln oder in kleinen Gruppen formlos vorbei, um die Beziehungen zu pflegen. Sie besuchen Freunde. Bei solchen Gelegenheiten beobachtete ich des öfteren, wie Pfeilspitzen in ritualisierter Form gezeigt und getauscht wurden. Auch nach einem Fest werden vor dem Abgang der Gäste Pfeilspitzen getauscht. Die Gäste bitten um Spitzen, und die Gastgeber sträuben sich zunächst häufig, denn sie fürchten, sie könnten mit denselben Pfeilspitzen getötet werden, falls Feindschaft aufkommt.

Aber schließlich geben sie die Spitzen heraus. Sie sind allerdings, wie Gabriele Herzog herausfand, eine Art Pfand, denn sie bleiben Eigentum des Gebers. Nach dessen Tod werden die Spitzen von seinen männlichen Angehörigen eingesammelt, wenn sie die Todesnachricht überbringen. Das ist zugleich die Einladung zum Bestattungsritual. Die zurückgeholten Pfeilspitzen werden verbrannt. Daß die Tauschpartner fürchten, sie könnten am eigenen Pfeil zu Schaden kommen, ist nicht unbegründet. Man behält die Pfeilspitzen und zeigt sie, sogar wenn man mit dem Tauschpartner inzwischen verfeindet ist. Und man schießt sie im Krieg auch gegen den ehemaligen Tauschpartner ab.

Das Palmfruchtfest im Jahr 1969 war eine gute Einführung ins Yanomami-Land. Mittlerweile habe ich über viele Jahre viele Monate in den kleinen Yanomami-Gemeinschaften verbracht. Ich kenne die Sonnen- und Schattenseiten der Arbeit in einem Shapono und bin in einem gewissen Grad abgehärtet, aber dennoch strengen mich die Aufenthalte dort an.

Zunächst einmal sind die hygienischen Verhältnisse in einem und um ein Shapono nicht gerade ideal. Unrat wird unbekümmert abgeladen und gärt in dem regenreichen heißen Klima. Die Yanomami verrichten ferner ihre Notdurft in unmittelbarer Nähe des Shaponos. Hakenwürmer und schwere Durchfälle plagen sie. Dazu kommen zahlreiche Blut- und Hautkrankheiten wie

Leishmaniasis, Tropengeschwüre, Blutfilarien und Malaria in ihren gefährlichen Formen. Man muß wirklich sorgfältig auf seine Gesundheit achten und kommt dennoch gelegentlich mit irgendeiner Infektion nach Hause zurück. Und dann die Mückenplage! Tagsüber schwirren zu Tausenden Kribbelmücken umher; ihr Biß schmerzt und hinterläßt einen kleinen Blutpunkt. Meine Hände an der Kamera waren bald mit vielen dunklen Punkten übersät.

Die üblichen Insektenschutzmittel helfen nur kurz, da der Schweiß sie schnell wegspült. Abends kommen die Moskitos und nachts die Flöhe. Die Füße werden von Sandflöhen überfallen. Sie bohren sich unter die Haut der Fußsohlen und Zehennägel, und präpariert man sie nicht sorgfältig mit einer Nadel heraus, dann wachsen sie dort zu Erbsengröße heran und verursachen schmerzhafte Entzündungen. Eine arge Plage sind schließlich die unzähligen Schaben. Es sind Millionenheere, die sich tagsüber im Blätterdach verbergen. Nachts aber sind sie unterwegs, und ich werde mein Erwachen nach der ersten Nacht in meinem Shapono nicht so leicht vergessen. Als ich meinen Waschbeutel öffnete, kamen mir Hunderte von Schaben entgegen, im Rucksack wimmelte es ebenso, das Tonbandgerät war voll, und es dauerte lange, bis ich die letzten aus den Winkeln gejagt hatte. Ich mußte das Gerät dazu auseinandernehmen. Noch schlimmer war, daß die winzigen Schaben sogar in die Mechanik der Kameras eingedrungen waren, ja, ich sah sie im Sucher meines Fotoapparats! Ich mußte alles dicht in Plastiksäcken verpacken, um mich vor dieser Plage zu schützen.

Das Leben unter den Indianern ist anstrengend, weil diese Menschen an ihrem Besucher ein ebenso großes Interesse zeigen wie dieser an ihnen. Nur, ich verteile mein Interesse auf eine große Gruppe, sie aber konzentriert ihr Interesse auf einen Mann, und geht ein Neugieriger weg, dann ist auch schon der nächste da.

Lebt man im Shapono, dann hat man die ersten Tage, praktisch alle hellen Stunden des Tages, kaum einen Augenblick für sich. Schreibe ich mit der Schreibmaschine, dann sitzen die jungen Männer und Frauen neugierig um mich herum und versuchen, so wie ich den Wagen zur Seite zu schieben. Sie zupfen an meinen Kopfhaaren, reißen mir die Haare an Armen und Beinen aus, messen den Umfang meiner Waden und betasten mein Hemd, das im Nu von ihrer roten Körperfarbe gefärbt ist. Sie betätscheln mich freundlich den lieben langen Tag und säuseln freundlich ihr

»Shori, shori«. Hier ist es die unzählige Male am Tag wiederholte Einleitung zur anschließenden Forderung »ja bufi« – »ich will«. Sie wollen alles: meine Kugelschreiber, meinen Schreibblock, die Schreibmaschine, mein Hemd, meine Hose, meinen Proviant. Es ist kein Bitten, sondern ein Fordern, und das entspricht dem Muster ihrer Kultur. Daher darf ich nicht ärgerlich werden. Sie nehmen es schließlich auch hin, daß ich nicht alles hergebe. Und bestohlen wurde ich in den vielen Dörfern, die ich besuchte, nur zweimal, doch darüber später. Ein Geizhals darf man allerdings nicht sein. Zunächst einmal muß man zum Einstand Geschenke geben, und zwar an alle. Bis heute eignen sich dazu am besten die kleinen weißen Glasperlen, die man bei uns zu Stickereien verwendet. Ferner kann man den Häuptling und den Medizinmann auszeichnen, indem man ihnen je ein großes Haumesser gibt. Auf Flußreisen nahm ich ferner große Körbe voll Maniok mit und verteilte jeden Tag davon einen Becher an alle Familien. Maniok ist auch als Cassawa oder Yucca bekannt. Es ist eine stärkehaltige Wurzel, aus der man Mehl und Fladenbrot macht. Einige Arten enthalten Blausäure, die man durch Pressen und Erhitzen der fein zerschroteten Wurzeln entfernen muß. Dem dauernden »ja bufi« muß man zu widerstehen lernen. Ganz kann man es allerdings nicht. Als ich einmal Spaghetti kochte, erregten die langen dünnen Stäbe das Entzücken der jungen Weiblichkeit. So gab ich welche her, und sie schmückten gleich die Nasen, Mundwinkel und Unterlippen der Schönen. Allerdings waren sie nicht sehr haltbar, sie wurden dort, wo sie im Körper steckten, doch allmählich weich!

Nicht nur das ständige Fordern, auch die nimmermüde Neugier belastet die Nerven. Sie flaut im Laufe des Tags allmählich ab, und dann kann ich mit dem Spiegelobjektiv filmen. Damit ist es aber vorbei, wenn jemand an meinen Beinen rupft oder mit der Kette am Stativ spielt. Ich muß sie gewähren lassen, schließlich ist die Distanzlosigkeit ein Zeichen des Zutrauens, das ich auch daran erkenne, daß man mir die Babys gelegentlich zum Liebkosen reicht.

Die Neugier kann ich meist gut ertragen, zumal ich ja selbst aus Neugier hierhergekommen bin. Schwerer verhält es sich dagegen mit der Aggressivität der Burschen und jungen Männer. Die Yanomami sind »waitheri«, also tapfer, und das suchen sie dauernd unter Beweis zu stellen. Sie fordern den Besucher in explorativer Aggression unentwegt heraus. So testen sie den Handlungsspielraum gegenüber dem Besucher, und setzt man dem nicht bestimmt und freundlich rechtzeitig Grenzen, dann eskaliert die Aggression.

1975 schrieb ich bei den Kashorawëtheri in mein Tagebuch: »Heute mußte ich den Häuptling ein bißchen bändigen. Er bekam gestern ein Haumesser, dann schnorrte er auch noch einen Löffel, und eben lud ich ihn zum Tee ein. Das war ein Fehler. Er wurde zu zutraulich, und während ich durch die Kamera eine Familie mir gegenüber beobachtete, zog er sich alle meine Kleidungsstücke, die er fand, über den nackten Körper: meinen Trainingsanzug, meinen Pullover, die Tennisschuhe, und das alles trotz der Mittagshitze. Ich mußte ihn bestimmt und sicher wieder ausschälen. Das Zeug sieht jetzt so aus, als hätte ich es einen ganzen Monat lang ungewaschen am Leib getragen. Die rote Farbe werde ich sicher nie mehr herauskriegen!«

Solche Vorfälle sind aber noch harmlos. Auf einer früheren Reise nahmen sich drei Burschen mein Boot und fuhren damit fischen. An sich mag das unbedeutend anmuten, doch an diesem dünnen Faden hing damals mein Rückweg zur Zivilisation. Also schimpfte ich heftig, und auch meine Ausdrucksbewegungen waren verständlich. Nun fügte es sich günstig, daß nur zwei der Burschen aus meinem Gastgeberdorf stammten, der dritte aber aus einem anderen Dorf. Gegen den richtete ich ungerechter-, aber doch zweckmäßigerweise meinen besonderen Ärger. Abends überging ich die drei bei der Maniokverteilung. Ich zeigte mich aber abgestuft versöhnlich. Am folgenden Morgen gab ich zuerst den beiden Burschen aus unserem Dorf vom Maniok, danach schließlich auch dem Fremden. Das Boot wurde mir nie mehr genommen. Geschenkeversagung ist eine ganz gute »Strafe«, und wenn man bestimmt nein sagt, dann hilft das auch.

Gegenüber jungen Burschen zeige ich durch einige Kampfspiele wie Fingerhakeln und Armdrücken ganz gerne, daß ich sie an physischer Kraft übertreffe. Einmal ließ ich mich mit einem Burschen sogar darauf ein, nach ihrer Art abwechselnd auf den Brustmuskel zu boxen. Das war nicht klug von mir. Er schlug immer aus voller Kraft, ich dagegen gebremst, weil ich ja nicht wußte, was so ein Yanomami aushält. Nach dem vierten Schlag gab ich auf. Noch nach Tagen schmerzte mich mein Brustmuskel.

Auf keiner meiner Reisen ist mir jedoch ernstlich Ungemütli-

Nur selten ist es geschehen, daß Yanomamikinder uns bei unserer Arbeit mißtrauisch beobachtet haben. Meist haben sie nach kurzer Zeit ihren Respekt vor den Freunden abgelegt und jede Scheu verloren.

ches passiert. Man muß das Drohgebaren als das nehmen, was es ist, als Selbstdarstellung, der man auf dieselbe Weise begegnen kann. Man wird bei der Ankunft oft von einigen Kriegern begrüßt, die mit Pfeil und Bogen auf einen zielen und dabei auf der Stelle hüpfen, als würden sie jeden Augenblick losfeuern wollen. Andere schwingen Äxte und Haumesser, aber gleichzeitig rufen wieder andere »Shori, Shori«, den freundlichen Willkommengruß, und winken einen heran.

»Shori« heißt »Schwager«. Es ist interessant, daß bei der Kontaktanbahnung ein Verwandtschaftsverhältnis hergestellt wird. Dies scheint ein universeller Zug im menschlichen Verhalten. Auch bei uns sprechen Kinder einen Nichtverwandten oft als Onkel an, wenn sie Kontakt suchen, und wir erheben Freunde zu Brüdern, wenn wir Verbundenheit ausdrücken wollen. Die Yanomami kennen ähnliche Appelle, beim Gruß eben »Shori«. Dann redet man Frauen an als »Ami« – »meine ältere Schwester« – und Männer als »Ai« – »mein älterer Bruder«. Helena Valero berichtet, daß auch in Not ein solcher Appell vorgetragen werden kann. Ein Junge, der bei einem Überfall von einem Mann bedroht wurde, rief in der Verzweiflung: »Mein Vater, töte mich nicht!« Allerdings verhallte der Ausruf in diesem Fall wirkungslos. Bei Grußbegegnungen hilft die freundlich fingierte Verwandtschaft, das Eis zu brechen.

Nur wenn eine Gruppe noch nie einen Weißen sah, kann der Empfang frostig sein. Als wir zu den Sacriputheri kamen, war deren Shapono nur mit bewaffneten Männern und einigen alten Frauen besetzt. Niemand hieß uns willkommen, und erst als wir Glasperlen verteilten, löste sich die Spannung. Nur ein einziges Mal wurden wir mit Pfeilen beschossen. Das war 1972, als ich mit meinem Sohn Bernolf von der Sierra Parima aus zu den Yoreshianatheri wanderte, die bis dahin noch nicht kontaktiert worden waren.

Bei der Kontaktanbahnung mit Leuten, die den Europäer nur vom Hörensagen kannten, hat es mir sicher geholfen, daß ich stets unbewaffnet und überdies nur mit kleiner Gruppe ankam. Meist ging ich sogar nur mit einigen eingeborenen Begleitern. Ist man ohne Waffen und in kleiner Gruppe unterwegs, dann ist von vornherein klar, daß man in friedlicher Absicht naht. Und es ist ja im allgemeinen Angst, die die Eingeborenen zum Angriff gegen den Eindringling verleitet. Darüber hinaus wäre es auch nicht fair, bewaffnet zu kommen. Die Waffe könnte in einer gespannten Situation zum Gebrauch verführen, und dazu hat man kein Recht.

Aber zurück zu den Licht- und Schattenseiten des Lebens in

einem Shapono. 1975 schrieb ich die folgenden Zeilen, umdrängt von neugierigen Kashorawëtheri, und schilderte aus unmittelbarer Anschauung den Alltag: »Ich zähle um mich herum siebzehn erwachsene Personen und viele kleine Kinder. Sie drängen sich trotz der Mittagshitze um mich, betasten mich mit unbeschreiblich schmutzigen Händen, in die sie sich gelegentlich schneuzen. Das wischen sie dann ganz ordentlich an ihren Haaren ab, um mich sogleich wieder freundlich zu betätscheln. Im Häuptling habe ich mir einen besonderen Freund gewonnen. Ich zeichne ihn ein klein wenig vor den anderen aus. Nur er bekommt etwas von meinem morgendlichen Kaffee. Er mag ihn gerne süß. Das hat nun zur Folge, daß er täglich schon beim ersten Morgengrauen auftaucht, zart an meiner Hängematte stupst und mit würdiger Stimme sagt: ›Renki, ja bufi Kaffee‹ – ›Renki, ich will Kaffee.‹ (Renki ist mein familiärer Rufname.) Ich pflege dann zu sagen, er möge noch etwas warten, bis ich ganz wach geworden bin. Dann sehe ich aus dem Augenwinkel, wie er sich brav hinhockt, ein malerischer Anblick, dieser völlig nackte, ernste Mann im ersten Morgendämmern. Er macht einen leichten Schmollmund, denn er wartet nicht gerne. Auch wird er bald unruhig und nimmt sich meinen Kamm, und ehe ich es verhindern kann, kämmt er sich mit Hingabe sein Haar. Bevor er sich dann noch an meiner Zahnbürste vergreift oder auf andere naheliegende Gedanken kommt, bin ich aus der Hängematte und mache meinem Freund den Kaffee. Und wie gesagt, das lohnt sich, denn er ist zugleich ein großer Schamane mit Autorität, und seine Freundschaft schützt mich vor Übergriffen der männlichen Jugend. Einmal stahl mir ein vielleicht vierzehnjähriger Junge ein Taschenmesser. Ich wußte anfangs nicht, wer es war, und wandte mich an den Häuptling. Der beruhigte mich, und am Abend hatte ich mein Messer wieder.

Viele Stunden am Tag verbrachte ich hinter der Kamera und rückte mit Teleobjektiv und Spiegel ganz nahe an die Mütter und ihre Kleinen, sah zu, wie die Väter ihre Säuglinge hochstemmten, herzten und küßten, und filmte die jungen Burschen beim Flirt mit ihren Mädchen. Und es bot sich mir ein so erfreuliches Bild vom Leben dieser Menschen, das dem oberflächlichen Beobachter entgeht, der nur die aggressive Pose von außen sieht. Heute glückte es bereits am frühen Morgen ein etwa elfjähriges Mädchen zu filmen, das einen Säugling herzte. Sie lag in der Hängematte und setzte sich den Kleinen auf den Bauch, dann zog sie ihn zu sich herab, küßte ihn auf den Mund, knabberte zärtlich an seinem Ohr, stemmte ihn dann hoch und sprach mit zarten Worten zu ihm, wobei sie die Augenbrauen im typischen Augengruß immer wieder schnell hob. Sie lächelte, und der Säugling lächelte zurück. Dann rieb sie ihre Stirn an ihm.

Die Blende stimmt, das Licht ist ideal, ich habe Zeitlupe eingestellt und bin vergnügt. Ich freue mich über jedes Filmdokument, das mir glückt, wie ein Sammler von Mineralien über einen besonders schönen Kristall, den er am Wege findet.

So filmte ich, wie die Yanomami ihre Kinder herzten, wie sie einander lausten und wie sie sich stritten, und gewann so guten Einblick in die Intimitäten des Alltags. War es richtig, daß ich sie belauschte? Ich glaube schon. Zunächst einmal habe ich nur aufgenommen, was sich ohnehin für jeden sichtbar abspielte. Ich habe es ferner nicht getan, um sie bloßzustellen oder ihnen in irgendeiner Weise zu schaden. Im Gegenteil, ich hoffe, sie als Menschen anderen Menschen näherzubringen und damit vielleicht Sympathie für ihr Schicksal zu erwecken, das wir in entscheidender Weise mitbestimmen.

Am 18. März nahm ich bei den Patanoëtheri Trauergesänge auf. Das etwa zweijährige Mädchen des mir gut bekannten Medizinmannes Yoreshiawe war einige Wochen vor unserer Ankunft gestorben. Es war früh am Morgen, und Vater und Mutter erinnerten sich ihres Kindes. Der Gesang des Vaters war ergreifend in seinem Ausdruck der Trauer, auch für den, der den Text nicht verstand. Mit Hilfe des Yanomami-Informanten Serowë transkribierte und übersetzte die Linguistin Marie-Claude Mattei-Müller den Text der Gesänge.

Ich war gehemmt, den Gesang aufzunehmen. Und doch bin ich froh, daß ich diese Hemmung überwand, denn den Gesang wirft ein sympathisches Licht auf die Yanomami, die vor allem als die Aggressiven, als Krieger, Schläger und Frauenräuber in die Literatur eingingen, was nicht ohne Folgen blieb. Die Regierung Brasiliens nahm dies zum Vorwand, das den Yanomami als Stammesgebiet zuerkannte Territorium in 21 isolierte Reservate zu zerteilen. Siedler sollen die Gebiete dazwischen nutzen können. Man gibt vor, damit die kriegerischen Auseinandersetzungen zum Wohle der Yanomami unterdrücken zu wollen. Die angeblich sonst nicht unter Kontrolle zu bringende Aggressivität der Yanomami dient als Vorwand. Wenn der Plan durchgeführt wird, dann hätte das für die Yanomami katastrophale Folgen. Zersplittert man die Yanomami-Bevölkerung durch Aufteilung in voneinander isolierte Gruppen, dann unterbindet man geradezu die Pazifizierung. Sie kann nur durch Befriedung der Gruppen in einem allmählichen Zusammenwachsen zu einer größeren Einheit mit eigenem ethnischem Bewußtsein erfolgen, so wie das ja auch in anderen Teilen der Welt mit anderen Völkern durchaus gelungen ist. Man verhindert so eine weitere kulturelle Entwicklung zur Eigenständigkeit. Da der Plan überdies vorsieht, den Yanomami nur das kultivierte Gartenland als Besitz zu überlassen, droht die Gefahr der Aushungerung, denn es muß stets genügend Reserveland vorhanden sein, damit erschöpftes Land zur Regeneration brachliegen kann.

Es ist mir daher sehr wichtig, belegen zu können, daß die Yanomami Menschen sind wie wir, mit den gleichen Leidenschaften sowohl des Hasses als auch der Liebe und Mitempfindung und damit wohl auch den gleichen Fähigkeiten zur Friedensfindung – eine Entwicklung, die man sicher durch Beratung und entsprechendes Vorleben fördern kann, aber gewiß nicht, indem man Prospektoren aller Art, Goldsucher, Holzfäller und andere Gebietsfremde ins Yanomami-Gebiet eindringen läßt.«

Ich bringe im folgenden die Übersetzung des Trauergesangs von Yoreshiawe, dem Vater der verstorbenen kleinen Tochter. Er begann im frühen Morgen, und sein Gesang schildert Episoden aus dem Leben der Kleinen. Ferner beschreibt der Vater, wie er die Epenadroge nahm und sich unter ihrem Einfluß bemühte, das Kind zu heilen. Er beklagt den Tod seiner Tochter: »Kleines Mädchen, du hast deinen Vater verlassen, hier bin ich ganz allein.« Sein Gesang belegt die liebevolle Eltern-Kind-Beziehung wie auch die innige Bindung an seine Frau, die er als Mutter anspricht: »Arme Mutter.«

Yoreshiawes Klagelied anläßlich des Todes seiner kleinen Tochter

(Übersetzung aus dem Yanomami ins Englische von Marie-Claude Mattei-Müller; aus dem Englischen ins Deutsche von Gunter Senft)

Dämmerung am 18.3.1989

Die kleine Tochter, die der Stammesführer Yoreshiawe mit seiner zweiten jüngeren Frau hatte, war vor wenigen Wochen gestorben. Das Kind war etwa zwei bis drei Jahre alt.

Wegen meiner kleinen Tochter
habe ich mich mehrere Male mit Drogen in einen Rauschzustand versetzt.
Ach, ich Armer, ach, ich Armer!
Wegen meiner kleinen Tochter habe ich mich wirklich mehrere Male mit Drogen in einen Rauschzustand versetzt –
– und war allein geblieben.
Hier sind die Ketipabäume.

(»Ketipa« ist der Name eines Baumes, dessen Blätter aussehen wie die Blätter einer Bananenpflanze [Ravenala guianensis]. Frauen und Kinder essen die Samen seiner Früchte. Im allgemeinen wird diese Pflanze »Mokohe« genannt.)

In der Ferne wird wieder ein neuer Tag anbrechen.
(Die Sonne wird wieder aufgehen – oder: Der Tag bricht wieder an.)
Mein kleines Kind, mein kleines Kind,
einmal bin ich mit dir wirklich fortgegangen
(um das Kind nach der Weise der Schamanen zu heilen).
Hier fließt der Kakamawebach,
es dämmert, es dämmert wieder.
Mein kleines Kind, von der Mutter auf dem Rücken getragen, ging fort, um die Ketipafrucht zu suchen.
Mein Kleines, mein Kleines!
Armes Mädchen, armes Mädchen!
Ach, ich Armer, ach, ich Armer!
Hii, hii, hii. (Klagelaute)
Mein kleines Kind, mein kleines Kind … Kind.
Hier sind wir bei den Affenpalmen.
Gerade bricht wieder ein neuer Tag an.
Du hast immer mit deiner kleinen Katze im Arm geschlafen.
Kleiner Liebling.
Armes Mädchen!
Ach, ich Armer! Ach, ich Armer!
Meine kleine Tochter, kleine Tochter, kleine Tochter.
Hier sind wir am Äffchen-Arm-Flüßchen.
(Der Name des kleinen Flusses bedeutet wörtlich übersetzt: der Ort, an dem die Äffchen ihre Arme hingelegt haben.)
Der Tag bricht doch noch nicht an.
Mein kleiner Liebling.
Ihr beide (du und deine Mutter) habt den kleinen Eieifisch geangelt.
(»Eiei« ist eine Art kleiner Wels.)
Du wirst nicht mehr fischen.
Nie wieder!

Meine kleine Tochter, meine kleine Tochter,
kleine Tochter, kleine Tochter,
mein kleines Kind...
mein kleines Kind...
mein kleines Kind...
liebes, liebes Kind.
Ach, ich Armer, ach, ich Armer!
Kleines, Kleines.
Liebes, Liebes, Liebes, Liebes.
Hii, hii, hii.
Kleines, du hast deinen Vater verlassen.
Hier bin ich ganz allein.
Mein kleines Kind,
liebes Kind, geliebtes Kind.
Hii, hii, hii.
Oh, Mutter, Mutter.
Oh, meine arme Mutter, oh, meine arme Mutter.
Hii, hii, hii.
Kleines Mädchen,
armes Mädchen, armes Mädchen.
Mein kleines Kind!

Wie sieht ein typischer Arbeitstag bei den Yanomami-Indianern aus? So gegen sechs Uhr morgens beginnt es hell zu werden. Aber die Yanomami sind schon etwas eher unruhig, denn die Kälte weckt sie. Sie schlafen ja nackt in ihren zugigen Hängematten, nur von der Glut des Feuers gewärmt. Im Morgengrauen kommt daher auch mein Freund, der Häuptling, zu mir und will seinen Kaffee. Ich rolle mich also aus der Hängematte, verstaue meine Decke, ziehe mich an und stelle die Kaffeekanne auf das mittlerweile entfachte Feuer. Während sich das Wasser erwärmt, rüste ich mich für die Aufnahmen. Dann trinken wir den Kaffee. Und dazu findet sich dann der eine oder andere junge Mann ein und will auch etwas davon abbekommen, aber beim Kaffee bleibe ich hart. Die meisten Dorfbewohner sind jedoch noch in ihren Hängematten und fachen von dort aus die Glut an, rösten Bananen und frühstücken ohne jede Eile. Mütter, Väter und Kinder spielen mit den Säuglingen. Nun erhellt auch schon die Morgensonne einige Abschnitte des Shapono mit weichem Licht. Ich will mit der Kamera los, aber ein mir sympathischer junger Mann erbittet Zündhölzer. Ich gebe ihm welche, und das war wieder einmal ein Fehler. Ein anderer will nun auch welche haben und ebenso ein dritter. Die Lawine schwillt an. Ich muß mich mit Glasperlen, die ich in kleinen Portionen verteile, loskaufen.

Ich richte meine Kamera auf eine Mutter mit einem vielleicht eineinhalbjährigen Säugling. Der Vater liegt in der Hängematte in Reichweite der Mutter. Ich interessiere mich besonders für die elementaren sozialen Verhaltensweisen, wie sie sich gerade in der Mutter-Kind-Beziehung in einer unverfälschten, weil kaum durch Verbote belasteten Weise ausdrücken. In den Interaktionen zwischen Mutter und Kind kann man auch in wenig oder gar nicht ritualisierter Form jene Verhaltensweisen beobachten, die in stark ritualisierter Form dazu benutzt werden, das Band zwischen Erwachsenen zu stiften und zu festigen.

Und so filme ich, wie ihr der Kleine Dinge reicht und wiederbekommt und wie dieser Dialog des Gebens und Nehmens ausgesponnen wird zur großen Freude beider, die das Geben und Nehmen mit einsilbigen Lauten begleiten. Ich filme, wie sie ihn küßt, hochstemmt, schüttelt, am Bauch kitzelt, so daß er jauchzt und lacht, wie sie ihn laust und stillt und schließlich dem Vater reicht, der das freundliche Tun fortsetzt, während er nun von seiner Frau gelaust wird. Ich bin vergnügt, denn die Kamera läuft geräuschlos und nimmt das alles auf.

Aber auf einmal wird das schöne Bild verdeckt. Ein Bub hat sich genau vor den Spiegel gestellt. Nun muß ich warten und mich in Geduld fassen. Ihn wegzuschieben wäre falsch, denn das würde vielleicht verraten, daß ich nach der Seite schaue. Also versuche ich ihn wegzulocken; ich stehe auf und hantiere an meinem Tonbandgerät. Da kommt er neugierig her, und ich kann bald darauf weiterfilmen. Der Säugling schläft mittlerweile, und so hebe ich den Kopf vom Sucher und schaue zur Mutter – wieder ein Fehler –, denn schon hat sie meinen Blick bemerkt und beginnt um Perlen zu betteln. Ich darf nur durch die Kamera beobachten, aber das hält man schwer viele Stunden aus. Bereits gegen Mittag sehe ich, wenn ich aufblicke, mit dem beim Filmen nicht benutzten Auge alles verschwommen.

Ich gehe auf das Betteln der Mutter nicht ein, sondern tue so, als nähme ich es nicht wahr. Das ärgert sie. Sie packt ihren Säugling, hält mir sein Gesäß entgegen und zieht dabei mit den Händen die Gesäßspalte auseinander. Eine neue Form des Gesäßweisens, der universellen Spottgebärde.

Bald darauf will ein kleines Mädchen, daß ich ihm mit dem

Gruppentanz von Männern und Kindern (Shipariotheri).

Linke Seite: Bananenmilch trinkender Krieger. Sein Gesicht ist geschwärzt wie bei einem Kriegszug. Die Daunen im Haar dagegen demonstrieren die friedliche Absicht – sie machen ihn auch im Dunkeln sichtbar. Der Durchziehschurz aus rotem Stoff wird neuerdings gerne getragen, und zwar als Schmuck bei Festen. Die Männer handeln den Stoff bei den Missionen ein.

Oben: Aus einem Rindentrog schöpfen Gastgeber und Gäste mit Kalebassen Bananensuppe (Shipariotheri).

Links: Das Schnupfen der Epenadroge. Sie wird dem Partner mit einem Blasrohr in die Nase geblasen und löst starke Rauschzustände mit Halluzinationen aus.

Rechts: Auch die Hunde werden aus Anlaß des Festes bemalt.

Unten: Im Drogenrausch glaubt sich der Tänzer mächtig und in der Lage, die Geister (Hekuras) herbeizurufen. Er tanzt dabei singend auf und ab.

Oben: Im Yopo-(Epena-)Rausch ruft ein Krieger die Hekuras an und weist ihnen mit dem Pfeil den Weg zu den Feinden, damit sie dort Unheil anrichten mögen (Kashorawëtheri).

Rechte Seite: Krieger mit Oberarmschmuck aus Adlerflaum und Arafedern. Er sitzt auf einer der einfachen, aus Bast angefertigten Hängematte. Vor ihm ein Korb mit Palmfrüchten (Lascha), die als Gastgeschenk den abziehenden Gästen mitgegeben werden.

Elke Fuhrmeister-Goetz im vertrauten Gespräch mit drei Yanomami-Frauen: »Wieviel Kinder hast du?«

Kugelschreiber Kringel und Wellenlinien auf den Arm male. Das kann ich riskieren. Das Mädchen strahlt. Sie ist meine besondere Freundin, obgleich ich ihren Namen nicht kenne, denn die Namen werden bei den Yanomami nicht gerne verraten. Sie sind hier ein Teil der Identität, von der man nichts abgibt. Sie begrüßt mich jeden Morgen strahlend, wenn ich an ihrem kleinen Wohnsektor vorbeikomme, mit »Renki Enki« und umarmt dabei meine Beine. Der kugelrunde Winzling reicht gerade bis an meine Oberschenkel. Sie hat ein Gesicht mit dicken Backen, die unbeschreiblich schmutzig sind, aber sie ist so lieb. Mit unserer Freundschaft hat es eine besondere Bewandtnis. Anfangs war das Mädchen scheu. Aber einmal passierte ihr ein Mißgeschick, aus dem ich sie befreite, und das brach den Bann. Die Kleine saß gerade vor meinem Wohnsektor und verspeiste aus einem Bananenblatt Termitenköpfe. Die waren offenbar recht frisch, denn ein großer Termitenkopf verbiß sich in die Fingerkuppe der Kleinen. Mit lautem Wehgeschrei hob sie den blutenden Zeigefinger hoch. Ich eilte herbei, löste den Termitenkopf ab und wickelte ein Stück eines Papiertaschentuchs als Verband um den Finger. Sie strahlte und lief gleich zu ihren Angehörigen, um den behandelten Finger zu zeigen. Ja, und seitdem sind wir gute Freunde! So kommt es, daß ich morgens kleine Kringel auf Kinderarme male.

Mittlerweile ist es acht Uhr fünfzehn, und die Kribbelmücken werden zur Plage. Mir fällt ein, daß ich das an mich gerichtete Betteln aufnehmen will, und das ist leicht auszulösen. Ich brauche nur die Mutter wieder anzuschauen, ein kurzer Blickkontakt genügt. Ich filme, wie sie ihre Hand fordernd aufhält und zwischendurch auf ihren kleinen Säugling zeigt. Ein netter Appell über das Kind. Ich verspreche ihr, daß sie später Zucker bekommt, was sie beruhigt, denn sie weiß, daß ich solche Versprechen halte. Bis neun Uhr fünfzehn hat sich die Tageshitze so gesteigert, daß ich beschließe, eine Pause einzulegen. Ich lege nur noch einen neuen Film ein, um für alle Eventualitäten gerüstet zu sein. Das ist bei der Hitze nicht so einfach. Die Finger kleben am Film, er läßt sich schlecht einfädeln. Und eine Gruppe junger Burschen sitzt unterdessen eng gedrängt um mich, schaut mir zu und bettelt. Ein Hund nähert sich meinem Wasserkanister, schnüffelt und hebt ein Bein. Ich bin hilflos. Meine Hände sind gefangen im Wechselsack. Die Burschen lachen herzlich und bewerfen dann den Hund mit einem Stück Feuerholz. Zu spät.

Kaum bin ich mit dem Filmwechseln fertig, da beginnt der Häuptling um neun Uhr dreißig ganz unerwartet, ein krankes Kind zu behandeln. Er schnupft Epena, dann tanzt und singt er und beschwört die Geister. Man sieht förmlich, wie er mit ihnen ringt. Zwischendurch saugt er an dem Kind und spuckt das Ausgesaugte aus. Auch greift er mit den Händen an den Körper des Kleinen, als nähme er etwas weg. Mit geschlossenen Händen wandert er dann zum freien Shaponoplatz, wirft Unsichtbares weg und reibt die offenen Handflächen gegeneinander, als müßte er sie säubern. Über eine Stunde dauert die Behandlung, und ich filme trotz der mittlerweile fast unerträglichen Hitze. Die Luft steht still, und das Sonnenlicht wird vom freien Platz bis unter die Schattendächer reflektiert.

Der Shapori, der Medizinmann, läßt sich vor jeder Krankenbehandlung Epena in die Nase blasen, dann beginnt er leise »brbrbrbr« zu singen und gelegentlich auch ein paar Sätze zu reden. Später gestikuliert er, und schließlich tanzt er laut singend mit erhobenen Armen auf und ab. Er ruft die Geister an und imitiert die als Tiergeister verstandenen Hekuras in Gebaren und Stimme. Er kann mit den Flügeln schlagen wie ein Raubvogel oder brummend herumlaufen wie ein Jaguar! Im tragenden Gesang wiederholt er viele Male hintereinander die gleichen Worte, dann folgen schnell in hoher Tonlage »Didididididi«-Rufe, auch Quiek- und Brummlaute, oder er singt Worte und fährt dann, im gleichen Rhythmus tanzend, mit »brbrbrbr« fort, beides während des Gesangs wechselnd.

Geht es um Krankenheilung, dann identifiziert sich der Shapori so weit mit den jeweiligen Hekuras, daß er sich quiekend und brummend in diese verwandelt. So nähert er sich nach dem Gesang dem Kranken und behandelt ihn in der beschriebenen Weise durch Streicheln, Saugen und Packen der Krankheit, zwischendurch immer wieder tanzend und singend. Ich habe perfekte Schauspieler erlebt, die den weggeworfenen Krankheitsgeist auch noch mit dem Haumesser zerhackten und dann aus dem Shapono hinauswarfen. Danach säuberten sie die Hände. Bevor sie übrigens die Krankheit packen, spucken sie in ihre Hände und verreiben den Speichel, ein Spuckritual der Beschwörung, ähnlich wie wir es durchführen, wenn eine Tat gelingen soll.

Das Ritual der Krankenheilung dient in abgekürzter Form oft auch als Gruß. Als der Häuptling der Mahekototheri mit einigen

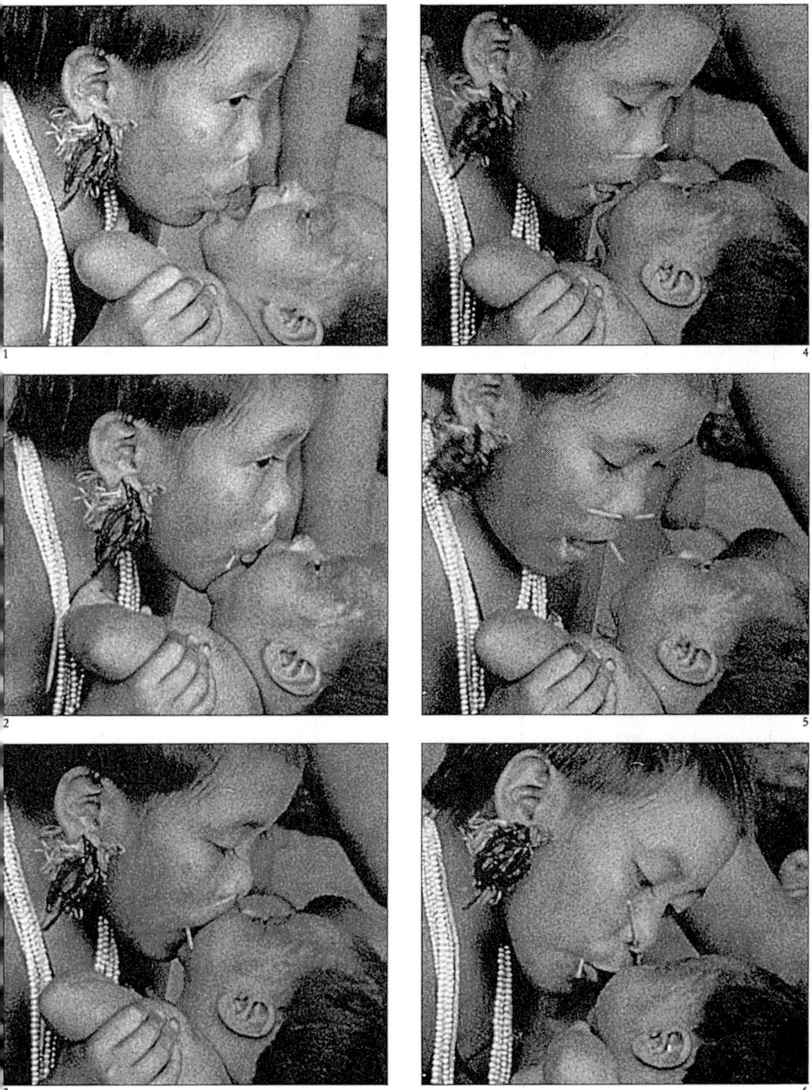

Geschwisterzärtlichkeit findet auch bei den Yanomami ihren Ausdruck in Kußfütterung (hier mit Speichel). Man beachte den aufnahmebereiten Mund des Säuglings und die beim Aufsetzen des Mundes vorgeschobene Zunge des küssenden Mädchens. Aus einem mit 25 Bildern/Sekunde aufgenommenen Film des Verfassers: 1., 54., 124., 127., 129. und 219. Bild der Serie.

seiner Männer bei den Iweietheri zu einem informellen Besuch weilte, tanzten der Häuptling von Ocamo und sein alter Vater, beide im Yoporausch, vor den Gästen. Sie unterbrachen den Tanz in kurzen Abständen und liefen nacheinander zu den verschiedenen Gästen, um sie am Bauch und am Rücken zu streicheln – eine Kurzversion der beschriebenen Krankenbehandlung, die hier als Segenerteilen, als Wunsch nach guter Gesundheit interpretiert werden kann. Handelt es sich um eine Geisterbeschwörung zum Schutz des Dorfs, dann weist der Trancetänzer den Geistern mit seinem Pfeil die Richtung, in der sie ziehen sollen. Man ruft sie auch an, damit sie die Nahrung der Feinde vernichten. Die Papageien und anderen Vögel sollen die Blüten und das Obst der Fruchtbäume in der Nähe der Wohnstätten der Feinde vernichten und auch die Beutetiere verscheuchen.

Ein Shapori bedarf einer speziellen Unterrichtung und Initiation, die sich über längere Zeit hinzieht. Der künftige Shapori wird über viele Tage viele Stunden mit der Yopodroge vollgepumpt. Er sitzt dann völlig benommen am Boden und singt, während andere Shapori mit viel Pantomime die Geister herbeitanzen, um sie in die Brust des Initianten einzupflanzen.

Durch Pfeilstiche gegen die Brust des Schülers zum Beispiel können die Hekuras oder Geister gewissermaßen in den Körper des Schülers gebracht werden. Das wird oft lautmalerisch (»toso«) unterstrichen. Die Geister können auch einmassiert werden: Dazu streicht der Lehrer am Körper des Schülers von unten nach oben – anders als beim Abstreifzauber, bei dem Übles in von oben nach unten geführten Bewegungen entfernt und der ebenfalls am Schüler und an anderen Personen praktiziert wird. Die Geister sollen in der Brust des Schülers ihren Wohnsitz nehmen. Damit gewinnt er Macht über sie. Ein guter Zauberheiler besitzt Macht über eine Vielzahl von Geistern.

Die Unterweisenden spielen beim Herantanzen die einzelnen Hekura-Tiergestalten. Die Hekuras werden nicht als Tiere angesehen, aber sie haben Charaktereigenschaften von diesen und werden symbolisiert. Mit großem schauspielerischem Geschick machen die Zauberheiler die Bewegungen und Laute der die Geister symbolisierenden Tiere nach, laufen so auf die Einzuweihenden zu und deuten dann das Eindringen der Geister an, indem sie, wie gesagt, mit Pfeilen gegen die Brust des Einzuweihenden stoßen oder bloß mit einer Handbewegungen nach ihm schlagen.

Manchmal treten sie hinter den am Boden Sitzenden und lassen darin eine ganze Lawine von Hekuras auf ihn herab, zuerst sind es wenige, dann immer mehr, sie umzingeln die Akteure – und das wird auch kommentiert. »Da kommt noch jemand!« – »Da ist noch einer!« Manche sind zu stark, dann wird der Initiant gewarnt, nicht zu rufen. Für Uneingeweihte ist die Regenhekura zu stark. Ein junger Zauberheiler würde schnell altern und weiße Haare bekommen, würde er sie rufen. Jeder der verschiedenen Geister gibt dem Zauberheiler eine bestimmte Fähigkeit.

Der Anwärter muß während seiner Unterrichtung bestimmte Tabus beachten. Aber auch für die zwischen den Sitzungen liegenden Perioden, in denen er beispielsweise für Wochen nach Hause zurückkehrt, muß er bestimmte Gebote einhalten, sonst verlassen ihn die während der Unterweisung eingepflanzten Hekuras. Kosisiwë, dessen Unterrichtung ich filmte, wurde nicht initiiert, da er eine Frau entführte und mit ihr schlief. Er darf vor der Initiation nur mit der eigenen Frau schlafen. Er verletzte ferner Nahrungstabus und ging zu den Weißen, deren Kleider er anzog. Auch das wird negativ bewertet.

Ist der Anwärter nach Meinung seiner Lehrer genügend unterrichtet, dann wird er in einer besonderen Initiation zum Zauberheiler gemacht. Dabei spielt ein mit Wellenlinien und Punkten bemalter und mit Federn beklebter Pfahl eine große Rolle. Er wird in einer besonderen Zeremonie zum Initianten tanzend herangetragen und vor ihm in den Boden gepflanzt.[82]

Wir haben darüber drei Filme im Rahmen der Wissenschaftlichen Filmenzyklopädie (Göttingen) veröffentlicht (E 2834–E2836) und übersetzt, was die Yanomami im Epenarausch singen.[83] In den Filmen spielen als unterrichtende Zauberheiler Yorešiyawe, dessen Schwiegervater Kašiwë und der Häuptling der Lokalgruppe Mathaiskïwaiwë ein herausragende Rolle. Yorešiyawë wurde durch ein Erweckungserlebnis Zauberheiler und steht im Rang als solcher über Kašiwë. Die beiden unterweisen Uraewë, der zwar bereits als Zauberheiler ausgebildet ist, aber noch weiterer Unterrichtung bedarf. Er ist Patanoëtheri, also Angehöriger der Dorfgemeinschaft, in der die Initiation stattfindet. In dem Abschnitt, den wir als Textprobe wiedergeben, wurde Yorešiyawë gerade Epena ins Nasenloch geblasen. Kurz darauf beginnt er, die Hekuras anzurufen und zu singen, und zwar mit tiefer, leiser Stimme. Dabei hat er seine ersten Visionen:

Yorešiyawë: Die Flaumfelsplatte voll weißer Daunen dort unten in der Ferne wogt und wirbelt!
Uraewë: Die Flaumfelsplatte voller weißer Daunen, wie sie aufgeplustert wogt!
Yorešiyawë: Der Hekura des Makoayomi-Vogels (Erklärung: Ein kleiner Vogel, der nachts singt, wenn der Mond scheint).
Uraewë: Mit dem weißem Flaum, dort flußabwärts schmiegt er sich mit ausgebreiteten Schwingen auf den Boden.
Yorešiyawë (ruft die Hekuras an, um ihre Aufmerksamkeit zu gewinnen): He…e! He…o…e! Wiyo Wiyo! Wiyo, Hao! Trrtrt. (Erklärung: Wiyo = Antwortruf der Hekura, zugleich Ankündigung ihres Kommens. Trr = Lippenvibrieren).
Uraewë: Schon dort lautes Freudengeschrei!
Yorešiyawë: Dort, wo früher Wisamamokiwe (ein Hekura) wohnte.
Uraewë: Dort, wo früher Wisamamokiwe wohnte.
Yorešiyawë: Viele machen wir uns (von dort) auf, singend, auf daß wir ankommen!
Uraewë: Viele machen wir uns auf, singend, auf daß wir ankommen.
Yorešiyawë: Die Hekuras brechen auf, einer nach dem anderen!
Uraewë: Fortwährend brechen die Hekuras auf!
Yorešiyawë: Seine (Wisamamokiwes) Augenhöhlen senden dauernd herab taumelnde Blitze aus.
Uraewë: Wir streuen Blitze aus.

Im weiteren Verlauf beteiligen sich noch andere Shapori an dem Geschehen. Unter anderem Kašiwë, der zusammen mit Yorešiyawë mit Macheten einen Weg freischlägt für die Geister, dann einen roten Stoffstreifen zwischen die ausgestreckten Beine des am Boden sitzenden Uraewë legt, gewissermaßen einen Landeplatz für die Geister. Dann tanzen sie die Geister heran:

Yorešiyawë: Schwager, der Weg ist jetzt wirklich herorragend (gestellt)! Also, will sie wirklich dich zu einem guten Hekura machen wollen, übergeb' ich dir den Weg!

Kašiwë tritt nun mit einer Machete zu Yorešiyawë. Sie machen sich nun auf, den Weg der Hekuras zu suchen, um ihn zu öffnen, quasi anzuzapfen, und die Hekuras auf Uraewë abzuleiten, daß sie in seine Brust eingehen können.

Yorešiyawë: Paß gut auf! Sei auf der Hut!
Kašiwë: Und wie ich aufpasse!
Yorešiyawë: Hua!

Sie suchen den Weg, schwärmen aus, den Weg zu öffnen.

Kašiwë: A-e-jhi
Yorešiyawë: Jetzt habe ich den Weg zum Schlingern, zum Vibrieren gebracht!
Kašiwë: Wir halten den Weg am Vibrieren!
Yorešiyawë: He--i! A-e-hë!
Kašiwë: A-e.
Uraewë: Führ es mir so ein!
Yorešiyawë: A-u-ë!
Kašiwë: A-u-ë!
Yorešiyawë: Mach!
Kašiwë: Mich hält es furchtbar nach unten gedrückt!
Yorešiyawë: Hë-hë! Hë-hë! Hë-hë! Hë---! Ha-! Ha-!
Uraewë: Daß du mir das Meinige recht einführst!
Yorešiyawë: Nimm's.

Yorešiyawë und Kašiwë legen den roten Stoffstreifen, den sie als Symbol des Peiyo, des abgeleiteten Wegs der Hekuras, heranzutragen, Uraewë zwischen die gespreizten Beine. Bevor sie bei ihm ankommen, werfen sie die Macheten ab, mit denen sie den Weg der Hekura-Geister öffneten.

Yorešiyawë: Ha! Da ist der Weg recht gelegt! So habe ich den Weg genau festgemacht! Jetzt! Genauso! Achtung!
Kašiwë: Paß bloß auf!
Yorešiyawë: Ich bin ganz durcheinander! Makoayo! Makoayo! Makoayo! Makoayo! (Ruf des Makoayori-Hekura; »makoayomi« = Nachtvogel.) Schnüffel! Das ist der Geruch des Wegs! Schnüffel! Das ist sein Geruch! Das ist er!
Kašiwë: Das ist der Geruch des Wegs!

Yorešiyawë und Kašiwë geleiten, mit schlingernden Zeigefingern auf den Boden weisend, den Hekura der Hiputu-Doppelschleiche (Amphisbaena fuliginosa; Culebra de dos cabezas) zu Uraewë. Der Hiputu-Hekura sei immer der erste, der in den Initianten einführe.
Im folgenden, bis zur nächsten Erwähnung des Namens, werden die Äußerungen Kašiwës nicht aufgezeichnet: er wiederholt praktisch identisch die Rufe und Sprüche Yorešiyawës.

Yorešiyawë: So läuft schon dort der Weg des Inbegriffs der Hiputu-Schleiche. Ha pei! Ha! hë! hahahë! Hi---! He! ha hë! Haë---! Pei yono hiputupino! Das ist der Weg des Hiputu-Hekura!
Uraewë: Der Weg der Hiputu-Hekura wird tatsächlich auf mich zugeführt (wird gemacht, daß er von überall herkommt)! Schwager, meine Hekura führst du mir wahrlich trefflich zu!
Yorešiyawë: Da, der ist geworden, daß er ist (= da, der sitzt)! Yawari-Hekura! Y y y y.

Hraewë: Prr--wa!

Yorešiyawë: Trr--.

Kašiwë: Hei! Yawaii, yawari, yawari! Šiya-a! (Lautmalerisch für das Eindringen der Hekura.)
Uraewë: Wir Yawari halten Einzug!

Yorešiyawë und Kašiwë schlagen Uraewë die in ihn dringenden Hekura-Numinose mit ausholenden Armbewegungen von unten nach oben ein beziehungsweise verbildlichen das Eindringen der Hekura mit ihren Armbewegungen.

Yorešiyawë: Da, von überall kehren sie heim!
Uraewë: Prr--wa! Mir kommen sie von überall genau ins Haus herein mit Lärmen!
Yorešiyawë: Hea! –ëwë! -Prr--wëi! Prr- wëi!
Kašiwë: ëa! ëa! ëa! ëa! Hõãtarai! (Formel, etwa:) Er sitzt fest!
Uraewë: Wir sind ganz aufgeregt!

Kašiwë legt Uraewë zwei Pfeile auf die Schulter als Zeichen für das Eindringen der Hekuras, das auch metaphorisch und im folgenden lautmalerisch als Durchbohren eines Körpers durch Pfeile dargestellt wird.

Kašiwë: Siya!
Yorešiyawë: Im Rücken sind noch welche! Hinten sind noch andere! Širi, širi, šsiri! (Lautmalerisch für das Zischen der Pfeile).
Kašiwë: Hõãtarai!
Uraewë: Der Hekura der Rahalta-Pfeilspitze, der Zähneklapperer, jagt Furcht ein!
Yorešiyawë: Verdammt, furchtbar zeigen sie sich wieder, schrecklich erscheinen sie wieder! Da kommt wieder einer! Noch einer! Noch einer!
Kašiwë: Hëa! Hõã! -Wa, toso! -Wa, toso! (Lautmalerisch für das Einschlagen eines Pfeils) Prr-wi!
Yorešiyawë: Witititi! Witititi! Die mit dem glühenden Schmuck!
Uraewë: Prr--!
Yorešiyawë: Wa! – Ši-hš-hš--! Der Hekura des Lebenskraftfelsens!
Kašiwë: Wa, toso! Wa, toso!
Yorešiyawë: Prr-! He-ë!
Kašiwë: Wa, kokokoko! Wa, kokokoko! (Sehr hoch; lautmalerisch: Ruf des Schwalben-Hekura)
Uraewë: Wir Schwalbenfelsenleute haben die Augen, die starken (auch im Sinn von »schönen«) ganz nah!
Kašiwë: Wa, toso! Wa, toso! Ha-! (Lautmalerisch das Eindringen der Hekuras markierend)

Yorešiyawë: A! Rererere... Ha! Motorere, motorere, (m m m,. Ha,m [:m m m!:] (Gesang des Wasserwirbel-Hekura)
Kašiwë: Schwiegersohn...
Yorešiyawë: Da, die da!
Kaššiwë: Tãrãkão! (Sehr hoch, lautmalerisch für den Ruf des Tãrãkãomi-Vogels, der, weiß und etwa faustgroß, angeblich hoch in den Bergen lebt, man hört ihn nur nachts.) Schwiegersohn, sie halten den Stock der Tãrãkãomi.
Yorešiyawë: Auf den Stock gestützt! Am Stock gehend!
Kašiwë: Šiya-ha! Šiya-ha!
Yorešiyawë: Wir spreizen unsere Mutter = Uraewë mit dem Stock auf!
Kašiwë: Haarena! (Hekura-Formel)
Yorešiyawë: Ha! Šiya-ha!
Kašiwë: Hõãtãrai!
Yorešiyawë: Yãqëyãwë (Klang des Wirbeln, Spinnens; yãwëyãwëmou = mit einer Spindel spinnen) Geisterfeuer! Du wirst total schwindling!
Kašiwë: Ha,yawari! Ha, yawari! Yë! Yë! Yë! Ha, yawari!
Yorešiyawë: Hou, hou, hou! Hoa! Širi, širi, širi![84]

Zurück zur Beschreibung meines Arbeitstags unter den Yanomami. Als der Häuptling mit der Behandlung des Kindes fertig ist, packe ich alles Gerät zusammen und gehe baden. Zwei junge Männer begleiten mich. Ich mag sie gerne, aber ihr ständiges Betteln irritiert mich jetzt. Sie wollen mein Hemd, meine Hose und, als ich mich entkleide, auch die Unterhose. Ich höre nicht hin und genieße das kühle Wasser des Orinoko. Solange ich darin bin, ist es wirklich schön. Nur wenn ich heraussteige, fallen Hunderte von Kribbelmücken über mich her, und ehe ich mich abgetrocknet habe, bin ich völlig zerbissen. Schnell wieder in die verschwitzten Kleider und zurück ins Shapono. Es ist Mittag, und die Hitze lastet auf der kleinen Gemeinde. Alles ruht in den luftigen Hängematten. Auch ich versuche, meine Eindrücke festzuhalten. Ein paar unermüdliche Zuschauer umgeben mich, und gelegentlich versucht einer mitzutippen, was mir nicht recht ist, denn dann klemmen die Tasten.

Um fünfzehn Uhr beginne ich wieder zu filmen. Man wird aktiv im Shapono. Ich zeichne auf, was die Mutter mit dem Säugling tut und wer mit ihm Kontakt aufnimmt. Es ist anders als bei den Buschleuten. Nur Geschwister und nahe Verwandte kümmern sich um den Kleinen. Man ist stärker familienzentriert, auch wenn man eingebettet in der Shapono-Gemeinschaft lebt.

So wird es Abend. Ich nehme eine Kleinigkeit zu mir, und als es dunkel wird, ziehe ich mich in die Hängematte zurück. Die Gemeinde respektiert, daß man in der Hängematte ungestört sein will. Ich sehe im Rund die Feuerchen aufflackern. Man plaudert, da und dort greint ein Säugling, ein Mädchen kichert. Langsam ersterben die Gespräche, und die Stimmen der Nacht heben an. Heimchen zirpen, ein großer Gecko läßt schallend seinen unheimlichen Ruf ertönen, dann beginnen die Frösche ihr Konzert. Große Leuchtkäfer kriechen unter dem Shaponodach umher und suchen Weibchen. Sie haben zwei Lichtpunkte am Brustschild, die wie Augen leuchten, und wenn sie fliegen, erhellen sie ihre Umgebung wie eine kleine Taschenlampe. Ich kann lange keinen Schlaf finden. Meine Gedanken beschäftigen sich mit diesen Menschen. Was mag die Zukunft ihnen bringen?

In der Nacht wache ich auf, weil der Medizinmann singt. Mondlicht erhellt den Platz im Shapono, in der Ferne hört man Donnergrollen. Laut und tragend singt der Mann, beschwört die Hekuras und sendet sie fort zu den Feinden. Es ist eine beruhigende Melodie – wie ein Wiegenlied –, ein Schlaflied für die Gemeinde, die unter seinem Schutz geborgen ruht. Er beginnt um Mitternacht und singt drei Stunden mit einer Hingabe, die mich tief bewegt. Am anderen Morgen schenke ich ihm ein Messer. Er weiß nicht, wofür, aber er freut sich. Gegen fünf Uhr morgens werde ich noch einmal geweckt. Die Frau neben mir beginnt in ihrer Hängematte zu weinen. Schluchzend klagt sie über den Verlust ihres Kindes. Das liegt schon Monate zurück, aber es fällt ihr gerade wieder ein. Im Morgengrauen verstummt sie. Nun wird wohl bald der Häuptling kommen mit seinem Wunsch nach Kaffee.

Ich habe gelernt, daß die Yanomami zwar rüde im Umgang mit ihresgleichen sein können, aber auch freundlich und zart. Ich habe junge und alte Paare gesehen, die sich streichelten und in ihren Hängematten miteinander scherzten und sich mit Hingabe lausten, was bei den Yanomami ein Ausdruck freundlicher Bindung ist. Männer lausen ihre Frauen und diese ihre Männer, andere Frauen und Kinder beiderlei Geschlechts. Ich sah aber nie, daß ein Mann einen anderen erwachsenen Mann gelaust hätte. Die beim Lausen entdeckten Tierchen ißt man selbst, oder man reicht sie dem Gelausten zum Essen als Zeichen besonderer Aufmerksamkeit.

Wie bei den Buschleuten haben auch hier die Säuglinge viel

Auf ihren Reisen tragen die Yanomami Hängematte, Köcher und Schöpfkalebasse zu einem Bündel verschnürt auf dem Rücken. In der Hand tragen sie Pfeil und Bogen und meist ein Haumesser oder eine Keule.

Körperkontakt mit der Mutter und anderen. Die Fremdkontakte beschränkten sich allerdings auf wenige Personen. Während ein Buschleutebaby, wie erinnerlich, an einem Tag mit fast allen

Hordenmitgliedern, die anwesend sind, Kontakt hat, beschränken sich die Kontakte der Yanomami-Säuglinge mehr auf die Mitglieder der Sippe.

Ein sieben Monate alter weiblicher Säugling, den ich 614 Minuten, vom Morgen bis zum Abend, beobachtete, verbrachte in dieser Zeit 332 Minuten bei seiner Mutter. Natürlich nicht in einem Stück, sondern auf 21 Kontakte verteilt. Nur 18 Minuten saß der Säugling neben oder vor der Mutter auf dem Boden. 19 Minuten war er bei seinem Vater (4 Kontakte), 7 Minuten bei seiner kleinen Schwester (12 Kontakte), 170 Minuten bei der Großmutter (12 Kontakte), 6 Minuten beim Bruder der Frau (2 Kontakte), 2 Minuten bei einem etwa zehnjährigen Buben, dessen Zugehörigkeit ich nicht feststellen konnte (2 Kontakte), 29 Minuten bei der zweiten Frau des Mannes, die zugleich die Schwester der Mutter des Säuglings war (7 Kontakte), 7 Minuten bei einem etwa sechsjährigen Mädchen (4 Kontakte), 3 Minuten beim Großvater (1 Kontakt) und 2 Minuten bei einer Schwangeren, die in unmittelbarer Nachbarschaft wohnte (2 Kontakte). Er trank in dieser Zeit 90 Minuten und schlief 184 Minuten.

Besondere Beziehungen bestehen natürlich zur Mutter und zum Vater, die beide wichtige Bezugspersonen sind. Väter spielen mit ihren Söhnen ebenso wie mit ihren Töchtern. Sie verbringen zwar nicht sehr viel Zeit am Tag damit, weil sie als Jäger viel unterwegs sind. Aber morgens, wenn die Mutter mit anderen Dingen beschäftigt ist, oder nach der Heimkehr von der Jagd nehmen sie auch einen Säugling zu sich, um ihn zu herzen und zu küssen. Ihr Spielen hat eher einen sportlichen Charakter, und das schätzen die Kinder. Wenn ein Vater morgens auf die Jagd geht, dann kann man sehen, daß ein Kind voller Trennungsschmerz weinend bei der

Rechte Seite: Yanomamikinder sind zwar oft aggressiv, doch eskalieren die Aggressionen im allgemeinen nicht. Appelle der Beschwichtigung, wie Schmollen, blocken die Aggressionen ab. Es handelt sich um biologische (angeborene) Aggressionskontrollen. Hier wird ein Junge, der an einem Pfahl spielt, von einem anderen bedroht, der ebenfalls hier klettern will. Es versucht die Aggressionen zunächst über starkes Lächeln abzufangen, wird aber geschlagen. Das Lächeln des Angegriffenen verzerrt sich ängstlich, dann schmollt er und senkt den Kopf und Blick. Der Angreifer bricht daraufhin seine Attacke ab und überläßt seinem Spielgefährten den Platz. Aus einen mit 25 Bildern/Sekunde aufgenommenen 16-Millimeter-Film des Verfassers: 1., 25., 46., 52., 63., 140., 151. und 159. Bild.

Mutter zurückbleibt. Hat die Mutter einen kleinen Säugling zu versorgen und ist der zuvor Geborene ebenfalls noch klein, dann nimmt ihn der Vater nachts zu sich in die Hängematte.

Ausgezeichnet ist ferner zeitlebens die Beziehung zwischen Geschwistern. »Ami« – »ältere Schwester« – wird eine fremde

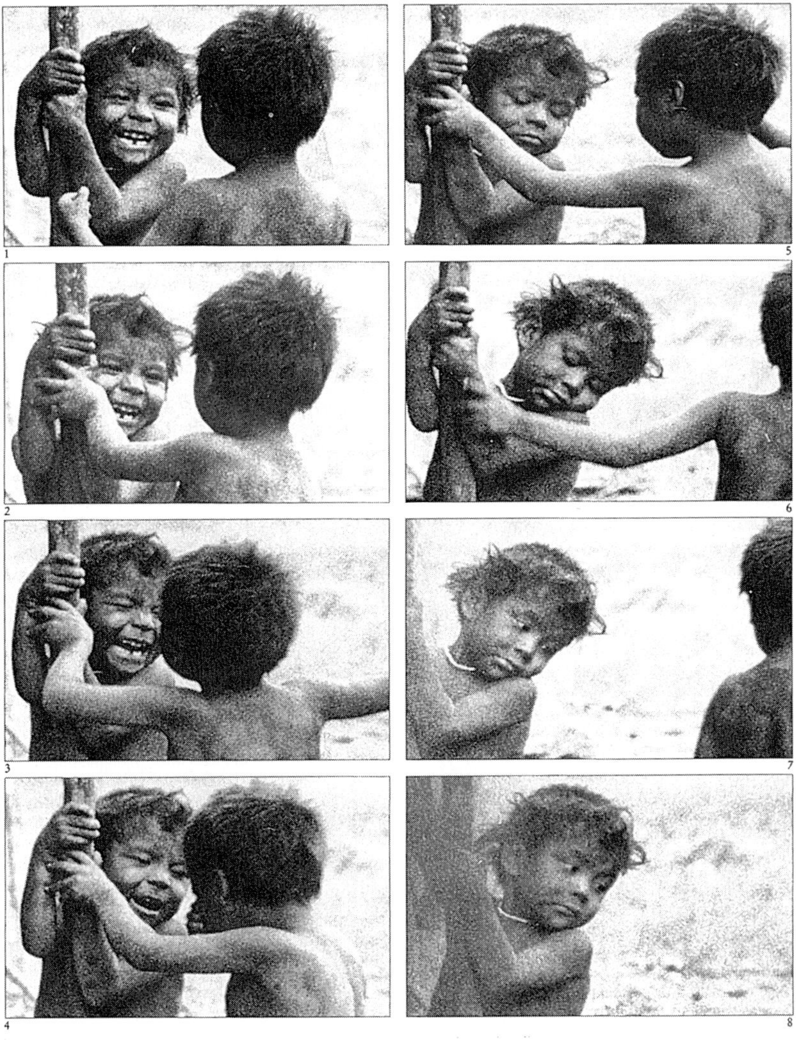

weibliche Person genannt, zu der man ein besonders freundliches Verhältnis herstellen will. Zur älteren Schwester haben die jüngeren Kinder eine innige Beziehung, da sie als Hauptbabysitter die jüngeren Geschwister betreut hat. Für Mädchen ist der ältere Bruder zeitlebens eine Art Schutzpatron, den eine Frau zum Beispiel anrufen kann, wenn sie von ihrem Gatten schlecht behandelt wird.

Hauptbezugsperson eines Kindes ist jedoch die Mutter, und deren Beziehung zu ihren Kindern ist ausgesprochen liebevoll. Sie herzt und küßt ihre Kleinen. Dabei spricht sie. So drückt sie eine starke affektive Beziehung und Zärtlichkeit aus, und darin spiegeln sich auch die kulturellen Ideale der Yanomami wider, zum Beispiel, daß ein Mann kriegerisch und wild (»waitheri«) sein soll. In einem meiner Filme über Mutter-Kind-Beziehungen spricht die 39jährige Kumaema zu ihrem vielleicht acht oder neun Monate alten Sohn Poresiya, während sie ihn hochstemmt und ihm ins Gesicht schaut:

»Du bist so ein Draufgänger,
(...) dauernd bist du so wild.«

Kumaema schaut auf Poresiyas Penis.

»Bloß rumgeilen, bloß mit dem Penis prahlen.
Sei nur waitheri,
kleiner Wildling, Schlimmer.
Dauernd ist er so ein Held,
dauernd hat er so lange, spitze Zähne.«

Kumaema macht Kußgebärden, lacht und setzt in zunehmend verballhornender Babysprache fort:

»Du bist mir einer, immer bist du so aufgebracht.«

Gibt ihm Blasküsse und setzt fort:

»So ein Wutbolzen!«

Der Säugling ist die ganze Zeit vergnügt, und die Mutter ermuntert ihn oft in »Babysprache« und dabei eine Oktave über der normalen Tonlage zu Äußerungen. Sie interpretiert diese dann als Beitrag zum Zwiegespräch und führt so ihren Kleinen an das Dialogisieren heran.

Die Yanomami pflegen, wie gesagt, das Ideal, waitheri zu sein. Sie führen in der Tat viele Kriege. Nach Angaben Napoléon

Chagnons sterben über 25 Prozent der männlichen Bevölkerung eines gewaltsamen Todes im Krieg.[85] Und da jeder Todesfall Vergeltung nach sich zieht und da man auch Tod durch Krankheit oft auf die schwarze Magie der Feinde zurückführt, sind die verschiedenen Gemeinschaften häufig über Jahrzehnte, ja Generationen in blutige Fehden verstrickt.

Aber in aller Welt sind Menschen in der Lage, friedliche, kooperative Entwicklungen einzuleiten, auch wenn sie ursprünglich anders lebten. Aggression und Krieg erfüllen zu bestimmten Zeiten bestimmte Funktionen. Sie können jedoch ersetzt werden. Verfolgen wir die Geschichte der Menschheit, dann stellen wir fest, daß immer größere Gebiete in einem Prozeß der Selbstorganisation – oft gewaltsam pazifziert und zu einer kooperativen Gemeinschaft verbunden werden. Diese Entwicklung wird durch den schon erwähnten Plan, das Yanomami-Gebiet zu parzellieren, unterbunden.

Die Kriegstaktik der Yanomami ist der Überfall aus dem Hinterhalt, bei dem Frauen und Kinder keineswegs immer geschont werden. Helena Valero beschreibt Auseinandersetzungen, bei denen auch die männlichen Säuglinge getötet wurden, da sie ja sonst zu Kriegern heranwachsen würden und den Tod der Eltern rächen könnten. Auch Frauen werden gelegentlich getötet, meist aber geschont. Es bestehen hier deutliche Hemmungen. Der Gegner wird überfallen, man schießt mit Pfeilen auf ihn und zieht sich schnell wieder zurück. Junge Frauen versucht man mitzunehmen.

Bemerkenswert ist dabei, daß die Yanomami anstreben, die Beziehungen zu ihren Feinden gewaltlos zu regeln. Zunächst bemühen sie sich, einen Konflikt mit Nachbarn nicht zum Krieg eskalieren zu lassen. Haben sich zwischen zwei Dörfern Spannungen entwickelt, dann kann ein Dorf das andere zu einem Reaho einladen, um den Konflikt beizulegen. Bei dieser Gelegenheit kämpfen die Teilnehmer turnierartig – damit reagieren sie, wie sie sagen, ihren Ärger ab.

Es gibt verschiedene Formen des Zweikampfes: Die Gegner können einander mit der Faust auf den Brustmuskel schlagen, bis dieser anschwillt und einer der Kämpfer aufgibt. In Abwandlung dieser Turnierform nehmen manche auch die Rückseite der Axt. Immer wechseln sich die Kontrahenten bei Hieben oder Schlägen ab, so lange, bis manchmal beide Blut spucken.

Eine andere Turnierform ist das Flankenschlagen. Dabei hokken die Kämpfer gegenüber und schlagen mit der blanken Hand mit aller Kraft gegen die Lenden des anderen, bis einer oder beide genug haben.

Ist die Verstimmung beiderseits stark, dann fordert man auch zum Turnier mit Hartholzkeulen heraus. Die Keulenturniere werden ebenfalls als Zweikämpfe ausgetragen. Einer steht abwartend vor dem Partner und hält ihm den Kopf zum Schlag hin. Er steht dabei häufig auf einem Bein, um den Schlag federnd abfangen zu können. Der Gegner schlägt ihn mit Kraft auf den Scheitel, und zwar gilt die Regel, daß er nur die ausgeschorene Tonsur treffen darf. Die Hartholzkeule schneidet die Schädelschwarte oft bis zum Knochen auf, und Knochenbrüche sind nicht so selten. Hat einer zugeschlagen, dann kommt der Geschlagene zum Zug. Das kann so einige Male hin und her gehen, bis die Gegner blutüberströmt aufgeben. Fällt einer beim ersten Schlagabtausch zu Boden, dann begießen ihn seine Sekundanten mit Wasser und bringen ihn nach Möglichkeit zu sich, damit er den Schlag erwidern kann. Zweimal hintereinander zu schlagen, gilt als unfair.

Helena Valero hat sehr eindrucksvoll die Motivation geschildert, die hinter diesen Keulenturnieren steht. Man will den Gegner prüfen, ob er waitheri ist und es sich lohnt, mit ihm Frieden zu schließen oder Frieden zu halten. Und außerdem kämpft man, »damit der Ärger verraucht«.

Sie beschreibt, wie zwei miteinander ursprünglich verfeindete Männergruppen aus verschiedenen Dörfern sich anläßlich eines Festes zusammenrauften:

»Als sie von dem Epena halb berauscht waren, sagten die, welche zum Shapono gehörten: ›Ihr seid aufgeregt, wir sind aufgeregt, wir müssen uns beruhigen‹, und dann fingen sie mit dem Kämpfen an. Zwei stellten sich gegenüber. Der erste hob den gebeugten Arm, und der, welcher hier zu Hause war, teilte den ersten Stoß mit der geschlossenen Faust aus, indem er dem anderen sehr kräftig gegen die Brust schlug. Manchmal gaben sie auch drei oder vier Schläge hintereinander, dann sagten sie: ›Jetzt bist du an der Reihe!‹, und der andere gab die Schläge zurück. Sie fingen zu zwei und zwei an. Aber wenn einer fiel, dann kam der Bruder, um ihm zu helfen, und auch der Schwager und der Schwiegervater kamen herbei. Wenn sich vier, fünf oder sechs um einen herum versammelten, dann sagte der Tuschaua (der Häuptling; es handelt sich um Fusiwe, den Mann Helena Valeros): ›Nein, nein, der Kampf ist nur für zwei. Haltet euch abseits. Der gefallen ist, muß sich rächen.‹ Sie hoben den Niedergefallenen auf, schütteten ihm Wasser auf den Kopf,

strichen ihm die Ohren glatt, wischten ihm das Blut ab, hoben ihn nochmals auf und gaben ihm wieder den Knüppel. Der andere stützte sich dann auf seinen Knüppel und erwartete den Schlag, wobei er den Kopf senkte. (…) Während sie sich schlugen, sagten sie zueinander: ›Ich habe dich rufen lassen, um zu sehen, ob du wirklich ein Mann bist. Wenn du ein Mann bist, dann werden wir jetzt sehen, ob wir gleich wieder Freunde werden und ob unsere Wut vergeht. (…)‹
Nach den Knüppeln kamen die Äxte. (…) Der Tuschaua gab dem, der ihm gegenüberstand, zwei Schläge mit der Seite, die nicht schneidet, wobei er ihn von der Seite aus kräftig auf die Brust schlug, und jener fiel nieder. Dann kam der Bruder, der vier Schläge auf die Brust des Tuschaua zurückschlug, aber Fusiwe fiel nicht um. Dann sagte Fusiwe: ›Jetzt nimm dich zusammen!‹, und er gab ihm zwei Schläge. Der junge Mann wurde sehr bleich und stürzte.
Als alle damit fertig waren, sich zu schlagen, waren sie wieder Freunde geworden und sagten: ›Wir haben euch tüchtig geschlagen, und ihr habt auch uns tüchtig geschlagen. Unser Blut ist geflossen, und wir haben auch euer Blut fließen lassen. Ich bin nicht mehr aufgeregt, unser Zorn ist vorüber. Wenn jemand stirbt, dann ist die Sache anders.‹ «

Im Kriegszustand ist der Kontakt zwischen den verfeindeten Parteien nicht ganz unterbrochen. Alte Frauen können unbeschadet zwischen den Gruppen verkehren und damit als Gesandte dienen und bei Friedenswunsch vermitteln. Man greift den Gegner nicht immer gleich an, wenn man ihn aus der Nachbarschaft vertreiben will, sondern versucht ihn zunächst auf andere Weise hinauszuekeln. Man zerstört seine Plantagen, reißt den Tabak aus dem Boden und gibt ihm zu verstehen, daß er weiterziehen soll.

Die kriegerische Haltung der Yanomami ist auch im Alltag kaum zu übersehen. Die Männer betonen immer wieder ihre Männlichkeit und Aggressivität. Während meines Aufenthalts wurde ich täglich einige Male spaßhaft mit Pfeil und Bogen bedroht. Sie zielten auf meinen Bauch, spannten die Sehne und richteten den Pfeil auf mich und ließen dann die Bogensehne – peng! – ohne Pfeil frei. Dann lachten sie. Angenehm ist das nicht, denn man weiß ja nie, ob es ihnen nicht doch einmal Spaß macht, aus Neugier einen Pfeil loszulassen. Wenn sie ärgerlich sind, tun sie es durchaus, was Chagnon recht eindrucksvoll beschrieben hat.[86]

Hat ein Yanomami getötet, dann steigert das sein Ansehen, zugleich aber gilt er als »unrein«, und er muß eine Prozedur absolvieren (Unocai), die Züge eines Sühnerituals trägt. Helena

Valero hat sie beschrieben. Der Krieger wird isoliert, darf mit niemandem reden, muß Nahrungstabus beachten, täglich baden und sich mit scharfen Blättern abreiben, um, wie sie sagt, »sich schneller von dem Vergehen zu reinigen«. Das erste Unocai gilt zugleich als eine Art Ritual der Initiation. Eine andere Form der Initiation mit Unterweisung ist übrigens nicht bekannt.

Es gibt auch keine eigentliche Fraueninitiation. Bei ihrer ersten Monatsblutung wird das Mädchen innerhalb des Shaponos in einem kleinen, eigens für diesen Zweck aus Zweigen und Blättern hergestellten Verschlag abgesondert und muß bestimmte Tabus beachten, die zur Zeit von Gabriele Herzog untersucht werden. Wenn die Abschließung zu Ende ist, wird die junge Frau geschmückt.

Jede Lokalgruppe braucht ein relativ großes Stück Land, sonst erjagt sie nicht genügend tierisches Eiweiß. Außerdem erschöpfen sich die Böden schnell, so daß die Gärten viele Jahre der Brache bedürfen, um sich zu erholen. Die Yanomami wechseln daher innerhalb des Gebiets ihrer Lokalgruppe den Siedlungsort, um neue Gärten anzulegen.

Die beobachtete territoriale Funktion der Aggressivität steht keineswegs im Widerspruch zu der Aussage der Yanomami, es gehe ihnen bei den Kriegen um Frauenraub oder auch nur um ihren Stolz. Die Folge ist, daß andere auf Abstand gehalten werden, was auch immer der vorgegebene Grund sein mag. Und dies ist wohl die überlebensfördernde Leistung, die der Ausbildung dieses Verhaltens zugrunde liegt. Nur wenn man die Formen des Selektionsdrucks erkannt hat, die der Entwicklung eines Verhaltens zugrunde liegen, hat man auch deren Funktion als Anpassung und damit die »letzte« Ursache erfaßt.

Die Wanderbewegung, in deren Gefolge sich die kriegerischen Anlagen der Yanomami wahrscheinlich entfaltet haben, ist vermutlich das Ergebnis einer Bevölkerungsexplosion in der Sierra Parima. Sie hängt wiederum wohl mit der nicht allzulange zurückliegenden Einfuhr der Banane zusammen, die zuvor nicht kultiviert worden war. Die Sierra Parima zeigt mit ihren baumlosen, nur mit Hartgräsern bewachsenen Hügeln deutliche Spuren landwirtschaftlicher Erschöpfung durch Übernutzung.

Auch innerhalb der Familien gibt es Streit. Eifersucht ist einer der Gründe. Männer schlagen ihre Frauen und greifen auch drohend zum Bogen. Normalerweise jedoch verhindern die Umstehenden, daß ein Mann einen Pfeil gegen seine Frau gebraucht. Und er erwartet das sogar. Bei den Kashorawëtheri sah ich einen Mann, der zum Bogen griff, um seine Frau zu bestrafen. Er tat es langsam genug, so daß die anderen Frauen ihm den Bogen wegnehmen konnten, was er ohne weiteres zuließ. Er griff danach zu einem großen Haumesser – und ließ sich auch das nehmen. Zuletzt ergriff er ein Scheit Feuerholz, das an einem Ende glühte. Das ließ man ihm, und damit verbrannte er seine Frau kurz unterhalb der rechten Brust. Das ist eine gebräuchliche Form der Bestrafung und wird nicht sehr übel genommen. Dasselbe Paar sah ich zwei Stunden später vergnügt in der Hängematte schäkern.

Oft schlägt der Mann eine Frau mit der Hartholzkeule auf den Scheitel. Und nicht selten setzt sie sich zur Wehr. So kann ein Ehezwist auch als richtiges Keulenturnier ausgetragen werden. Frauen kämpfen untereinander ebenso mit Prügeln. Sie ringen aber auch miteinander, und dabei habe ich gesehen, wie eine Eifersüchtige ihrer Rivalin den Zierpflock aus dem Ohr riß, wobei das Ohrläppchen mitging.

Männer und Frauen tragen oft tiefe Narben auf den Tonsuren, die von solchen Auseinandersetzungen herrühren. Sie sind stolz auf sie und stellen sie durch sorgfältiges Ausrasieren zur Schau. Es sind in gewisser Hinsicht »Ziernarben«, die Mut belegen, ähnlich wie die Schmisse, auf die einst Studenten so stolz waren.

Bei den Niyayowëtheri in der Sierra Parima habe ich gezählt, wie viele Männer und wie viele Frauen auf ihrer Tonsur Narben von Turnieren und Schlägereien aufwiesen. Von 35 Männern hatten 23 Narben. Die 12 Männer ohne Narben waren alle noch jung. Von 22 verheirateten Frauen trugen 10 Narben. Ein junger Bursche ohne Narben hatte sich auf der kurz behaarten Tonsur eine gekrümmte Bahn ausrasiert, was aussah, als hätte er eine Narbe.

Durch ihr Waitheri-Ideal unterscheiden sich die Yanomami in auffälliger Weise von den Buschleuten. Die verschiedenen Einstellungen sind ein Ergebnis unterschiedlicher frühkindlicher Sozialisation. Die Veranlagung ist dabei im Grunde gleich. Verschieden ist der kulturelle Überbau, den die Erziehung schafft. Wie erinnerlich, pflegen die Buschleute eher friedliche Ideale. Sie ermuntern ihre Kinder nicht zur Aggression. Bei Wetteifer- und Kampfspielen, die nach genauen Regeln ablaufen und von allen Jungen und Mädchen gespielt werden, finden die Aggressionen der Buschleute schließlich einen harmlosen Ausgang.

Ganz anders bei den Yanomami. Kooperative Spiele, die nach genauen Regeln ablaufen, fehlen, oder vorsichtiger ausgedrückt, ich habe nichts dergleichen beobachten können. Sie spielen also, wenn überhaupt, sicher eine untergeordnete Rolle. Das bedeutet nicht, daß Yanomami-Kinder nicht freundlich zusammen spielen. Nur handelt es sich nicht um Spiele, die nach Regeln ablaufen und damit den Charakter eines bindenden Rituals haben.

Wenn Yanomami-Kinder spielen, dann tragen diese Spiele oft den Charakter der Umweltexploration: Sie spielen gerne mit verschiedenen Objekten, schaukeln in Bastschlingen, treiben Brummkreisel und ähnliches. Oder sie ahmen die Tätigkeiten der Erwachsenen nach. Mädchen spielen mit Puppen, die sie aus den Enden der Blütenstände von Bananen herstellen und in Tragschlaufen herumschleppen. Sie spielen ferner Lastentragen, und die Knaben imitieren die Festtänze der Männer und schließlich das Kämpfen. Dabei schießen sie in Parteien mit Riedpfeilen ohne Spitze aufeinander und lernen dabei die Technik des Überfalls mit anschließendem Weglaufen, das Ausweichen vor fliegenden Pfeilen und andere Strategien des Kampfes. Angriffstaktiken, Umgehungsmanöver, das Anlegen eines Hinterhalts, all das wird durchgespielt, wobei ältere sich als Anführer erproben. Statt Pfeil und Bogen nehmen sie gelegentlich Steine und Erdbrocken zum Schießen. Kinder üben auch die Turniere der Erwachsenen. Sie schlagen einander mit Fäusten auf den Brustmuskel und mit Weichholzstücken auf den Scheitel, wobei sie sehr früh die Regeln des Schlagabtausches beachten. Kampfspiele dagegen nach Art der Buschleute, die wirkliches Kämpfen ersetzen, fehlen den Yanomami. Solche Ventile in Form von Regelspielen brauchen sie offenbar nicht. Die Jungen spielen Krieg, und die Erwachsenen führen ihn.

Im Gegensatz zu den Buschleuten ermuntern die Yanomami ferner zur Aggression. Mütter fordern vor allem ihre kleinen Jungen scherzhaft heraus, indem sie sie derb an den Haaren ziehen und sie so lange boxen, bis die Kleinen ärgerlich werden und selbst grob zurückschlagen. Manchmal heulen sie sogar. Die Mütter lachen. Waitheri sollen sie werden! Wird ein Kind von einem anderen geschlagen und kommt es heulend zur Mutter zurück, dann drückt ihm diese ein Holzstück in die Hand und schickt es wieder weg, damit es Vergeltung übt. Selbst kleine Mädchen werden zu Selbsthilfe und Vergeltung ermuntert.

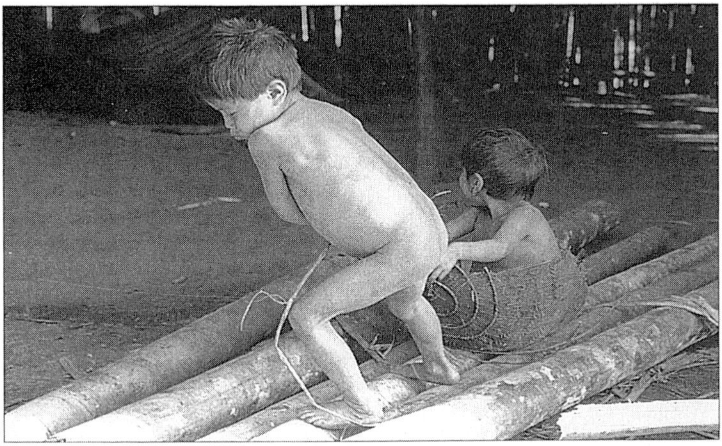

Friedliches Zusammenspiel: Ein Bub zieht einen anderen in einem Korb.

Buben spielen oft in gleichgeschlechtlichen Spielgruppen, doch werden die Mädchen nicht gemieden. Die Trennung ergibt sich aus den geschlechtspezifisch unterschiedlichen Spielinteressen. Sie ist jedoch nicht absolut. Beim spielerischen Hausbau und bei vielen anderen Gelegenheiten finden sich Mädchen und Buben zusammen. Es handelt sich dann meist um Geschwister. Die Bruder-Schwester-Bindung ist innig und bleibt zeitlebens stark.

Die Yanomami betonen die Familienbande auffällig. Kinder gruppieren sich oft familienweise zum spielerischen und dann gelegentlich zu Streit eskalierenden Gruppenkampf. Die Kinder bilden familien- und sippenweise gerne Parteien.

In einem Punkt gleicht das Leben der Yanomami dem der Buschleute. Trotz des beginnenden Gartenbaus leben sie ebenfalls mußeintensiv. Die Yanomami sind erstaunlich geruhsam. Die Erwachsenen ruhen lange in ihren Hängematten, schaukeln und plaudern mit den Nachbarn oder mit ihren Frauen. Zwischen acht und neun Uhr morgens gehen die Frauen in die Pflanzungen. Gegen elf Uhr kommen sie bereits in das Shapono zurück, beladen mit Bananen und Feuerholz. Manchmal bleiben sie etwas länger aus, zum Ausgleich verbringen sie dann einen ganzen Tag zu Hause. Die Männer sind ebenfalls häuslich. Am Orinoko fischen sie ein bis zwei Stunden, gehen auch im Morgengrauen auf die Jagd, aber keineswegs täglich. Von elf bis sechzehn Uhr liegen alle in den Hängematten. Man röstet von dort aus über dem Feuer Bananen und spielt mit den Säuglingen. Am Nachmittag versammeln sich die Männer zum Schnupfen der Epenadroge. Jetzt kommt mit der nachlassenden Tageshitze wieder Bewegung in das Shapono. Die Kinder spielen auf dem freien Platz in der Mitte. Die Frauen der verschiedenen Sektoren besuchen einander, bis dann die Dunkelheit die Gruppen wieder familienweise zusammenführt und alle langsam einschlafen. Um neun Uhr ist es im allgemeinen schon recht still im Shapono.

Wenn mich etwas am Leben im Yanomami-Dorf stark beeindruckt hat, dann das Schamanentum. Bei aller kulturellen Eigentümlichkeit ist es zunächst einmal Ausdruck einer menschlichen Art, zu fühlen und zu denken. Der Mensch erlebt die Welt wohl grundsätzlich anders als alle übrigen Lebewesen. Er hat das Bedürfnis, sie zu erklären, er grübelt und sucht als Fragender nach Antworten: Warum starb mein liebes Kind? Warum verunglückte mein guter Mann? Sühne für Schuld nimmt der Mensch als moralisches Wesen auf sich, aber unverschuldetes Leid ist für ihn ein Problem. Warum gerade ich, der ich nichts Schlechtes tat? Es müssen böse Mächte am Werke sein – und wohl auch gute, denn manchmal gibt es unverdientes Glück.

Das Unerklärliche ängstigt ihn. Er hat nachts Träume, die ihn erfreuen oder erschrecken, und glaubt aufgrund dieser Erfahrungen an die Existenz anderer Welten. Er sucht nach Erklärungen, denn er will Sicherheit, und so bildet er sich Hypothesen, die er als Ordnungsgerüst in diese Welt stellt, und schafft damit einen geistigen Rahmen, in dem er sich orientieren kann; ein Gefüge der Sicherheit für sich und seine Gemeinschaft. Es sind Phantasiegebilde, und dennoch helfen sie ihm. Denn als Tätiger kann er nunmehr die Mächte steuern. Er braucht sich ihnen nicht passiv zu unterwerfen, sondern kann das Geschick in seine Hände nehmen. Er kann das Gute herbeiführen, indem er den guten Mächten durch Opfer schmeichelt und indem er den Geistern droht. Wie schon bei den Buschleuten, ist es der Glaube, handeln zu können, der uns Menschen in so entscheidender Weise hilft. Er befreit uns von Angst. So haben die Ordnungsmuster, die der Mensch in die Welt projiziert und in deren Rahmen er das Geschehen beeinflussen zu können glaubt, einen realen therapeutischen Wert.

Die Realität des Ersonnenen, des Gebildes unserer Phantasie, bekommt im Yanomami-Land jedoch noch auf andere Weise

Bedeutung. Man kann die Geister dirigieren und wegsenden, so daß sie anderswo, bei den Feinden, Schaden stiften. Über schwarze Magie als eine Form ritualisierter Aggression werden Aggressionen nach außen abgeleitet und zugleich die Dorfgemeinschaft im Kampf vereint.

Bei der Einfachheit der materiellen Kultur, die außer Dekor kaum künstlerische Leistungen kennt, überrascht die Differenziertheit der Rituale und der Etikette, die die zwischenmenschlichen Beziehungen der Yanomami regeln. Wie kompliziert sind diese Wechselgänge, wie melodisch der Gesang der Schamanen. Sie haben in Rede und Gesang eine erstaunlich hohe Kulturstufe erreicht und liefern so einen originellen, reizvollen Beitrag zu den Kulturen der Menschheit.

Bis 1986 waren die Yanomami nicht wirklich gefährdet, da sich niemand für ihr Land interessierte. Das änderte sich schlagartig, als man im brasilianischen Teil ihres Landes Gold entdeckte. Rund 40 000 Goldsucher drangen in das Yanomami-Gebiet ein. Sie brachten Infektionskrankheiten mit und vergifteten die Flüsse mit Quecksilber, das sie zum Binden des Goldes benutzen. Ein Drittel der etwa 9000 brasilianischen Yanomami starb zwischen 1987 und 1990. Die Hälfte der Bevölkerung ist schwer erkrankt. Vergeblich hat sich die brasilianische Zentralregierung bisher um den Schutz der Yanomami bemüht, aber vielleicht auch nur halbherzig, denn als Wähler zählen sie ja nicht. Die Proteste engagierter Kreise verhallen. Die Uno ist nicht zuständig, schließlich handelt es sich um innere Angelegenheiten Brasiliens. Mittlerweile hat sich die Situation verschärft, weil die Goldsucher nunmehr auch in venezolanisches Hoheitsgebiet vordringen.[87]

Auch in Venezuela ändert sich das Leben nunmehr rapide. Zwar werden die Yanomami dort nicht verfolgt, aber die sich in den letzten Jahren beschleunigende Akkulturation schafft Probleme. Gewehre ersetzen zunehmend Pfeil und Bogen. Sie werden auch als mörderische Waffe bei kriegerischen Auseinandersetzungen verwendet. Weil sie zunehmend länger an einem Ort bleiben, leiden sie stärker unter Parasitenbefall (Flöhe, Sandflöhe, Darmparasiten) und Infektionskrankheiten (Amöbenerkrankungen, Malaria, Erkrankungen der Atmungsorgane). Die Kindersterblichkeit ist hoch. Die Yanomami sind in ihren hygienischen Praktiken und in ihrer Wohnweise noch nicht an eine ortsfeste Lebensform angepaßt.

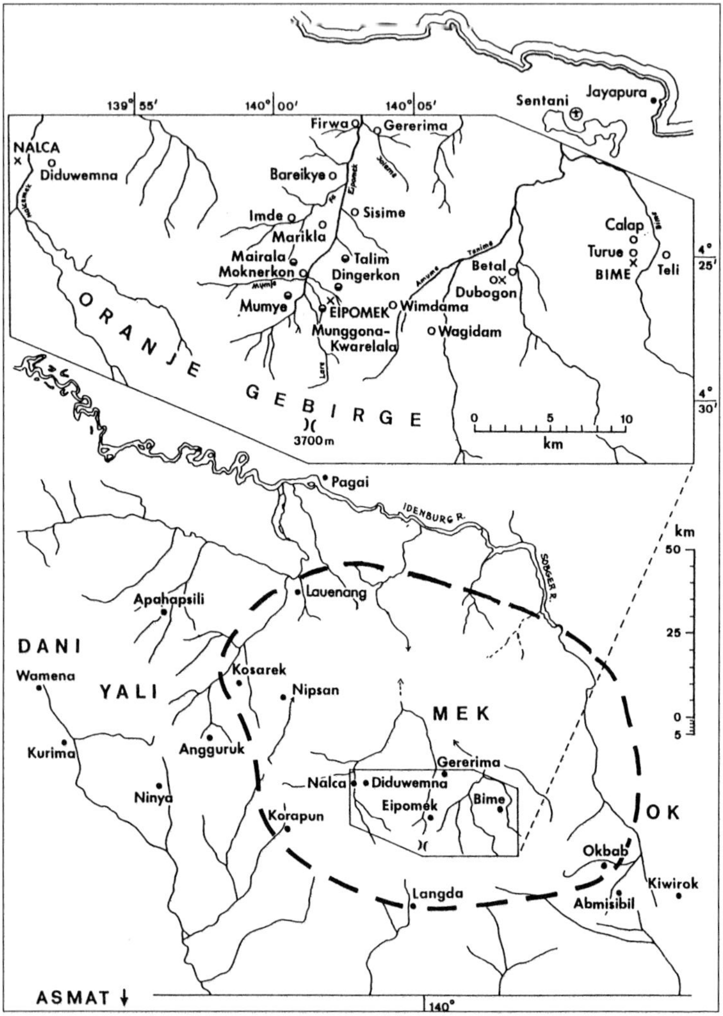

Das Verbreitungsgebiet der Mek-Leute in Westirian (Neuguinea). Das Untersuchungsgebiet wurde im oberen Teil der Übersichtskarte vergrößert eingetragen.

Die Eipo

Neusteinzeitliche Pflanzer in den Bergen Irian Jayas

Zu Beginn der siebziger Jahre waren bereits weite Gebiete Neuguineas bekannt. Nur in einigen wenigen Tälern im westlichen Bergland des indonesischen Teils lebten noch traditionelle neusteinzeitliche Pflanzer, die bis dahin keine kulturverändernden Kontakte mit der Außenwelt gehabt hatten. Zu ihnen gehörten die Eipo, die im Eipomektal an der Nordflanke des zentralen Oranjemassivs lebten, dort mit Grabstöcken ihre Gärten bestellten, mit Steinaxten Holz bearbeiteten, Kriege mit Pfeil und Bogen führten und auch getötete Feinde verzehrten. Sie waren in ähnlich unberührte Kulturen Westneuguineas eingebettet, so daß auch gruppenübergreifende Beziehungen und Handelspartnerschaften existierten. Eine einmalige Gelegegenheit, eine intakte neolithische Gemeinschaft zu studieren.

Die Initiative dazu ging aus von Dr. Gerd Koch und Dr. Klaus Helfrich vom Völkerkundemuseum in Berlin. Sie organisierten ein Schwerpunktprogramm der Deutschen Forschungsgemeinschaft mit dem Ziel, in einem interdisziplinären Bemühen so viele Facetten wie möglich von dieser Kultur und vom Verhalten der Eipo zu erforschen und zu dokumentieren in dem Bewußtsein, daß dazu nur noch wenige Möglichkeiten auf unserem Planeten gegeben waren und man die bisherigen nie ausreichend genutzt hatte. Ich wurde eingeladen, an diesem Projekt mitzuwirken.

Im Juni 1974 hatte ein Pioniertrupp mit Gerd Koch, Klaus Helfrich, Grete und Wulf Schiefenhövel und Volker Heeschen nach sechstägigem Marsch vom vorgeschobenen Landestreifen Bime der Unevangelized Fields Mission das Eipomektal erreicht. Der Kontakt entwickelte sich freundlich, und mit Hilfe der Eingeborenen gelang es in monatelanger Arbeit, eine kurze Landepiste anzulegen.

Wir waren die Nutznießer. Anfang September 1975, zwei Monate nach Inbetriebnahme, flogen wir ein: der Soziolinguist Sven Wilter, der Völkerkundler Wolfgang Nelke und ich. Wir hatten etwas Pech und doch auch Glück. Eine Turbulenz bewirkte, daß wir vor dem Landestreifen auf den Felsen aufsetzten. Die Maschine ging zu Bruch. Ohne Fahrgestell und Frachtraum schlitterte sie dahin, wie durch ein Wunder stiegen wir unbeschadet aus. Erschreckte Eipo schauten uns an, und ein ebenso erschreckter Wulf Schiefenhövel kam uns entgegen. Als Arzt wußte er, was wir in diesem Augenblick brauchten. Er schwenkte eine Flasche Gin.

Seither sind Jahre vergangen. Auf zwei weiteren Forschungsreisen 1979 und 1981 konnte ich meine Kenntnisse über diese Kultur vertiefen. Die Filme, die ich und mein Mitarbeiter Dieter Heunemann aufgenommen haben, insgesamt 40 951 Meter, sind entwickelt. Ich sehe sie mir am Schneidetisch an, lese die Protokolle und Tagebuchaufzeichnungen und hänge in stillen Stunden Bildern nach, die vor meinem Auge entstehen. Der Gegensatz ist so ungeheuer, daß es mir oft schwerfällt, die Brücke zwischen dieser Wirklichkeit hier und jener dort im fernen Eipomektal zu schlagen. Zu unwirklich scheint hier, was dort Alltag ist.

Das weite, von Süden nach Norden abfallende Eipomektal liegt etwa auf dem 140. Grad östlicher Länge und 4 Grad 28 Minuten südlicher Breite. Es wird von hohen Bergkämmen begrenzt und immer wieder von Bergrücken eingeengt, die sich wie Riegel ins Talinnere vorschieben. Auf ihnen legen die Eipo gerne ihre kleinen Siedlungen aus Rundhütten an, da man von diesen Punkten aus einen guten Ausblick aufs Land hat und somit vor Überraschungen durch Feinde gut gesichert ist. Der Eipomek, hier noch ein reißender Wildbach, entspringt an den Hängen des Schneegebirgsmassivs, der zentralen Gebirgskette Irian Jayas, und fließt nach Norden in den Idenburgfluß. Die Eipo besiedeln ein Gebiet, das nach Süden, Osten und Westen etwa durch die Orte Laugda, Okbap und Kosarek begrenzt ist. Das westliche Angguruk ist schon eine Siedlung der Yali. An dieser Peripherie des Verbreitungsgebiets haben Missionen ihre Tätigkeit aufgenommen. Die Grenze nach Norden ist nicht genau bekannt. Das Land fällt gegen den Idenburgfluß ab, und die niederen Lagen werden von Stämmen bewohnt, die vor allem jagen und sammeln.

Das Eipomektal liegt etwa im Zentrum des Verbreitungsgebiets einer einheitlichen Kultur. Schiefenhövel hat vorgeschlagen, die Eipo und ihre Nachbarn unter dem übergeordneten Begriff »Mek-Gruppe« zu vereinen, da kein verbindender einheimischer Name existiere. Das Wort bezeichnet Wasser und Fluß.[88] Aus gleicher Überlegung hat man die östlich lebenden Völker als die »Ok-Gruppe« zusammengefaßt (Ok = Fluß).

Die Eipo sind ein Gebirgsvolk. Sie sind klein von Statur, aber wohlproportioniert. Die Männer erreichen etwa 1,50 Meter. Ihre Hautfarbe ist ein mittleres Braun. Die Männer rupfen ihre Barthaare aus, nur Alte lassen sie stehen. Vorderkopf, Kopfseiten und Nacken werden mit Bambusmessern sorgfältig ausrasiert, so daß nur eine Haarinsel die hintere obere Kopfhälfte bedeckt. In ihren Gesichtszügen gleichen die Eipo weitgehend anderen Papua-Gruppen.

Auffällig ist, daß sehr viele Eipo-Kinder und Erwachsene beiderlei Geschlechts kleinere Verletzungen, vor allem an den unteren Extremitäten, aufweisen. Abgestoßene Zehennägel, aufgeschlagene Schienbeine und Knie sind an der Tagesordnung. Obgleich sicher lange schon Gebirgsvolk, stolpern und stürzen sie im Gelände und schlagen sich an den Felsen wund. Man merkt erst in einem solchen Gebiet, daß die Selektion noch am aufrechten Gang des Menschen bastelt.

Die Männer tragen als Schambekleidung eine Peniskalebasse, die bis zu einem halben Meter lang sein kann. Man bezeichnet diese Art von Männerbekleidung auch als Phallokrypt. Die Balekane wird mit einer Schnur um die Körpermitte und unten durch eine Schlaufe am Skrotum festgehalten und verbirgt und betont zugleich. Die Männer sind schamhaft, wenn sie die Peniskalebasse ablegen. Zugleich aber betonen sie ihre Männlichkeit in der Tracht. Um den Bauch wickeln sie zunächst eine Blattbinde, die dann mit einer Lage Rotan in vielen Windungen eng geschnürt wird. Die Schnürung verursacht eine Wespentaille. Durch diese Mode unterscheiden sie sich von den benachbarten Yali, deren Rotangürtel in weiten Windungen um die Hüfte hängt.

Was die Männer sonst noch am Körper tragen, ist Schmuck. Viele haben Nasenpflöcke; sie sind entweder aus Kalzit zurechtgeschliffen oder aus einem Bambusstäbchen angefertigt, gelegentlich bestehen sie auch aus Knochen. Unsere Kugelschreiber wurden gerne zum Nasenpflock umfunktioniert, wenn wir nicht aufpaßten. Ein Ohr der meisten Männer schmückt ein kurzer, dicker Bambuspflock. Er hat nicht selten einen Durchmesser von fünf bis sechs Zentimetern und ist so im Knoten abgeschnitten, daß er zugleich einen Becher abgibt, in den man Zunder zum Feuermachen stecken kann. Die Vorderseite ist mit Erdfarbe geweißt, und an den Seiten tragen die Ohrpflöcke einfache Brandverzierungen. Auch Frauen tragen solchen Ohrschmuck.

Um die Stirn tragen die Männer oft eine Schmuckbinde. Es handelt sich um eine einfache Bastbinde, in der bunte Blätter stecken, oder um Stirnbänder, die mit kleinen Nassaschnecken besetzt sind. Man schätzt sie hoch im Wert und leistet mit ihnen auch Sühnezahlungen für Tote. Den Hals schmücken Ketten aus Schweine- oder Beuteltierzähnen und oft auch Ketten aus Kaurimuscheln. Halsketten und Brustschärpen werden außerdem aus gelbem Orchideenbast hergestellt. Beliebt sind ferner Anhänger, die aus dem Gehäuse einer Meeresschnecke (Cymbium) angefertigt werden.

Die Kauri ist hier wie überall in Neuguinea und auch in vielen anderen Gebieten unserer Erde ein beliebter Schmuck; Männer, Frauen und Kinder tragen Kauriketten. Sie waren im alten Rom Symbol der weiblichen Scham und werden mit dieser Symbolik auch bei uns als Amulette verwendet. Die Eipo dürften es ähnlich sehen, denn ein Junge, dem ich eine größere Kauri gab, hielt sie sich an seinen Penis und machte spaßhaft Kopulationsbewegungen.

Man sagt gelegentlich, die materielle Kultur der Jäger und Sammler sei im Vergleich zu jener der seßhaften Pflanzer ärmer. Das stimmt wohl nur dann, wenn man einfache Jäger und Sammler (und nicht etwa die Kwakiutl) mit avancierten Ackerbauern vergleicht. Die materielle Kultur der Eipo ist gewiß nicht reicher als jene der Buschleute.

Der Hausrat ist ausgesprochen karg. Kleine und mittelgroße Kalebassen dienen ebenso wie Bambusrohre dazu, Wasser aufzubewahren und zu trinken. Ein großer Grabstock hilft beim Umbrechen und Pflanzen, ein kleiner beim Jäten und Sammeln. Mit einer einfachen Feuerzange greift man nach der in der Glut gegarten Nahrung.

Ein universelles Werkzeug ist das Steinbeil, von dem es nur einen Typ in verschiedenen Größen, aber stets mit querstehender Klinge gibt. Der Stein, den man zu seiner Herstellung verwendet, kommt im Eipomektal nicht vor, die roh zugehauenen Klingen werden über die Berge aus dem Heital eingehandelt. Handelspartner ist das Dorf Larye. Mit kleinen Steinmesserchen, aus Schiefer geschliffen, werden Wurzeln gesäubert, wird Bast abgestreift und anderes bewerkstelligt. Um Pfeilspitzen zurechtzuhobeln, benutzt man einen Schweinezahn, für die feinen Schnitzarbeiten den Zahn einer Beutelratte. Man schäftet dazu den halben Unterkiefer in ähnlicher Weise wie die Yanomami. Geschnitten wird auch mit Bambus- und Hartholzmessern. Feuer wird mit Rotan angezündet. Man spaltet dazu ein Stück Holz, klemmt in den Spalt ein Steinstück und legt das Ganze auf dürres Farnkraut. Nun wird eine Rotanschlaufe zwischen Holz und Farnkraut gebracht, an beiden Enden gefaßt und schnell gegen das Holz gerieben. In wenigen Minuten glimmt der Abrieb und wird zur Flamme angeblasen.

Männer und Frauen tragen meist kunstvoll geknüpfte Netze mit sich. Es gibt solche in mehreren Formen: kleine Brustbeutel und Rückennetze verschiedener Größen. Sie werden aus Schnüren gefertigt, die man aus einem feinen Rindenbast dreht. Die Frauen tragen in den großen Netzen ihre Kinder und die eingesammelten Wurzeln und Gemüse. Um den Hals tragen Mann und Frau winzige Beutel. Ich sah die gleichen Beutel bei den Woitapmin. Dort enthielten sie eine Frucht, die als Amulett diente. Die Eipo tragen Insekteneier darin oder kleine Instrumente wie den dünnen

Blick auf den Weiler Imarin-Malingdam. Etwa in der Bildmitte das Männerhaus mit Runddach. Vom Tanzplatz ist ein kleines Stück sichtbar.

Pfriemen aus Flughundknochen, wie mir Wulf Schiefenhövel bestätigt hat.

Um die Oberarme tragen die Männer feingeflochtene Armbänder, die sie selbst herstellen. Ich habe beobachtet, daß sie diese als Freundschaftsgabe mit Freunden tauschen, die zu Besuch kommen. Die Eipo versuchten auch, sie uns aufzustreifen, was bei unseren etwas breiteren Gelenken nicht leicht ging. Die Unterarme zieren aus Rotan geflochtene, dickere Armbänder, die sowohl schmücken als auch gegen Verletzungen durch die zurückschnellende Sehne des Bogens schützen. Unterhalb der Knie tragen manche Eipo genetzte Wadenbänder aus dem feinen Material, aus dem auch die Netze gefertigt werden. Die Männer färben die Partie um ihre Augenhöhlen oft mit Rötel, was recht unheimlich wirkt, und machen sich gelegentlich auch noch Striche über die Wangen. Zu Kriegszügen stülpen sie sich einen aus Rotan geflochtenen Brust- und Rückenpanzer um. Den Hals schützen sie durch ein Netz.

Das ist eine sinnvolle Verwendung der alten Netze, denn der Netzwulst schützt den Hals wirkungsvoll. Aber es dürfte noch mehr dahinterstecken. Im Netz wird der Säugling von der Mutter getragen. Viele Jahre umgibt es ihn schützend. Und wenn es diesen Zweck nicht mehr erfüllt, dient es auch symbolisch als Schutznetz für den Hals des Kriegers.

Die Frauen sind etwas weniger auffällig geschmückt. Ihre Ketten sind aus den gleichen Materialien hergestellt wie jene der Männer, doch meist weniger reichhaltig. In den Nasen tragen sie gewöhnlich nur einfache Stäbchen. Kalzitnasenpflöcke und Orchideenbastschmuck sah ich bei ihnen nie, Stirnbinden mit Schmuckblättern nur bei Festen. Aus Pflanzenfasern geflochtene Armbänder schmücken Ober- und Unterarme. Sie tragen kurze Binsenschürzchen, und zwar vorne und hinten mehrere Lagen übereinander, die beim Gehen und Tanzen wippen.

Die Männer haben meist Pfeil und Bogen bei sich und ein Steinbeil über der Schulter. Die Bogen sind aus Hartholz und nicht besonders lang. Die Pfeile tragen Holzspitzen mit Widerhaken oder Bambusblätter. Sie sind einfacher geschnitzt und weniger mörderisch als jene der Biami und Woitapmin, denen Knochenspitzen und Kasuarklauen aufgesetzt werden, die sich nach dem Eindringen in den Körper von der Pfeilspitze lösen. Sie tragen auch keine starken Widerhaken und sind nicht vergiftet. Manch-

Kontaktaufnahme im Fatal, kurz nach unserer Ankunft, im bis dahin unseres Wissens nicht kontaktierten Mairala.

mal sind sie mit einfachen Schnitzereien geschmückt und gelegentlich rot und weiß bemalt. Es gehörte zur Etikette, daß sie Pfeil und Bogen an unserer Hüttenwand abstellten, bevor sie bei uns eintraten. In ihr Männerhaus nahmen sie dagegen die Waffen mit. Hier braucht es auch nicht diese Demonstration des Vertrauens.

Die Eipo haben wohl den größten Teil ihrer Geschichte in relativer Abgeschlossenheit verbracht. Das ist für viele Völker Neuguineas typisch. In den zerklüfteten Tälern isolierten sich die Volksgruppen voneinander und gingen eigene Wege in ihrer kulturellen Evolution. Nichts zeigt das deutlicher als ein Blick auf die Sprachenkarte Neuguineas. Es werden nicht weniger als tausend Sprachen gesprochen!

Allerdings verbindet der Handel auch die Völker verschiedener Sprache, und es ist bemerkenswert, daß die Eipo des Untersuchungsgebiets eine Art Exportkultur mit Handelsbeziehungen vor allem nach Süden und Norden haben. Sie führen Netze aus und handeln dafür die oben erwähnten Steinbeilklingen ein, ferner Orchideenbast und Meeresschnecken für Schmuck, Bambus für Wasserbehälter, Rotan und Hartholz für die Bogen. Die Meeresschnecken sollen von Osten über Bime kommen. Auch finden sich bei den Eipo die Knochen von Meeresschildkröten, die einer wichtigen rituellen Aufgabe dienen: Um sie wickelt man die Nassastirnbänder, die als Sühnegeld für Getötete den Hinterbliebenen überreicht werden.

Aber woher und von welchem Tier diese Knochen kommen, weiß man nicht. Die Kenntnis der Eipo von den umliegenden Gegenden beschränkt sich auf die Nachbartäler. Vom Meer haben sie nie etwas gehört. Und was die Schildkröte betrifft (von der sie ja nur die Rippenknochen kennen), glauben sie nach Schiefenhövel, daß sie in der Luft fliegen kann, aber auch in der Erde lebt. Die Vorstellungen darüber sind recht unklar.

Mit ihrem Handel haben die Eipo die Fähigkeit zu zählen gut entwickelt. Mit verschiedenen Zählhilfen kommen sie bis 25. Dazu verwenden sie die Finger und den Arm- und Kopfbereich. Sie beginnen mit dem kleinen Finger der linken Hand, der für die Zahl 1 steht, gehen weiter bis zum Daumen, dann über das Handgelenk (6), die Mitte des Unterarms (7), den Ellbogen (8) zur Mitte des Oberarms (9) und über Schultergelenk (10), Schulter (11), Ohr (12) und Scheitel (13) auf der rechten Seite herab bis 25.

Die Abgeschlossenheit der Eipo wurde erstmals 1959/60 durchbrochen, als der Franzose Pierre Gaisseau Irian Jaya von Süden nach Norden durchquerte und auch ins Gebiet der Eipo vordrang. (Über diese Expedition berichtete er in dem Film »The sky above, the mud below« – deutsch: »Nichts als Himmel und Dreck«.) 1969 ließ er sich im Rahmen einer indonesischen Militärexpedition mit dem Fallschirm im Eipo-Gebiet absetzen.

Beim Schmuck der Eipo merkt man gelegentlich etwas von diesen Besuchen. Eine Frau aus einem der Dörfer, in dem wir arbeiteten, trug einen Aluminiumlöffel als Halsschmuck. Ein Mann trug Stücke eines zerfransten Fallschirmgurts um den Hals. Auch ein paar Glasperlen gab es bereits vor unserem Besuch und einige schon arg verbrauchte Eisenäxte. Diese ersten Kontakte mit Fremden waren freundlicher Art gewesen, und deshalb hatten wir keinerlei Schwierigkeiten.

Ich übersiedelte bereits wenige Tage nach meiner Ankunft in eine kleine Rundhütte, etwa hundert Meter vom Weiler Mumyerunde entfernt, der mit den unmittelbar benachbarten Weilern Imarin und Kabcedama zur Ortsgemeinschaft Malingdam zusammengeschlossen ist. Zwei Wochen später kam dann mein Mitarbeiter Dieter Heunemann und bezog ein zweites Hüttchen daneben, das wir mittlerweile gebaut hatten.

Die Hütten lagen auf einer vorspringenden Bergnase in 2000 Meter Höhe. Nach Norden und Osten fielen die Hänge steil ab, und wir konnten einen herrlichen Ausblick auf das weite Tal genießen. Es bot sich uns immer anders dar. An manchen Morgen konnten wir über viele Bergkämme hinweg weit hinaus ins Tal nach Norden blicken. Dann sah man auch die kleinen Ortsnester mit ihren braunen Dächern auf den grünen, bewachsenen Bergrücken, die da und dort ins Tal vorsprangen. Die ganz fernen erkannte man nur an den blauen Rauchwolken ihrer Hüttenfeuer. An anderen Tagen war das Tal unter uns in dicke Nebel gehüllt, die sich mit der zunehmenden Erwärmung langsam hoben. Der frühe Vormittag war oft sonnig, aber gegen drei Uhr, manchmal schon früher, bezog sich der Himmel, Nebel bildeten sich, und es begann zu regnen, oft bis in die Nacht. Experten schätzen die jährliche Regenmenge in diesem Gebiet auf 6 000 Millimeter!

Wir nannten unser kleines Heim »Nebelheim«. Nicht selten war es bereits um drei Uhr so finster wie sonst am Abend, und man sah im Nebel nicht weiter als zehn Meter. Dann wackelten die herzförmigen Taroblätter vor unserer Hütte im Nebelwind und schüttelten silberne Tropfen ab. Regenschwer hingen die nassen Farnwedel zur Erde. Kam ein stärkerer Wind auf, dann zerriß er den Nebel und trieb ihn in Schwaden die Berghänge hinauf, uns

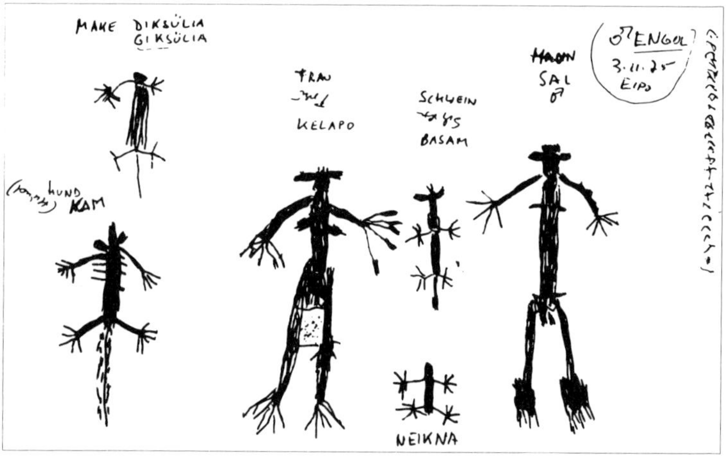

Zeichnungen von Eipo-Männem (Walapnje, Engol) und Jungen (Kefu, Djubum) aus Malingdam. Auffällig sind die Landkartenprojektionen (links u. rechts oben), die regelmäßig auch bei anderen Zeichnern vorkommen. Die Eipo sehen als Gebirgsbewohner ihr Land sehr viel aus der Vogelperspektive und stellen das auch bildlich dar. Das Bild links oben zeigt ein Dorf mit Rundhütten (Kegeldach), Wegen und Beeten. Das Bild rechts oben zeigt die beiden durch einen Weg (Bisik) verbundenen Dörfer Malingdam und Munggona. Der Weg kreuzt den Eipomekfluß. Unten zwei Personen in Seitenansicht. Bemerkenswert sind ferner die stark schematisierten Tier- und Menschendarstellungen, insbesondere im Bild rechts unten. Die Organe der Personen und Tiere werden serial angeordnet. So deutlich bei der Darstel-

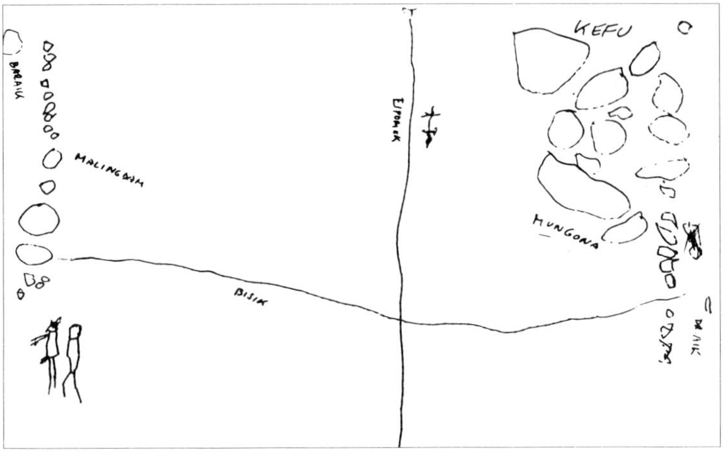

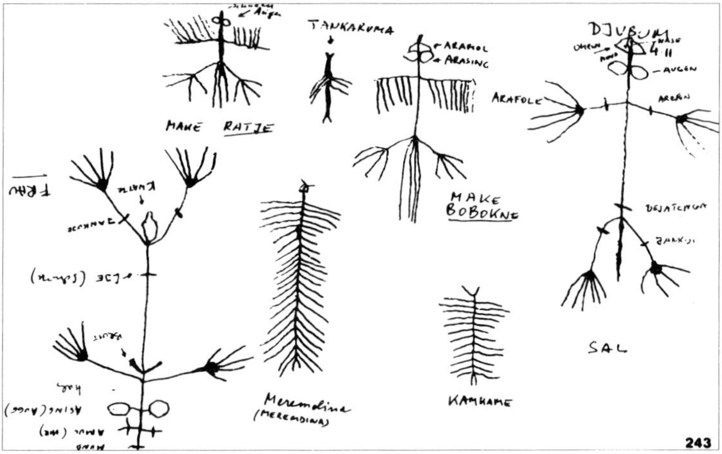

243

lung der Frau. (links unten: Sie steht im Abdruck auf dem Kopf, da der Mann das Blatt beim Zeichnen einmal wendete). Der Mund wird zuoberst als Strich angedeutet, dann folgen als seitliche Striche die Ohren, der Querstrich deutet die Ohrenpflöcke an. Es folgen die Augen als seitlich angefügte Kreise, dann Arme, Brust, Schürzchen als Strich über die Leibesmitte, die Beine mit den Wadenbinden und zwischen ihnen die Scham als Oval angedeutet. Die Tierdarstellungen repräsentieren Vögel, Tausendfüßler und eine nicht identifizierte Tiergattung. Rechts im Bild sieht man die Darstellung eines Mannes (Sal). Das Bild links unten zeigt Mann, Frau, Hund (Kam), Schwein (Basam), Frosch (Neikna?) und ein noch nicht identifiziertes Tier. Die Beschriftungen nahm ich vor Ort.

immer wieder neue Ausblicke eröffnend. Es war, als würden unentwegt die Kulissen einer Bühne verschoben. Die Hüttchen, die uns die Eipo errichtet hatten, waren luftig und besaßen einen Durchmesser von etwa drei Metern. Eine Reihe von Pfählen und grob zugehauenen Brettern steckte im Rund im Boden und bildete die Hüttenwände. Zwischen den Brettern klafften jedoch zwei Zentimeter breite Spalten, so daß das Gebilde eher einem Vogelkäfig als einer Hütte glich. Der Boden war etwa einen halben Meter über der Erde eingeflochten. Er war aus Stämmen und Ried angefertigt. Das Dach bestand aus einem einfachen Stangengerüst, das die Eipo mit Pandanusblättern abgedeckt hatten. Wenn der Wind hineinfuhr, dann verschob er die Blätter, und es tröpfelte durch. Dennoch fanden wir die kleinen Hütten behaglich.

Und auch den Eipo gefiel es hier, denn sie kamen morgens bereits um halb sechs und füllten schnell das Drittel der Hütte, das wir unseren Gästen freihielten. Zuerst kamen die kleinen Buben und kauerten sich auf den Boden. Sie zitterten oft, so kalt war ihnen, da es morgens noch frisch durch die Hütte zog und sie ja völlig nackt waren. Aber erwartungsvoll harrten sie aus. Sie wurden nicht müde, mir zuzuschauen, wie ich mich anzog, den Schlafsack zusammenfaltete, mich kämmte und mir die Zähne putzte. (Einmal suchte ich lange vergeblich nach meiner Zahnbürste. Ich fand sie in der Nasenscheidewand eines jungen Mannes, der mir freundlich beim Suchen zusah.) Dann folgten sie mir zur unteren Hütte, wo Heunemann schlief. Dort kochte ich unser Frühstück. Auch das war eine Schaustellung für unsere Freunde.

Um diese Zeit fanden sich dann die Männer und Frauen ein. Die Frauen betraten nie unser Haus, sondern standen aufmerksam in der Tür. Die Männer dagegen drängten sich in unserer Hütte und standen einander dabei mit ihren sperrigen Peniskalebassen im Weg. Sie waren ungemein heiter, diese Eipo, sie lachten viel und versuchten, uns in ihre Scherze einzubeziehen. Sie strahlten gute Laune aus, und es genügte ihnen, dann und wann einen Salzkeks zu bekommen und täglich ein bißchen Tabak.

Gerd Koch hatte vom August 1974 bis Januar 1975 in Malingdam gearbeitet und die anfangs eher mißtrauischen Bewohner als Freunde gewonnen. Das erleichterte unsere Arbeit. Auch hatte man uns in Berlin die von Heeschen und Schiefenhövel erarbeiteten Wortlisten gegeben, so daß wir uns auf elementare Weise verständigen konnten.

Ich hatte Bilder von meiner Frau, meinem Sohn Bernolf, meiner Tochter Roswitha, meinen beiden Schwiegerkindern und von meinem Enkel mit. Das schlug sogleich eine Brücke. Verwandtschaftsverhältnisse spielen hier, wie bei so vielen Naturvölkern, eine außerordentliche Rolle. Die Eipo verstanden sofort, wie die einzelnen Personen zu mir standen, sie fragten geschickt nach weiteren Verwandten und merkten sich alle Namen. Sie prüften in den folgenden Tagen immer wieder, ob sie alles richtig behalten hätten, und erkundigten sich auch bei Heunemann nach seiner Familie. Die Tatsache, daß wir ebenso in Verwandtschaftsbeziehungen verstrickt waren wie sie, schaffte eine gewisse Vertrautheit. Wir waren also im Grunde nicht wesentlich anders als sie! In der Folge fragten sie uns oft, ob denn nicht unsere »Kelapo«, die Frauen, bald nachkämen. Sie wußten uns freundlich und freimütig mitzuteilen, warum dies doch angenehmer sei, als so allein zu leben, und sie wirkten in ihrer Offenheit nicht im geringsten obszön.

Die Bereitwilligkeit, mit der wir unsere Namen nannten, war wohl mit einer der Gründe, weshalb wir bald ihre Namen erfuhren. Denn auch die Eipo sind keineswegs freimütig bei der Nennung ihres richtigen Namens, denn dieser ist ein Teil ihrer Identität, die man nicht so ohne weiteres preisgibt. Jeder hat zwei Namen: einen Furumesi, den sie bereitwillig nennen, und dann den richtigen Namen, den Dibesi, den sie erst bei einer gewissen Vertrautheit verraten. Man muß direkt danach fragen und darf den Dibesi im Alltag keineswegs ganz frei verwenden. Seine Schwiegermutter darf man zum Beispiel (nach Schiefenhövel) nur mit dem Furumesi anreden, ebenso den Bruder der Mutter.

Wir begannen unverzüglich mit der Dokumentationsarbeit, und zwar in Imarin, dem größten Weiler von Malingdam. Die Situation, die sich uns bot, war anders als bei den Buschleuten und Yanomami. Zunächst leben die Eipo ganz sicher nicht mußeintensiv. Mit dem Sonnenaufgang, etwa um fünf Uhr, kamen die Frauen aus den Hütten und pflockten zunächst einmal die Schweine an, damit diese sich Futter suchen konnten. Dann nahm die Familie ihre morgendliche Mahlzeit zu sich, und zwar im Innern der Hütte, da es zu dieser Zeit am Morgen noch empfindlich kalt war.

Kam dann die Sonne heraus, verließen die Eipo ihre Hütten. Die Männer versammelten sich auf dem Tanzplatz im Osten des

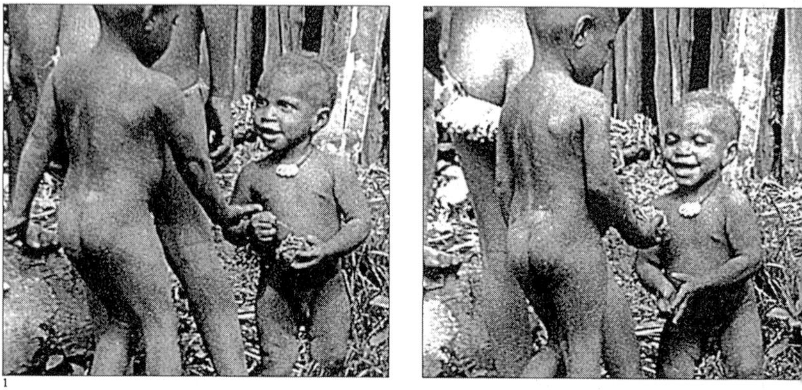

1

2

3

Männerhauses. Sie schnitzten Pfeile, schabten mit ihren Steinmessern Bast oder plauderten nur. Die Jungen spielten. Personen weiblichen Geschlechts betraten diesen Platz nicht, vielmehr versammelten sich die Mädchen und Frauen auf der anderen Seite des Männerhauses. Dort gab es einige Felsen, auf denen sie gerne in der Sonne saßen oder im Gespräch beisammenstanden. Die Säuglinge saßen rittlings auf ihren Schultern, wenn sie nicht gerade tranken. Kinder, die bereits gehen konnten, spielten zwischen den Füßen der Mutter. Sie wurden gerne von Mädchen aufgenommen und geherzt. Man lauste sich viel. Die Mädchen spielten oft Ball. In diesen frühen Morgenstunden trat das Dorf als Gemeinschaft auf, man tauschte Nachrichten aus, übte Kritik, besprach Ereignisse, Felder und Schweine betreffend, sprach über den Krieg, der vor allem die Männer erregte. Immer wieder sprang einer

Auch Jungen sind zu kleineren im allgemeinen freundlich. Hier übergibt ein vielleicht zweijähriger Säugling einem älteren Spielgefährten auf dessen Aufforderung hin seinen Ball. Dazu zeigt er das Mundoffen-Gesicht, einen Vorläufer des Lachens, den man auch bei Menschenaffen als »Spielgesicht« beobachten kann. Er setzt eine »erwartungsvolle« Mimik auf, und strahlt vor Freude, als er den Ball wieder in den Händen hat, und wirft ihn mit Jubelgesicht hoch. Aus einem 16-Millimeter-Film des Verfassers.

auf, erzählte laut gestikulierend, spannte den Bogen und ließ ihn abschnalzen.

Auffällig ist die strenge Trennung der Geschlechter. Den Frauen ist es verboten, den Tanzplatz zu betreten, nur bei Festen gibt es eine Ausnahme. Ein eigener Frauenweg führt am Männerhaus vorbei. Wo Männer sitzen, dürfen Frauen nicht sitzen und umgekehrt. Auch dürfen Frauen nicht über bestimmte Stellen gehen oder gar über Gerätschaften und Waffen der Männer hingwegschreiten. Das würde Unheil bringen.

Im Dorf treten Männer und Frauen getrennt auf. Sie unterhalten sich aber ungezwungen über die kurze Distanz, die zwischen ihnen ist. Kleine Buben wechseln zwischen der Frauen- und der Männergruppe frei hin und her. Und Männer holen sich gerne für einige Minuten ihre kleinen Kinder von der Mutter, um sie zu liebkosen.

Nie habe ich gesehen, daß Männer Frauen oder Frauen Männer öffentlich gelaust hätten. Die soziale Körperpflege spielte sich immer nur unter Gleichgeschlechtlichen ab. Eine Ausnahme bilden männliche Kleinkinder, die auch von der Mutter gelaust werden. Darin unterscheiden sich die Eipo in auffälliger Weise von den Buschleuten und Yanomami, wo Ehepartner und Liebespaare einander öffentlich diesen Freundschaftsdienst erweisen dürfen.

Knaben wollen in dieser Kultur ganz sicher nicht als weiblich gelten, und vielleicht erwächst aus der Angst, weiblich zu erscheinen, so etwas wie eine »Protestmännlichkeit« mit Frauenmeidung und übersteigertem männlichem (auch aggressivem) Auftreten, wie das Beatrice Whiting für einige Kulturen beschrieb.[89] Für die Yali nimmt Klaus-Friedrich Koch das an.[90] Die nach dem Abstillen sich bald vollziehende Geschlechtertrennung ist somit eine Sozialisierungspraktik, die aggressionsbereite Männer heranwachsen läßt.

Trotz dieser Trennung sind die Frauen jedoch keineswegs in allen Lebensbereichen in einer deutlich untergeordneten Stellung. Sie spielen zum Beispiel bei der Werbung eine recht aktive Rolle und singen (nach Schiefenhövel) Lieder, in denen sie die Männer zum Liebesspiel auffordern. Die Distanz, die die beiden Geschlechter im Alltag einander gegenüber einnehmen, beruht auf noch nicht ganz geklärten magischen Vorstellungen.

Vielleicht ist die deutlich reservierte Haltung der Geschlechter zueinander auch ein Mittel der Geburtenkontrolle, die ja ein besonderes Problem darstellt, da die Populationen durch die Bergkämme in besonderem Maße gehindert sind, sich auszubreiten. In Tälern eingeschlossen, müssen sie hier ihr Auskommen finden. Die ausgesprochene Scheu der Männer vor den Frauen kann also bis zu einem gewissen Grad als kulturelle Anpassung an die Notwendigkeit der Geburtenbeschränkung interpretiert werden. Vor dem zwanzigsten Lebensjahr hat ein Mann kaum Kontakte mit einer Frau. Darüber hinaus gibt es ein Post-partum-Tabu. Während der ganzen Stillzeit (zweieinhalb bis drei Jahre) muß sich die Frau des Geschlechtsverkehrs enthalten. Schließlich wird laut Grete und Wulf Schiefenhövel die Bevölkerungszahl durch Kindestötung reguliert. Bei zwanzig Geburten, die sie von August 1974 bis November 1975 registrierten, wurden neun Säuglinge gleich nach der Geburt getötet. Sieben davon waren Mädchen, eines ein Junge, bei einem Kind wurde das Geschlecht nicht festgestellt. Die zum Tod bestimmten Kinder werden in ein Blätterpaket verpackt und weggeworfen, wie das Ehepaar Schiefenhövel feststellen konnte.

Grete Schiefenhövel hat die Geburt eines Kindes gefilmt, dessen Mutter vorher die Absicht geäußert hatte, das Neugeborene zu töten. Der Film ist ein dramatisches Dokument. Die Mutter deckt das neugeborene Mädchen zunächst mit Blättern zu und legt auch die Schnur zum Verschnüren bereit. Das Baby strampelt aber mit den Füßen durch die Farnwedel, mit denen es zugedeckt ist. Und auch die zu Fäusten geballten Händchen brechen hervor. Die Mutter sitzt nachdenklich da, dann geht sie ins Frauenhaus. Nach zwei Stunden erscheint sie bei dem immer noch kräftig schreienden Kind, entfernt die Blätter und nimmt das Kind zu sich. Die Beobachtung belegt, daß die Mütter bei der Kindestötung durchaus einen Konflikt erleben; ich betone dies, weil gelegentlich behauptet wird, Naturvölker würden sich leichten Herzens von ihren Kindern trennen.

Noch in anderer Weise ist das Leben der Eipo streng reglementiert. Während Buschleute nur zu bestimmten Zeiten (Schwangerschaft, Initiation) Nahrungstabus unterworfen und Yanomami nur in speziellen Altersklassen von Speiseverboten betroffen sind, müssen die Eipo zeitlebens strikte Regeln befolgen. Gerd Koch und das Ehepaar Schiefenhövel konnte sie in Erfahrung bringen.[91] Zunächst einmal unterliegen die Geschlechter unterschiedlichen

Verboten. Nur Frauen dürfen zum Beispiel Eidechsen oder Vogeleier essen. Auch die Insektenlarven sind ihnen vorbehalten und die meisten Vögel mit Ausnahme von drei Arten, die die Männer verzehren dürfen. Diese Tabus kann man funktionell interpretieren. Sie sichern den Frauen in dem an tierischer Kost armen Gebiet ein tägliches Eiweißminimum. Es ist überraschend, mit wie wenig Eiweiß die Männer zurechtkommen. Ihre tägliche Nahrung besteht fast ausschließlich aus gedünstetem Gemüse, Taro und Süßkartoffeln.

Außer diesen geschlechtsgebundenen Regeln gibt es Nahrungstabus, die sich auf die Clanzugehörigkeit beziehen. So ist nach Gerd Koch und Wulf Schiefenhövel ein großer Teil – insgesamt etwa zwei Drittel – der Bevölkerung vom Genuß des Schweinefleisches ausgenommen. Das hängt wohl mit totemistischen Vorstellungen zusammen. Die Eipo halten sich streng an diese Regeln. Wenn wir Konserven öffneten, dann fragten sie stets an, ob die Konserve Schweinefleisch oder Ei enthalte, und sie verstießen nie gegen die Regeln.

In den Männerhäusern schlafen die unverheirateten Männer. Die verheirateten finden sich hier am Morgen oder am Nachmittag ein, wenn sie vom Feld heimkommen. Dann plaudert man ums Feuer, raucht und bereitet sich in der Glut Taro, Süßkartoffeln und Gemüse, das man in Blätter gewickelt dünstet. Das gemeinsame Mahl im Männerhaus am späteren Nachmittag gehört zur täglichen Routine. Es bindet die Männergemeinschaft. Danach ziehen sich die Verheirateten in ihre Familienhäuser zurück.

In den Männerhäusern findet der männliche Besucher Aufnahme. Kamen wir in ein fremdes Dorf, dann führte man uns zunächst dorthin und bewirtete uns. Als Gegengabe verteilten wir Tabak.

Die Männerhäuser der Eipo, Rundhütten wie die Wohnhäuser, sind mit einem Durchmesser von drei bis fünf Metern größer als diese. Das Grundgerüst bilden Pfosten, die im Kreis in den Boden gerammt sind. Etwa einen Meter über der Erde ist der Fußboden eingezogen. Er besteht aus einem an die Tragbalken festgebundenen und gegen die Erde mit Pfosten abgestützten Stangengerüst. Darüber wird oft ein Stangenboden gebunden, auf den man noch Rindenmatten legt. In der Mitte der Hütte befindet sich eine mit Tonerde isolierte Feuerstelle, die von vier senkrechten Pfosten begrenzt ist. Diese sind oben durch zwei Querbalken verbunden. Über diesen liegt in der Mitte ein weiterer Balken, der den senkrechten Stützpfosten für das mit Blättern abgedeckte Spitzdach trägt. Die Seitenwände des Hauses sind mit roh zugehauenen Holzplanken abgedichtet. Der Eingang ist klein und nicht bis unten hin offen. Man steigt gewissermaßen über eine etwa einen halben Meter hohe Wand durch eine Luke. Als Leiter zum Eingang dient ein mit Kerben versehener Baumstamm.

Die Männerhäuser enthalten oft sakrale Gegenstände. Die meisten sind in sogenannten heiligen Netzen verwahrt. Zu den Objekten zählen Knochenteile von Ahnen, zum Beispiel Schädelbruchstücke, die man durch Rötelstriche dekoriert. Man erwartet sich Schutz von ihnen. Der Arzt Gunter Konrad erzählte mir, daß die ein paar Täler weiter bei Bime lebenden Mek diese Knochen quasi als Amulette mit auf Kriegszüge nehmen. Von seinem geliebten Ahn etwas zum Schutze mitzunehmen ist uns keineswegs fremd. Noch vor ein bis zwei Generationen pflegte man bei uns in Österreich, Locken von verstorbenen Verwandten abzuschneiden, um sie als Talisman zu verwahren!

Die Wohnhütten der Eipo sind nach demselben Prinzip gebaut wie die Männerhäuser. Manche haben allerdings einfache Satteldächer, andere wieder Spitzdächer. Der Durchmesser der Rundhütten von Imarin schwankte zwischen 2,50 und 3,60 Metern. In den Wohnhütten leben die Verheirateten mit ihren Kindern. Es gibt schließlich in jedem Dorf noch ein Frauenhaus, das etwas abseits am Dorfrand liegt. Dort halten sich die Frauen während ihrer Periode auf, und Hochschwangere erwarten dort ihre Niederkunft. Zum Gebären verlassen sie dann meist die Hütte. Imarin bestand zum Zeitpunkt unseres Besuches aus 21 Wohnhäusern, 2 Männerhäusern und 1 Frauenhaus. In diesem Dorf lebten zum Zeitpunkt der Erhebung 102 Personen. Von diesen waren 21 verheiratete Männer, 31 verheiratete oder verwitwete Frauen, 27 unverheiratete Männer, Jungen und männliche Säuglinge, 23 unverheiratete Mädchen einschließlich der Kinder und der Säuglinge.

Es gibt bei den Eipo alle Formen ehelicher Dauerpartnerschaften. Einehe dominiert, aber es gibt daneben Vielweiberei (Polygynie), und Schiefenhövel erzählte mir, daß auch Polyandrie (Vielmännerei) vorkomme. Die Sozialstruktur wird durch die schon erwähnten in der väterlichen Linie vererbten (patrilinearen) Clangemeinschaften bestimmt, die sich auf mythische Vorfahren berufen (nach Schiefenhövel: Sonne, Mond, Schwein, Schlange, Eidechsen und andere Tiere).

Um das Männerhaus spielt sich morgens, wie gesagt, nach Geschlechtern räumlich getrennt ein reges geselliges Leben ab. Es währt nur kurz, da die Eipo zwischen acht und neun Uhr morgens nach und nach familienweise in die Gärten ziehen. Ich nutzte die Morgenstunde, um ungestellte Aufnahmen von sozialen Interaktionen und anderen Tätigkeiten der Männer und Frauen zu machen. Das waren schöne Stunden. Die sozialen Verhaltensweisen, die ich sah, glichen durchaus jenen, die ich auch in anderen Kulturen aufgenommen hatte. Man herzte die Kinder hier wie dort, küßte und liebkoste sie oder gab ihnen einen Klaps, wenn sie nicht folgten.

Und man kraulte sie schließlich oft zärtlich am Kinn. Das war auffallend, weil es mit solcher Regelmäßigkeit geschah; weitere Beobachtungen lehrten, daß es sich hier wirklich um eine ritualisierte Geste zärtlicher Begrüßung handelt. Der kleine Kata, den wir noch erwähnen werden, war oft Mittelpunkt der zärtlichen Aufmerksamkeit sowohl der Männer als auch der Frauen. Kam jemand vorbei, dann faßte er ihm mit einer oft nur angedeuteten Kraulbewegung kurz unters Kinn. Bei unserer Kontaktexkursion ins Fatal begrüßten uns die Männer durch richtiges Kinnkraulen. Ferner begrüßte Mangat Wulf Schiefenhövel durch Kinnkraulen, als er ihn in Munggona wiedersah. Dieser hatte den durch Pfeilschüsse Verletzten durch seine ärztliche Kunst vor dem sicheren Tod gerettet. Alte Frauen begrüßten uns oft mit einer Intentionsbewegung zum Kinnkraulen. Sie streckten ihren Arm vor, die Handfläche nach oben, hoben sie gleichzeitig an und machten eine Kraulbewegung in die Luft. Das Kraulen des Kinns (im alpenländischen Volksmund »Goderlkratzen«) kommt auch in anderen Kulturen vor, aber nicht mit der gleichen Regelmäßigkeit wie hier. Hier ist die Gebärde zum Grußritual ausgestaltet worden.

Mädchen nahmen gerne Säuglinge zu sich und trugen sie spazieren. Nur wenn sie greinten, gaben sie sie schnell der Mutter zurück. Die trinkenden Kleinen spielten mit der freien Brust der Mutter. Sie zeigten Fremdenfurcht, stritten mit ihresgleichen, kaum daß sie laufen konnten, spielten aber auch miteinander »Haschen«. Bis zum Alter von drei bis vier Jahren spielten Buben und Mädchen noch zusammen, dann entwickelte sich so etwas wie eine Scheu zwischen den Geschlechtern. Es scheint, als würden die Buben geradezu zur Angst vor den Mädchen erzogen. Wulf Schiefenhövel hörte einmal, wie ein Junge, der in der Hütte

Mann mit der typischen Bekleidung und Schmuck: Stirnbinde aus Nassaschnecken, Ohrpflock, Nasenpflock, Zahnkette, Armreifen aus Rotan, Oberarmband mit eingestecktem Kasuarknochendolch, Netz, Bauchbinde und Peniskalebasse (Malingdam).

saß, zu einem Mädchen, das hereinschaute, sagte: »Schau nicht herein, ich habe Angst vor deinen Augen«.

Zwischen den Kindern tummelten sich junge Schweinchen.

Andere steckten in den Tragnetzen der Mädchen oder wurden auf dem Arm getragen. Man herzte die Ferkel wie kleine Kinder, küßte sie auch und fütterte sie dabei mit Speichel. Frauen, die vorbeigingen, nahmen oft kurz den Kontakt mit einem Schweinchen auf, indem sie es mit einem Finger kitzelten und dann auf die Schnauze küßten. Auch zu jungen Hunden war man auf diese Art freundlich.

Zu Hunden haben die Eipo eine spezielle Beziehung. Männer herzen und küssen sie und sprechen zu ihnen in »Babysprache«. Mütter legen in den ersten Lebensmonaten ihres Säuglings einen kleinen Hund in das Netz zu ihrem Kind. Sie sagen, schwache Seelen stützten einander! Es dürfte wohl auch ein praktischer Grund dahinterstecken: Der kleine Hund dient zugleich als Wärmflasche für den Säugling. »Kam« heißt in der Sprache der Eipo übrigens sowohl Hund als auch Leben.

Säuglingen, die eineinhalb bis zwei Jahre alt waren, brachte man eine besonders zärtliche Aufmerksamkeit entgegen. Da gab es zum Beispiel den kleinen Kata, den Sohn der Kabunkto und des Salab. Er stand im Mittelpunkt des Interesses. Alle Frauen, die vorbeikamen, sagten ein paar Worte zu ihm und nahmen ihn auch auf, um ihn zu herzen. Der Vater kam jeden Morgen und holte den Buben für eine halbe Stunde zu sich auf den Männerplatz. Dann hockte er mit dem Kleinen auf dem Schoß auf dem Boden, und die anderen Männer kamen vorbei und herzten und küßten Kata; auch trieben sie ihre kleinen Späße mit ihm, etwa indem sie ihm ihren Ohrpflock zuwarfen oder diesen auf seinen Kopf legten, so daß er ihn herunterfallen lassen konnte. Auch die Buben des Dorfes waren nett zu dem kleinen Kata, besonders Kefu, der Sohn der Kwasikto, einer Schwester von Katas Mutter.

Die Kinder spielten viel. Aus Blättern und Lianen formten sie sich Bälle, mit denen sie warfen, die Buben schossen mit Graspfeilen aufeinander, sie bauten kleine Häuschen, balgten sich oder verfolgten einander.

Mich fesselten aber nicht bloß die sozialen Interaktionen und Spiele, auch die steinzeitlichen Techniken hatten es mir angetan. Ich wurde nicht müde zuzusehen, wenn einer mit einem Nagetierzahnmesserchen eine Holzpfeilspitze schnitzte. Wie vorzüglich sich dieses einfache Instrument dazu eignete! Span für Span arbeiteten die Eipo aus dem Holz, und wie geschickt wußten sie mit ihren Schiefermessern Taro zu teilen und zu schälen oder mit einem Steinbeil einen Spachtel aus einem Stammstück herauszuarbeiten!

Mitunter nutzten wir die Anwesenheit der vielen Menschen auch zu Versuchen. Wir lösten zum Beispiel den Ausdruck der Ablehnung aus, indem wir ihnen Knoblauch anboten. Sie ekelten sich vor dem Geruch und zeigten dies in einer ausdrucksstarken Mimik: Sie rümpften die Nase, wendeten sich ab, und oft spuckten und würgten sie auch. Wohlriechendes oder Gutschmeckendes dagegen löste starke Zuneigung aus. Sie äußerten dies, indem sie die Luft zwischen den Zähnen einsogen, so als müßten sie den Speichelfluß zurückhalten. Dann legten sie beide Hände an die Kopfseiten und neigten den Kopf, was ich nirgendwo sonst gesehen hatte. Dazu sagten sie dann noch, wie gut es rieche.

Dabei legten sie beide Hände mit den Handflächen über den Kopf. Dieses merkwürdige Verhalten leitet sich von der Kopfschutzreaktion ab. Bei Gefahr beschützt man so den Schädel. Es handelt sich um eine uns angeborene Verhaltensweise. Was hat sie mit der Aussage, daß etwas gut riecht, zu tun?

Die Antwort lautet: Es handelt sich um einen Ausdruck der Steigerung im Sinne des »*sehr* gut«. Auch wenn ein Yanomami sehr traurig ist, unterstreicht er die Aussage, indem er die Hände schützend auf seinen Kopf legt. Aber wie kommt ein Eipo dazu, für diesen Zweck eine Kopfschutzreaktion einzusetzen? Der verbale Ausdruck für »sehr« gibt uns den Hinweis. Wenn ein Eipo in Worten ausdrücken will, daß etwas besonders gut oder traurig sei, dann sagt er, es sei zum *Fürchten* gut oder zum *Fürchten* traurig. Und da erinnern wir uns, daß wir ähnliche Redewendungen gebrauchen, so wenn wir als Steigerung sagen, etwas sei *schrecklich* lieb, gut, schön oder auch *furchtbar* nett. Schreck und Schmerz sind offenbar starke Empfindungen, an die man in verschiedenen Kulturen in ähnlicher Weise assoziativ anknüpft. Die Eipo tun das auch nichtverbal durch die Kopfschutzreaktion. Übrigens ist auch unser Wort »sehr« diesem Emotionsbereich zuzuordnen. Das deutsche »versehrt« und das englische »sore« (»wund«) weisen darauf hin.

Den Ausdruck der Überraschung lösten wir aus, indem wir den Eipo verschiedene, ihnen fremde Dinge zeigten, etwa eine Gummispinne, ein Gummikrokodil oder einen Luftballon, den Heunemann vor ihnen aufblies, während ich filmte. Das alles bewirkte starke Antworten. Dabei lernte ich einige auffällige Ausdrucksbewegungen kennen. Die Männer schnippten bei Überraschung mit dem Daumennagel wiederholt in schneller Folge gegen ihre Peniskalebassen. Die Frauen dagegen hoben mit den Händen eine oder beide Brüste und preßten oft Milch aus. Dazu riefen Männer und Frauen »basam kalye«, die Frauen auch »wanye«. Beides ziemt sich an sich nicht. Das Schwein (basam) ist in gewisser Hinsicht ein sakrales Tier; »kalye« ist der Bauchteil des Schweins, dessen Speck man als Medizin verwendet. »Wanye« ist ebenfalls ein Tabuwort, das Frauen normalerweise nicht aussprechen sollen. Es bezeichnet eine Pflanze, die nach Schiefenhövel bei den Initiationsritualen der Knaben eine Rolle spielt.

Dennoch rief man die Tabuworte aus, so, wie wir bei Überraschung und beim Fluchen die Namen der Heiligen ausrufen. Liegt hier eine Gemeinsamkeit vor? Ich bin mir dessen sicher. Bei Überraschung erschrickt man. Man nimmt etwas wahr und weiß nicht recht, ob sich nicht Gefahr dahinter verbirgt. Daher zeigt man Verhaltensweisen, durch die man sich gegen allfällige böse Einflüsse und Gefahren schützen kann. Das Schnippen gegen die Penikalebasse ist eine auf den Penis weisende Gebärde. Es ist eine Form des in verschiedenen Varianten verbreiteten phallischen Drohens, das in anderen Kulturen auch in Wächterfiguren und Amuletten, die den Träger schützen, dargestellt wird.[92] Als Schnippen gegen die Peniskalebasse ist es kulturspezifisch, als phallisches Drohen universell.

Übrigens sind sich die Eipo der Funktion des phallischen Imponierens bewußt. Bei Kampfspielen sah ich oft, daß junge Burschen einander bedrohten, indem sie das Becken vorstreckten und Kopulationsbewegungen machten. Dabei hüpften sie auch mit vorgestrecktem Becken auf der Stelle und oft auf einem Felsen oder einem anderen erhöhten Punkt, um sich so auffällig zur Schau zu stellen. Trugen sie bereits eine Peniskalebasse, dann lösten sie die Befestigungsschnur an der Kalebassenspitze. Das bewirkte, daß die Kalebasse im Rhythmus des Hüpfens beziehungsweise der Kopulationsbewegungen auf und ab schwang und so das phallische Imponieren unterstrich. Somson, ein lustiger junger Mann, den oft der Hafer stach und der uns gerne ein wenig herausforderte, stellte einmal einen Pfahl vor dem Eingang einer unserer Hütten auf und krönte diesen mit einer aufgesteckten Peniskalebasse. Darüber lachten die anderen Burschen herzlich, zwei ältere Männer aber, die es später sahen, waren eher ungehalten und meinten, das sei eine zu starke Herausforderung. Auf jeden Fall verstanden alle die aggressive Symbolik.

Das Brustweisen der Frauen ist eine beschwichtigende Gebärde, die schützt, indem sie Geister (oder was immer droht) freundlich stimmt. Brustweisen und weibliches Sexualpräsentieren findet man ebenfalls häufig in anderen Kulturen, zum Beispiel auf Amuletten. Man kann einer Bedrohung begegnen, indem man zurückdroht, oder eben, indem man über freundliche Signale beschwichtigt.

Das Brustweisen ist auch in Australien bekannt. Eine nordaustralische Eingeborenenfrau kochte gerade eine Schlange, als sie von einer weißen Patrouille überrascht wurde. In ihrem Entsetzen hob sie die Brüste und spritzte Milch. Später befragt, warum sie dies getan habe, erklärte sie, sie hätte zeigen wollen, daß sie Mutter sei, damit man ihr kein Leid zufüge.[93] Sicher ein starker Appell.

Es gibt Abbildungen dieses Verhaltens auf Maori-Statuen. Cortez beschreibt, wie Montezuma nach fast verlorener Schlacht den Spaniern Frauen entgegenschickte, die den Angreifern die Brust präsentierten und Milch spritzten. Und aus Europa kennt man das gleiche Verhalten.

Das Tabuwort schließlich wird der Gefahr entgegengeschleudert, so wie man bei uns das Abbild eines Heiligen oder ein Kruzifix der Gefahr entgegenhält, um sich zu schützen. Bei dem Ausruf handelt es sich sicherlich um ein Beschwörungsritual, das im Lauf der Zeit aus dem sakralen Bereich abrutschte und profanisiert auch im Fluch auftaucht.

Zwischen acht und neun Uhr morgens wanderten die Eipo familienweise in die Gärten. Ich hatte bald einige Familien ausgewählt, denen ich abwechselnd ins Feld folgte. Besonders gern mochte ich Ayalto, eine etwas derb gebaute, Freundlichkeit ausstrahlende Frau mit einem kleinen weiblichen Schulterkind namens Sugupto. Ihr Mann Dabla half ihr oft bei der Arbeit. Eine andere Mutter, der ich gerne folgte, war Mutunto, die Frau des Dingding. Sie hatte ein kleines Mädchen, Guto, das gerade laufen konnte.

Es war keine leichte Aufgabe, mit der schweren Kameraausrüstung den Familien täglich in die Gärten zu folgen, denn diese lagen ziemlich hoch am Hang. Um diese Tageszeit schien die Sonne warm. Wir fanden meist einige Jungen, die uns für ein paar

Erdnüsse halfen, Stativ und Kameras zu tragen. Am fleißigsten waren die ganz Kleinen. Selbst der kleine Beyang – der Name heißt bezeichnenderweise auf deutsch »Floh«–, der lustigste von den Kleinen, half da gerne mit. Wir meinten manchmal, er könne doch die Kamera kaum schleppen, und trugen sie lieber selbst, aber dann kullerten Beyang helle Tränen über die runden Wangen, ohne daß er etwas sagte. Er wollte nicht ausgeschlossen sein.

Unser Weg führte uns den Nordhang entlang in Richtung Mumye durch Süßkartoffelgärten. Der Steilhang war in zahlreiche kleine Erdstufen terrassiert, die durch Steine und Hölzer abgestützt wurden. Am Hang war eine kleine, oft mit Steinen ausgelegte Rinne gegraben worden, die um die kissenartigen Beete herumführte und das überschüssige Regenwasser ableitete. Dann ging es über einen kleinen Bach, den Nimfulonye, und einen steilen Hang hinauf zu einer Rodung, an der man gerade arbeitete. Das gab uns Gelegenheit, die Technik der Gartenanlage zu studieren.

Männer und Frauen arbeiten zusammen, und zwar familienweise. Unverheiratete Männer haben eigene Gärten. In der Erbfolge werden die Gärten in der männlichen Linie weitergegeben.

Man rodet zunächst einmal den Unterwuchs, indem man ihn mit großen Stöcken zusammenschlägt, das Kraut aufsammelt und zum größten Teil verbrennt. Kleinere Bäume werden gefällt, die größeren ringelt man, so daß sie absterben, und man schlägt die Äste ab, damit sie nicht zuviel Schatten machen. Dann legt man Baumstämme und Äste quer zum Hang, um die Böschung abzustützen, und hält sie durch senkrecht eingeschlagene Pfosten fest. Danach ebnet man das Gelände zu einer Stufe ein, wobei man zuunterst gegen die stützenden Baumstämme eine dicke Lage Unkraut (Farn und anderes Material von der Rodung) packt. Das

Rechte Seite: Erziehung durch freundliche Unterweisung, hier im Teilen: Ein Junge ißt, ein kleines Mädchen will etwas davon, aber der Junge entzieht seinen Brocken dem Zugriff. Die Hand einer Frau kommt ins Bild. Der Junge übergibt ihr auf Aufforderung das Tarostück, an dem er aß. Sie bricht es in zwei Teile und reicht beide dem Jungen mit der Aufforderung, einen Teil abzugeben, was er befolgt. Beide Kinder sitzen zuletzt friedlich essend nebeneinander. Bemerkenswert ist, daß die Frau den Jungen als Besitzer respektiert und ihm das Teilen überläßt. Aus einem 16-Millimeter-Film des Verfassers.

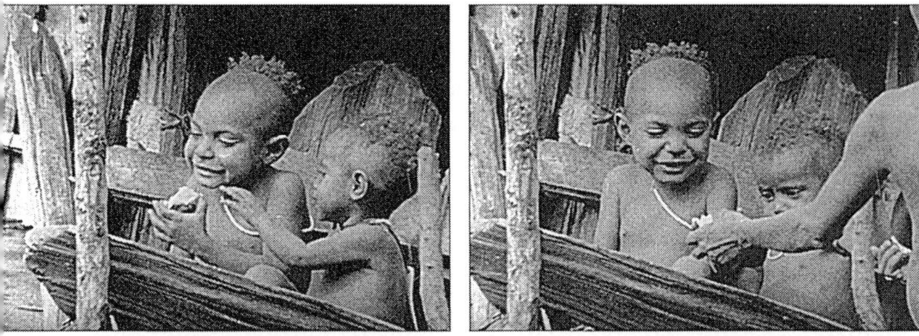

4

5

6

7

ist eine gute Düngung. Darüber wird dann die vom Hang mit dem Grabstock abgegrabene Erde kissenartig aufgehäuft. Rinnen umgeben solch ein Beetkissen, damit das Regenwasser abfließen kann. Als nächstes pflanzt man Süßkartoffeln (Ipomoe batatas), Taro (Colocasia esculenta), Zuckerrohr (Saccharum officinarum), Pitpit (Saccharum edule), deren Fruchtansätze man ißt, Seteria, deren Stengel man verzehrt, Ingwer und einige Blattgemüsesorten wie Rungia klossii.

In den Gärten befinden sich stets auch ein oder mehrere Gartenhäuser. Dorthin ziehen sich die Ehepaare zurück, wenn sie einmal für sich sein wollen. In den Gärten und Gartenhäusern finden sie jene Heimlichkeit, die ihnen in ihren überfüllten Wohnhäusern fehlt. Nur hier finden die Ehepartner zur geschlechtlichen Vereinigung zusammen.

Die Anlage der Gärten und später die Pflege durch Jäten beansprucht viel Zeit. Die Eipo sind viele Stunden am Tage im Feld, bis der Regen sie vertreibt. Das kann am frühen Nachmittag sein oder auch später. Ich schätze, daß die tägliche Arbeitszeit etwa sechs Stunden beträgt. Das ist viel. Auch wenn die Eipo in dieser Zeit in ihren Gärten Pausen machen und plaudern, so sind sie doch im Garten festgehalten und nicht für andere Tätigkeiten frei. Sie sind außerdem in dieser Zeit von der Gemeinschaft der anderen fern, da sie ja familienweise in ihren Gärten arbeiten. In Rufdistanz sind wohl normalerweise noch ein paar Nachbarn, aber der intime Kontakt, den Buschleute mit Gruppenmitgliedern die längste Zeit des Tages pflegen und mit Spiel und Gesang erfüllen, fehlt bei den Eipo.

Ayalto hatte es gerne, wenn ich ihrer Familie in die Gärten folgte. Es bereitete ihr wohl etwas Abwechslung. Auch sind die Eipo von einer natürlichen, geradezu bezaubernden Freundlichkeit, wenn sie jemanden einmal akzeptiert haben. Obgleich Ayalto im Mumyerunde wohnte, kam sie doch jeden Morgen zum Frauenfelsen von Imarin, dem nur 200 Meter entfernten Nachbardorf. Wollte sie dann in ihren Garten, während ich noch filmte, dann forderte sie mich herzlich auf mitzukommen: »Nimfulonye, Nimfulonye«, sagte sie. So nannte sie das Gartenareal. Und kam ich nicht mit, dann zeigte sie sich enttäuscht und schmollte mit vorgestülpten Lippen wie bei uns ein kleines Mädchen.

Waren wir in ihrem Garten, dann umsorgte sie uns. So wie ihre kleine Tochter Sugubto, die sie am Hang absetzte, bedachte sie auch uns zwischendurch mit freundlichen Worten. Und wenn sie für ihre Familie Süßkartoffeln garte, dann gab sie uns davon ab. Im übrigen war sie zusammen mit ihrem Mann ungemein beschäftigt. War der Säugling gut gelaunt, dann setzte sie ihn auf einer Erdstufe am Hang ab. Er beschäftigte sich dann mit einem Stöckchen, stocherte in der Erde oder schlug damit auf den Boden. Ayalto und Dabla wühlten unterdessen in der Erde. Der Vater verbrannte das Kraut, grub und sicherte die Erdstufen und entfernte sich dabei weiter von der Kleinen, oft außer Sichtweite. Die Mutter dagegen blieb immer in Sichtweite. Sie entfernte sich selten weiter als fünfzehn Meter und hielt Kontakt, indem sie immer wieder zu ihrem Säugling sprach, der prompt darauf antwortete. Mich erinnerte das an die Stimmfühlungsdialoge, die viele Säugermütter mit ihren Jungen halten. Entfernte sich die Mutter weiter als fünfzehn Meter, dann protestierte die Kleine, und Ayalto kam zurück. In den ersten Tagen meiner Anwesenheit war die Protestdistanz übrigens geringer gewesen. Da greinte Sugubto bereits, wenn die Mutter sich nur fünf Meter entfernte, was dieser recht lästig war. Sie lud den Säugling huckepack auf und arbeitete weiter. Von ihrer hohen Warte aus verfolgte die Kleine aufmerksam, wie ihre Mutter mit dem Grabstock im Boden stocherte. Nach einiger Zeit steckte die Mutter ihre Kleine ins Rückennetz, wo sie gleich einschlief. In den Tagen darauf gewöhnte sich das Mädchen an mich, und die Mutter durfte sich weiter von ihm entfernen.

Es waren unbeschreiblich schöne Tage, die ich am Hang westlich des Nimfulonye verbrachte. Die Gärten lagen etwa 2200 Meter hoch, und ich genoß von hier einen herrlichen Weitblick über die Bergrücken des gegenüberliegenden Tals hinweg bis weit nach Norden, wo die Berge im violetten Dunst verblaßten. Weiße Wölkchen verhüllten da und dort die sonnenbeschienenen grünen Hänge.

In dieser Landschaft saß weitab von mir das kleine Mädchen auf einer Erdstufe splitternackt in der Sonne und spielte, während die Mutter mit dem Grabstock Süßkartoffeln setzte und unentwegt plauderte. Hin und wieder ging sie zu ihrem Kind, betätschelte es, gab ihm einen Kuß und machte dann weiter. Greinte Sugubto, dann bekam sie die Brust. Hatte es Ayalto eilig, dann holte sie sich den Säugling, setzte ihn rittlings auf den Oberschenkel des vorgesetzten Beines und wühlte weiter im Boden, während der Säugling trank. Aber ebensooft nahm sie sich Zeit und hockte sich mit Sugubto auf den Hang. Sugubto saß dann auf ihrem Schoß, trank und spielte mit der freien Brust. War sie gesättigt, dann herzte die Mutter sie und setzte sie dann wieder ab. Greinte die Kleine aus irgendeinem Grund weiter, konnte die Mutter ungeduldig werden. Sie schalt sie dann und gab ihr manchmal einen Klaps. Einmal besudelte Sugubto das Tragnetz, auf dem sie saß. Da schimpfte Ayalto mit finsterem Gesicht und zog die Kleine derb vom Platz, so daß sie weinte. Aber der Unmut währte nur kurz. Gelegentlich kam der Vater vorbei, kitzelte Sugubto, herzte sie und trug sie manchmal ein wenig spazieren. Wiederholt war ein vielleicht zwölfjähriges Mädchen mit im Garten, das dann oft den Kontakt mit Sugubto suchte.

Der frisch umgebrochene Hang, die Krautfeuer, deren blaue Rauchwolken an mir vorbeizogen, die wechselnden Stimmungen an Sonnen- und Nebeltagen, der Fernblick ins Tal und die intime Freundlichkeit der kleinen Eipo-Familie haben starke Eindrücke in mir hinterlassen, die mich heute noch gefühlsmäßig ergreifen, wenn ich daran denke.

Ich weiß nicht, was mir Ayalto so sympathisch machte. Sie war, wie gesagt, eine eher plumpe Frau mit derben, aber regelmäßigen Zügen und guten, kräftigen Zähnen. Wahrscheinlich waren es ihre Vitalität, ihre robuste Gesundheit und ihre freundliche Zugewandtheit, die mich angenehm berührten. Sie werkte emsig in ihrem Garten. Mit dem spatenförmig zugespitzten, etwa einen Meter langen Grabstock stieß sie Löcher in den Boden und steckte dann Taro- und Süßkartoffelschößlinge hinein. War sie damit fertig, dann wechselte sie zu einem etwas älteren Beet und jätete. Dazu griff sie mit beiden Händen mit maschinenhaft gleichmäßigen Bewegungen ins Kraut, riß es aus und lockerte dabei zugleich mit dem Zugriff die Erde. Fand sie eine Raupe, dann steckte sie diese sogleich in ihren kleinen Brustbeutel.

Gegen fünfzehn Uhr, manchmal auch früher, begann sich der Himmel zu beziehen. Dann hörte Ayalto mit der Gartenarbeit auf. Sie begab sich in aufgelassene ältere Gärten und sammelte Sprossen einer Grasart, wobei sie das helle Innere der Stengel herausbrach und in ihren Brustbeutel tat. Gleichzeitig suchte sie Insektenlarven. Mit ihrer Steinaxt zerlegte sie morsche Baumstrünke und holte die dicken weißen Bockskäferlarven heraus. Dann grub sie nach Engerlingen und nahm dabei auch einige Taro und

Süßkartoffeln aus der aufgelassenen Pflanzung mit. Schließlich holte sie Holz, das sie mit ihrer Steinaxt geschickt zu zerkleinern wußte. Sie schlug mehrere Male vorsichtig in die gleiche Kerbe und spaltete das Stück schließlich mit einem kräftigen Schlag. Ich war überrascht, wie gut es sich mit diesen Steinbeilen arbeiten ließ.

Zuletzt packte sie ihre Ernte in den Rückenbeutel, darüber das Holz, setzte zuoberst ihre kleine Tochter auf den Nacken und zog munter heimwärts, während die ersten Tropfen des obligaten Nachmittagregens niedergingen.

So folgte ich täglich den Familien in ihre Gärten. Ich wechselte dabei, denn es gab mehrere Familien mit Kleinkindern. Das Muster war immer gleich: Die Mutter arbeitete und setzte das Kleine ab. Konnte das Kind bereits laufen, dann folgte es der Mutter. Im Verhalten zeigten Jungen und Mädchen deutliche Unterschiede. Die Mädchen stocherten und gruben mit ihrem kleinen Grabstock emsig neben der Mutter, genau ihrem Vorbild folgend. Die kleinen Jungen dagegen warfen Steine über den Abhang oder droschen mit ihrem Stock gegen den Boden oder stocherten in der Erde; nur gelegentlich folgten sie dem Vorbild der Mutter. Es war immer ein Vergnügen, den Müttern und Kindern zuzusehen. Oft waren die Väter dabei, oft auch eine Großmutter. Alle kümmerten sich um die abgesetzten Kinder.

Ein Feldprotokoll mag zeigen, wieviel Kontakte das Kind hat. Würde man nur flüchtig zusehen, dann gewänne man leicht den Eindruck, daß es allein dasitzt, während die Mutter arbeitet. In Wirklichkeit jedoch halten beide stimmlich unentwegt Kontakt.

9.00 Uhr: Mutunto und Walum kommen im Garten an und setzen Guto auf einer Erdstufe ab. Sie jäten in vier bis sieben Meter Entfernung, die Mutter oberhalb, die Großmutter unterhalb des Kindes. Guto beschäftigt sich mit einem Stöckchen, ruft einige Male, beide Frauen antworten.

9.05 Uhr: Die Mutter spricht das Kind an; es lächelt, streckt die Hand zur Mutter aus, spielt dann allein und stumm mit einer Pflanze.

9.10 Uhr: Es schaut zu mir her, Blickkontakt, ruft und rupft Kräuter aus.

9.15 Uhr: Guto ruft und zeigt der Großmutter etwas in der ausgestreckten Hand. Sie antwortet auf diese Kontaktaufforderung mit Hinschauen und Lächeln, arbeitet aber weiter in sieben Meter Entfernung.

9.19 Uhr: Guto stochert mit einem Stöckchen in dem Balken, der die Böschung abstützt, dann setzt sie sich darauf, ruft, ohne Anwort zu bekommen.

9.20 Uhr: Lallt dreimal, ohne Antwort zu erhalten, »la la la«.

9.21 Uhr: Lallt weiter laut und fast singend, schlägt mit Stöckchen gegen den Boden. Die Mutter arbeitet; dabei singt sie leise und, wie mir scheint, »für sich«.

9.23 Uhr: Die Großmutter antwortet kurz auf das Rufen der Enkelin, dann spricht sie zu mir.

9.24 Uhr: Guto plappert zur Mutter, die soeben vorbeigeht. Sie antwortet, geht aber weiter. Die Mutter singt, ißt eine Süßkartoffel und bietet mir davon an.

9.25 Uhr: Sie bietet dem Kind einen Bissen an, kurzer Dialog: Kind lallt, bekommt Antwort, lallt wieder und bekommt wieder Antwort. Dann spielt Guto und plappert vor sich hin.

9.26 Uhr: Großmutter antwortet zweimal auf Gutos Plappern.

9.27 Uhr: Guto plappert dreimal und bekommt jedes mal Antwort von der Großmutter. Dann spricht diese mit der Mutter. Guto sitzt rittlings auf Holzstamm und spielt mit Stock.

9.28 Uhr: Guto plappert vor sich hin. Mutter und Großmutter unterhalten sich in fünf Meter Entfernung. Dann antwortet die Großmutter auf die laute und dringlicher werdende Anfrage »da da da« von Guto mit ebensolchem Gelalle.

9.29 Uhr: Guto plaudert »la la la« usw., die Großmutter antwortet. Der Dialog währt eine Minute, dann spielt das Kind mit einem Stein.

9.31 Uhr: Die Großmutter spricht Guto an und sagt »Renki« und zeigt dabei auf mich.

9.32 Uhr: Guto plappert singend etwa dreißig Sekunden »mememe«.

9.35 Uhr: Lalldialog mit Großmutter, dann Spiel mit Stöckchen.

9.37 Uhr: Zehnmaliges Wechselrufen mit der Mutter (»da da…«).

9.40 Uhr: Plappert wieder, ohne Antwort zu bekommen. Spielt mit einem Bastbündel, das die Mutter frisch hergestellt hat, plappert dabei zuletzt leise für sich.

9.42 Uhr: Großmutter antwortet auf das kontaktsuchende, immer lauter werdende »mem mem mem«-Geplapper Gutos.

9.44 Uhr: Einmaliges Wechselrufen Guto – Großmutter.

9.45 bis 9.51 Uhr: Guto ist ganz darin vertieft, den Bastknäuel zu entwirren, plaudert dabei für sich und ruft um 9.51 Uhr etwas lauter ohne Antwort.

9.52 Uhr: Plappert weiter, spielt mit Stock, spricht Mutter an, die vorbeigeht, aber nicht antwortet.

9.53 Uhr: Plappert ohne Antwort.

9.54 Uhr: Mutter kommt zu Guto. Guto reicht ihr etwas. Mutter räumt geduldig das zerzauste Bastbündel auf und spricht dabei freundlich zu Guto.

9.55 Uhr: Guto sitzt rittlings auf dem Oberschenkel der Mutter, trinkt und spielt mit der freien Brust. Mutter putzt ihr die Nase. Dazwischen zweimaliger Lautwechsel mit der den Bast aufräumenden Mutter.

10.00 Uhr: Guto stellt Trinken ein, spielt mit Bast, sitzt dabei auf Schenkel der Mutter dann, neben ihr stehend, Lalldialog.

10.02 Uhr: Guto schlägt wiederholt mit der flachen Hand ins Gesicht der Mutter, die nur wiederholt »mem« (»nein«) sagt.

10.05 Uhr: Guto will noch trinken, die Mutter beugt sich zu ihr herab und stillt sie in dieser Haltung im Stehen.

10.07 Uhr: Guto hört auf zu trinken, steht in Körperkontakt genau der Mutter gegenüber, die sie betätschelt. Lallt, Mutter redet zu ihr. Lalldialog.

10.08 Uhr: Mutter setzt Guto auf den Boden, jätet. Guto krabbelt ihr auf allen vieren nach. Mutter setzt sie wieder weg, gibt ihr einen Stock. Guto reißt eine Süßkartoffel aus und wird von der Mutter ermahnt (Drohgesicht mit senkrechten Stirnfalten).

10.09 Uhr: Großmutter antwortet dreimal auf Anruf der Kleinen.

10.11 Uhr: Mutter kommt zum Säugling, nimmt ihn an der Hand und schaut mit ihm nach kreisendem Bussard. Dann spielt Guto allein weiter.

10.12 Uhr: Säugling plappert, Großmutter antwortet.

10.13 Uhr: Stochert mit Stock im Boden und plappert. Die Mutter ist in unmittelbarer Nähe.

10.14 Uhr: Zeigt der Mutter etwas, sie nimmt die Gabe und neckt ihr Töchterlein anschließend, in dem sie es mit dem Finger wiederholt in den Bauch stupst, plaudert dazu zärtlich.

10.15 Uhr: Neuer Dialog Mutter – Töchterchen. Die Mutter jätet dabei. Guto folgt ihr krabbelnd nach und hält sich an ihr fest.

10.16 Uhr: Ortswechsel. Mutter führt Guto an der Hand zu neuer Stelle und jätet dort. Die Großmutter sieht Guto zu. Diese wird von der Mutter an der Hand gehalten.

10.20 Uhr: Die Mutter setzt den Säugling auf ihre Schulter und geht zu einer fünf Minuten entfernten neuen Rodung, wo ihr Mann Dingding arbeitet.

10.22 Uhr: Setzt ihn dort ab und gräbt mit dem Grabstock nach Engerlingen. Säugling bleibt ruhig sitzen und schaut zu. Plappert dreimal, der Vater antwortet jedesmal.

10.25 Uhr: Eltern verfolgen eine Ratte, Guto schaut zu und lacht den Vater an, als dieser hinsieht.

10.28 Uhr: Lalldialog mit Großmutter.

Eipo-Gruppe (Malingdam).

10.33 Uhr: Eltern jagen weitere Ratten, Guto sieht zu und sitzt dabei unverändert, wie auch im folgenden, am selben Ort, lallt.
10.36 Uhr: Lalldialog mit Großmuttter, dann für sich plaudernd.
10.41 Uhr: Großmutter zeigt Guto die toten Ratten. Danach wieder alleingelassen, plaudert Guto in singendem Ton »la la la, la la«, zerzupft Kräuter.
10.48 Uhr: Beginnt zu rufen, erhält keine Antwort, plaudert für sich.
10.51 Uhr: Mutter wühlt in der Nähe nach Engerlingen, Baby spricht zu ihr, erhält aber keine Antwort. Mutter entfernt sich.
10.53 Uhr: Sieht Mutter, ruft, erhält Antwort. Mutter sammelt Pflanzenstengel. Guto ist still.
10.55 Uhr: Guto plappert für sich, dann still mit Blatt beschäftigt, während Vater ein Krautfeuer entfacht.
11.01 Uhr: Die Mutter geht vorbei, spricht in hoher Stimmlage zu Guto. Es entwickelt sich ein Dialog, sie sagt auf das Gebabbel immer »telebe telebe« (»gut«). Als die Mutter auffordernd die Hände ausstreckt, zappelt Guto mit beiden Händen vor Freude und gibt Begrüßungsrufe von sich.

11.02 Uhr: Die Mutter nimmt Guto auf den Rücken und geht mit ihr ins Gelände, um Gemüse und Insekten zu sammeln. Um 11.05 Uhr verliere ich sie aus den Augen. Der Vater bleibt im Garten und bricht weiter das Erdreich um.

Mutter, Großmutter und Kind blieben über Mittag im Gelände. Sie kamen erst um 11.55 Uhr voll bepackt mit dem Säugling zurück. Der Vater hatte in der Zwischenzeit weiter Stufen gegraben. Sie setzten ihre Tochter ab und brachten mir eine Süßkartoffel, die willkommen war. Sie hielten sich dann im Garten auf, machten Holz und hielten bei dieser Arbeit in der beschriebenen Weise Kontakt mit der Kleinen, die einmal weinte, als die beiden sich weiter als fünfzehn Meter entfernten. Darauf kam die Großmutter sofort, und die Kleine reichte ihr zweimal hintereinander ein Stückchen Holz, gewissermaßen zur Begrüßung. Um 15.21 Uhr beluden sich die Frauen und zogen heimwärts, während der Vater weiter im Garten arbeitete.

Wenn die Familien nach Hause zogen, gingen auch wir, und das war dann höchste Zeit, meist überraschte uns der Regen unterwegs. War es noch hell und regnete es nicht zu arg, dann begab ich mich noch einmal ins Dorf.

Die Männer, die von der Feldarbeit heimkehrten, verschwanden zunächst im Männerhaus. Jeder brachte in Bananenblätter eingehülltes Gemüse, einige Süßkartoffeln und Taro mit, die sie dünsteten. Es gehörte zum täglichen Ritual, daß die Männer miteinander plaudernd diese Mahlzeit gemeinsam einnahmen. Dann rauchten sie. Einige Verheiratete zogen sich nachher in die Familienhäuser zurück.

Die Frauen waren unterdessen beschäftigt, ihre Schweine zusammenzutreiben und ihre Lasten abzuladen. Einige hatten für ihre Schweine einen Verschlag unter der Hütte, die meisten hielten ihre Schweine im Wohnhaus. Es herrschte um diese Zeit um die Familienhäuser herum rege Geschäftigkeit, aber anderer Art als am Morgen. Jeder hatte zu tun, zum Plaudern blieb keine Zeit. Man beeilte sich meist auch, weil es bereits regnete oder bald regnen würde.

Stand ich so zwischen den Hütten, dann wurden mir von allen Seiten frisch gedünstetes Gemüse in kleinen Päckchen, Pflanzenstengel, Taro und Süßkartoffeln gereicht. Immer wieder winkte mich eine freundliche Frau mit dem Gemüse zu sich heran, oder die kleinen Buben und Mädchen liefen zu mir und drückten mir mit ihren unsäglich schmutzigen, aber lieben Patschhänden die Leckerbissen in die Hand. Ich aß davon, konnte aber beim besten Willen nicht all das verzehren, was man mir brachte. Anfangs stand ich bald mit vollen Armen bei meiner Kamera, ernsthaft beim Arbeiten behindert und etwas unbeholfen. Aber bald merkte ich, daß ich die Gaben weitergeben konnte. Wenn ich Kinder und Frauen mit den Taros und Süßkartoffeln beschenkte, die mir gerade andere gebracht hatten, dann freuten die sich, als hätte ich ihnen die größte Köstlichkeit gegeben. Bald kam ich darauf, die Freude an der Gabe noch zu verstärken, indem ich die Speisen vorher etwas salzte. Seitdem nahm ich immer Salz mit ins Dorf.

Oft lud man mich in die Häuser ein. Das Männerhaus von Imarin hatte einen Durchmesser von 4,40 Metern, und selbst wenn zwanzig Männer um das Feuer versammelt waren, fand man Platz. Man saß dann gedrängt auf dem Boden. Es war ganz heimelig in der dämmrigen Hütte, man mußte sich nur an den Rauch gewöhnen. Die Seitenwände waren durch roh zugehauene Planken abgedichtet. An der dem Eingang gegenüberliegenden Wand befanden sich Ablagebretter, auf denen in manchen Männerhäusern die heiligen Netze mit den sakralen Gegenständen verborgen sind. Man stellt dort auch Pfeil und Bogen ab. Die Männer wenden mit einfachen Feuerzangen aus gespaltenem Holz die Gemüsepakete und Tarostücke, sprechen über den Krieg mit den Marikla, der seit Mitte 1974 bereits viele Opfer gefordert hat. Sie bieten mir von dem Gemüse an, und ich verteile Salz und Tabak.

Man erwartet von Gästen, wie gesagt, daß sie zuerst im Männerhaus ihre Aufwartung machen. Als wir ankamen, befolgten wir diese Regel und besuchten am ersten Nachmittag die Männerhäuser von Mumyerunde, Imarin und Kabcedama. Man sieht es gerne, wenn Gäste auch zwischendurch die Männerhäuser besuchen. Allerdings gibt es nach Schiefenhövel auch sakrale Männerhäuser, die man nur betreten darf, wenn man besondere Gebote befolgt und von den Gastgebern ausdrücklich eingeladen worden ist. Ein solches fehlte in Imarin. In den Männerhäusern herrscht eine gewisse Sitzordnung nach Rang. Die Jungen sitzen immer in der vom Eingang aus gesehenen rechten Hüttenhälfte.

Besonderen Spaß bereitete mir der Aufenthalt in den Familienhäusern. Diese Rundhütten sind, ganz ähnlich wie die Männerhäuser gebaut, nur sind sie viel kleiner. In diesen winzigen Häusern finden aber erstaunlich viele Menschen und dazu noch

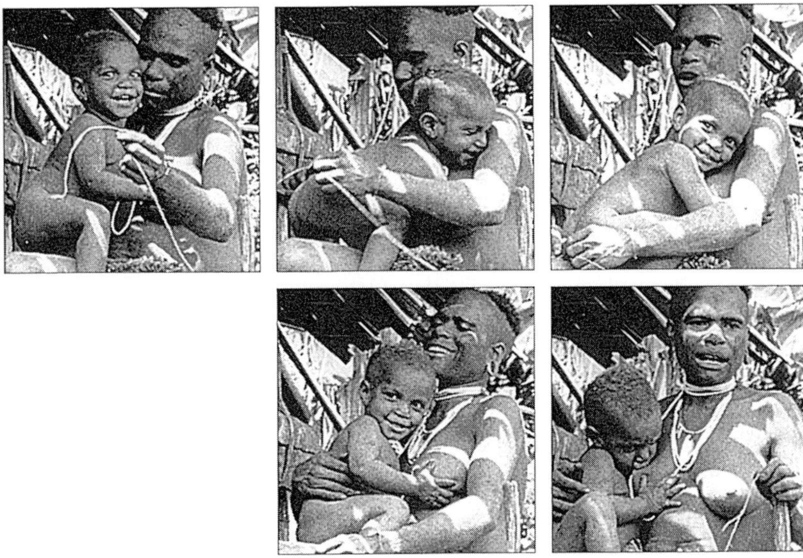

Verlegenheit eines kleinen Jungen (Reaktion auf Blickkontakt). Konflikt zwischen Zuwendung und Abkehr: Zurücklächeln auf Blickkontakt, dann Sich-Bergen an der Mutter, Wiederaufnahme des Blickkontaktes. Anfassen der mütterlichen Brust und Trinken. Aus einem 16-Millimeter-Film des Verfassers: 17., 74., 101. und 175. Bild der Serie.

mehrere ausgewachsene Schweine und Hunde Platz. So lebten im Haus des Minge, das nur einen Durchmesser von drei Metern hatte, seine drei Frauen Kareb, Ngirikto und Tinto sowie Wiyanto, eine weitere Frau, die mit einem anderen, gerade abwesenden Mann verheiratet war. Es gab ferner sechs Kinder vom Säugling bis zum Teenager, drei ausgewachsene Schweine und zwei Hunde. Die Schweine hielten sich ebenfalls am Feuer auf. Sie wurden freundlich gefüttert, und ich erlebte hier so manche Idylle. Wenn ich Minge besuchte, dann flüchteten die Hunde anfangs entsetzt. Sie hatten zu Recht ein schlechtes Gewissen, denn sie drangen fast täglich in unsere Hütten ein und verzehrten alles, was wir nicht in Metallkisten eingesperrt hatten. Wir waren ihnen daher nicht sonderlich zugetan. Und auch die Eipo wußten um unsere kleinen Mißgeschicke mit den Hunden Bescheid, sie lachten immer, wenn ich die Biester finster ansah. Die Schweine Minges dagegen grunzten behaglich.

Hatte ich mich am Feuer niedergelassen, dann begannen meine Gastgeber, mir eifrig Nahrung anzubieten. Minge formte mit der Hand kleine Klöße aus Taro und bot sie mir freundlich an, dann wieder knackten er und seine Frauen Pandanusnüsse und steckten sie mir zu. Sie waren oft recht speichelfeucht, aber man gewöhnt sich schnell daran. Und die Leute sind so herzlich. Der kleine Beyang, der mich morgens immer so früh besuchte, war mir besonders zugetan und gab ebenfalls strahlend von seinem Essen ab. Sein Bruder Tobmotoko war etwas zurückhaltender. Seine Schwester Kwamulto, mit ihrem stets lachenden, breiten Gesicht und kräftigen, regelmäßigen Zähnen, hatte bereits einen kleinen Busen und war stets zum Flirten aufgelegt. Sie schaute zu mir, dann wieder weg, kicherte und versteckte das Gesicht hinter der Hand. Ein besonders lieber Junge in dieser Hütte war der kleine Degenye. Er war etwas jünger als Beyang und oft Ziel der Aggressionen seiner Spielgefährten, die er erstaunlich mannhaft ertrug. Er mußte sich erst seinen Platz in der Bubengruppe erkämpfen. Man stieß ihn oft zurück, wenn er mitspielen wollte, schlug ihn das eine oder andere Mal auf den Kopf, weil er sich beim Spiel häufig ungeschickt anstellte. Dann saß er da und verbiß seine Tränen oder weinte lautlos. Man ist als Mann beherrscht und lernt das früh. Degenye war übrigens nie lange betrübt. Mir gegenüber war er zutraulich. Morgens war er mit Beyang stets einer der ersten in unserer Hütte. Schaute ich ihn freundlich an, dann legte er verlegen den Kopf zur Seite. Auch ein kleines Mädchen, das soeben erst laufen gelernt hatte, und ein Säugling sorgten dafür, daß Leben in Minges Hütte war. Am meisten setzte mich hier in Erstaunen, wie zimmerrein und verträglich erwachsene Schweine sind. Waren sie satt, dann sah man drei Rüssel nebeneinander vor dem Feuer liegen mit Nasenlöchern wie Steckkontakte. Manchmal legte sich eine Sau mit dem Kopf auf den Oberschenkel des Hausherrn und entschlummerte dort sanft.

Das Schwein ist übrigens ein wichtiger Vermittler von Sozialbeziehungen. Ein Werbender bringt bisweilen seinen zukünftigen Schwiegereltern ein Schweinchen als Geschenk. Man übernimmt auch Schweine aus anderen Dörfern zur Aufzucht, wie Wulf Schiefenhövel feststellte, um sie als Ausgewachsene wieder zurückzugeben. Groß ist schließlich der Schmerz, wenn einem geliebten Ferkelchen etwas zustößt.

So besuchte ich am späten Nachmittag abwechselnd die ver-

Am liebsten spielen die Jungen Krieg. Sie schießen dabei mit Graspfeilen aufeinander und verhöhnen den Gegner wie die Erwachsenen.

schiedenen Familien, vor allem diejenige Minges, dann die Familien Dablas und Uwoks. Von den Männern stand Uwok mir am nächsten. Er war ruhig, sehr aufmerksam und in einer unaufdringlichen Weise um unser Wohlergehen bemüht. Er hatte zwei Frauen, eine hatte einen winzigen Säugling. Im Dorf war er eine Person von Autorität. Außer ihm gab es in Mumyerunde und Imarin nur noch zwei ranghohe Männer, den zurückhaltenden, würdigen und schlauen Irok, der in gewisser Hinsicht als Häuptling auftrat, und Mutub, der sich gerne Häupling nannte und den ich wegen seiner Zudringlichkeit und Launenhaftigkeit weniger gerne mochte.

Ein erbliches Häuptlingstum fehlt, doch gibt es ranghohe Personen von Ansehen, die auch als Kriegführer und Sprecher eine Rolle spielen; man nennt sie »sisinang – Nenner« –, was auf ihre Rolle als Sprecher anspielt oder »dubnang« – »Gipfelleute« –, was der universalen Hochsymbolik (hohes Ansehen) entspricht.[94]

Gingen wir schließlich kurz vor Einbruch der Dunkelheit nach Hause, dann kamen von den Männern und den Buben einige mit uns, um nun ihrerseits Beobachtungen anzustellen. Die jungen Männer alberten, und manchmal sangen sie. Das waren zum Teil improvisierte Lieder, die sich vermutlich auf die gegebene Situation bezogen. Jedenfalls kamen unsere Namen gelegentlich darin vor – das dürfte hier ähnlich sein wie bei den benachbarten Yali, die Klaus-Friedrich Koch beschrieben hat. Sie sangen diese Lieder entweder leise für sich, manchmal improvisierten sie auch Chorgesang im Stil ihrer Festgesänge (mote), wobei wir manchmal ebenfalls unsere Namen heraushörten.

Kochten wir unser Essen, sogen sie die Luft zwischen den Zähnen ein. Sie blieben bei uns, bis wir die Petroleumdrucklampen entzündeten, was sie immer wieder erstaunte, und gingen dann nach Hause.

Nun zog auch ich mich bald in meine Hütte zurück und schrieb, in meine feuchten Kleidungsstücke eingemummt, während der Nebel durch die nur mit einem Sack verhängte Türöffnung kalt und sichtbar hereinstrich.

Unser Verhältnis war ziemlich unbelastet. Nur eines konnten die Eipo nicht verstehen, nämlich daß wir alle Konservendosen vernichteten, anstatt sie ihnen zu geben, und auch jedes Stück Plastik und all die schönen Dinge, die wir nicht mehr brauchten. Wir wollten verhindern, daß Dosen, die bunten Verpackungen und andere Objekte aus unserer Welt den schönen Schmuck der Eipo verdrängten. Der Wunsch nach diesen Dingen war so groß, daß ein achtlos liegengelassenes Blatt Papier sofort im Kopfschmuck eines Mannes auftauchte, ein Kugelschreiber zum Nasenpflock umfunktioniert und ein Konservendeckel zum Anhänger gemacht

Oben: Das Eipo-Dorf Dingerkon liegt auf einem schmalen Berggrat. Auf einem Kletterpfad über eine steile Wand führt der tägliche Weg ins Tal zu den Gärten. Unten: Blick auf das Dorf Talim.

Linke Seite: Eipo-Mann aus Malingdam. Er trägt eine besonders schöne Kette aus Kuskuszahn, die er einem getöten Feind abnahm. Den Kopf schmückt ein gelbes Blatt. Er ißt gerade Zuckerrohr.

Rechts: Ein Mann bindet Tabakblätter zum Trocknen außen an die Hütte.

Unten: Palaver anläßlich der Verletzung des Mangat aus Malingdam. Sein Bruder (Bildmitte) ist gerade in Dingerkorn eingetroffen und begrüßt einen Mann durch Armfassen.

Oben links: Morgendliche Geselligkeit am Frauenplatz bei den Felsen von Malingdam (Imarin).

Oben rechts: Familiengruppe auf der Eingangsplattform der Hütte.

Linke Seite außen: Speichelfütterung eines jungen Hundes.

Linke Seite innen: Erdnüsse wurden verteilt. Die Schürzchen der Frauen werden so tief am Gesäß befestigt, daß sie auch bei gebückter Haltung die Blöße bedecken.

Folgende Doppelseite: Festtanz (Mote). Aus dem Halbbogen laufen die Männer in einer sich immer enger schließenden Spirale, bis sie eine kompakte Gruppe bilden. Sie singen und tanzen auf der Stelle, dann löst sich die Gruppe im Gegensinn laufend wieder auf und bildet wieder einen Halbbogen.

Es regnet viel im Lande der Eipo. Mit einem Bananenblatt als Schirm sucht sich der junge Eipo-Krieger vor der Nässe zu schützen. Die Perlen seines Stirnbandes stammen von uns.

wurde. Ich kann das gut verstehen, denn die von uns Verschwendern viel zuwenig geschätzten Produkte der Technik sind im Grunde genommen kleine Wunder, die Essenz unseres wissenschaftlichen Könnens und unseres technischen Geschicks. Aber wir wollten die zivilisatorischen Einflüsse möglichst fernhalten. Das hatte uns Klaus-Friedrich Koch nahegelegt, und daran hielten wir uns nach bestem Bemühen. So folgten wir dem Vorschlag, unsere Konserven, Filmreste und anderes mehr nachts in unsere Abortgrube zu werfen.

Eines Tages machten wir eine mehrtägige Exkursion nach Imde, und als wir zurückkamen, war der Abort ausgeräumt. Mancher gehobene Schatz zierte die Männer. Einer hatte einen 16-Millimeter-Filmstreifen anstelle der Rotanbinde um den Bauch gewickelt. Ein nunmehr etwas fleckiger, aber doch seltener Schmuck in diesem Tal.

An regnerischen Nachmittagen waren wir oft zu Hause. Dann kamen die jungen Männer und Knaben zu uns; ich nutzte die Gelegenheit und ließ sie zeichnen, was immer sie gerne zeichnen wollten. Sie zeichneten Tiere, Menschen und Landschaften, letztere in landkartenähnlicher Aufsicht, was wohl damit zusammenhängt, daß die Bergbewohner ihre Welt meist von oben sehen. Auch die Tiergestalten zeigten diese Projektion. Menschengestalten wurden sowohl in Vorder- als auch in Seitenansicht dargestellt. Merkwürdig war die oft serielle Aneinanderreihung der Organe. Zähne, Augen, Ohren wurden hintereinander angeführt, wie bei einer Aufzählung in linearer Anordnung. Die Mädchen zeichneten schlechter als die Jungen. Als ich das Grete Schiefenhövel erzählte, bemerkte sie: »Ja, das ist schon so, aber nur, wenn die Buben dabei sind.« Offenbar hemmt die Gegenwart der Jungen die Entfaltung der Mädchen.

Wir verbrachten nicht alle Tage in den Gärten. Während die Mädchen praktisch immer zur Gartenarbeit auszogen, blieben nämlich die Jungen oft in der Umgebung des Ortes und spielten in Gruppen. Sie kamen dabei gerne in die Nähe unserer Hütten, denn hier gab es eine weite, weniger stark geneigte Fläche aufgelassenen Gartenlandes, auf dem sie sich kampfspielend entfalten konnten. Dabei waren auffallende Unterschiede zu den Buschleuten zu entdecken. Dort spielen Buben und Mädchen miteinander, obgleich auch die Buschleutekinder gleichgeschlechtliche Spielgruppen bevorzugen. Bei den Eipo ist die Geschlechtertrennung um ein Vielfaches schärfer. Selten sieht man, daß Mädchen als Randspieler bei einer Jungengruppe mittun. Meist spielen sie mit ihresgleichen. Nur die ganz kleinen Buben und Mädchen spielen am Frauenplatz im Dorf miteinander.

Mädchen bilden außerdem kaum größere Gruppen. Sie haben dazu keine Gelegenheit, denn sie wandern meist schon morgens mit der Familie in den Garten.

Die Knaben dagegen vereinigen sich in größeren Spielgruppen, die die Kinder und Jünglinge vom vierten bis zum sechzehnten Jahr umfassen. Sie spielen am liebsten Kriegsspiele. Dazu bilden die Jungen zwei Parteien, die sich nach dem Vorbild der Erwachsenen bekämpfen. Sie beschießen einander mit Wurfpfeilen aus dicken Grashalmen. Die Stengel haben oft die Dicke eines kleinen Fingers und sind bis zu einem Meter lang. Mit voller Wucht werden sie nach dem Gegner geworfen. Treffen sie, dann hinterlassen sie oft kleine Hautverletzungen. Die Kinder üben bei diesem Spiel die Technik des Überraschungsangriffs, das Ausweichen vor dem heranfliegenden Pfeil, und schließlich imitieren sie das Prahlen, den kriegerischen Triumph und das Spotten, kurz alles, was zum kriegerischen Repertoire der Erwachsenen gehört. »Walwal sale«, rufen sie einander zu, was wörtlich übersetzt »Nichtwissen-Männer« oder freier »Dummköpfe« heißt. Sven Walter, ein Linguist des Forscherteams, schrieb mir, daß als Steigerung »walwal ninye« – »Nichtwissen-Leute« – und schließlich »kam walwal ninye« – »Hund Nichtwissen-Leute« – gebraucht wird. Ganz arg ist es schließlich, wenn sie ihren Gegner »kamdo« – »ihr seid wohl Hunde?« – oder »basamdo« – »ihr seid wohl Schweine?« – zurufen. Der Gegner wird ebenfalls beschimpft als Eidechse, Aasfliege oder anderes Getier, auch als einer, der ängstlich ist oder irgendwelche Gebrechen aufweist.

Die bei stufenweiser Eskalation zunehmende Dehumanisierung ist bemerkenswert. Hierin folgen die Eipo-Kinder in ihrem Schimpfen einem universellen Muster. Zu den Universalien gehört auch das Gesäßzeigen aus sicherer Distanz. Sie kehren dabei dem Gegner die Kehrseite zu, verbeugen sich und ziehen die Gesäßbacken auseinander. Manchmal aber weisen sie ihren Anus im Stehen nach vorne, grätschen dazu die Beine und neigen sich nach hinten.

Man beschimpft aber im Kampf nicht nur den Gegner. Man ruft auch die Namen der Berge aus, von denen die Kulturbringer der

Gruppe herabstiegen, ein interessanter Ausdruck mythisch-territorialer Verbundenheit.

Außer Graspfeilen verwenden die Jungen bei ihren Kriegsspielen manchmal kleine Bogen und Holzpfeile, was nicht ungefährlich ist. Sowohl in Malingdam als auch in Munggona gab es einen Knaben, der beim Pfeilspiel ein Auge verloren hatte.

Neben Kampfspielen beobachtete ich, wie Kinder in Baumrindentrögen rodelten, wobei die Spielgefährten den im Trog Sitzenden zogen, ferner das spielerische Herstellen von Steinwerkzeugen, Zielschießen mit Pfeil und Bogen auf Rindenstücke oder Erdklößerollen und andere Vorübungen für das Erwachsenenleben. Die Jungen kennen darüber hinaus Fadenspiele und ein Konstruktionsspiel, bei dem sie zwei zusammengefaltete Blätter so ineinander verschränken, daß ein zeltartiges Hüttchen entsteht, das sie »tetim aik« (»Fledermaushaus«) nennen. Es gibt noch ein Ratespiel, an dem mehrere Buben in zwei Parteien zusammenwirken. Einer hat ein Steinchen in der Hand, das er in eine der beiden Hände seines Spielgefährten versteckt, oder er tut nur so und beläßt es in einer seiner Hände. Dann halten er und seine Gefährte den Gegnern die Fäuste zum Raten hin.

Wird richtig getippt, geht der Stein an die andere Partie über, und nun muß die andere Gruppe raten. Stellt sich einer ungeschickt an, wird er oft von seinem Partner gerügt. Es geht recht lebhaft zu.

Im Fa-Tal bei Imde hingen zwei lange Rotanseile von einem über einem Abhang stehenden Baum. Das war eine Schaukel, die sich die jungen Männer angefertigt hatten. Kinder spielen ferner mit Kreiseln. Die kleinen Kreisel fertigen sie aus Früchten oder Eicheln an, in die sie kleine Holzstäbchen stecken. Als Unterlage nehmen sie ein Bananenblatt.

Wulf Schiefenhövel gab mir ein kleines Surrholz, das in der Mitte an zwei Stellen durchbohrt war. Durch diese Löcher zog man eine Schnur, die am Ende verknotet war. Durch Verdrillen der Schnur konnten die Kinder das Hölzchen in rotierende Bewegung versetzen. Es fiel den Buben viel ein, aber am beliebtesten war das Kriegspielen.

Ich habe über eine Reihe von Tagen die Spieltätigkeit der Jungen aufgenommen und dabei insgesamt 136 Spiele registriert. Von diesen Spielen hatten 69 eindeutig aggressiven Charakter. Die folgende Übersicht gibt im einzelnen darüber Aufschluß:

Kampfspiele mit Graspfeilen	37
Spielerisches Raufen	21
Werfen mit Erdbrocken und anderen Objekten	10
Aufeinander einstechen mit Stöcken	1
Ball spielen	22
Schießen auf rollenden Ball	3
Einander haschen (Verfolgungsspiel)	5
Wettlaufen	1
Herstellen von Steinwerkzeugen	6
Bauen eines Dammes im Bach	1
Bastelspiel mit Blättern	2
Feuermachen	2
Hausbau	5
Spielerisches Motetanzen	4
Kreiselspiel	3
Ratespiel	3
Rodeln im Rindentrog	10
	136

Bei den Mädchen konnte ich keine entsprechende Aufstellung machen, weil sie zuwenig spielten. Man sieht sie gelegentlich in kleinen Gruppen oder allein ihr Netz oder einen Ball hochwerfen und wieder auffangen. Manchmal wirken sie als Randspieler bei den Buben mit, doch werden sie von diesen im allgemeinen nicht lange geduldet. Zweimal sah ich, wie ein Mädchen den Graspfeil schießenden Jungen die Geschosse vorbereitete und übergab. Aber solch ein Zusammenspiel ist meist von kurzer Dauer. Warum spielen Mädchen weniger? Wohl, weil sie bereits früh mit Babys und Schweinchen umgehen und schon als ganz kleine in den Gärten neben der Mutter mit dem Grabstock im Boden stochern und sammeln und so spielerisch ihre spätere Frauenrolle einüben. Die Jungen haben mehr Freiraum, so daß sie eher als die Mädchen dazu kommen, verschiedenartige Spiele zu spielen.

Männer spielen wenig. Sie nehmen gelegentlich an den Kampfspielen der Kinder teil und beschießen diese dann derb mit Graspfeilen. Man gewinnt dabei fast den Eindruck, es handle sich um ein Härtetraining für die Kleinen. Regelspiele nach Art der Buschleute kennen sie nicht. Sie brauchen wohl keine solchen Ventilsitten. Frauen sah ich nie etwas spielen.

Um die künstlerischen Leistungen der Eipo ist es nicht gut bestellt. Sie dekorieren ihre Ohrpflöcke mit einfachen Ornamenten, schmücken ihren Körper und schnitzen einfache Verzierungen auf ihre Pfeilspitzen, aber das ist so ziemlich alles. Sie kennen keine schön bemalten und geschnitzten Schilde, keine Verzierungen am Haus und keine Ahnenfiguren. Als Musikinstrument kennen sie nur die in Neuguinea weitverbreitete Maultrommel, die aber deutlich weniger kunstvoll geschnitzt ist als in anderen Gebieten. Auch die Gesänge und Tänze sind eher einfach.

Der Alltag wird nur selten durch Ereignisse unterbrochen, an denen die ganze Gegend Anteil nimmt. Solche Anlässe sind der Hausbau, eine Totentrauer, kriegsbedingte Zwischenfälle und Feste.

Das Bauen eines neuen Hauses ist ein kommunales Ereignis. Als ein Mann in Kabcedama sein Wohnhaus erneuerte, half die ganze Gemeinde von Malingdam, vor allem die Männer. Die Frauen halfen nur, den Boden einzuebnen, Pandanusblattbündel für das Dach und Tonerde für die Feuerstelle heranzuschleppen. Alles übrige erledigten die Männer. Sie begannen am Morgen, und am Abend war das Haus fertig.

Am frühen Nachmittag legten Männer und Frauen in gemeinsamer Arbeit einen Erdofen an. Dort dünstete man Gemüse, Tarostücke, Chayote und Süßkartoffeln, und jeder, der am Hausbau teilgenommen hatte, fand sich zu dieser Gemüsemahlzeit ein. Man speiste gemeinsam. Dann bekam jeder noch ein Paket Gemüse, eine Scheibe Taro und einige Stangen Zuckerrohr als Gabe. Ein junger Mann verteilte und sah zu, daß jeder gleich viel bekam. Mehrere Male erlebten wir einen Festtanz (mote). Der Ablauf war einfach. Die geschmückten Männer stellten sich mit Pfeil und Bogen in einem Halbkreis auf. Singend, Pfeil und Bogen über den Kopf haltend, lief dann der Anführer in einem Spirallauf in das Innere des Bogens, und die anderen folgten ihm, so daß eine kompakte Tänzergruppe entstand, die eng gedrängt auf der Stelle hüpfte. Dazu sang ein Vorsänger, die anderen fielen ein.

Baut sich die Stimmung abends trotz des Regens auf, dann tanzen zuletzt auch einige junge Frauen mit. Sie hüpfen auf der Stelle, und die vielen Schürzchen rascheln im Takt. Das ist übrigens die einzige Gelegenheit, bei der ich Frauen auf dem Männertanzplatz beobachtet habe. Sie lagern mit den Kindern als Zuschauer am Rand des Tanzplatzes um ein kleines Feuer und ermuntern die Tänzer durch schrille, gellende Rufe.

Und was feiert die Eipo-Gemeinde auf diese Weise? Am häufigsten einen Erfolg im Kampf mit den feindlichen Nachbarn.

Man feiert ferner, um gute Beziehungen zu pflegen. Dazu lädt man zum Beispiel Handelspartner ein und bewirtet sie reichlich mit in Erdöfen gegartem Schweinefleisch. Außerdem geht man vorher auf Jagd, um die Gäste auch persönlich von Freund zu Freund auszeichnen zu können. Die Einladung zu einem solchen großen Fest erfolgt einige Wochen vorher. Abgesandte machen sich auf den Weg zu der einzuladenden Gemeinschaft und überbringen einen »Brief« in Form eines Farnpäckchens – ein symbolischer Hinweis auf den Erdofen, denn die Schweine werden mit Farnen zusammen gegart. Sie sind das Gemüse. Kurz vor dem Fest sendet man noch einmal ein solches Päckchen, diesmal mit zwei Bambusmesserchen. So teilt der Gastgeber mit, daß er nun soweit sei, die Gäste mögen kommen.[95] Die Männer tanzen bei der Ankunft prächtig geschmückt in das Dorf der Gastgeber ein, während diese sich ungeschmückt und zurückhaltend präsentieren. Sie geben sich bescheiden.

Ein Fest, das meine Mitarbeiter Dieter Heunemann und Wulf Schiefenhövel in Munggona aufgenommen haben, dauerte zwei Tage und drei Nächte, und erst in der letzten Nacht tanzten Gastgeber und Gäste gemeinsam, beide geschmückt. Bei solchen Festen lernen sich auch heiratswillige Partner kennen, denn die Gäste bringen nicht nur ihre Ehepartner, sondern eventuell auch die unverheirateten jungen Frauen mit.

Gefeiert wird außerdem, wenn feindliche Auseinandersetzungen beendet und dazu Kompensationen übergeben werden. Dann gibt es die Kwitinitiation, bei der mehrere Jahrgänge eines Tals in die Gemeinschaft der Erwachsenen aufgenommen werden. Die Initianten eines solchen Ereignisses bilden eine Solidargemeinschaft und fühlen sich zeitlebens einander verpflichtet. Schließlich feiert man, wenn ein Feind getötet wurde. Dann ist die Dorfgemeinschaft unter sich.

Die Tanzlieder besingen einerseits mythische Ahnen und betonen damit die Gemeinsamkeit der Abstammung aus einer Wurzel,

Rechte Seite: Selbst die Kleinsten sind begeisterte Krieger. Hier Beyang (der »Floh«). Er wird zunächst aus seinem Versteck gescheucht und duckt sich auf der Flucht vor einem Pfeil, dann ermannt er sich, lächelt, zielt und schießt, wobei sich sein Gesichtsausdruck ändert und eine Wildheit zum Durchbruch kommt, die tiefen Schichten seiner Emotionalität entspringt. Aus einem 16-Millimeter-Film des Verfassers (Malingdam).

1

2

3

4

5

6

7

also die Blutsverwandtschaft. Sie ist in diesem Fall fingiert – hat aber dennoch eine reale Basis, denn die relativ kleinen Gruppen beziehen ihre Heiratspartner bevorzugt aus Gemeinden der gleichen Sprechergemeinschaft. Nach Volker Heeschen werden Ereignisse wie der Triumph über einen Gegner oder die Freude über Gaben nicht direkt angesprochen.[96] Bilder wie das Blinken der Regentropfen in der Pfütze porträtieren gewissermaßen in Momentaufnahmen die Situation und symbolisieren die Stimmung. Nur mittelbar bezieht sich der Text auf Krieg, Bündnistreue, Freigiebigkeit und dergleichen. Man erinnert sich auch trauriger Erlebnisse wie Epidemien und übt, ebenfalls verblümt, Kritik am Fehlverhalten einzelner.

Feste sind ein wichtiges Mittel, Bindungen zu bekräftigen. Sie tun dies auf verschiedenen Ebenen – auf der Ebene der Dorfgemeinschaft ebenso wie zwischen Gruppen. Es handelt sich dabei um für uns Menschen typische Entwicklungen. Sie werden von zwei einander entgegengesetzten Selektionswirkungen bestimmt. Zum einen besteht ein Druck auf Abgrenzung, die über Kleingruppenbildung die Diversifikation fördert, über die sich das Leben absichert. Da aber bei der kriegerischen Konkurrenz zwischen den Gruppen die Zahl der Krieger, die eine Gruppe gegen die andere aufbringen kann, zählt, darf die Zersplitterung in Kleingruppen nicht zu weit gehen. Im Vorteil sind jene, die es fertigbringen, größere Gruppen zu einen und darüber hinaus Verbündete zu gewinnen.

Unsere nichtmenschlichen Verwandten schaffen das noch nicht. Sie handeln kleingruppenbezogen. In seinem bemerkenswerten Buch »Chimpanzee politics« hebt der niederländische Forscher Frans de Waal die Fähigkeit des Schimpansen und einiger anderer Primaten hervor, Gruppenmitglieder gewissermaßen als Werkzeuge für bestimmte Zwecke einzusetzen. Er beobachtete Freundschaften und Allianzen verschiedenster Art für bestimmte Ziele und ebenso opportunistischen Treuebruch. Aber das alles beschränkt sich auf Beziehungen zwischen Mitgliedern der Kleingruppe, die einander persönlich kennen.

Beim Menschen ist das anders. Er überwindet die Kleingruppe, weil er über besondere Sozialtechniken andere, die einander nicht kennen, zu einer Solidargemeinschaft verbinden kann. In den modernen Nationalstaaten zählen diese Verbände viele Millionen. Darüber hinaus kann der Mensch Allianzen mit anderen Solidargemeinschaften bilden, was kein anderer Primat kann. Der Mensch überwindet so die Gruppenbegrenztheit und wird damit erst zum politischen Wesen. Es eröffnet sich ihm die Möglichkeit, zu einer kooperativen Weltgemeinschaft zusammenzuwachsen, ohne darüber die so wichtige Pluralität der Kulturgemeinschaften, Völker, Nationen, oder wie immer sich die Solidargemeinschaften bezeichnen, aufzugeben. Wie schwierig das ist, lehrt die Geschichte ebenso wie der Kulturenvergleich. Im Widerstreit von Neigungen und Notwendigkeiten bemüht sich der Mensch, nicht Spielball der Selektion zu sein, sondern als Zielsetzer sein Schicksal zu gestalten. Das ist das eigentliche Drama menschlichen Seins und Werdens.

Bereits die Eipo ringen darum, den dörfichen Lokalgruppenegoismus zu überwinden und Vernetzungen über ein größeres Gebiet zu schaffen. Sie tun dies auf verschiedene Art. Die Kwit-Initianten verbinden eine ganze Talgemeinschaft. Handelspartnerschaften greifen weit über diese hinaus. Das gleiche gilt für die verschiedenen Clans. Jeder Clan führt seine Abstammung auf einen fingierten Ahn zurück. Mitglieder eines Clans sind verpflichtet, einander beizustehen und Gastrechte zu gewähren, auch wenn sie einander nicht kennen. Im ganzen Mek-Sprachengebiet gibt es die gleichen Clans, und ein Clan-Mitglied braucht in einem fremden Gebiet nur seinen Clangenossen aufzusuchen, wenn er Hilfe braucht. Clanspezifische Grußformeln dienen der Erkennung. Heirat in Form der Clanexogamie dient der weiteren Vernetzung.

Die in Mythen angesprochene fingierte Verwandtschaft durch Hinweis auf gemeinsame Abstammung bindet auf verschiedenen Ebenen. Es gibt einen Kulturbringer, der männliche und weibliche Züge trägt und den alle Mek-Sprecher achten. Er festigte den Boden, indem er in ihn Steinkeile einfügte, und heilige Steine spielen bei den Eipo und den mit ihnen verwandten Nachbarstämmen eine große Rolle im rituellen Leben. Wenn die Eipo die heiligen Cordylinen um das Männerhaus pflanzen, dann stecken sie auch Steine in den Boden hinein und wiederholen unter Anrufung der Ahnen den Schöpfungsmythos in symbolischer Form.[97] Bei den In/Yalenang gibt es als Hochzeitsgabe heilige Steine; sie tragen ein Frauenschürzchen, und sie sind mit Orchideenbast – einem männlichen Attribut – geschmückt.

Dann gibt es lokale Kulturbringerinnen, die von den Bergen

herabstiegen, und weitere historische Ahnen, die man namentlich anruft, wenn man im Krieg den Gegner mit Pfeilen beschießt. Hinzu kommen verschiedene Namen tragende Ahnen, von denen eine bestimmte Linie der Familie sich in direkter Abstammung herleitet. Alle diese Techniken der Indoktrination wollen Loyalität stiften, indem sie sich auf Blutsverwandtschaft durch Abstammung berufen. Und das gilt kulturübergreifend bis in die Neuzeit. Das Wort »Nation« leitet sich ab vom lateinischen »natio« – »das Geborenwerden«, »das Geschlecht«, »das Volk«; das dazugehörige Verb ist »nasci« – »geboren werden«.

Wie ein Blick auf die Karte lehrt, liegen in unserem Tal Talim, Dingerkon, Munggona, Kwarelala, Moknerkon und Malingdam. Nördlich von Talim mündet der Fafluß in den Eipomek, und mit den Bewohnern des Fa-Tals (Mairala, Imde, Marikla) sind die Bewohner des Eipomektals in verschiedenem Grad verfeindet. Die Bewohner von Talim versuchen eine neutrale Stellung zu den Marikla zu halten, sind aber mit den Imde-Leuten verfeindet. Die vier übrigen Orte des oberen Eipomektals sind ebenfalls abgestuft mit den Bewohnern des Fa-Tals verfeindet. Marikla und Imde sind die Feinddörfer, während das im oberen Fa-Tal gelegene Mairala über den das Fa-Tal gegen den Mumye abgrenzenden Bergrücken Kontakt hält. Wir fanden auf diese Weise sogar Führer aus Malingdam, die uns bis Mairala begleiteten und damit den Weg in das »Feindtal« eröffneten.

Nachdem die erste Kontaktgruppe das Eipomektal im Frühsommer 1974 erreicht hatte, war eine alte Fehde zwischen den beiden Talgruppen wiederaufgeflammt. Die Marikla bekämpften die Leute von Munggona, und die jeweiligen Verbündeten wurden dabei in den Konflikt miteinbezogen. Nur Mairala und Talim verhielten sich eher neutral, was einzelne Bewohner aus diesen Dörfern nicht daran hinderte, gelegentlich mitzumachen.

Im Verlauf der Auseinandersetzungen wurden während unserer Anwesenheit fünf Bewohner des Fa-Tals und zwei aus dem Eipomektal getötet. Einer von ihnen wurde von den Marikla verspeist.

Die Zahl der Todesopfer wäre sicher noch viel höher gewesen, hätte nicht Wulf Schiefenhövel die Pfeilverletzten behandelt. Nie werde ich vergessen, wie er Mangat, einen freundlichen Mann aus Malingdam, versorgte. Ich war gerade mit Aufnahmen im Dorf beschäftigt, als aus den Feldern gellende Rufe ertönten. Im Nu herrschten große Aufregung und Verwirrung. Die Nachricht von

Mangats Verletzung war zugerufen worden. Man wußte nicht, ob er tot war. Mangats Bruder bekam einen Schmerzanfall, als er dies hörte. Er jammerte laut auf, stampfte wiederholt mit dem Fuß, drehte sich im Kreis und biß in sein Pfeilbündel, dann raste er los. Ich folgte ihm, so gut ich konnte.

In Munggona übergab mir Frau Schiefenhövel zwei Blutersatzflaschen, und ich kletterte den steilen Hang nach Dingerkon hinauf. Dorthin hatte Schiefenhövel den verletzten Mangat geschleppt. Er war ohne Rotanbrustpanzer in den Gärten nördlich von Dingerkon überfallen worden. Acht Pfeile hatten ihn getroffen, zwei davon saßen in jeder Lunge. Die Feinde hatte den blutenden Mann liegengelassen.

Als ich eintraf, saß der Verletzte in einem der kleinen Familienhäuser. Man hatte ihn ans Feuer gebracht und eine Stütze gebaut, denn liegen konnte er nicht. Sein Atemvolumen betrug nur noch etwa zwanzig Prozent. Er war bei vollem Bewußtsein und sah traurig drein, während die anderen schon seinen Tod beklagten. Er sei ein »Mann des Baumes«, klagten sie, auf die Totenbestattung in den Bäumen ansprechend. Und Mangat war der gleichen Meinung; wiederholt meinte er, er würde sterben, aber Schiefenhövel gab ihm unverdrossen eine Infusion und spritzte Penicillin – und die Seinen, dadurch ermutigt, machten sich an die Geistervertreibung: Sie schrien laut in der Hütte und verließen sie dann, steckten ein Bananenblatt in den Eingang und verharrten lautlos ein Weilchen, um den Geistern Gelegenheit zu geben, sich davonzumachen.

Und Mangat genas. Bereits nach vier Tagen führten die Männer ihn nach Munggona. Nach sieben Tagen rauchte er wieder.

Der Krieg spielt bei den Eipo eine große Rolle. Er wird im allgemeinen ziemlich rücksichtslos und ohne Ritterlichkeit geführt. Nur bei Konflikten zwischen eigentlich befreundeten Gruppen übt man etwas Fairneß. Die Eipo meiden den offenen Kampf. Man versucht sich an den Feind heranzupirschen. Am liebsten überrascht man Personen bei der Gartenarbeit, schießt Pfeile ab und zieht sich wieder zurück. Man tötet selbst Frauen und Kinder und feiert deren Tod, als hätte man einen Krieger getötet.

Worum geht es bei diesen Kriegen? Die meisten Fehden ziehen sich über viele Jahre hin. Auch die Feindschaft zwischen den Marikla- und den Munggona-Leuten ist alt und die Ursache nicht mehr ganz klar. Einmal begonnen, schleppt sich eine solche

Auseinandersetzung weiter, weil keine Seite auf Ausgleich bedacht ist. Man übt Vergeltung und fordert damit wieder Vergeltung heraus. Dazwischen gibt es Perioden eines Waffenstillstands, aber wenn die verfeindeten Gruppen nicht in irgendeiner Weise aufeinander angewiesen sind, kann die Fehde dauern. Auch die Marikla- und Munggona-Leute hatten sich bereits so weit versöhnt, daß man sich wieder gegenseitig besuchte. Aber dann gab es Streit wegen einer Frau aus Munggona, der »Helena der Eipo«, wie Wulf Schiefenhövel sie nannte, die eine Liebesaffäre mit einem Mann aus dem Feinddorf Marikla hatte. Ihre Brüder holten sie gewaltsam zurück. Daraufhin töteten die Marikla-Männer einen Mann aus Munggona. So hatte der Krieg wieder begonnen.

Die Verpflichtung zur Vergeltung resultiert unter anderem aus der Notwendigkeit, das Gesicht vor dem anderen zu wahren. Sie erschwert es aber, Frieden zu schließen. Dessen sind sich die Eipo bewußt.

Als Ebna aus Munggona erkrankte und aus unerklärlicher Ursache starb, beschuldigte man einen der Männer aus dem Nachbardorf Dingerkon, diesen Tod über Todeszauber (kire) bewirkt zu haben. Babesikna, der Bruder des Verstorbenen, tötete einen Mann aus Dingerkon. Ebna wurde auf einem Baum bestattet. Nach einem Jahr setzte man den mumifizierten Leichnam in einem Gartenhäuschen in einem Schrein bei. Bei dieser Sekundärbestattung wurden Formeln gesprochen, in denen man den Geist des Verstorbenen ermahnte, keine Racheträume mehr zu schicken, man habe seinen Tod bereits gerächt:

»(…) schicke uns nur ja keinen Rachetraum mehr! An einem haben wir dich gerächt, du warst ja auch nur einer.
Dich allein hat deine Mutter geboren, so ist es. Ich (Babesikna) habe einen von denen getötet, die dir den Todeszauber geschickt hatten. Erscheinen sollst du uns nicht, den Männern von Munggona, denen aus Kabcedama, denen aus Mumyerunde, denen aus dem Siloktarekna-Männerhaus.«[98]

Streit um Frauen und Schweine sind die äußerlichen Ursachen, die einen Konflikt heraufbeschwören. Um Landbesitz geht es bei den von uns beobachteten Kämpfen nicht. Sie sind jedoch eine Demonstration der Geschlossenheit der jeweiligen Gruppe, die dadurch ihre Identität bewahrt. In diesem Sinn dienen die Kriege der Selbstbehauptung und vielleicht auch der Bevölkerungskon-

Junger Mann mit schöner Stirnbinde aus mehreren mit Nassaschnecken besetzten Bändern, Kaurikette und Halsband und Schärpe aus Orchideenbast (Malingdam).

trolle, denn die Verlustrate scheint hoch. Wir wissen natürlich nicht, ob jedes Jahr so viele Eipo durch Feindeinwirkung sterben wie in der Beobachtungszeit. Man weiß aber aus anderen Gebieten, daß der Blutzoll, den solche sich über Jahre hinziehenden Fehden fordern, relativ hoch ist.

Vielleicht sind bei den Eipo besondere Vorstellungen am Werk, die territoriale Konflikte und Landraub bremsen. Bei vielen Stämmen Australiens und bei einigen Gruppen Neuguineas herrscht die Ansicht, daß das von einer Gruppe besetzte Gebiet unter dem Schutz ihrer Ahnen stehe. Die Tsembaga Neuguineas zum Beispiel besiedeln ein Gebiet, aus dem sie den Feind vertrieben haben, erst dann, wenn dieser die heiligen Cordylinenbüsche, die wie bei den Eipo die Gärten begrenzen, in seine neuen Wohnstätten verpflanzt und damit die Ahnen zu sich gerufen hat, wie Wulf Schiefenhövel herausfand. Und als die Imde vor vielleicht vierzig Jahren die Ursprungssiedlung der Talim völlig zerstörten, nahmen sie deren Gebiet nicht in Besitz.

Viele australische Stämme leiten ihre Herkunft von mythischen Totemahnen ab, die ihrer Gruppe das Gebiet gaben. Andere können das Territorium gar nicht beanspruchen, da ihnen die fremden Totemahnen Schaden zufügen würden.

Die Vermutung, daß ähnliches auch für die Eipo gilt, kam mir, als ich die primären und sekundären Begräbnisstätten in den Feldern sah. Der Tote wird zunächst in einer Rindenverpackung auf Bäumen in den Feldern beigesetzt, wobei nach Schiefenhövel das Gesicht in die Richtung seines mythischen Heimatdorfs weist.

Ähnliche Bräuche gibt es in anderen Gebieten Neuguineas. Bei den Kukukuku sind es kleine Plattformen in den Feldern, auf die man die Toten setzt, nachdem man sie gedörrt hat. Sie sollen nach Angabe meiner Kukukuku-Informanten von Ikumde die Felder beschützen. Dazu trocknet man sie oft in kriegerischer Pose mit Pfeil und Bogen in der Hand. In anderen Gebieten desselben Stammes setzt man die Toten in Höhlen bei, von denen aus sie ihr Heimattal überblicken können.

Die Eipo bestatten schließlich die Knochen der Toten oder zumindest deren Schädel in sekundären Begräbnisstätten, meist ebenfalls an charakteristischen Geländemarken in Gärten sowie unter überhängenden Felsen.

Die Vorstellung, daß der Ahne schützt, finden wir bei den Eipo auch in anderer Form. Wir erwähnten, daß man Knochenteile von Ahnen in den Familiennetzen aufbewahrt und Teile von ihnen als Amulett mit sich in den Krieg nimmt. Gunter Konrad und Walter Böhning haben in einer bemerkenswerten Arbeit gezeigt, daß in einer weitergehenden Ritualisierung die Asmat nicht mehr eine Reliquie mit sich führen, sondern auf dem Schild eine symbolische geschnitzte Darstellung des Ahnengesichts als Schutz anbringen, gelegentlich auch eine stilisierte weibliche Scham, möglicherweise ein Hinweis auf eine Ahne oder übelbannendes Schamweisen.[99]

Daß die Eipo in der Auseinandersetzung mit ihren Feinden durchaus praktisch denken, erfuhren wir, als Wulf Schiefenhövel einmal zwei Eipo einlud, ihr Gebiet zu überfiegen. In einjähriger Arbeit hatte er mit den einfachsten Mitteln einen kleinen Landestreifen eingerichtet. Bis dahin war die Forschergruppe durch Abwurf versorgt worden. Nun waren die ersten einmotorigen Flugzeuge gelandet, und den Menschen, die eben erst Metalle und Flugmaschinen kennengelernt und die uns noch wenige Monate zuvor für Geister gehalten hatten, bot sich die Möglichkeit zu fliegen. Sie nahmen das Angebot an, forderten aber, daß wir die Türen aushängten. Sie begründeten das mit dem Wunsch, besser herabsehen zu können. Als es soweit war, schleppten beide eine Ladung Felsbrocken herbei. Verwundert fragte Schiefenhövel, was sie denn mit dem unnützen Ballast wollten? Sie antworteten: Wenn wir jetzt über das Fa-Tal fliegen, wo unsere Erbfeinde wohnen, dann werfen wir ihnen die Felsen auf das Dorf! Das nennt man praktische Veranlagung! Es fragt sich, ob wir archaisch denken oder die Eipo modern.

Obwohl die Eipo bei Überfällen wenig Hemmungen zeigen, gibt es gewisse Regeln, die die gänzliche Vernichtung und Vertreibung des Gegners verhindern. Über Verwandte oder über Dörfer, die eine vermittelnde Stellung einnehmen, hat man außerdem immer Kontakt mit dem Gegner, was wichtig ist, wenn man Frieden schließen will. Schließlich scheinen die verfeindeten Gruppen gewisse Konventionen einzuhalten. Viele Tage, bevor die Bewohner von Talim zu einem Fest in ein befreundetes Dorf aufbrachen, errichteten sie einen Tabubogen aus Gerten vor dem nördlichen Eingang ihres Dorfs. Nach Wolfgang Nelke sollte dieses Verbotszeichen die Imde-Leute von einem Überfall auf ihr Dorf abhalten. Trifft dies zu, dann ist dies eine recht bemerkenswerte Übereinkunft.

Kriegerische Auseinandersetzungen können auch zwischen benachbarten und miteinander befreundeten Dörfern ausbrechen. So kam es wenige Wochen nach unserer Abreise zu einem Krieg zwischen Munggona und Dingerkon. Er wurde auf unserem Flugplatz ausgetragen.

In einem Brief an mich schilderte Sven Walter die Auseinandersetzung so anschaulich, daß ich die diesbezüglichen Stellen hier wiedergebe:

Kwarelala, 20.12.1975

Lieber Renki!

Gleich das Interessanteste von hier: mehrere Tage Kampf zwischen Dingerkon und Munggona-Kwarelala – für uns ein richtiger Schaukampf, präsentiert hauptsächlich auf dem Strip und im umliegenden Gartengelände.
(...) Anlaß: Ein Munggona-Mann hatte bei einem Streit (wohl um ein Schwein im Gartengelände) einem Dingerkon-Mann einen Pfeil durch den Hals geschossen, Manbonang wurde nach Dingerkon hochgetragen, ins Männerhaus, und dann wurde ungefähr eine Stunde gekämpft, bis es um fünf Uhr anfing zu regnen. (...)
An den nächsten Morgen zog dann regelmäßig ein großer Teil der Männer von Munggona und Kwarelala gerüstet (mit Panzern) zum Strip hoch, zweimal durch frühmorgendliche Vorstöße weniger Dingerkon-Männer bis vor Munggona schon mit Aggressionen geladen – ansonsten hatte das Ganze fast mehr den Charakter einer sportlichen Auseinandersetzung. (...)
Ausgangssituation in den ersten Tagen: die Dingerkon-Krieger am Nordende des Strips, Munggona-Kwarelala ungefähr auf Höhe des Weges zur Basisstation hoch – ein Teil der M-K-Krieger hockte beobachtend auf der Seite, die Zahl der aktiv Beteiligten auf beiden Seiten war meistens in etwa gleich – das Kämpfen phasenweise ganz regelmäßig, abwechselnde »Züge« –, einzelne oder auch kleinere Gruppen einer Seite rannten oder tänzelten auf den Gegner zu, demonstratives Anlegen, Durchziehen, irgendwann Abschießen. Wenn der Schuß relativ gut war (es gab nur sehr wenige Treffer, fast nur minimale Verwundungen), Schlagen gegen die Bogensehne, Triumphgeschrei; war er schlecht, entsprechende Kommentare aus den eigenen Reihen, die vom Gegner teilweise verhöhnend, aber durchaus auch neutrale. (...)
Zwischen den kämpfenden Gruppen hauptsächlich Kommentare zu den Schüssen, von der Dingerkon-Seite Vorwürfe wegen des Initialvorfalls, das sei nicht nötig, nicht angemessen gewesen – dagegen Versuch der Rechtfertigung – Absprachen über Frauen, die das Kampfgebiet passierten, also kurze Kampfpausen – direkte verbale Provokation habe ich nicht gehört. (...)
Die Kampflust, individuell und zeitlich stark variierend schien mir (zumindest auf der M-K-Seite) die meiste Energie aus der Kommunika-

tion innerhalb der kämpfenden Gruppe zu beziehen – zum Teil sicher auch aus der Anwesenheit und den Kommentaren der recht zahlreichen Zuschauer, Frauen, Kinder und nicht teilnehmende Männer die vor der Basisstation standen und hockten. (...)
Ab und zu hatte der eine oder andere Krieger keine Lust mehr, gesellte sich zu den Zuschauern, dafür ging dann vielleicht ein anderer runter, der inzwischen Lust bekommen hatte – fast wie Spielerauswechseln bei einem Ballspiel, bloß ohne jede Regelmäßigkeit, ganz nach Lust und Laune der einzelnen. (...)
Um im Bild zu bleiben. Wettläufe um die gegnerischen Pfeile, oft schon begonnen, während der Pfeil noch flog – bei der begrenzten Pfeilzahl, mit der jeder anfing, wäre ohne diesen Pfeilaustausch der Kampf sehr bald zu Ende gewesen. Ein paarmal harten die M-K-Krieger so viele Pfeile verschossen, daß sie offensichtlich warten mußten, bis die Dingerkon wieder einige zurückgeschossen hatten – auf Männer, die vorliefen, um Pfeile aufzusammeln, wurde nicht geschossen, obwohl gerade das gute Schußsituationen waren. (...)
Als sich die Kampfaktionen dann mehr ins umliegende Gartengelände verlagerten, saßen die Big Men von Munggona mit einer Art Reserve auf einer Erhöhung bei Lizins Haus, schrien wie die anderen Zuschauer ihren Kämpfern Beobachtungen über vorschleichende Dingerkon-Krieger und Ratschläge zu – von den pausierenden Kriegern und den Jungen wurden dabei mit viel Gerede und Gelächter stumpf gewordene Pfeile angespitzt, die Spitzen neu befestigt. (...)
An den ersten Tagen gab es nachmittags meist noch mal eine Kampfrunde, aber mit den Tagen ließ die Lust offensichtlich nach, die Anzahl der Beteiligten, die Kampfaktivitäten gingen deutlich zurück. (...)
Obwohl die Verwundung von Mambonang nicht allzu schwer war, starb er doch noch, und zwar an Verbrennungen – er muß wohl mindestens zweimal ins Feuer gefallen sein. (...)
Am nächsten Morgen kamen bei mir dann wieder gepanzerte Munggona-Männer vorbei, es entwickelte sich ein Gespräch mit bei mir herumstehenden Männern aus Kwarelala, die nicht mehr kämpfen wollten – die Munggona-Leute fühlten sich aber durch Manbonangs Tod verpflichtet, Dingerkon die Möglichkeit zum Ausgleich zu geben, es war die Rede davon, »Mambonangs Schädel zu bezahlen.« (...)
Bei den Kämpfen wurde allerdings nur ein Dingerkon-Mann in den Bauch getroffen (seitlich, scheint nicht allzu schlimm zu sein), es könnte also bald wieder losgehen. (...)
Noch allgemein zur Auseinandersetzung: Während der ganzen Zeit, war Verkehr von Frauen und nicht kämpfenden Männern zwischen hier unten und Dingerkon möglich, und wenn nicht gerade gekämpft wurde, gingen auch immer welche hoch – in umgekehrter Richtung war allerdings erheblich weniger los als normalerweise.

Dieser Krieg zwischen eigentlich Befreundeten war ein Unfall, den keiner wollte. Er wurde – man könnte sagen – fast ritterlich geführt, die Munggona-Leute wollten denen aus Dingerkon die Möglichkeit zum Ausgleich bieten, und beide Parteien waren sichtlich bemüht, bei Wahrung des Gesichtes eine Eskalation zu verhindern. Am 11. Januar kam es, wie mir Sven Walter in einem weiteren Brief schrieb, zu einem Friedensschluß. Ich möchte auch diese ausgezeichnete Schilderung wiedergeben:

Wichtiges Ereignis: Am 11. wurde zwischen Dingerkon und Munggona Frieden geschlossen. Ich war nicht dabei, es sah aus wie einer der inzwischen Alltag gewordenen Tage mit Minimalkämpfen. Um 11 Uhr kam Kweng-Kweng zu meinem Haus, erzählte, auch zum sichtlichen Erstaunen der anderen anwesenden Kwarelala-Leute, vom Friedensschluß: »Morupmak, Babesikne, Bubungde, sic Morupmarak.« Babesikne ist der Munggona-Mann, der im Streit Mambonang angeschossen hatte, der Kriegsanlaß, Bubungde, der Mutterbruder des gestorbenen Mambonang. »Morup« kannte ich bis jetzt nur in der Kombination »alens morupnaap« – wir verlängern das Netz, knüpfen daran weiter.
Auf meine Nachfragen wurde es so dargestellt: Babesikne und Bubungde stehen (im Kampfgelände, Gärten jenseits des Strips) Seite an Seite, einen Arm um die Schultern des anderen gelegt, mit der freien Hand die Hand des anderen fassend.
Von dem, was dann gesagt wurde, wußte Kweng-Kweng folgendes zu berichten:
Bubungde: »Wir haben keine Lust mehr zu kämpfen.«
Babial (Kefala von Munggona): »Wir haben zusammen gegen die Marikla gekämpft – wir haben zusammen den Strip gebaut.«
Simor (Bruder von Babesikne): »Wir haben uns zusammen satt gegessen.«
Wingbam (aus Munggona): »Haben wir nicht gemeinsam einen Süßkartoffelacker angelegt?«
Bubungde: »Ihr habt hier gegen mich gekämpft. Daß du geschossen hast, ist jetzt deine Angelegenheit, ich habe dich nicht ins Fleisch getroffen – die Larje-Männer wollen ein Schwein töten und geben, du willst es garen, das ist jetzt deine Sache – du willst Wildtiere erlegen. Wir haben alle ›Delmong‹ (Delmong: bei der Baumbestattung verwendetes Schnürmaterial) vom Boden aufgelesen.«
Sicher nicht alles, was gesagt wurde, bei manchem ist die Übersetzung auch nicht ganz sicher und trotzdem wie eine Illustration zu Deinem Buch.
Andere Informationen dazu: Die Leute von Larje, scheint's (wesentlich am Zustandekommen des Friedensschlusses beteiligt), wollen ein

Frauen mit typischen Binsenschürzchen, Grabstock und auf den Schultern reitenden Kindern (Munggona).

Schwein zu einem Mote nach Munggona bringen (Zeitangaben zwischen zwei und acht Monaten). Die Munggona-Leute wollen viele Wildtiere jagen, von Beiträgen Dingerkons war keine Rede, aber die sind ja auch die Geschädigten – außerdem schlief Bubungde in der folgenden Nacht

im Männerhaus von Dingerkon – das soll wohl eine Zeitlang so hin- und hergehen.
(Nachtrag bei der Korrektur im Juni 1976: Mittlerweile kam Dieter Heunemann aus dem Eipomektal zurück. Er berichtet, daß die Kämpfe zwischen Dingerkon und Munggona wiederaufgeflammt sind. Auch die Marikla und die Bewohner von Mairala bekriegen sich neuerdings wieder.)

Gelegentlich kommt es auch innerhalb eines Dorfs zu bewaffneten Konflikten. Einmal wurde ein Mann von einem Pfeil ins Schulterblatt getroffen, als Schiefenhövel gerade mit ihm sprach. Er hatte mit der Frau eines Mannes aus seinem Dorf ein Verhältnis, und dafür rächte sich der Ehegatte. Der Vorfall hatte keine weiteren Folgen, da jeder einsah, daß der Betrogene mit Recht so gehandelt hatte.

Frauen mischen sich übrigens in solche innerdörflichen Auseinandersetzungen ein, indem sie die Streitenden ansprechen und auch beruhigend mit der Hand berühren. Sie sprechen ferner Zauberformeln aus, wenn ein Mann auf Kriegszug geht:

Fisame, du wirst krank werden, auf daß dich die Krankheit nicht trifft, pfeilmachend (kämpfend) ist der Panzer festzuschnüren, ist das Netz (das Rückennetz der Männer, wie beim Tanz; das hat auch symbolische Bedeutung, da das Netz schützend das Kind umgab; außerdem stellt es als Schmuck die Beziehung zur Ehegattin dar) auszubreiten! Fisame, wenn das Kämpfen aus ist, ist der Pfeil zu zerbrechen (zerbrich die Pfeile, mach Frieden). Was die Westfrau betrifft, verprügle sie.[100] (Bei diesem Kampf ging es um die Frau, die die Marikla aus Talim geraubt hatten.)

Übrigens fragte Schiefenhövel den Angreifer später, ob es denn richtig sei, jemanden von hinten anzuschießen, worauf dieser erstaunt war, nicht recht verstand, worauf die Frage hinauswollte, und dann antwortete: »Natürlich von hinten, sonst merkt er es ja vorher, und da könnte er sich wehren.«

Schließlich geht es auch innerhalb der Familie manchmal lebhaft zu. Der freundliche Minge versetzte eines Morgens einer seiner Frauen einen Schlag mit einem Holzscheit auf den Kopf, was eine stark blutende Platzwunde hinterließ. Und in Munggona zeigte mir Schiefenhövel eine Frau, die an einem Ober- und Unterarm Bißwunden hatte. Sie war von ihrem Mann im Streit wiederholt heftig gebissen worden. Er schaute übrigens ebenso freundlich und vergnügt wie sie, neben ihr sitzend aus der Hütte.

Sie haben ein jähes Temperament, die Eipo. Auch beim Spielen haben die Jungen gelegentlich unkontrollierte Wutanfälle. Einer schleuderte bei einem solchen Anfall wiederholt faustgroße Steinbrocken nach seinen Spielgefährten und heulte dann laut vor Wut. So lebte er sich zugleich aus und war bald wieder freundlich mit den anderen vereint.

Die Eipo glauben an schwarze Magie und führen den Tod von Gruppenmitgliedern, die an Krankheiten sterben, oft auf das Wirken von Hexen zurück. Seher pflegen in solchen Fällen die Hexe zu entlarven. Das kommt einem Todesurteil gleich. Sie mag noch so verzweifelt beteuern, sie sei unschuldig. Man erschießt sie und wirft sie in den Fluß. Dieter Heunemann war unmittelbar nach einer solchen Hinrichtung zugegen und filmte, wie man die Leiche in den Fluß warf. Dabei kam es zu Ausbrüchen ungehemmter Wut. Man steinigte die Leiche, Kinder und Erwachsene schossen Pfeile auf sie ab und stießen ihr schließlich einen Pfahl in den Leib. Man hatte die Frau bezichtigt, den Tod eines kleinen Buben durch Zauber herbeigeführt zu haben. Der Vater des Jungen hatte die »Hexe« mit einem Pfeil erschossen. Ihren Säugling wollten Bewohner ihres Dorfes ebenfalls töten. Das konnte Schiefenhövel verhindern; die Amme, die er für das Brustkind fand, versicherte ihm, man würde ihm nichts antun. Aber nach drei Tagen hatten sie es doch in den Fluß geworfen – es war angeblich von der Zaubersubstanz geschädigt.

Jede Frau kann der Hexerei bezichtigt werden, und Hexenmorde sind nicht selten, übrigens mitunter auch an Männern. Es scheint jedoch so zu sein, als würde man dabei die Gelegenheit benutzen, unbeliebte und zudem schutzlose Dorfbewohner, die sich nicht an die Gruppennorm halten, zu beseitigen. Wenn dies zutrifft, dann wird auf diese Weise ein starker Konformitätsdruck ausgeübt.

Mit den Eipo lernten wir eine Gruppe neusteinzeitlicher Pflanzer kennen. Gegenüber den Jägern und Sammlern haben sie Sicherheit gewonnen. Sie sind nicht mehr in dem Maße auf das angewiesen, was sie finden, sondern können sich auf das verlassen, was sie pflanzen. Die Grundnahrungsmittel sind ihnen unter den gegebenen klimatischen Bedingungen sicher. Sie können davon pro Quadratkilometer auch mehr produzieren, als sich Sammlern auf gleicher Fläche anbietet, und damit eine größere Bevölkerungsdichte aufbauen. Sie müssen allerdings fleißig arbeiten und bezahlen die so gewonnene Sicherheit mit Mangel an

Muße. Sie können ihre künstlerische Begabung nicht voll zur Entfaltung bringen und sind zumindest im Vergleich zu den Buschleuten auch weniger gruppenbezogen. Die meiste Zeit des Tags verbringen sie im Familienverband.

In gewissem Sinne bedeutet der Übergang vom Jäger und Sammler zum Pflanzer eine Vertreibung aus dem Paradies. Erst mit der Höherentwicklung der landwirtschaftlichen Technik findet auch der Pflanzer und Ackerbauer Zeit zu schöpferischer Muße. Wir haben sie dann beim Übertritt in die industrielle Leistungsgesellschaft wieder verloren. Erst mit der Automatisierung bahnt sich über Arbeitszeitverkürzung eine Wende an, und mancher Soziologe, der sich heute den Kopf darüber zerbricht, ob denn der Mensch die Freizeit überhaupt verkraften würde, kommt gar nicht auf den Gedanken, daß das mußeintensive Leben das natürliche sein könnte.

Der Schritt zum Pflanzer und Feldbesteller ist trotz der Mühe, die er mit sich bringt, ein entscheidender Fortschritt in der Kulturentwicklung. Es ist eine interessante und treffende Symbolik, daß man in den sakralen Männerhäusern von Munggona, wie Schiefenhövel fand, einen heiligen Grabstock verehrt, das Instrument des Pflanzers, wohl übernommen aus dem Sammlerdasein, aber mit der neuen entscheidenden Funktion bedacht, zu pflanzen und nicht nur zu ernten.

1979 verbrachte ich erneut einige arbeitsame Wochen im Eipomektal. Diesmal war ich mit Volker Heeschen in dem kleinen Dorf Dingerkon, das auf einer ins Tal vorspringenden Felsnase sitzt. Volker hatte in diesem Dorf als Linguist gearbeitet. Er war bei der ersten Kontaktexpedition dabeigewesen und hatte zusammen mit Wulf Schiefenhövel Grammatik und Wortschatz der Eipo aufgenommen und mittlerweile mehrere Jahre Erfahrung mit der Mek-Kultur hinter sich. Auch ich kannte Dingerkon von meinem ersten Besuch. Es lag ja in Gehdistanz von Malingdam.

Die neue Zeit war angebrochen. Seit dem Erstkontakt waren zwar gerade fünf Jahre vergangen, aber 1977 war uns eine fundamentalistische Mission gefolgt und hatte sich unweit von unserem alten Basislager niedergelassen. Unsere besten Informanten waren nun auch die besten Missionsschüler. Wulf Schiefenhövel hatte sogar schon einen Brief in Eipo erhalten. In Dingerkon machte sich die neue Zeit nur bei einigen jungen Burschen bemerkbar, die Shorts trugen, nicht initiiert waren und zur Sonntags-

Alter Mann mit schöner Steinaxt. Den Kopf schützt ein Netz (Malingdam).

Vier Mädchen aus Malingdam, die mit weißer Tonerde ihren Bauch und die Oberschenkel schmücken.

schule gingen. Der Alltag blieb davon unberührt. Und wir waren dank Volkers Gegenwart in Dingerkon regelrecht zu Hause. Morgens kam Keblob, ein freundlicher Mann von etwa 55 Jahren, zu uns in die Hütte. Er brachte jedesmal gegarte Süßkartoffeln. Das war seine Spezialität. Er verteilte diese freundlichen Gaben ringsum. Man schätzte ihn deswegen und sagte, Keblob habe eine »gute Gartenseele«, denn er war fleißig und produzierte viel. Volker belauschte ihn bei Selbstgesprächen in seiner Hütte. Er überlegte laut, wen er wohl heute beschenken sollte. Nun, uns beschenkte er jeden Morgen.

Wir waren diesmal am verbalen Verhalten interessiert. Ich erwähnte schon, daß wir in Worten handeln können. Dabei befolgen wir die gleichen Regeln, die auch eine nonverbale Interaktion kontrollieren. Wir übersetzen gewissermaßen instinktives Verhalten in Worte.

Unsere Informanteninterviews ergaben aber auch auf der Ebene der Begriffsbildung und in der Symbolik der Metaphern überraschende Übereinstimmungen mit unserer Sprache, die wohl eine gemeinsame Wahrnehmungsweise und Gefühlswelt widerspiegeln, die auf gemeinsamem Erbe beruhen. Ein Mann von Ansehen und Rang ist zum Beispiel einer, dem »Blicke gegeben werden«: »Dildelamak«. Ein Häuptling ist also einer, der, wie wir sagen würden, »Ansehen genießt«. Nun weiß man aus der Primatenforschung, daß man den Rang eines Tieres am Verhalten der Gruppenmitglieder ablesen kann. Das Tier, das von den meisten anderen zur selben Zeit angeschaut wird, ist das ranghöchste. Es steht, wie der englische Verhaltensforscher Michael Chance beschrieb, im »Focus of Attention«.[101] Daß dies auch für Menschen gilt, haben an unserem Institut betriebene Forschungen von Barbara Hold im Rahmen unseres Kindergartenprojekts belegt. Die genannten verbalen Formulierungen drücken den gleichen Sachverhalt aus. Ranghohe stellen sich auch selbst in den Blickpunkt der Aufmerksamkeit, bei uns beispielsweise durch die Tischordnung. Der Ranghohe sitzt dort, wo er am besten von allen anderen gesehen werden kann. Oft sitzt er auch erhöht wie ein Richter oder früher ein Fürst. Und daß er symbolisch die anderen überragt, drückt sich auch in Worten aus. Er genießt hohes Ansehen, er ist erhaben und so fort. Umgekehrt hat jemand, der geringes Ansehen genießt, eine niedrige Stellung, eine niedere Gesinnung oder Herkunft. Auch diese Hoch-tief-Symbolik finden wir bei den Eipo. Leute von hohem Ansehen werden »dubnang«, »Gipfelleute« oder »Hochleute«, genannt. Die Kulturbringer der Mythologie kamen von den Bergspitzen herab.

Bei den Eipo gibt es ferner eine Rechts-links-Symbolik, die sich mit der unseren weitgehend deckt. »Sirik« heißt »rechts« und »saboka sirik« »der richtige Tabak«. Der Zusammenhang zwischen rechts, recht und richtig gilt ähnlich bei uns. Es darf hier wohl ein Zusammenhang mit unserer Händigkeit vermutet werden. Unsere Werkzeugkultur ebenso wie viele unserer Rituale basieren unter anderem auf der Konvention der Rechtshändigkeit, die wohl als stammesgeschichtlich gewachsene Konvention zu interpretieren ist. Die Selektion wurde sicher auch gefördert durch den kulturellen Druck, der rechts als gut und richtig bezeichnet.

Bemerkenswert ist die weitverbreitete Hell-dunkel-Symbolik. Fair steht im Englischen für anständig. Man hat das einmal rassistisch interpretiert. Ich vermute aber einen ganz anderen Zusammenhang, nämlich einen, der mit unserer Lebensweise als Tagwesen zu tun hat. Wir fürchten die Nacht, und das treibt uns dazu, die Sicherheit eines Heims aufzusuchen und dort die Nacht zu verbringen. Wir meiden das Dunkle. Der Tag dagegen ist die Zeit der Aktivität, die wir positiv begrüßen. Wir reden auch im Deutschen von einer strahlenden Persönlichkeit, einem sonnigen Gemüt, einem hellen Kopf. Unsere Interpretation wird dadurch gestützt, daß die dunkelhäutigen Eipo »korunye kanye« – »eine helle Seele« – sagen, wenn sie den Charakter einer Person als offen und strahlend kennzeichnen wollen. Und sie sagen »nani korunye« – »du mein Heller« –, wenn sie jemanden zärtlich begrüßen, »nonge kuni dongobnil« – »mein Rumpf ist mir verschattet« – heißt es dagegen, wenn sie bedrückt sind.

Heiliger Stein der Dani, den oder die mythische Kulturbringer(in) symbolisierend. Der Stein ist mit weiblichen (Binsenschürzchen) und männlichen Attributen (Orchideenbast) geschmückt. Diese Steine werden im Rahmen von Bestattungszeremonien zur Schau gestellt und auch ausgetauscht. Viele dieser Steine kommen von Yalemo. Nähere Erläuterungen im Text.

Zum Kannibalismus befragt, erklärten sie uns, man tue das gar nicht gern, aber man müsse an diesem gemeinsamen Mahl teilnehmen. Es wurde dabei offenbar, daß man auf diese Weise eine bedrückende Schuldlast verteilt. Wir erhielten Einblick in Vorstellungen der Eipo von gut und böse, von Schuld und Sühne, Liebe und Haß. Sie waren nicht sehr verschieden von den unseren, ja, ihre Leidenschaften waren die gleichen. Deshalb wohl kamen wir einander auch nahe, und deshalb bewegt uns das weitere Geschick unserer Freunde.

Wenige Monate nach meiner Rückkehr besuchte Volker Heeschen erneut Dingerkon. Er schrieb: »Die alten Zeiten sind dahin. Die Netze und Heiligtümer wurden im Dezember verbrannt.« Aber einige Heiligtümer hatten sie heimlich aufbewahrt für uns, ein heiliges Netz, einen merkwürdig glatten, farbig geschichteten Stein, Sago und Sagoblätter aus uralten Zeiten und anderes mehr. Sie wußten, daß wir – anders als die Fundamentalisten – dieses Erbe wahren würden, so, wie wir auch ihre Sagen und Lieder, deren sie sich heute fast schämen, aufbewahren für die Zeit, in der sie in ihrer kulturellen Identität hoffentlich wieder einen Wert sehen.

Sie hielten uns für Geister

Bei den nördlichen Mek-Leuten im zentralen Westguinea

Wir waren seit zehn Stunden unterwegs. Wir, das waren Volker Heeschen und Wulf Schiefenhövel sowie Stef Manufandu, ein Missionsangehöriger von der Insel Biak von der Nordküste Neuguineas, der für seine Einsatzfreude und seinen Mut bekannt war, dann Silas und Lewi, junge Männer aus der Gegend von Kosarek, schließlich Kensae aus dem Dorf Damaksin, der in diesem vor uns liegenden, unbekannten Gebiet Verwandte haben sollte, und ich. Vor uns lag ein kleines Gartengelände mit einer einzigen Hütte, der erste Hinweis, daß wir seit unserem Aufbruch von Damaksin am Morgen wieder in die Nähe bewohnter Gebiete gekommen waren. Wir waren jetzt weniger darauf gespannt, auf Menschen zu treffen, Menschen, vor denen uns die Leute von Damaksin, unserem Basislager, in den letzten Tagen mehrfach gewarnt hatten, weil diese uns für Geister halten und zurücktreiben würden. Es ging vielmehr zunächst darum, ein trockenes Plätzchen für die Nacht zu finden. Nach einem sonnigen Morgen und einer wunderschönen Wanderung durch kühle Flußtäler und über schattige Grate waren wir eine fast senkrechte Flanke in das unbekannte Tal im Norden heruntergestiegen, mehr auf dem Gesäß rutschend, als mit den Beinen balancierend, die Lianen ergreifend, die an den steilsten Stellen die einzige Sicherung boten. Der Regen hatte uns überrascht, das Wasser stand uns nun in Taschen und Socken, selbst die Unterhosen waren durchnäßt. Aber in dieser Hütte, die vor uns lag, würden wir alle kaum Platz für ein Lager finden. Da sahen wir jenseits des Gartengeländes, jenseits einer kleinen Schlucht, ein anderes Haus. Silas und wir drei Weißen machten uns auf den Weg, um dort zu übernachten. Wir öffneten die Planken vor dem Eingang des wohlverschlossenen Hauses, zwängten uns durch das enge Loch des auf Pfosten ruhenden Fußbodens und waren stumm vor Erstaunen: Im Licht unserer Taschenlampen erblickten wir drei kelabi, heilige Schilde. Wir waren in ein sakrales Männerhaus eingedrungen! Von den anderen Gegenden Neuguineas her wußten wir, daß das vielleicht nicht ohne weiteres erlaubt sein würde.

Die Bewohner des Intals unterscheiden sich von den von uns neu kontaktierten Lauennag durch ihre Bekleidung: Ihre Rotangürtel sind übertont wie auch ihre Peniskalebassen. Bereits auf dieser Kulturstufe sind also »modische Torheiten«, durch die man sich voneinander absetzt, zu erkennen.

Auch in Eipomek, wo wir 1974 unsere Forschung in diesem Teil Westneuguineas begonnen hatten, konnten wir nicht von Beginn an in die Männerhäuser eintreten. Wir mußten gleichsam kleine Initiationen hinter uns gebracht haben, sei es, daß wir einmal in dem Männerhaus geschlafen, sei es, daß wir unsere westliche Kleidung weitgehend abgelegt hatten, um den Zutritt zu den Männerhäusern zu erhalten. Wir wußten, daß der Verletzung von Tabus Krankheit, Tod, Mißernten und zerstörende Erdbeben zur Last gelegt wurden. Wir wußten auch, daß man uns möglicherweise mit den christlichen Missionen in Verbindung bringen würde, die in anderen Gebieten des Hochlandes die alten Heiligtümer verbrannt hatten, was in etwa die Auswirkungen gehabt haben mußte wie Bonifazius bei den heidnischen Germanen mit dem Fällen der heiligen Eiche.

Von der Sorge der Einheimischen um die Bewahrung ihrer Kultur hatte Volker Heeschen während seiner drei Aufenthalte in Damaksin vor diesem Besuch erfahren. Im März 1980 hatten die Leute in einem der Dörfer einen Abwehrzauber aufgebaut. Nach dem Sinn der Zeichen gefragt, antworteten sie, dieser Abwehrzauber versetze sie in die Lage, die Fremden zu töten, wenn diese daran gingen, ihre Dinge zu verbrennen. Im Sengtal wurden 1968 zwei Missionare mit Pfeilen erschossen, denen der Ruf vorausging, daß sie alles Alte verbrennen würden. Aus der gleichen Befürchtung heraus wehrten die Leute von Kosarek, die In, die ersten Kontaktversuche ab. In Nipsan wurden im Mai 1974 dreizehn Evangelisten getötet, weil sie Tabus verletzt, darüber hinaus aber auch die Eigentumsrechte an Gärten mißachtet und sich an den Frauen der Nipsan-Leute vergriffen hatten.

Die ersten Kontakte zu dem unbekannten Gebiet im Norden von Kosarek und Nipsan waren schwierig. Kunde von dieser Region hatte man zuerst im Jahr 1974 erhalten. 1976 versuchte die evangelische Kirche Irian Jayas (Westneuguineas) in das Gebiet einzudringen. Nalik, Evangelist in Welarek und Kontaktmann zum neuen Gebiet, erzählte: »Am Samstag, 27. März 1976, sind wir neun Stunden gelaufen. Wir übernachteten im Wald in der Nähe des Gartengebiets der Keleka-Leute. Am Sonntagmorgen war alles neblig. So kamen wir im Schutz des Nebels nahe an das Dorf Keleka. Dann war der Nebel weg. Im Gartengebiet sahen wir einen Steinhaufen und das aufgeschichtete Holz. Das war ein Zeichen der Keleka-Leute, welches bedeutete, daß sie jeden Eindringling kochen und essen wollten. (...) Ich versuchte, mit dem Häuptling zu reden. Ich rief ihm zu: ›Wir bringen euch Beile und Buschmesser, wir sind eure Freunde! (...) Wollt ihr, daß wir zu euch kommen?‹ Darauf rief er zurück: ›Warum kommt ihr? Wir wollen euch nicht. Steine und Holz haben wir schon bereit, es fehlt uns nur noch das Fleisch. Jetzt werden wir euch abschießen!‹ Bei diesen Worten flogen auch schon die Pfeile um mich herum. Ich schrie den anderen zu, die hinter mir standen: ›Werft alles Gepäck weg und lauft, lauft!‹ Dann sind wir um unser Leben gerannt.«

Weitere Kontaktversuche im Jahr 1978 schlugen fehl. Ein anderer Vorstoß im Mai 1979, den Leuten auf rasche Weise Frieden und Evangelium zu bringen, scheiterte ebenfalls. Man müsse noch diese oder jene Fehde beenden, dann könne man sich den neuen Dingen widmen. Im März 1980 war es dann soweit: Volker Heeschen und Pastor Ohnesorge konnten eine Woche in Damaksin bleiben, wohl vor allem deswegen, weil sie in einer kleinen Gruppe kamen, die Einheimischen also keine Angst vor einem Überfall haben mußten. Denn Sorge und Furcht schlagen rasch in Feindseligkeit um, wenn zu viele Leute kommen. Mit Sorge und Furcht wird zwar auch die Annäherung von nur wenigen Fremden zunächst argwöhnisch betrachtet, doch ist die Schutzlosigkeit der Ankömmlinge so offenkundig, daß die Reaktion der Einheimischen bald von Neugier und Gastfreundschaft geprägt wird.

Auch wenn wir hier vielleicht mit der Übernachtung in einem sakralen Männerhaus ein Tabu verletzt hatten, hofften wir auf freundliche Kontakte mit den Bewohnern dieser unberührten Gegend. So verschwand denn unsere anfängliche Beklemmung, die vor allem durch die überraschende und fast unwirkliche Begegnung mit den heiligen Schilden hervorgerufen worden war. Volker war froh darüber, endlich das in unverstellter Unberührtheit zu sehen, worüber er in Kosarek soviel aus Erzählungen und Berichten der alten Männer erfahren hatte. Die Augenscheinnahme war ihm versagt geblieben, da die In ihre Dinge vor seiner Ankunft verbrannt hatten. Es blieb uns an diesem Abend genug Zeit, um unseren bisherigen Weg in den Norden von Kosarek und Nipsan zu überdenken. Es war der sechste Tag im Norden der Mek und der erste Tag auf dem Weg in ein gänzlich unberührtes Gebiet.

Am 5. Oktober 1981 waren wir mit einem Hubschrauber von der kleinen Station Kosarek in einem weniger als zehnminütigen Flug an die Nordgrenze des seit wenigen Jahren kontaktierten

Bereiches geflogen. In Kosarek lebte Volker Heeschen seit mehr als zweieinhalb Jahren als Linguist, Leiter der Poliklinik und Verantwortlicher für die Ausbesserungsarbeiten an der steilen, von heftigen Regenfällen immer wieder ausgewaschenen Landepiste. Von dort brachte uns der Hubschrauber nach Damaksin, eine Strecke, für die wir später, nach unserem Besuch im Norden, drei Tage benötigen sollten. Volker, der die Sprache der Bewohner des Intals, der Gegend um Kosarek, inzwischen gut beherrschte, war mit dem ersten »shuttle« geflogen, auch deswegen, weil er ja bereits einige der Einheimischen kannte. Es hatte sich schon bei früheren Besuchen herausgestellt, daß die Bewohner des Kelekatals fast die gleiche Sprache wie die In sprechen. Beim zweiten Flug war ich dabei; um die Reaktion der Einheimischen zu filmen.

Zunächst hatten die Lauenang Angst, dann überwanden einige Männer und Frauen ihr anfängliches Mißtrauen. Vertrauensarbeit leisteten wohl unsere Führer, die den Lauennang gegenüber auch die medizinischen Taten meines Mitarbeiters Wulf Schiefenhövel gepriesen hatten.

Diese halfen uns bereitwillig, unsere Rucksäcke und Aluminiumkisten in das nahegelegene Dorf zu tragen. Wir fragten wiederholt nach dessen Namen, bekamen aber in den ersten Tagen keine oder nur ausweichende Antworten. Fremden gegenüber offenbart man sich nicht so schnell, vor allem nennt man keine Namen, denn mit deren Kenntnis hätte der Fremde Macht über das, was der Name nach Auffassung der Einheimischen in einer mehr als symbolischen Weise bezeichnet. Ganz ähnlich war es uns in den ersten Wochen im Eipomektal ergangen, wo wir im Juli 1974 nach sechstägigem Marsch ankamen und unsere Forschungsarbeiten begannen. In den Kladden, in denen Wulf Schiefenhövel die von ihm durchgeführten ärztlichen Behandlungen vermerkte, finden sich bei den Einträgen der ersten Zeit immer wieder Worte wie »Nasigom«, »Nawalwal«, »Naurang«. Später erfuhren wir, was die Namen bedeuteten: »Ichhabekeinennamen«, »Ichhabekeineahnung«, »Ichbineinanderer«. Einige der damals behandelten Patienten waren von vornherein mutig gewesen und hatten ihren wirklichen Namen preisgegeben, die anderen verloren erst nach und nach die Befürchtung, daß der weiße Heilkundige mit ihrem Namen, einem wesentlichen Stück ihres Ichs, Mißbrauch treiben würde.

Nach etlichen Tagen waren auch die Leute in Keleka weniger ängstlich und verrieten den Namen ihres Dorfes: Damaksin. Hangabwärts von dieser Siedlung, von deren vierzehn Häusern eines verfallen und einige unbewohnt waren, hatten wir unser Lager aufgeschlagen. Es fand sich eine halbfertige, aber bereits mit einem Blätterdach versehene Hütte ohne Seitenwände, die uns eine fast ideale Unterkunft bot, besonders da wir unser Zelt gleich daneben aufstellen konnten. Das Beste an diesem Platz war eine Quelle, die mit kräftigem Strahl nur wenige Meter entfernt aus einer abschüssigen Stelle in einen kleinen Bach plätscherte. Die Temperaturen sind hier viel höher als im zentralen Bergland, wo es nachts mit elf oder zwölf Grad empfindlich kalt sein kann und wo auch die Tagestemperaturen bei längerer Sonnenscheindauer nicht höher liegen als an einem Sommertag in Deutschland.

In Damaksin, das 600 Meter über dem Meeresspiegel liegt, ist die Quelle der wichtigste Teil des Lagers. Die Bewohner Damaksins, besonders die Frauen und Mädchen, waren meist scheu. Wenn wir uns näherten, wandten sie sich ab oder verbargen sich im Inneren der Rundhütten. Diese Scheu zeigten sie nicht gegenüber unseren beiden Helfern aus Kosarek, Lewi und Silas. Obgleich beide ebenfalls geisterhafte Merkmale an sich trugen, nämlich westliche Kleidung, hatten sie sich durch den Umstand, daß sie als Papuas zu erkennen waren und die gleiche Sprache sprachen, schnell mit den Leuten von Damaksin über die Gemeinsamkeiten ihrer Kultur, Religion und täglichen Arbeit verständigt und dadurch bald Kontakte geknüpft. Einige Damaksinang gaben sich weltmännisch. Sie zeigten keine Furcht mehr und betonten ihre Kontakte mit den Botschaftern einer neuen Kultur. Silas beobachteten wir dabei, wie er mit einem einheimischen Mädchen flirtete. Als Zeichen ihrer Gunst erhielt er ein kleines Netz.

Die Bewohner von Damaksin versuchten offenbar, neben der ärztlichen Hilfe alles, was an Neuem und Wertvollem über den Hubschrauberlandeplatz in diese Gegend gelangte, für sich zu behalten. Das war der Grund, warum wir trotz allen Bemühens keine Führer fanden, die willens waren, uns weiter nach Norden zu bringen. Der Sack mit den Buschmessern und Beilen, den die Einheimischen trotz der guten Verpackung längst wahrgenommen hatten, sollte nicht in eine andere Gegend gelangen. Kaum, daß man Furcht und Sorge vor den Ankömmlingen bezwungen hatte, zeigten sich Pragmatik und Geschäftstüchtigkeit: Die Güter, die gebracht wurden, wollte man selbst verbreiten und sich dafür andere Dinge einhandeln. Aus dem gleichen geschäftstüchtigen Geist heraus sollten die Damaksin-Leute später sagen, daß der Flugplatz der Mission bei ihnen gebaut werden müsse: Der Erscheinungsort der neuen Kultur, die Flugpiste, in der Sprache der Mythen der neue Medowal, sollte von ihnen allein gebaut und »gemanagt« werden.

Nach einigen Tagen der erste Hoffnungsschimmer: Wir konnten die Erkundung der vermutlichen Nordgrenze des Mek-Gebiets vielleicht doch noch durchführen. Nachdem sich Wulf Schiefenhövel morgens früh den Rucksack mit etwas Verpflegung und dem Bergseil (zur Überquerung von reißenden Gebirgsflüssen) geschultert und das Dorf in nördlicher Richtung verlassen hatte, raffte sich Silas, der zuverlässigere der beiden In-Männer, auf, rannte hinter ihm her und beteiligte sich an der Suche nach dem Pfad zu den Dörfern im Norden. Nach zehn Minuten – die Damaksiner hatten offenbar erkannt, daß es uns ernst mit unserem Vorhaben war – gesellte sich einer von ihnen dazu, ein muskulöser junger Mann, Pfeil und Bogen in der einen, ein Buschmesser in der anderen Hand. Als sie einige Stunden durch das kieselbedeckte Bett eines Bergbachs marschiert, durch den hüfthohen Kelekafluß gewatet waren und sich den Weg durch das hohe scharfkantige Gras der Sekundärvegetation gebahnt hatten, lehnte es der junge Mann zum erstenmal ab weiterzugehen. Erst nach gutem Zureden war er bereit, den weiteren Verlauf des Wegs zu zeigen, der im Notizbuch festgehalten wurde, damit wir ihn eventuell später auch allein finden konnten. Bei einer unbewohnten Gartensiedlung machte er dann endgültig halt. Wulf mußte umkehren, da er die Fortsetzung des Pfades weiter nach Norden ohne Hilfe nicht entdecken konnte.

Dieser zunächst erfolglose Erkundungsmarsch hatte einen unverhofften positiven Effekt: Am nächsten Morgen waren einige Männer aus Damaksin bereit, mit uns nach Norden aufzubrechen. Zwei kehrten auf der Paßhöhe um, sie fürchteten sich. Wie wir später erfuhren, waren die Damaksin-Leute mit ehemaligen Freunden in der nördlichen Gegend verfeindet. Nur noch Kensae war bei uns.

Die Kelabi, Garanten der Fruchtbarkeit in den Gärten, standen wie Wächter über unserer Schlafstatt. Ihr großflächiges Relief, mit Kalk und Ocker weiß und rot bemalt, wurde durch den flackernden Schein der Kerze, unserer einzigen Lichtquelle, belebt und wirkte fast ein wenig unheimlich. Gleichzeitig war es beruhigend, sich in der Nähe von etwas Heiligem in die Schutzlosigkeit des Schlafes sinken zu lassen, etwa so, als würden wir die Nacht im Altarraum einer Kirche verbringen.

Am nächsten Morgen, es war Sonntag, der 11. Oktober 1981, begrüßte uns ein strahlend blauer Himmel. Um keine größeren Steigungen bewältigen zu müssen, bewegten wir uns zunächst am Fuß eines Bergmassivs, wo wir lediglich einige kleinere Flußtäler zu überwinden hatten. Nach einiger Zeit vermuteten wir, in die Nähe einer größeren Siedlung gelangt zu sein, weil wir immer häufiger auf Gartengelände stießen, die es zu durchqueren galt. Es war die übelste Wegstrecke dieser Marsches, weil sich hier gefällte Baumstämme türmten und man auf schmalen, moosbewachsenen, oft schlüpfrigen Baumstegen balancieren mußte. Überall wuchs Dornengestrüpp, in das wir, anders als unsere kleinen und leichten Begleiter, immer wieder einbrachen. Unsere Spannung wuchs. Auch unser Führer Kensae schien etwas beunruhigt. Er ging immer voraus, weil er offenbar überlegte, wie er

Im Vergleich zu den Bewohnern des Intals sind die Rotangürtel der Lauenang schmal und die Peniskalebassen kurz.

die schwierige Annäherung mit den ungebetenen Gästen einleiten sollte. Nach etwa drei Stunden kamen wir an einen größeren Fluß. Kensae bedeutete uns zu warten. Er wollte versuchen, seine

Verwandten auf unser Kommen vorzubereiten. Wir gaben ihm die Botschaft mit, daß wir nur wenige seien, daß von uns keine Gefahr ausgehe, daß wir seinen Leuten medizinisch helfen, mit ihnen Freundschaft schließen und einige Geschenke tauschen wollten. Wir seien nicht diejenigen, die ihre Heiligtümer verbrennen würden, im Gegenteil, wir würden ihre Dinge achten und ehren.

Wir badeten, aßen und rauchten. Man blickte zur Uhr. Wie lange würde es noch bis zu der Siedlung sein? Würden wir erst in der Dämmerung dort ankommen? Aber dann, nachdem wir etwa eineinhalb Stunden gewartet hatten, tauchte Kensae plötzlich wieder auf, er lächelte, offenbar befreit von der Last, ungebetene Gäste angekündigt zu haben. Er sagte, daß wir in sein Dorf gehen dürften, man würde uns dort mit Speisen aus einem Erdofen bewirten. Die Spannung, die sich auch unserer Helfer aus Kosarek bemächtigt hatte, machte sich bemerkbar, als Silas aufsprang und rief: »El wali sidik« – »er (Kensae) ist wahrhaftig gut« –, was soviel heißt wie: »Das hat er wirklich klasse gemacht.« Wir überquerten den Fluß, liefen durch einen kleinen Auwald, dann ging es einen Nebenfluß hinauf. Es war so, als wenn wir zu einer mittelalterlichen Festung aufsteigen müßten, denn der Fluß hatte steile Felsufer. Wir durchschritten ein Felstor nach dem anderen. Es war nichts zu sehen. Aber dann verließen wir den Fluß, balancierten wieder mühsam aufwärts durch ein Gartengelände, über Gestrüpp und Baumstege. Am oberen Ende des Gartens saß ein Mann und beobachtete unsere Formation, die sich im Gänsemarsch auf ihn zubewegte. Scheinbar gelassen saß er da, aber ebenso wie bei allen anderen, denen wir an diesem und am morgigen Tage begegnen sollten, zeigte sich doch die Spannung – zum einen warf er uns nur flüchtige Blicke zu, und zum anderen konnte er seine heftige Atmung nur mühsam zurückhalten. Der Gesichtsausdruck des Mannes war beherrscht, er maskierte seine Erregung. Nur feine Schweißtröpfchen auf der Stirne verrieten seine Spannung.

Imponieren gehört neben freundlichen Akten der Zuwendung zum Repertoire des Grüßens. Und imponierend gab sich auch dieser Mann mit entschlossenem, keinerlei ängstliche Erregung verratendem Gesichtsausdruck, gelassen hockend, mit leicht gespreizten Beinen auch seine Penishülle präsentierend. Wir lächelten ihm zu, er erhob sich – ohne Gegenlächeln – und führte uns in eine kleine Siedlung, die aus drei Häusern bestand. Jenseits eines kleinen Hügels sahen wir ein größeres Dorf. Es war die alte, uns vertraute Regie. Man geleitete uns dorthin, wo nur wenige Menschen waren. Während die Leute hier sozusagen den Kontakt mit uns erproben konnten, sahen wir in der entfernteren, größeren Siedlung ab und zu einen Menschenkopf hinter den Hauswänden hervorlugen, bald zwei, drei Menschen zwischen den Häusern stehen und zu uns herüberblicken. Aber so groß konnte die Angst nicht sein, die die Leute hier vor uns haben mochten, denn wir entdeckten bald Frauen. In diesem Teil Westneuguineas hält man die Frauen bei der Annäherung von Bedrohlichem sorgsam versteckt.

Volker erklärte noch einmal unsere guten Absichten, aber besser, als die verlegene Spannung durch Reden zu überwinden, waren kleine Gaben, die wir anboten: Salz und Tabak. Es stellte sich heraus, daß die Leute Salz nicht kannten. Zusammen mit den Steinbeilen, die von allen benutzt wurden, war das ein untrügliches Indiz dafür, daß die Gegend noch keine Kontakte mit akkulturierten Gegenden gehabt hatte. Dann überreichten wir zwei Buschmesser und zwei Stahläxte als Geschenk. Auch hier zeigte sich etwas Wesentliches: Sie ließen keine überwältigende Freude erkennen, ein leichtes Lächeln glitt über ihre Lippen, dann nahmen sie die Gaben ohne Kommentar an. Unser Erdofen war gegen fünf Uhr fertig. Wir aßen daraus Süßkartoffeln und Gemüse, beträufelt mit dem roten Saft der Pandanus conoideus, einer Delikatesse des einheimischen Speisezettels. Eine der Strategien, freundlichen Kontakt zu knüpfen, ist es, mit den Einheimischen das zu essen, was normalerweise auf ihrem Speisezettel steht, und seien es liebevoll zwischen den Fingern geknetete Häppchen eines schmierigen, fädenziehenden Gemüses mit einer Einlage von Spinnen und Insektenlarven. Volker und Pastor Ohnesorge wunderten sich 1980 darüber, daß ihnen nie Süßkartoffeln und solche liebevoll gekochte Häppchen angeboten wurden. Sie fragten danach und erhielten zur Antwort, daß sie ja wohl Geister seien und diese Speisen nicht zu sich nähmen. Was lag näher, als nun betont nach eben diesen Speisen zu verlangen, um damit unsere Menschlichkeit zu beweisen. Außerdem war es überall die ärztliche Behandlung, die schnell ein Freundschaftsband knüpfte – dem man Böses will, den heilt man nicht.

Dann begannen wir in der Abenddämmerung unser Nachtlager herzurichten. Es kamen noch mehrere Männer, offenbar aus anderen Dörfern, die hier zu Gast waren, die die seltsamen Neuankömmlinge bestaunen wollten. Auf unser direktes Befragen, woher sie kämen, welche Dörfer es noch gebe, erhielten wir ausweichende Antworten; wir überließen es Silas und Lewi, eventuell weitere Informationen einzuholen. Wir schliefen im unteren Stockwerk auf bloßer Erde, während Stef sowie einige der Gastgeber sich im oberen Stockwerk einrichteten, wo es etwas beengter war. Der Eingang führte über das Parterre, die Raumhöhe ist hier etwa 1,20 Meter, in das obere Stockwerk, den eigentlichen Wohn- und Schlafraum. Dazu mußte man sich durch ein schmales Loch im Boden des oberen Stockwerks hinaufwinden. Verteidigungstechnisch ist diese Konstruktion sinnvoll: Angreifende Feinde können nur einzeln eindringen. Nun, in der abendlichen Runde, brach die lange aufgestaute Neugier durch. Lewi und Silas wurden regelrecht ausgequetscht, befragt über die Welt jenseits der den Lauenang bekannten Berge. Dabei hatten die beiden auch Gelegenheit, Fragen zu stellen, die uns interessierten. Die Einheimischen wollten wissen, auf welchem Weg wir gekommen und wie lange wir schon in der Gegend seien. Lewi antwortete, wir kämen von weither, wo die Sonne nicht so oft scheine, wo es kälter sei, so daß wir uns angewöhnt hätten, Kleidung zu tragen. Lewi fügte noch hinzu, daß unsere Haut verschieden, Verstand und Herz bei Schwarz und Weiß aber gleich seien. So hatten wir es auch unseren Freunden in anderen Gebieten des Hochlandes von Neuguinea gesagt. Aber ein Rest von Mißtrauen war wohl noch vorhanden, denn im Verlauf ihrer Geschichte hatten die Menschen dieser Region bisher keine Erfahrung gemacht mit Menschen, die anders sprachen und aussahen. Die Welt des Menschlichen, Verstehbaren, Überschaubaren hörte mit der Welt der eigenen Sprache auf, gewöhnlich jenseits des zweiten oder dritten Gebirgszugs, das heißt nur wenige Tagesmärsche entfernt.

Wir fragten uns, was in den Gehirnen dieser Menschen vorgehen mochte. Was dachten sie über uns, wofür hielten sie uns bei unserer Ankunft? Wir erfuhren es im Lauf des Gesprächs von unseren Begleitern. Die Lauenang hielten uns für Geister! Das überrascht zunächst, aber es entspricht offenbar einer in Neuguinea weitverbreiteten Vorstellung.

Als die ersten weißen Pflanzer und Patrouillenoffiziere vordrangen in das vergleichsweise dicht bevölkerte Inland des Ostteils der Insel Neuguinea, des jetzigen Papua-Neuguinea, in damals völlig unkontaktiertes Gebiet, hielten die Einheimischen die fremden Besucher für Geister. Der britische Neuguineaexperte Andrew Strathern, der viele Jahre bei den Medlpa am Fuß des Hagenbergs gelebt hat, berichtete uns von den jetzt noch lebendigen Erinnerungen der Einheimischen an die erste Kontaktsituation. Da die Bewohner des Wahgitales davon überzeugt waren, daß Geister keinen Geschlechtsverkehr haben können, schickten sie ihre Frauen zu Testzwecken vor. Die australischen Haudegen gingen auf das Angebot ein. Von diesem Zeitpunkt an verloren die Einheimischen einen großen Teil ihrer Furcht vor den fremden Wesen, die sich als ausgesprochen menschlich erwiesen hatten.

Andrew Strathern meinte lächelnd: »These people are very experimental«, sie hätten ihre Frauen den fremden Besuchern vor allem deswegen angeboten, um an deren begehrenswerte Güter heranzukommen. Auch das sei keine ungewöhnliche Verhaltensweise für einen Hochländer: »The road of wealth leads through a woman's vagina« – »der Weg zum Reichtum führt durch die Scheide der Frau«. Diese Erkenntnis habe von alters her bei ihnen bestanden. Daß man die ersten Weißen allgemein und auch uns in diesem neuen Gebiet für Geister hielt, hört sich dramatisch an, entspricht aber einem Muster in diesem Teil der Welt. Aber wir konnten mit dem pragmatischen Verstand der Leute rechnen, wurden doch die Geister überall auch an dem gemessen, was sie mitbrachten, zum Beispiel an den Stahläxten, an Reis, Fisch usw. In diesem Tal Westneuguineas, bei den Leuten von Nipsan und den In, hat es noch eine besondere Bewandtnis mit dem Glauben, daß die Weißen Geister seien. Nach den religiösen Vorstellungen tauchte der erste Mensch, der Ahnherr der jeweiligen Clane, der Kulturbringer, auf einem Berg auf. Er kam unter Gedröhn und entsetzlichem Tosen durch die Luft. Zusammen mit ihm die Kelabi, die Zeremonialschilde, und an der Stelle, an der er sich niederließ, dem Medowal, der Pflanzstätte der Kulturpflanzen, dem Erscheinungsort aller Kulturgüter und der Menschengeschlechter, war das Wichtige, das Grundlegende, die Lebensgrundlage, wie es in der Sprache heißt, mit einem Mal da: die politische Organisation, der Gartenbau, die Männerhäuser, Zeichen für dieses Auftauchen der Kultur aus dem Nichts, aus der Natur, war das gewaltige Dröhnen. Nun kamen die ersten Weißen mit Flugzeugen in diese Gegend. Als die Flugzeuge über die Täler flogen, dachten die Menschen, der Medowal sei wieder da. Auch wir waren von Kosarek aus nach Damaksin mit dem Hubschrauber geflogen, wohl wissend, daß dies für die Hochländer keine menschliche Annäherung war. Aber wir standen unter Zeitdruck, und wir hatten die Hoffnung, daß wir die Bewohner dieser Gegend redend und gabenbringend von unserer Menschlichkeit würden überzeugen können.

Die Lauenang waren vor allem an den Dingen interessiert, die wir mitgebracht hatten. Die beiden Kosarek-Helfer berichteten davon, wie die ersten Weißen in ihre Heimat gekommen waren. Leider habe man sie zunächst zurückgeschlagen, aber dann, bei einer zweiten Annäherung, habe man begutachtet, was sie mitgebracht hatten: Töpfe, Stahläxte, Buschmesser, Fleisch aus der Dose, Fisch und Reis. Man habe eingesehen, daß gewisse Dinge brauchbar seien, und dann den Fremden die Erlaubnis gegeben, wiederzukommen. Möglicherweise hatten die ersten Evangelisten der Mission diese Erlaubnis als eine Hinwendung zur neuen Religion aufgefaßt, vielleicht mit einer gewissen Berechtigung, weil das »tägliche Brot«: Sago, Schweinefleisch, Süßkartoffeln, Taro usw. ja Bestandteil der Mythen ist und in sakralen Zeremonien vererbt wird; das erste Erscheinen dieser Dinge in der Urzeit der Lebewesen, die Ankunft des Ahnherrn aus den Bergen und die Schaffung der ersten menschlichen Wesen stehen im Zentrum der Religion dieser Menschen.

Lewi und Silas wurden gefragt, warum sie Kleidung trügen. Sie antworteten, daß eigentlich zwischen Kosarek und Laue keine so großen Unterschiede bestünden, daß die meisten Frauen mit dem bele, dem Grasröckchen, und die Männer mit dem bolak, der Peniskalebasse, bekleidet seien. Ein Unterschied bestehe darin, daß die Leute hier in Laue, in Damaksin sowie im ganzen Osten mit sehr eng geschnürten schmalen Rotangürteln bekleidet seien, während die Kosarek-Männer von den westlich benachbarten Yali die Mode immer länger und damit unpraktisch werdender Rotangürtel übernommen hätten. Wieder brach eine der heimlichen Sorgen der Lauenang durch: Ob wir denn ihre Heiligtümer verbrennen wollten? Nein, hieß es, sie, die Kosarek-Leute, hätten es zwar getan, aber die Weißen seien dagegen; sie hätten sehr über die Verbrennung geschimpft und nicht verstanden, warum das überhaupt geschehen sei. Die beiden jungen Männer aus Kosarek begannen Gemeinsamkeiten mit den Lauenang zu entdecken. Man erzählte von Tanzfesten, Handelspartnern, Handelswegen.

Dann kam das Gespräch auf die sakralen Tanzweisen, die bei den Initiationen und Ritualen zur Abwehr von Hungersnöten und Heilung von Krankheit gesungen werden. Auch hier ergab sich eine Gemeinsamkeit mit den anderen Mek-Gruppen: Die Initiation (kwit), die die Knaben im Alter von etwa drei bis zehn Jahren durchmachen. Sie werden nachts von der Mutter aus dem Kreis der Frauen heraus in das Männerhaus geführt. Sie müssen einige Mut- und Belastungsproben bestehen, Scheinangriffe der Erwachsenen tapfer über sich ergehen lassen und während einer ganzen Nacht aufrecht im Männerhaus stehen. Dazu gehören ferner Säuberungszeremonien, etwa das Wälzen morgens im taufeuchten Gras, das Abreiben des Gesichtes mit bestimmten Blättern und das Auftragen von Schweinefett, sowie Ocker-Reinigungszeremonien, wie sie in vielen Kulturen Bestandteil religiöser Handlungen sind. Dann folgt eine zeremonielle Mahlzeit mit bestimmten Speisen. In diesen »rites de passage« werden die Knaben in die Männergesellschaft aufgenommen, erfahren deren Geheimnisse, erhalten Kenntnis der Tabunamen und werden immer wieder gemahnt, daß die Frauen und Mädchen niemals etwas von der Initiation und ihren einzelnen Bestandteilen erfahren dürften.

Am nächsten Morgen gelangten wir zu dem größeren Dorf, das wir schon am Tag zuvor gesehen hatten. Man sagte uns, daß viele Leute im Wald seien, vielleicht eine entschuldigende Erklärung dafür, daß etliche sich nicht getraut hatten, uns aus der Nähe zu betrachten. Immerhin lächelten uns diejenigen, die in demselben Haus mit uns geschlafen hatten, an diesem Morgen an, begutachteten die Buschmesser und Stahläxte und wiesen höflich darauf hin, daß sie noch Steinbeile trugen. Sie begleiteten uns auf dem Weg zwischen den beiden Dörfern, und wir waren sicher, daß sie später stolz über die ungewöhnliche Begegnung mit den Weißen berichten würden, stolz, weil sie die Furcht besiegt und es gewagt hatten, einer der natürlichsten menschlichen Regungen, der Neugier, nachzugehen. Im großen Dorf trafen wir dann aber doch auf etliche Menschen, vor allem Frauen, die sich zunächst versteckt hielten, dann aber zaghaft hervorkamen, auf Männer, die ihre kranken Kinder brachten, junge Mädchen, die sich behandeln lassen wollten, und Knaben, die auch hier wie bei allen unseren Feldaufenthalten, ihrer Neugier am ehesten folgten und bereitwilliger als andere Scheu und Distanz aufgaben.

Als wir aufbrachen, fragten wir, ob wir wiederkommen dürften. »Od yalulom«, war die Antwort: »In Ordnung, kommt.« Nach unserem Besuch wird man sicherlich diskutiert haben, ob man von weiteren Besuchen profitieren würde oder Schaden erwarten müsse. Wie überall in Neuguinea ist es wohl auch hier so, daß Wissenschaftler langfristig freundschaftlich behandelt werden, denn sie wollen ja, im Gegensatz zu Missionaren oder Regierungsbeamten, nichts an den bestehenden Verhältnissen ändern, im Gegenteil, sie wollen diese dokumentieren, ihren Sinn, ihre Angepaßtheit untersuchen. Die Bevölkerung merkt zumeist, daß das Interesse der Fremden echt ist, daß sie die fremde Sprache lernen, sich nicht in Missions- oder Regierungsstationen abschließen, sondern im Dorf leben, die Speisen der Einheimischen essen und an der Aktivität der Gemeinschaft, an Tanz, Trauer, Diskussion und Zeremonie, teilnehmen und sich bemühen, Normen und Regeln des Lebens ihrer Gastgeber zu verstehen, indem sie alles aufschreiben oder auf Tonband aufzeichnen. Man stellt fest, daß die Gäste mit ihren Notizen über abrufbares Wissen verfügen, auch von solchen Begebenheiten, die andere bereits vergessen haben mögen.

Bis zum Paß jenseits des Männerhauses, in dem wir übernachtet hatten, begleiteten uns einige Lauenang-Männer und trugen unsere Rucksäcke. Der Paß ist die Grenze zum Wald- und Jagdgebiet der Leute von Damaksin, der Feinde von Lauenang. Nach einer Rast und einem letzten Plausch verabschiedeten sich unsere Begleiter und machten sich an den steilen Abstieg. Kurze Zeit später riß die Wolkendecke etwas auf. Uns bot sich ein unverhoffter Ausblick: Wir konnten bis weit in den Norden schauen, bis zum Mamberamo, dem größten Strom Irian Jayas, der die Flüsse nördlich der großen Zentralkette aufnimmt. Zwischen den Lauenang, die wir besucht hatten, und dem großen Fluß dort oben im Norden soll es angeblich keine Menschen mehr geben. Vielleicht ist das richtig, vielleicht aber auch nicht.

Was hatte uns dieser kurze Besuch, dieser Abstecher in den Nordwesten des Gebiets, gebracht? Zum einen haben wir eine Region für künftige Forschung bestimmt, aber wir haben uns auch einen kleinen Traum erfüllt. Schon einmal standen wir auf einer solchen Paßhöhe und sahen weit hinein in die nördlichen Vorberge. Das war 1979 in Eipomek, als eine fundamentalistische christliche Mission dort schon festen Fuß gefaßt hatte, als alle großen

Neugierig und etwas verschmitzt beobachtet eine Lauenang uns, die Geister.

Hochlandtäler innerhalb des Bereichs der Mek-Leute schon im Griff der Mission waren – 1963 Korapun, 1968 Nalca, 1970 Ok Bab, 1973 Langda, 1974 Kosarek, 1976 Eipomek. Damals auf der

Paßhöhe über dem Eipomekfluß redete ich mit Volker Heeschen, welches Mißverhältnis zwischen den Anstrengungen der Missionare und den Bemühungen der Wissenschaftler besteht. Um die etwa 60 000 Mek-Leute bemühen sich vier Missionen, zehn weiße Missionare und etliche Evangelisten. In all den Jahren aber ist es nur einem einzigen wissenschaftlichen Team gelungen, in dieser Gegend zu arbeiten, den Angehörigen des von Gerd Koch und Klaus Helfrich initiierten Schwerpunktprogramms der Deutschen Forschungsgemeinschaft, die im Juli 1974 ihre Arbeit im Eipomektal begannen. Noch vor 1970 wäre hier ein reiches Forschungsgebiet für Humanethologie und Völkerkunde gewesen, für Untersuchungen, die darauf ausgerichtet sind, die Art und Weise zu studieren, wie der Mensch in diesen unwirtlichen Gegenden überlebt, wie er sich mit Hilfe seiner Kultur in der Natur eingerichtet hat.

Ich zweifle nicht daran, daß die Missionare Großartiges leisten und die sogenannten Primitiven behutsam in die Zivilisation, mit der ein Kontakt ohnehin nicht zu vermeiden ist, führen. Aber ich bin dankbar, wenn auch der Wissenschaft eine Chance bleibt.[102]

Die Himba

Ein Hirtenvolk Südwestafrikas

Südlich vom Kunene, der die Grenze zwischen Südwestafrika und Angola bildet, liegt das Kaokoland. Im Westen grenzt es mit der Skelettküste ans Meer, im Osten ans Ovamboland. Es ist sonnenverbrannt und gebirgig und noch keineswegs vollständig erforscht. Erst vor einigen Jahren wurde die Öffentlichkeit mit der Nachricht überrascht, man habe hier im Baynes-Gebirge eine altsteinzeitliche, noch Steinwerkzeuge herstellende Kultur entdeckt.[103]

Vor allem aber leben hier die Himba-Rinderhirten aus dem Volk der Herero, die bis heute ihren alten Überlieferungen treu geblieben sind. Etwa 5000 von ihnen gibt es im Kaokoland, weitere in den angrenzenden Gebieten Angolas. Als Hirtenvolk weichen sie in ihrer Überlebensstrategie von allen bisher von mir ausführlich besprochenen Völkern ab, und ich habe sie aus diesem Grund als Modellkultur in meine Untersuchungen einbezogen. Mit Hilfe der südafrikanischen Regierung und durch Unterstützung des Windhoeker Anthropologen Dr. Kuno Budack, der fließend Herero spricht, konnte ich die Himba zwischen 1971 und 1990 achtmal besuchen[104] und insgesamt 42 175 Meter 16-Millimeter-Film aufnehmen. Die Mädchen, die ich 1971 als spielende Kinder aufnahm, filmte ich bei meinen letzten Besuchen als junge Mütter.

Die ersten Herero sprechenden Bantus kamen um 1550 vom Norden her. Die Ovambo jedoch widersetzten sich ihren Versuchen, im Grasland nördlich der Etoschapfanne zu siedeln. So wichen die Herero in das trockene Kaokoland aus und stießen dort weiter nach Süden vor. Ein Teil blieb aber in dem trockenen, bergigen Gebiet, das ihnen eine weitverstreute Siedlungsweise aufzwang. Das hatte den Nachteil, daß sie nur schwer Widerstand gegen die vom Süden immer wieder auf Rinderraub vordringenden Nama-Hottentotten organisieren konnten.

Um 1870 floh nach Angaben des Völkerkundlers J. S. Malan eine Gruppe Himba-Hereros vor den Nama nach Angola und mußte dort beim Ngambwe-Stamm um Nahrung und Lebensraum betteln.[105] Sie wurden danach Himba (Bettler) genannt. In Vita, dem 1863 in Otjimbingwe am Swakop geborenen Sohn einer prominenten Herero-Familie, fanden sie aber einen Heerführer, der ihr Schicksal zum Besseren wandte. Vita oder Oorlog, wie er in Afrikaans auch genannt wird – beide Worte bedeuten Krieg –, hatte den Forscher Frederik Green mit seinem Vater auf einer Expedition durch Angola begleitet. Er traf dort auf die Himba und faßte sie in einem militärischen Verband zusammen. Da er den Portugiesen half, lokale Aufstände niederzuschlagen, wurde er gut mit Waffen ausgerüstet. 1906 wurde Oorlogs Position durch Gruppen flüchtiger Hereros verstärkt. Mit dieser Streitmacht führte Oorlog Kriege, in deren Verlauf er viele Rinder raubte, die er unter seinen Gefolgsleuten verteilte. So bereichert, überquerte er um 1920 den Kunene und kehrte in das Kaokoland zurück. Die Himba blieben im nördlichen Teil des Landes, die Herero, die vor ihrem Aufstand Bekleidung und anderes von der Kolonialmacht übernommen hatten und daran festhielten, siedelten im südlichen Teil. Ihre Frauen tragen viele weite, lange und bunte Röcke übereinander, dazu eine Bluse und ein kunstvoll wie eine Haube gebundenes Kopftuch. Sie kleiden sich nach dem Vorbild der frühen deutschen Kolonisatoren.

Bei unserer ersten Reise 1971 fuhren wir mit drei Geländewagen: Dieter Heunemann, Kuno Budack und ich. Über Ohopoho ging es nach Okanguati direkt ins Zentrum des Himbalandes. Die Granitberge flimmerten im November in der Sonnenglut. Im Kaokoland waren die Flußläufe völlig ausgetrocknet. Ein Lastwagen, von dem nur noch das Dach aus dem trockenen Sand herausragte, zeigte jedoch, daß die Furten gelegentlich gefährlich sind. Ein anderer abgewrackter Wagen, der neben der steinigen Straße stand, lehrte noch etwas anderes. Im Himbaland darf man seinen Wagen nicht verlassen. Der Fahrer dieses Wagens tat es, weil er einen defekten Reifen hatte. Er lief zu Fuß nach Ohopoho, um Hilfe zu holen. Als er zurückkam, fehlten die Mäntel aller vier Reifen. Die Himba hatten sie abgeschnitten. Sie fanden, daß sich die Reifen gut zu Sandalen verarbeiten ließen.

Bald sahen wir die ersten Himba. Es waren einige hochgewachsene junge Männer mit ihren Frauen. Größe, Schlankheit und Gesichtsschnitt erinnerten an die Nilotohamiten Ostafrikas. Die Bekleidung der Männer bestand aus einem Lederschurz, der vorne fein gefältet war, und aus Ledersandalen. Die Verheirateten hatten ihre Haare kissenartig aufgebaut und in ein dünnes Kopfleder gehüllt. Die unverheirateten Männer trugen einen Zopf, der über

Himba-Mädchen: Flirt-Verlegenheit. Reaktion auf Blickkontakt und Anlächeln durch den Filmenden. Ambivalenz von Zuwendung und Abkehr: gebremstes Lächeln, Augenschluß, Abkehr, Blickkontakt aus den Augenwinkeln, neuerliche Abkehr, verbeißt sich das Lächeln, neuerliche Aufnahme des Blickkontakts. 1., 27., 70., 99., 168., und 443. Bild einer mit 50 Bildern/Sekunde aufgenommenen Filmszene des Verfassers.

dem Nacken herunterhing. Als Schmuck besaßen sie Armreifen aus Eisen. Um den Hals waren einige Männer mit dicken Wulstketten aus mehreren Strängen aneinandergereihter dünner Perlmutterscheibchen geschmückt. Andere hatten Wulstketten aus Glasperlensträngen und einer eine Kette aus handgeschmiedeten Eisenperlen und zwei kleinen Ziegenhörnern als Anhänger. Die muskulösen Körper waren mit Fett eingerieben und glänzten.

Die Frauen waren mit einem Schamschurz aus feinem weichem Leder bekleidet und einem etwas längeren Gesäßschurz, der am Rand oft mit Fell verziert war. Beim Gehen wippte der Gesäßschutz kokett im Rhythmus des Schreitens – links-rechts, links-rechts.

Die verheirateten Frauen trugen ein winziges Käppchen aus gefältetem Leder. Die Haare verlängerten sie, indem sie Schnüre aus Pflanzenfasem darin einflochten. Diese Schnüre waren mit einer Paste aus zerriebenem Roteisenstein und Fett eingeschmiert und umrahmten recht dekorativ das Gesicht. Die Frauen gingen barfuß und reich geschmückt. Von den Fesseln bis über die Waden hinauf trugen sie eine enggewickelte Lederschnur mit handgeschmiedeten Eisenperlen, wie eine Wickelgamasche. Dicke Kupferspiralen bedeckten den ganzen Unterarm. Den Hals schmückten Eisenperlenketten, die als Anhänger eine weiße Konusschnecke besaßen. Sie hatten ferner dicke Wulstketten aus Glasperlen oder feinen Kupferscheiben, die in mehreren Strängen zu einem Wulst gewunden waren.

Daß dieser Schmuck auch symbolische Bedeutung haben kann, erfuhr ich durch Zufall. Eine Frau hatte eine Kette mit vier Knöchelchen. Die wollte ich gerne erwerben, aber die junge Frau erklärte mir, sie könne mir die Kette nicht geben, denn die habe sie sich von der Schwester des Kralsherrn machen lassen. Der Kralsherr habe dazu ein schwarzes Schaf getötet. Die Knöchelchen würden ihren Wunsch nach vier Kindern ausdrücken: Sie hätte gerne einen Buben, ein Mädchen, dann wieder einen Buben und noch ein Mädchen. Einen Buben habe sie bereits, aber die anderen stünden noch aus, nein, die Kette könne sie mir nicht geben. Ich sah solche Ketten noch öfter, auch an unverheirateten jungen Mädchen. Die seien versprochen, wie man mir erklärte. Deren Ketten erfüllten die Funktion unseres Verlobungsrings. Schließlich gab es Ketten, in die Haare von heiligen Kühen eingeflochten waren; sie schützen vor Krankheit.

Im sonnigen Himba-Kral spielt die Urgroßmutter vor ihrer Hütte mit ihrem Urenkel.

Linke Seite oben: Blick auf einen Himba-Kral: Otjitanga 1973.

Linke Seite unten: Im Kral von Omuhoro. Die Rinder wandern gerade zur Weide. Links salbt ein Mann die Stirne einer Frau und betet (Krankenheilung).

Oben: Das morgendliche Melken (Otjitanga).

Rechts: Buttern (Otjitanga).

Links und Mitte: Kühe-Spiel mit Steinen; die kleinen sind die Kälber, die großen die Rinder.

Unten: Der Häuptling von Otjitanga mit seinen Frauen und seiner Mutter (direkt vor dem Hütteneingang).

Rechts: Frau mit dem traditionellen Kopfputz, den die Himba bei festlichen Gelegenheiten tragen.

Unten: Ein Mädchen flicht einem anderen die Zöpfe.

Folgende Doppelseite: Begräbnis – der Tote sucht seine Grabstätte. Der Mann links im Bilde befragt ihn. Im Vordergrund Gräber mit Rinderschädeln.

Oben: Das Säubern der Rinderschädel für das Grab.

Unten: Krankenheilung am heiligen Feuer. Die Stirn der Kranken wird mit Rinderfett gesalbt.

Ihren Oberkörper trugen sie frei. Den ganzen Körper hatten sie mit roter Erdfarbe und Fett eingerieben, sicher ein guter Schutz gegen die glühende Sonne, der zudem auch die Insekten vom direkten Hautkontakt fernhielt. Ein etwa zwölfjähriges Mädchen hatte zwei dicke Zöpfe, die ihr nach vorne links und rechts über das Gesicht herunterhingen, was possierlich aussah. Eine Frau trug einen Säugling in einem Tragleder am Rücken. Sie baten freundlich um Tabak zum Schnupfen – die Himba rauchen nicht – und lächelten, als sie ihn bekamen. Dabei sahen wir, daß die unteren vier Schneidezähne der erwachsenen Männer und Frauen ausgeschlagen waren. Von den oberen Schneidezähnen hatten sie einen Winkel ausgefeilt, so daß die beiden ersten schräg und spitz zuliefen. Das war einst das Stammeszeichen aller Herero gewesen.

Mir hatten es diese selbstbewußten, hübschen Menschen sogleich angetan, und ich freute mich schon auf den näheren Kontakt. Weiter ging es durch das hitzeflimmernde Kaokoland. Auf dem steinigen Boden war kaum ein verdorrter Halm zu sehen, und dennoch machte das Land keinen dürren Eindruck, denn die Mopanibäume trieben in Erwartung der bald einsetzenden Regenzeit bereits aus. Immer wieder hatten wir Ausblicke auf ferne Gebirgsketten, die sich in der klaren Luft in einem tiefen Violett verloren. Kurz vor Okanguati eröffnete sich uns der Blick auf die gestreiften Zebraberge. Die auffällige Musterung wird durch unbewachsene Steinriegel der sonst mit Mopanibüschen bestandenen Hänge verursacht.

In Okanguati, unserem vorläufigen Reiseziel, hatte Malan im Jahre zuvor gearbeitet[106] und sich ein Häuschen gebaut, das nun leer stand und das wir benutzen durften. Es war komfortabel. Wir hatten einen großen Regenwasserbehälter und damit immer Wasser, eine kleine Küche, ein Bad und drei leere Zimmer für Geräte. Es war ein ungewohnter Luxus für die Feldarbeit.

Von hier aus besuchten wir die Himba-Krals der näheren Umgebung. Kuno Budack kannte bereits die Kralsherrn, und da er, wie gesagt, perfekt Herero sprach, hatten wir bei der Kontaktaufnahme keinerlei Schwierigkeiten. Wir brachten bei jedem Besuch Maismehl und Tabak mit. Die Suche nach einem für unsere Aufnahmen geeigneten Kral gestaltete sich zunächst etwas schwierig. Nirgends waren viele Leute anwesend. Die wenigen drängten sich unter ein kleines Schattendach, vor dem ich mich mit meinem Spiegelobjektiv in der prallen Sonne im pulvrigen Kuhdung aufbaute, von Fliegen umsummt. Der Kontrast von Sonne und Schatten erschwerte die Aufnahme, und die Hitze setzte auch den Himba zu, so daß sie nicht allzuviel taten. Es waren eher entmutigende Stunden, bis wir beim Kral Omuhoro herrliche Beobachtungsmöglichkeiten entdeckten. Die Bewohner dieses Krals zogen tagsüber in das ausgetrocknete Bett des nahen Omuhongaflusses, wo sie unter riesigen Bäumen im Schatten lagerten. Die großen Schoten dieser Bäume werden gern von Mensch und Tier verzehrt. Die Himba hatten hier ein tiefes Wasserloch gegraben, zu dem man von nah und fern herbeiströmte, um die Rinder zu tränken und Wasser zu holen. So war dieser Platz eine Stätte munteren Treibens.

Die jungen Burschen und Mädchen versammelten sich unter dem Schattenbaum zum Tanz, die Mütter lagerten hier mit ihren Kindern. Säuglinge und Krabbelkinder wurden geherzt, ältere spielten in Gruppen miteinander. Sie krochen auf allen vieren im Sand und stießen einander mit den Köpfen, als wären sie Rinder, dann wieder spielte einer den Löwen und überfiel mit viel Gebrüll die anderen. Zwei Buben bauten aus Sand Kralwälle, setzten sich hinein und verteidigten diesen Platz gegen einen Buben und ein Mädchen, die ebenfalls mitmachen wollten. Die Kinder schlugen Purzelbäume, haschten einander, kurz, es ging lebhaft zu. Die meisten Frauen flochten Körbe. Zwischendurch herzten sie Kinder, stillten sie, und einige richteten einander die Haare. Auch Männer bemühten sich um den Haarputz ihrer Freunde, und einmal sah ich auch eine Frau die Haartracht ihres Mannes richten. Merkwürdigerweise sah ich damals und später nie, daß man einander lauste. Ich vermute, daß sie keine Läuse haben, weil sie ihr Haar mit einem aus einer Nuß gewonnenen Öl so stark durchtränken, daß die Parasiten umkommen. Die Frauen arbeiten überdies rote Erdfarbe in ihren Haarputz ein.

Ich freundete mich damals schnell mit den kleinen Kindern an, indem ich Guck-guck-dada spielte. Dazu versteckte ich mich hinter meinem Stativ und schaute wieder hervor. Das verstanden sie sofort. Ich habe dieses Spiel in vielen Kulturen mit Erfolg gespielt, wenn es darum ging, scheue Kinder zutraulich zu machen.

Auf keiner meiner Reisen sah ich die Himba so oft und so vergnügt tanzen wie hier im Schatten der Bäume. Die Mädchen

Himba-Frauen beim Tanz. Im trockenen Flußbett bei Omuhoro fanden wir bei unserem ersten Besuch ideale Beobachtungsmöglichkeiten.

waren dabei die Aktiven. Am späten Nachmittag, wenn die Hitze des Tages abflaute, begannen ein oder zwei Mädchen zu klatschen und zu singen. Bald gesellten sich andere dazu, und man trieb zunächst unter sich allerlei Kurzweil. Eine setzte sich auf den Boden und ließ ihren Oberkörper zum Klatschrhythmus kreisen, daß die Haare nur so flogen. Dann wieder fiel es ihnen ein, sich zu balgen, wobei eine den Platz gegen die anderen verteidigte, die sie wegzuziehen versuchten. Das ging immer mit viel Gelächter vor sich. Oft tanzten sie. Dazu stellten sie sich nebeneinander auf, meist in einem leichten Bogen, klatschten und sangen. Eine aus der Reihe sprang schließlich vor die Gruppe, machte einige Tanzsprünge und wirbelte im Kreis, wobei der Gesäßschurz kurz hochflog, so daß das Gesäß entblößt war, eine Koketterie, die wir bei vielen Völkern finden. Das dauerte einige Sekunden, dann lief sie in die Reihe zurück, und eine andere sprang zum Tanzwirbel vor die Gruppe. Bald kamen auch die jungen Männer dazu, sie stellten sich meist den Mädchen gegenüber in einer Riege auf und tanzten nach dem gleichen Muster wie diese. Das heißt, einer sprang vor, wirbelte im Kreis, führte geradezu akrobatische Sprünge vor und reihte sich dann wieder bei den anderen ein.

Jeder Himba-Kral ist von einer Hecke aus abgehauenen Ästen und Büschen umgeben. Sie umschließt auch einen sich innerhalb der Hecke befindenden Rinderkral und eine Reihe von Hütten. Zwischen der Häuptlingshütte und dem Rinderkral liegt das sogenannte Heilige Feuer.

Dieses Heilige Feuer ist eine wichtige Kultstätte, die mit der Ahnenverehrung der Himba zusammenhängt. Der Platz ist heilig. Wir durften zum Beispiel, auch wenn das Feuer nicht brannte, nicht darüber hinweggehen und nicht zwischen dem Feuer und der Hütte des Häuptlings hindurchgehen. Das Heilige Feuer gilt als Symbol des Vaters; es heißt, man habe es vom Ahnherrn übernommen.

Die erste Frau des Häuptlings und deren unverheiratete älteste Tochter haben dafür zu sorgen, daß das Feuer nicht erlischt. Morgens und abends soll es entzündet und tagsüber die Glut in der Häuptlingshütte unterhalten werden. In der Praxis ist man jedoch weniger streng. Ich habe das Feuer zu bestimmten Anlässen, etwa bei einer Krankenheilung, brennen gesehen. Geht es aus, was man als böses Omen auslegt, dann wird es mit einem Feuerbohrer wieder entzündet. Dieser besteht ähnlich wie bei den Buschleuten und den Yanomami aus zwei Hölzern. Eines liegt auf dem Boden, es hat eine kleine Delle, in die man den anderen Stab aufrecht einsetzt und mit beiden Händen in schnell quirlende Bewegung versetzt. Dort, wo die beiden Stöcke aneinderreiben, glimmt schließlich das Bohrmehl. Es wird durch Anblasen zur Glut entfacht, an der man Zunder zum Entflammen bringt. Der Feuerbohrer gehört zu den heiligen Objekten, die der Häuptling in seiner Hütte aufbewahrt.

Am Heiligen Feuer werden die politischen Beratungen der Männer einer Kralgemeinschaft abgehalten, Streitfälle besprochen und gerichtet. Der Häuptling – manchmal fungiert auch sein ältester Sohn als Priester – absolviert hier Rituale der Krankenheilung. So sah ich, wie eine kranke Frau beim Heiligen Feuer kniete; der Häuptling rieb ihr mit Blättern des Mopanibaumes und etwas Rinderfett die Stirn ein. Dabei rief er die Ahnen und Gott – die Himba glauben an einen Hochgott, der diese Welt schuf und den man im Gebet anrufen kann – an, sie mögen doch helfen. Ein anderes Mal sah ich, wie der Häuptling einen Topf mit Rindergrieben am Heiligen Feuer aussott. Frauen und Männer kamen herbei, tauchten eine Hand in das noch warme Fett, leckten sie ab und rieben sich schließlich mit dem Fett den Bauch ein.

Bei einer anderen Gelegenheit ließ sich ein Ovambo sein geschwollenes Knie von einem Häuptling am Heiligen Feuer behandeln. Er brachte ihm einige Schnittwunden am Oberschenkel über dem Knie bei, dann rieb er den Saft einer kakteenartigen Euphorbie (Wolfsmilch) über die Haut, besprühte schließlich alles mit Wasser, das er in den Mund nahm, und wischte zuletzt alles ab. Ich habe Krankenbehandlungen nur am Heiligen Feuer erlebt.

Den Kern der Kralgemeinschaft bildet die polygyne Familie. Ein Mann, der Erbe oder Gründer des Krals, ist zugleich der Kralsherr oder Häuptling (Omuhona omunene, auch Omuhona onganda). Er lebt hier mit seinen Frauen und Kindern, wobei die Hütten im Idealfall so angeordnet sind, daß die des Kralherrn im Osten liegt. Die Öffnung zeigt nach Westen. Vor dieser Hütte ist der Platz für das Heilige Feuer. Der Eingang des zentralen Rinderkrals liegt genau der Häuptlingshütte gegenüber, zeigt also nach Osten. Lebt die Mutter des Kralherrn noch, dann hat sie ihre Hütte gleich neben seiner. Es folgen im Gegensinn des Uhrzeigers dem Rang nach (meist entsprechend dem Alter) die Frauen des Kralherrn, die Brüder (mit ihren Frauen), die Söhne (mit ihren Frauen) und die unverheirateten Töchter. Allerdings haben diese oft bereits kleine Kinder. Heiratet eine, dann zieht sie in die

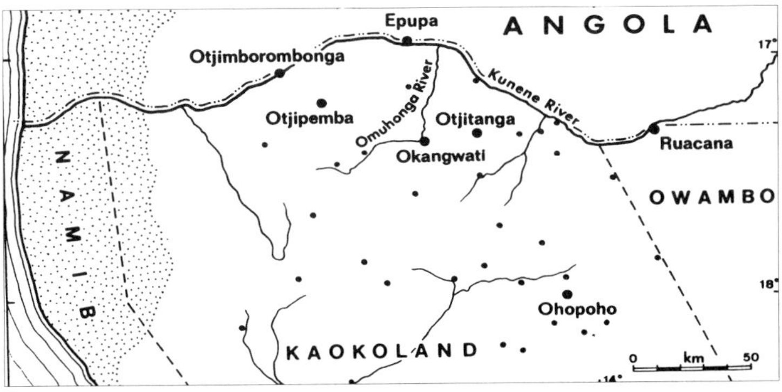

Die Heimat der Himba im Kaokoland südlich von Angola (Südafrika).

Kralgemeinschaft ihres Mannes. Bei Scheidung kehrt sie zur Kralgemeinschaft der Eltern zurück.

Der Ehegatte ist nicht der Vormund der Kinder. Diese Aufgabe obliegt dem mütterlichen Onkel, also dem Bruder der Mutter des Kindes, selbst wenn das Elternpaar zusammenlebt. Im Kral eines Kralherrn können ferner Onkel, Neffen und Schwiegermütter wohnen.

Diese Kralfamilie zerfällt in kleinere Untergruppen, die sich um die verschiedenen Frauen des Häuptlings und die Familien der Söhne und anderer Anverwandter aufbauen. Selbst eine kleine Kralgemeinschaft sitzt selten so vereint beieinander wie eine Buschleute-Horde. Auch kreisen die Säuglinge nicht von Hand zu Hand in der ganzen Kralgemeinschaft. Man reicht sie nur innerhalb der engsten Familie weiter (Mutter, Geschwister des Säuglings usw.).

Ein männlicher Säugling (Alter etwa sechs Monate) hatte während einer Beobachtungszeit von 524 Minuten 19 Kontakte mit nur 4 Bezugspersonen. Die folgende Tabelle gibt darüber im einzelnen Aufschluß.

In körperlichem Kontakt mit Bezugspersonen verbrachte Zeit in Minuten

Urgroßmutter	*Großmutter*	*Mutter*	*Schwester der Mutter*
45, 22, 49, 7, 23	10, 15	10, 30, 28, 23, 26, 17, 7, 8, 15,5	13,6

Allein am Boden schlafend: 55 Minuten direkt neben der Mutter in der Hütte, 16 Minuten allein direkt neben der Urgroßmutter außerhalb der Hütte. Einmal 25 und einmal 70 Minuten neben den butternden Bezugspersonen.

Aus der Reihe der Kralherrn wird der Regionalhäuptling gewählt (Omuhona otjirongo). Die Versammlung der Regionalhäuptlinge

Rechte Seite: Wie eine Freundschaft wächst. Schwieriger Beginn: 1973 fielen mir in Otjitanga die Säuglinge Vaningena und Kalituma auf. Die offenbar engbefreundeten Mütter setzten die Kleinen oft einander gegenüber. Sie hatten anfänglich Schwierigkeiten, weil sie einander oft zu derb betappten, so daß einer schließlich weinte.

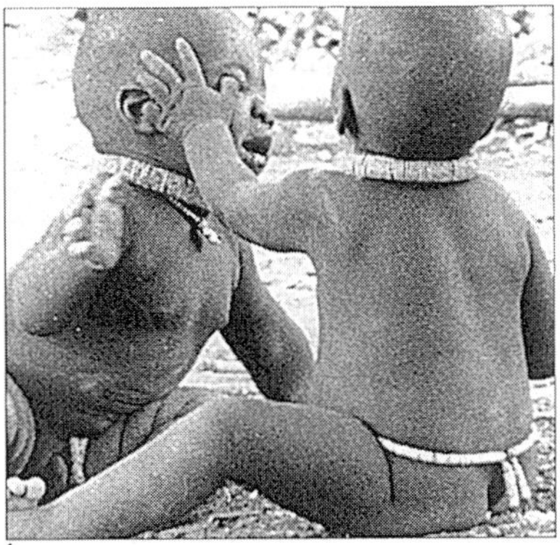
1

2

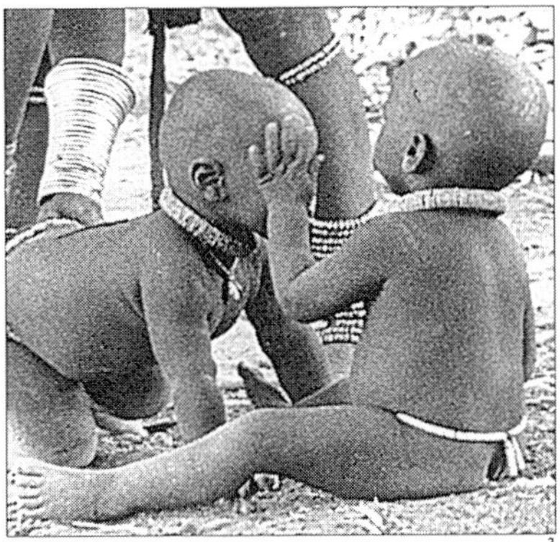
3

4

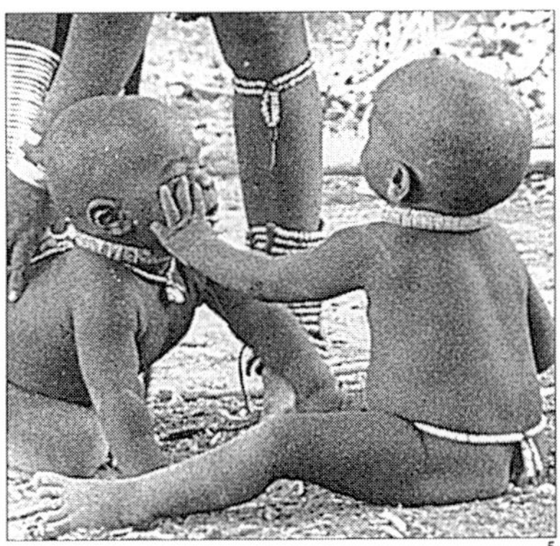
5

ist das höchste Gremium. Darüber gibt es noch einen Oberhäuptling (»König«, Ombara). Dieser Titel ist erblich, ebenso der Titel des Kralherrn. Beide und damit auch die politische Autorität vererben sich in der väterlichen Linie. In ihr werden die territorialen Rechte und die sakralen Rinder weitergegeben. Die Kralgemeinschaften sind weitgegehend autonome patrilineare Gemeinschaften.

Den festen ständigen Häuptlingssitz nennen die Himba Onganda. Er kann vorübergehend, zum Beispiel nach einem Todesfall, verlassen werden. Außerdem gibt es mehrere Viehposten, die über ein größeres Gebiet verstreut sind und die von den Brüdern und Söhnen des Kralherrn betreut werden.

Die Brüder können einen Nebenkral aufmachen, haben auch eigene Rinder, aber kein Heiliges Feuer. Zur Namensgebung ihrer Kinder kommen sie zum Hauptkral.

Da die Frau nach der Verheiratung in den Kral des Mannes zieht, ist der Mutterclan (Matriclan) geographisch zerstreut. Er findet sich aber bei Heiraten und Begräbnissen seiner Mitglieder zusammen. Der Mutterclan erfüllt bei diesen Gelegenheiten eine bedeutende Aufgabe bei der Besitzkontrolle. Profane Rinder werden nämlich in der mütterlichen Linie vererbt, und der augenblickliche individuelle Eigentümer kann sie nicht ohne weiteres verkaufen. Die Erbfolge der wirtschaftlich wichtigen Güter ist also matrilinear. Wenn eine Person stirbt, bekommt der jüngere Bruder der gleichen Linie die Kühe. Ist kein junger Bruder vorhanden, dann kommt als nächster der Sohn der älteren Schwester an die Reihe. Landbesitz wird nach gleichem Muster vererbt. Hat der Verstorbene auch keinen matrilinearen Neffen, dann erbt der Sohn der Schwester seiner Mutter.

Der Erbe ist verpflichtet, mit seinen Brüdern und den Söhnen der jüngsten Tochter seiner Mutter zu teilen; auch muß er für das Wohlergehen der Frauen und Kinder des Verstorbenen sorgen und die Ehe des Verstorbenen fortführen. [107]

Die Himba führen sich auf sieben Ahnfrauen zurück, von denen sich die sieben matrilinearen[108] Clans (Eanda) ableiten. Außer dieser Clanzugehörigkeit zählt die Zugehörigkeit zu einer mütterlichen Linie, die auf nachweisbare mütterliche Abstammung zurückgeht. Zwischen den einzelnen Clans gibt es keine Rangordnung. Verwandtschaftsbindungen mit Rechten und Pflichten bestehen nur innerhalb der mütterlichen Linie. Mitglieder desselben Clans sind zwar zur Höflichkeit verpflichtet, aber nicht so eng miteinander verbunden wie die Angehörigen einer Linie. Bei Heirat wird der Mann in den Clan seiner Frau aufgenommen. Innerhalb derselben Linie heiratet man nicht, wohl aber innerhalb des Clans. Nach dem Glauben der Himba erbt man sein Blut von der Mutter, die spirituellen Attribute vom Vater. Die mütterliche Linie umfaßt etwa fünf Generationen.

Politisch organisieren sich die Himba unter einer Reihe gewählter Häuptlinge, die Berater berufen und vor allem Recht sprechen. Sie bilden ihrerseits eine Versammlung und erörtern auf nach Bedarf stattfindenden Zusammenkünften Probleme des ganzen Territoriums. Die Beschlüsse haben nur dann Gültigkeit, wenn alle Delegierten ihnen zustimmen.

Die Himba weichen durch ihre höhere politische Organisation von allen bisher genannten Völkern ab, und das dürfte direkt mit ihrem Leben als Rinderhirten zusammenhängen. Rinderhirten haben Besitz, den andere begehren. Sie müssen daher in der Lage sein, ihr Gebiet und ihre Rinder zu verteidigen. Das geht in einem dünnbesiedelten Gebiet nur dann, wenn sich die Bewohner eines größeren Gebiets zu gemeinsamer militärischer Aktion zusammenfinden können.

Die Himba haben ferner ein ausgesprochenes Geschichtsbewußtsein und können die Jahre anhand besonderer Ereignisse (Jahr der großen Dürre, Jahr des Krieges usw.) bis in das vergangene Jahrhundert zurückverfolgen.

Ihre Wirtschaft beruht auf der Rinder- und Ziegenzucht. Die Rinder liefern Milch. Sie wird frisch oder angesäuert getrunken und zu Butter verarbeitet. Die Ziegen liefern das Fleisch für den täglichen Bedarf. Rinder werden nur ungern geschlachtet, da ihr Besitz Reichtum bedeutet. Stirbt eines, dann wird es gegessen, man verzehrt Rinder ferner bei bestimmten Festen. Mais wird erst seit einigen Jahrzehnten an günstigen Orten angebaut.

1973 konnte ich das Himbaland zum zweitenmal besuchen. Wir fuhren wieder nach Okanguati und besuchten die Wasserstelle unter den Schattenbäumen im trockenen Flußbett und die uns liebgewordenen Krals, fanden aber kaum Menschen vor. Die Himba waren wegen der starken Dürre mit ihren Herden in die Berge gezogen.

Nach längerer Suche fanden wir zwanzig Kilometer östlich von Okanguati den Kral Otjitanga, und das war eine glückliche Entdeckung. Ein Wall aus Ästen und abgehauenen Büschen umfriedete einen Platz von ungefähr sechzig Metern Durchmesser. In seinem Schutz bildeten acht Hütten in regelmäßigem Abstand einen inneren Kreis innerhalb der Schutzhecke. Die Wohnhütten waren etwa mannshoch, kegelförmig mit einem vorgezogenen niedrigen Eingang. Sie bestanden aus einem Grundgerüst aus Ästen und Zweigen und waren mit einer dicken Lage aus Kuhdung und Sand innen wie außen bestrichen. Ihre Einrichtung bestand nur aus einer kleinen, von einem Lehmwall begrenzten Feuerstelle, einigen Rinderhäuten, Holzgefäßen, Kalebassen und Körben. Im Zentrum dieses Krals befand sich ein Rinderkral. Zwischen ihm und der im Osten gelegenen Häuptlingshütte war der Platz des Heiligen Feuers.

Innerhalb dieses Himba-Krals herrschte geschäftiges Treiben. Morgens wurden die Rinder gemolken und dann von den jungen Männern auf die Weide getrieben. Der Kralherr Kajezan Tjipoza, ein freundlicher Riese von gut 1,90 Meter, gab dazu lautstark Anweisungen. Es folgten die Kälber und Ziegen. War alles versorgt, dann begannen die Frauen vor ihren Hütten mit den verschiedenen häuslichen Tätigkeiten wie Mais mahlen, Fell gerben und Hütten säubern. Zwischendurch herzten sie ihre Kinder und plauderten miteinander. Die größeren Kinder tummelten sich in Spielgruppen auf dem weiten Platz. Sie waren nett zueinander und bauten kleine Häuschen, haschten einander, und manchmal zankten sie auch. Es gab viel zu filmen.

Besonders fielen mir damals zwei Säuglinge auf, die Buben Waningena und Kalituma. Sie waren gerade im Krabbelalter, dicke, liebe Säuglinge, wach und bereits der Umwelt zugewandt. Sie hatten zwei besonders herzliche Mütter, die die Kleinen oft einander gegenüber auf den Boden setzten. Dann krabbelten sie aufeinander zu, betapsten einander und plapperten. Aber da beide noch ungeschickt waren, gab es in der Regel bald kleine Konflikte. Einer stieß den anderen um oder nahm ihm etwas weg. Dann weinte oder protestierte der andere, und die Mütter schalteten sich ein. Sie schienen befreundet zu sein und auch Wert auf eine gute Beziehung ihrer etwa gleichaltrigen Kinder zu legen. Die Mutter Waningenas war eine Frau des Häuptlings, die Mutter Kalitumas eine seiner Töchter.

An sich ist der Aufenthalt in einem Himba-Kral keineswegs besonders angenehm. Die Monate November und Dezember sind

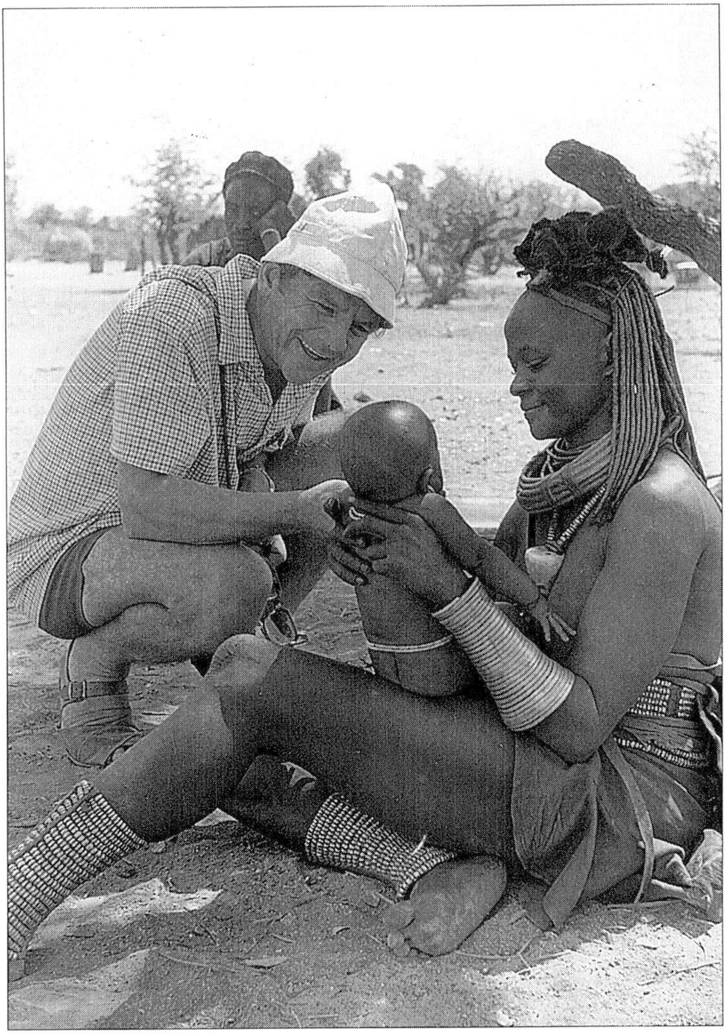

Zu den Himba fanden wir schnell freundlichen Zugang, auch weil wir ihre Säuglinge beachteten.

die heißesten des Jahres, und das Kaokoveld ist einer der heißesten Flecken Südwestafrikas. Der Sandboden des Krals ist mit einer dicken Lage von Kuhdung bedeckt, der in der Hitze zu einem trockenen Pulver zerfällt. Jeder Schritt wirbelt feinen Staub auf, der die Nasenschleimhaut reizt und bis in die Lungen eindringt. Man bekommt einen Kuhdunghusten. Der scharf riechende Staub verdreckt Objektive und Geräte. Man kann ihm nicht entkommen. Jedes noch so langsam wandernde Rind, jedes spielende Kind wirbelt Staub auf. Und dann das Millionenheer der Fliegen! Sie summen um Augen, Mund und Nase, krabbeln in die Ohren, man gibt es bald auf, sie zu verscheuchen, und hofft nur, daß man nicht die Augenkrankheiten bekommt, die so viele hier befallen. Die Fliegen sind die ärgste Plage. Beim Filmwechsel verirrten sie sich selbst in die Kameras und tauchten dann beim Filmen im Zählwerk oder Sucherbild auf! Schließlich ist die Hitze fast unerträglich. Ich finde mit meiner Kamera keinen Schatten in diesem offenen Kral und muß viele Stunden in der prallen Sonne ausharren.

Dennoch sind wir gerne hier. Die Himba entschädigen uns für alles. Sie sind von einer netten Zurückhaltung, von einer ungezwungenen Würde und liebenswürdig.

Wir lebten uns schnell ein, lernten die einzelnen Kinder beim Namen kennen und beschlossen, diese Kralgemeinschaft auch in den kommenden Jahren aufzusuchen, um die Entwicklung der Kinder über einen längeren Zeitraum zu verfolgen.

Das ist mir auch geglückt. Ich war auf allen weiteren Besuchen bei dieser kleinen Kralgemeinschaft zu Gast und erlebte das Heranwachsen der Kinder und den Tod der mir liebgewordenen Erwachsenen.

Im Mai 1975 startete ich zum drittenmal ins Himbaland, diesmal mit meiner Frau, die ebenfalls Ethologin ist. Über sie hoffte ich einen besseren Zugang in die Welt der Frauen und Kinder zu bekommen.

Wir fuhren voll freudiger Erwartung nach Otjitanga, aber welche Enttäuschung: Der Kral war verlassen. Unkraut wucherte auf dem weiten Platz, nichts regte sich. Der niedrige Kletterbaum, auf dem die Kleinen so eifrig zu turnen pflegten, stand einsam da. Die Hütten waren verfallen. Einige Mahlsteine und Körbe lagen herum. Es schien, als hätten die Bewohner den Kral in großer Eile verlassen.

Aber irgendwo mußten die Leute ja sein, und so suchten wir sie. Es dauerte ein paar Tage, bis wir sie fanden. Der neue Kral lag abseits mitten im Busch, acht Meilen im Süden. Um hinzukommen, mußten wir von Okanguati dreißig Kilometer fahren, und das war für tägliche Exkursionen zu weit. So nahmen wir unsere Zelte mit und schlugen sie nur hundert Meter vom neuen Kral entfernt unter einigen Schattenbäumen auf. Es war ein schönes Lager, auch die Jahreszeit war günstig. Nachts war es kühl, abends wärmten wir uns gerne am offenen Feuer, über dem wir auch kochten. Tagsüber war es angenehm warm. Das Land war nicht so ausgetrocknet wie im Herbst. Das nur 600 Meter von unserem Lagerplatz entfernte Flußbett des Omuhonga wurde noch von einem Bach durchströmt. Er bildete an einer Biegung im tiefen Felstrog einen großen Tümpel – mittags für uns ein erfrischendes Bad.

Der neue Kral war so schön wie der alte, und das Wiedersehen gestaltete sich herzlich. Kaum hielten wir mit dem Wagen unter

Urgroßmutter mit Urenkel. Die alten Frauen sind begehrte Babysitter und nehmen so voll am Leben der Gruppe teil.

den Schattenbäumen, kamen die Himba schon herbei. Die Frauen waren am schnellsten und umdrängten uns ungestüm, um etwas Tabak zu ergattern. Sie schienen uns nicht gleich zu erkennen. Aber eine Alte, die nach einer Minute dazukam, erkannte mich. Daraufhin gab es ein lautes Geschnatter, das durch die Ankunft von Kajezan Tjipoza unterbrochen wurde. Er begrüßte uns lautstark, und weil er meinte, daß die Frauen und Mädchen allzu respektlos nach dem Tabak gierten, nahm er eine Gerte und wies die Undisziplinierten zurecht. Nach links und rechts ausholend, schlug er sie auf die Waden. Sie stoben auseinander. Nur eine blieb, zeigte auf den Säugling, den sie auf ihrem Rücken trug, und drehte ihm das Kind zu, gewissermaßen mit der Aussage: »Vergiß dich nicht, ich habe hier ein Kind«, und sogleich war er wieder freundlich beherrscht. Eine jüngere, frechere, zeigte ihm hinter dem Rücken die Zunge. Wir waren wieder einmal in unserem Verhaltensforscherdorado! Es war übrigens das einzige Mal, daß ich ihn mit einer Gerte nach Frauen schlagen sah. Seine kräftige Stimme genügte im allgemeinen, um sich Respekt zu verschaffen. Vielleicht wollte er gerade vor uns Gästen zeigen, daß er der Herr im Hause war.

Wir schlugen unsere Zelte auf und gingen dann am frühen Nachmittag in den neuen Kral. Er war so groß wie der alte, in dem wir 1973 geweilt hatten: Diesmal zählten wir zehn Wohn- und fünf Vorratshütten. Diese waren höher und geräumiger als die Wohnhütten. Sie hatten ein flaches Dach, auf dem Maiskolben und Trockenfleisch gelagert wurden. Eine der Wohnhütten gehörte einem Ovambo, der zu Besuch war und verschiedene Dienslleistungen verrichtete. In den übrigen Hütten wohnten insgesamt 32 Himba. Mit Ausnahme von einer Frau und ihrer kleinen Tochter, deren verwandtschaftliche Beziehung wir nicht eindeutig herausbekamen, gehörten alle übrigen Mitglieder dieser kleinen Gemeinschaft zur engeren Familie des Häuptlings. Zunächst einmal wohnten in je einer Hütte die vier Frauen mit ihren Kindern für sich. Eine dieser Frauen hatte auch noch ihre Mutter bei sich. In der hohen Hütte gegenüber dem Heiligen Feuer wohnten der Häuptling und dessen Mutter, die hohes Ansehen genoß. Auch fünf seiner erwachsenen Töchter lebten in der Kralgemeinschaft. Zwei davon hatten Säuglinge. Nach den Vätern befragt, erhielten wir keine klaren Auskünfte. Ja, die seien woanders, hieß es. Wir erfuhren im Laufe der Zeit, daß die Töchter mit ihren Kindern sehr

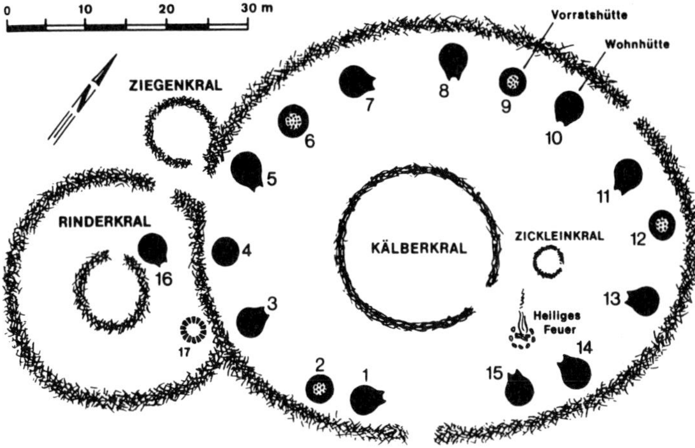

Die Kralgemeinschaft Otjitanga im Jahr 1975, Wohnhütten (1, 3, 4, 5, 7, 8, 10, 11, 13, 14, 15, 16). Die Hütte 4 wird von einem Ovambogast bewohnt. 14: Hütte der Häuptlingsmutter; 15: Hütte des Häuptlings; 2, 6, 9, 12: Vorratshütten; 16: Wohnhütte dreier erwachsener Söhne des Häuptlings, die nicht immer anwesend waren; 17: zerfallene Hütte.

oft in den Kral des Vaters zurückkehren, wenn dieser reich und mächtig ist. Sie haben hier ihre Mütter und Geschwister als Helfer. Ein mächtiger Häuptling behält seine Töchter bei sich und bekommt ihre Kinder dazu, deren Väter man nicht immer genau kennt. Wahrscheinlich hängt damit die Regelung zusammen, daß grundsätzlich der Bruder der Kindesmutter Vormund der Kinder ist.

Der Vater hat auch bei geregelten Familienverhältnissen weniger zu sagen. Ein deutlicher mutterrechtlicher Zug, der allerdings von Frauenrechtlerinnen nicht dahingehend mißverstanden werden sollte, daß bei den Himba die Frauen viel mehr zu sagen hätten als anderswo. In bestimmten Bereichen entscheiden auch hier die Männer, aber eben jene der mütterlichen Linie.

Im Kral lebten folgende Männer: ein Onkel des Häuptlings, zwei Neffen und fünf erwachsene Söhne, von denen zwei verheiratet waren, aber ihre Frauen nicht bei sich hatten. Diese lebten vielmehr im elterlichen Kral. Außer den schon erwähnten Säuglingen – den Enkeln des Häuptlings – lebten in der Gemeinschaft noch fünf Mädchen und vier Buben im vorpubertären Alter. Es handelte sich um Kinder des Häuptlings, bis auf Kalituma, den Sohn einer seiner Töchter, die zur Zeit unseres Besuches abwesend war.

Zu meiner Frau, die mit Augentropfen, antibiotischen Salben und Aspirin Frauen und Kinder behandelte, faßte der Häuptling überraschend schnell Zutrauen. Er erklärte ihr mit eindrucksvollen Gebärden, daß er unter Potenzschwäche leide und ein Mittel brauche. Dazu lachte er verlegen. Meine Frau gab ihm Vitaminpillen. Als wir am nächsten Tag ins Dorf kamen, umarmte er sie und küßte ihre Hand wiederholt laut schmatzend – die Pillen hatten offenbar geholfen.

Die Kralgemeinschaft ist, wie schon erwähnt, eine große polygyne Familie. Die Rinder gehörten formell dem Häuptling, damit aber auch all den Seinen. Sicher gibt es in solch einem Familienkollektiv weniger Streit um Besitz, als wenn verschiedene Familien sich eine Herde teilen müssen. Den Frauen sind ganz bestimmte Kühe zum Melken zugeteilt. Damit ist bestimmt, wer welche Kühe nutzt. Mit dem Tod des Häuptlings gehen diese profanen Kühe an die Töchter und deren Nachkommen, während die nur sakralen Zwecken dienenden Rinder in der männlichen Linie weitergegeben werden.

Die Kralgemeinschaft besaß 132 Rinder, 42 Kälber und rund 300 Ziegen und Schafe. Ein großer Kälberkral befand sich in der Mitte des Wohnkrals. Ein weiterer Rinderkral und Ziegenkral waren unmittelbar an den Wohnkral angeschlossen.

Die Aufnahme im Kral war herzlich. Vor allem die Frauen und Mädchen suchten den Kontakt mit meiner Frau, und sie gaben sich in der Folge viel ungezwungener als bei meinem vorangegangenen Besuch.

Mit Hilfe unseres Dolmetschers unterhielten wir uns mit unseren Gastgebern und erfuhren auch, warum der alte Kral verlassen worden war. Es waren zwei Familienmitglieder gestorben, und der Häuptling hatte danach wiederholt schlecht geträumt. Dies nahm er als Zeichen, daß der Geist der Verstorbenen die Gegend unsicher mache.

Die Himba fürchten die Geister der Verstorbenen. Unter gewissen Umständen glauben sie sogar, daß selbst der Geist eines Lebenden in sie fahre, und fühlen sich davon besessen. Das sah ich einmal in höchst dramatischer Weise, als eine Frau mit ihrem kranken Säugling zu einer weißen Krankenschwester in Behandlung kam. Die Schwester flößte dem Säugling Medikamente ein, und nachdem die Mutter den Säugling an eine Begleiterin abgegeben hatte, bekam sie einen Anfall. Sie schniefte, als hätte sie etwas überaus Scharfes und Unangenehmes gerochen, das sie nun ausstoßen müßte. Zugleich strich sie sich mit beiden Händen über Kopf und Gesicht, als wollte sie etwas abstreifen. Dann schüttelte sie heftig ihren Kopf und blieb schließlich nach wenigen Minuten regungslos liegen. Der Anfall wiederholte sich noch zweimal.

Die folgenden Wochen verbrachten wir den ganzen Tag im Kral. Es fügte sich wirklich glücklich, daß wir in der Nähe kampierten. Morgens, kurz nach Sonnenaufgang, wanderten wir hinüber. Der Eingang war meist noch verschlossen, aber man öffnete uns schnell. In der Hütte nahe am Eingang wohnte Kowo-Kuturari mit dem kleinen Waningena, außerdem die etwa dreizehnjährige Schwester Japondora und die etwa zehnjährige Karitima. Beide hatten entzückende lange Zöpfe vorne über das Gesicht hängen. Dann lebte hier eine Hündin mit ihren winzigen Welpen, mit denen die Kinder spielten, während sie sich in der Morgensonne wärmten. Sie gaben ihnen Milch, herzten sie und beobachteten ihre unbeholfene Balgerei.

Kalituma und Waningena waren seit 1973 zu munteren kleinen Buben herangewachsen. Kalituma war bereits abgestillt. Waningena dagegen kehrte noch sehr oft zu seiner Mutter zurück, um ein bißchen zu trinken. Das sah recht komisch aus, denn er war schon groß und stämmig und lief eifrig mit den anderen Kindern herum, bis ihm zwischendurch einmal seine Mutter einfiel und er von Kleinkind auf Säugling umschaltete. Das tat er, wenn er Hunger hatte oder wenn ihm ein Mißgeschick zustieß und er Trost brauchte.

Zwischen Waningena und Kalituma hatte sich während der Zeit unserer Abwesenheit eine innige Freundschaft entwickelt. Kalituma war ein paar Monate älter und gab den Ton an, obgleich er viel zierlicher war als Waningena. Es sah köstlich aus, wenn der stämmige, kräftige Waningena mit drolligen Bewegungen wie ein Bär hinter seinem Freund herlief und ihm alles nachmachte.

Bald pflegte auch Waningenas Freund von der anderen Seite des Krals zu kommen. Er meldete sich schon von weitem rufend an. Das elektrisierte Waningena, und er lief los. Etwas verlegen blieb er dann bei seinem Freund, bis dieser irgendein Spielchen begann. Lief Kalituma, dann lief Waningena hinter ihm her. Nahm er einen Stock und schlug damit zu Boden, dann tat dies Waningena ebenfalls. Er ahmte Kalitumas Verhalten bis in alle Einzelheiten nach, und so demonstrierten sie täglich morgendliche Eintracht. Es war wie ein Ritual. Nur selten ging Kalituma an Waningena vorbei, ohne sich bei ihm aufzuhalten, das kam beispielsweise nur dann vor, wenn er bereits mit anderen Spielgefährten unterwegs war. Dann suchte Waningena Kalitumas Aufmerksamkeit zu erregen, etwa, indem er ihm ein Hölzchen brachte, also ein völlig wertloses Ding. Dennoch pflegte Kalituma eine solche Gabe anzunehmen, und beide begannen herumzulaufen, die kleineren Mädchen ebenso wie die Buben. Nur die beiden älteren Mädchen waren zunächst meist mit dem Ziegenaustrieb beschäftigt.

Die Frauen und jungen Männer molken unterdessen. Dazu fesselten sie die Kühe an den Hinterbeinen, verscheuchten das Kalb und hielten einen Stock schlagbereit, für den Fall, daß es dennoch zum Euter drängte. Die Milch wurde in schönen, aus einem Stück geschnitzten Holzgefäßen oder in dichtgeflochtenen Körben aufgefangen. Um diese Zeit waren alle Rinder im Kral. Das Melken dauerte etwa eine Stunde. Dann wurden die Rinder ausgetrieben. Die Kälber sperrte man in den zentralen Kälberkral. Waren die Rinder fort, dann kam der Kälberaustrieb. An diesem beteiligten sich mit viel Eifer und Geschrei die Kinder, jedes mit einem Stock bewaffnet. Über allem ertönte die Stimme des Kralherrn, der, auf einen Stock gestützt und alles überragend, seine Anweisungen gab. Er bestimmte, wer mit den Kälbern wohin zu ziehen hatte. Dann wurde es ruhiger im Kral.

Noch während des Melkens konnte man tagtäglich ein eindrucksvolles Ritual beobachten, das meiner Frau gleich in den ersten Tagen auffiel. Bevor irgend jemand von der frischgemolkenen Milch trinken durfte, mußte der Häuptling davon kosten und sie gewissermaßen für die anderen freigeben. Frauen, Männer und manchmal auch Kinder kamen mit ihren vollen Behältern zum Häuptling und reichten sie ihm dar. Anfangs nahm er von jedem eben kleinen Schluck, dann begnügte er sich, die Finger der Rechten kurz einzutauchen und abzulecken. Bei den letzten berührte er schließlich nur noch das Gefäß mit der Hand. Die Milch, die er durch dieses Ritual für den Genuß freigab, stammte von den Heiligen Kühen, die dem Kralherrn gehören.

Der Morgenappell der kleinen Gemeinde ist in mehrfacher

Hinsicht bemerkenswert. Bei dieser Demonstration des Eigentumsrechts handelt es sich im Grunde um ein disziplinerhaltendes Ritual. Indem man diesem Brauch folgt, erweist man dem Häuptling Respekt. Das erhält den Gefolgsgehorsam. Durch den täglichen Akt der Unterwerfung wird das wie in einer Dressur gefestigt. Auch würde der Häuptling schnell merken, wenn ein Mitglied seiner großen Familie gegen ihn aufsässig und diesem Brauch nicht mehr gehorchen würde. Das Ritual ist ein Test für Gefolgsgehorsam und bestärkt diesen. Gleichzeitig tritt der Häuptling als Gebender auf, was die Bindung an ihn bekräftigt.

Uns sind vergleichbare Rituale der Gehorsamerweisung bekannt. Dazu gehören zum Beispiel die Flaggenappelle beim Militär. Die Flagge wird gehißt, die Gruppe grüßt sie wie den Hut des Geßler, dem nur Wilhelm Tell den Gehorsam verweigerte. In den englischsprechenden Ländern werden solche Rituale bis heute in den Schulen geübt, man grüßt die Flagge, man ehrte bis vor einigen Jahren in britischen Kinos die Königin und stand deswegen auf, wenn die Hymne erklang.

Daß die Himba im Unterschied zu den Yanomami und Buschleuten so sehr auf den Rang schauen, ist wohl eine kulturelle Anpassung an die Notwendigkeit, strategisch konzipierte Kriege zu führen. Wir erwähnten bereits, daß Rinderzüchter sich mit Viehräubern auseinandersetzen müssen. Überdies zwingt ihnen ihre Umwelt Wanderungen auf, und die bringen sie automatisch mit Nachbarn in Konflikt.

Bei einer anderen Gelegenheit gab der Häuptling auch das Fleisch eines Rindes für den Verzehr frei. Nachdem es in einer großen Schüssel mit Rinderfett gesotten worden war, stellte man die Schüssel vor ihn hin. Er steckte zwei Finger in das warme Fett und leckte sie ab, dann bedeutete er den Männern, sie könnten sich nun bedienen.

Waren die Rinder und Kälber ausgetrieben, dann wurde es ruhiger im Kral. Die zurückgebliebenen Kinder spielten entweder im Kral oder außerhalb, aber dann in unmittelbarer Nähe, und ich folgte ihnen mit der Kamera. Sie waren einfallsreich, bauten Hütten und spielten Gast und Gastgeber. Einige ritten auf Steckenpferdchen aus, andere blieben beim Haus. Nach einer Weile kamen die Ausgerittenen zu Besuch und grüßten nach Art der Erwachsenen. Das wiederholten sie. Buben und Mädchen spielten dabei zwanglos miteinander.

Oft spielten die Kinder, indem sie auf allen vieren liefen und sich mit den Köpfen stießen. Oder sie sammelten Steine, große und kleine, und sortierten die großen als Rinder in einen Kral, die kleinen als Kälber in einen anderen Kral, den sie aus Erdwällen formten. Sie trieben dann die Rinder aus, stellten sie in einer Reihe auf, ließen sie kämpfen, indem sie die Steine aneinanderstießen und dazu brummten. Das spielten sie mit Hingabe auch allein. Der kleine Waningena war immer dabei. Er spielte gerne mit, störte aber, da er die Regeln nicht beherrschte. Man setzte ihn daher oft weg und suchte ihn anderweitig zu beschäftigen.

Waningena war gerade in dem Alter, in dem die kleinen Buben so gerne mit einem Stock bewaffnet losziehen. Das steckt den Buben, wie man sagen könnte, im Blut. Ich habe ausgezählt, wie oft die Buben und wie oft die Mädchen einen Stock trugen und was sie damit taten. Dabei kam folgendes heraus: Jungen haben viel öfter einen Stock in der Hand als Mädchen, obgleich Mädchen und Frauen zum Hüten der Ziegen und Kühe Stöcke gebrauchen, es also nicht etwa unweiblich wäre, einen Stock zu benutzen. Ich

Verschiedene Gegenstände der Himba. Rechts und links zwei Nackenstützen aus Holz. Im Vordergrund Ketten aus Eisenperlen auf Lederschnüren. Links vorne Frauenkette mit Konusschneckenanhänger und breiten eisenperlenbestickten Rückenanhängern. In der Mitte zwei Schminkdöschen aus Kuhhorn mit Lederkappen und Eisenperlendekor. Zwei geflochtene Körbe, Messer mit Scheide und geflochtener Gürtel mit Perlverzierung.

registrierte 154 Fälle von Spiel mit Stöcken, davon entfielen 115 auf Jungen und 39 auf Mädchen. Es wurde in einer Stichprobenerhebung über einen Zeitraum von einer Woche alle zwanzig Minuten festgestellt, wer einen Stock trug und was er damit anstellte. Im Gebrauch des Stockes waren deutliche Geschlechtsunterschiede festzustellen (Tabelle A, folgende Seite). Jungen werfen ferner viel öfter mit Steinen als Mädchen. Darüber gibt Tabelle B, die die in einem Zeitraum von vier Tagen registrierten Einzelwürfe umfaßt, guten Aufschluß.

Die Angaben passen zu unseren Beobachtungen über geschlechtsspezifisches Spielinteresse, die wir in anderen Kulturen gemacht haben.

Wie gesagt, sieht man Waningena meist mit einem Stock. Damit schlägt er die Kühe oder auch einen Hund, und läuft ihm gar nichts über den Weg, dann schlägt er gegen Zäune oder gegen den Boden.

Tabelle A
Stockgebrauch im Spiel:

	Jungen	*Mädchen*
Schlagen gegen Tiere (Hund, Kälber)	13	7
Schlagen gegen Menschen	8	2
Schlagen gegen Objekte (Zäune, Bäume etc.)	34	13
Verschiedenes (Stochern, zwei Stöcke gegeneinanderschlagen, Umhertragen)	60	17
	115	39

Tabelle B
Werfen mit Steinen:

	Jungen	*Mädchen*
Aggressives Werfen auf Menschen	2	7
auf Hunde	6	3
Spielerisches Geschicklichkeitswerfen, oft als Weitwerfen über Kralhecke	149	44
	157	54

Waningena war ein merkwürdiges Gemisch aus Säugling und Mann. Solange es ihm gutging, gab er sich männlich. Breitbeinig und fast im Seemannsgang, die Arme schwingend, kam er daher.

Aber wehe, wenn er hinfiel und sich anstieß oder ihn ein Kind mit einem Erdbrocken bewarf. Dann lief er heulend zur Mutter und tröstete sich an ihrer Brust. Manchmal geriet er auch in Wut, dann warf er sich auf den Boden und strampelte. Er war für sein Alter besonders groß, und nur die tapsigen Bewegungen verrieten, daß er noch ein Kleinkind von vielleicht zweieinhalb Jahren war. Ein Tolpatsch und im Wesen ungemein freundlich. Einmal sah ich, wie er, wohl ohne böse Absicht, seinen Schwestern, die gerade Mais rieben, mit einem Stock zu lästig wurde. Sie schimpften und forderten seinen Stock, und da gab er ihn ab und erhielt damit ein paar Hiebe. Darüber bekam er einen Wutanfall und hob einen der Mahlsteine mit beiden Händen hoch über seinen Kopf und stand da, ohne ihn zu werfen. Die Mutter hielt ihm die offene Hand hin, und er gab den gut zwei Kilogramm schweren Stein ab. Dann heulte er und flüchtete an ihre Brust. Ich konnte das Drohen mit einem erhobenen Mahlstein auch bei einem etwa fünf Jahre alten Mädchen beobachten. Auch sie gab den Stein schließlich an eine dritte Person, ohne zu werfen. Es ist mir auch in anderen Gegenden aufgefallen, daß Kinder mit schweren Holzscheiten, Stöcken, großen Steinen oder gar Waffen wohl gelegentlich drohen, sie aber nie gegen ihre Spielgefährten ernstlich einsetzen, selbst dann nicht, wenn sie wirklich in Wut geraten. Ich fand es bemerkenswert, daß sich ein kleines Kind bei einem heftigen Wutanfall so beherrschte, zumal ich nie sah, daß andere das Kind für sein Drohen bestraft hätten.

Oft spielten die Kinder außerhalb des Krals. Drei nicht ganz zehnjährige Mädchen, ferner Waningena, Kalituma und Waliwa, alle ebenfalls unter zehn Jahren, und der zwölfjährige Watakira waren viel beisammen, meist in Fünfer- oder Sechsergruppen. Gelegentlich waren auch die älteren Mädchen dabei, aber die mußten tagsüber oft die Ziegen hüten. Die gemischte Spielgruppe unterhielt sich dann, indem sie etwa das Steine-Kühe-Spiel spielte oder aus Zweigen eine kleine Hütte baute. Diese bedeckte sie mit Blättern und spielte Gast und Gastgeber. Die Spiele orientierten sich im wesentlichen am Vorbild des Alltagslebens. Regelspiele sahen wir nicht.

Die Säuglinge waren stets in der Obhut der Frauen. Selten legte einmal eine das Brustkind für eine halbe Stunde neben sich auf ein Leder. Bei einer Hütte hatten wir Gelegenheit, vier Generationen zu beobachten. Karamuti, die Tochter des Häuptlings, hatte einen sechs Monate alten Knaben. Um den sorgte sich auch die ebenfalls hier wohnende Mutter (Otjitumba) und deren Mutter. Sie war fast blind und recht abgemagert und stand doch voll im Leben. Sie saß gerne in der warmen Sonne und hielt den Säugling auf dem Schoß. War er unruhig, dann sprach sie zu ihm und sang ihm auch Lieder vor. Zwischendurch unterhielt sie sich lebhaft mit ihrer Tochter und ihrer Enkelin.

1977 sah ich sie wieder. Sie war mittlerweile völlig erblindet. Vor ihrer Hütte hütete sie ein neues Enkelkind, eine Schwester der kleinen Karamuti. Das Kind konnte schon laufen. Entfernte es sich etwas, dann tastete die Urgroßmutter nach ihr und rief ihren Namen. Die Kleine war anhänglich und hielt oft Körperkontakt mit der Urgroßmutter. Die Alte hütete aber nicht nur Kinder, sie stand mitten im Geschehen und ließ keine Gelegenheit aus, sich lautstark an Unterhaltungen zu beteiligen. Die Aufgabe, sie zu führen, übernahmen ihre Tochter oder ihre Enkelin, die ihr auch die Haare und den Körperschmuck richteten. Man wird nachdenklich, wenn man das Leben dieser Alten mit dem vergleicht, das so viele in unserer fortschrittlichen Kultur in Einsamkeit verbringen.

Frauen sind immer mit irgendeiner nützlichen Tätigkeit beschäftigt. Sie walken ein Fell, mahlen Mais oder Rötel und arbeiten an ihrem Schmuck. Morgens melken sie die Kühe und treiben die Rinder aus, und am Nachmittag buttern sie zwei Stunden, indem sie die großen milchgefüllten Kalebassen, die an Lederriemen an einem Baum hängen, hin und her schwenken. Dazu singen sie oder plaudern mit anderen. Die Tätigkeiten laufen ohne jede Hast ab.

Die Himba leben weniger arbeitsintensiv als die Eipo, aber sie sind beschäftigt. Dennoch bleibt ihnen genügend Zeit für Unterhaltung. Gelegentlich tanzen sie. Bisweilen kommen die Männer zu den Frauen und spielen auf dem Mundbogen oder auf der Kahnlaute, beides Instrumente, die wir schon bei den Buschleuten kennengelernt hatten.

In dieser großen Gemeinschaft verlief der Alltag ruhig und friedlich. Zwischen den Kindern gab es gelegentlich Streit. Vor allem, wenn sie alle zugleich auf einem schrägliegenden Baum nach »Okanguati« reiten wollten, dann gab es ein Gedränge, und man stieß einander vom Platz. Einmal geschah es, daß Wakatira Kalituma grob von seinem Sitz drängte. Dieser geriet in Wut und schlug mit der Gerte nach seinem Widersacher, und bald war die

Rauferei zwischen beiden voll im Gange. Man bewarf sich mit Erdbrocken, und zwar durchaus im Ernst. Kalituma war dabei so wütend, daß er vor Ärger heulte. Wakatira wurde immer gröber und warf den kleine Kalituma schließlich zu Boden. Waningena sah fassungslos zu, wie sein Freund weinend am Boden lag, dann ging er in spontanem Beistand mit seinem Stock auf Wakatira los. Natürlich zog er den kürzeren, und Sekunden später lag der kleine Held weinend neben seinem Freund. Die Mutter, vom Wehgeschrei herbeigerufen, schleppte Waningena an der Hand nach Hause, wobei sie nicht versäumte, Wakatira zu schelten.

Zurück blieben die beiden Kontrahenten, die den Streit begonnen hatten, Kalituma hatte ausgeweint und stand schmollend auf dem Platz. Wakatira verhöhnte ihn, indem er in hohem Bogen vor Kalituma hinpinkelte. Der bezahlte mit gleicher Münze, und mit dem Drohduell endete die Auseinandersetzung, während die untergehende Sonne den ganzen Kral in ein unwirkliches rotes Licht tauchte.

Ich habe öfter Streit zwischen den Himba-Jungen gesehen. Erwachsene mischten sich nie Partei ergreifend ein, sie ermunterten aber gelegentlich die Angegriffenen zur Vergeltung. Einmal lief einer der kleinen Buben zur Mutter, weil ihn ein anderer umgestoßen hatte. Die Mutter tröstete ihn nicht, sondern drückte ihm einen Stock in die Hand und deutete ihm, sich zu wehren. Er wollte aber dem Rat nicht folgen, sondern heulte weiter, was die Mutter so erzürnte, daß sie ihn einige Male kräftig mit der Hand auf den Kopf schlug. Dann ließ sie den Heulenden auf dem Boden liegen. Erst nach drei Minuten tröstete sie ihn.

Meist machen die Kinder ihre Streitigkeiten untereinander aus. Beim Streit um ein Knochenstück, das einem Jungen als Schwert diente, wurde der Besitzer des Spielzeugs an der Hand verletzt. Sein Gefährte hatte ihm das Schwert grob entrissen. Der Verletzte weinte und betrachtete seine blutende Hand. Sein Spielgefährte sah betreten zu. Er reichte schließlich mit versöhnlicher Geste das Schwert zurück, aber sein Spielgefährte lehnte gekränkt ab. Daraufhin reichte der Junge das Schwert einem Dritten, der dabei stand. Dieser übernahm die Gabe und gab sie als Vermittler an den Gekränkten weiter. Nun nahm dieser sein Spielschwert wieder an, und bald spielten die drei, als hätte nie ein Mißklang die Harmonie gestört.

Bereits in den kleinen Kindergruppen spielt der dritte als Vermittler bei Konflikten eine Rolle, fast so wie in der großen Politik. In der Tat sind alle diese alltäglichen Begebenheiten so interessant, daß es gar keiner besonderen Ereignisse bedürfte, um den Beobachter in Spannung zu halten. Was Mütter mit ihren Kindern tun, wie Kinder miteinander spielen und streiten, das alles spiegelt eindrucksvoll die Wesenszüge der menschlichen Natur wider. Wenn man sieht, wie in einer Kindergruppe Konflikte entstehen und gelöst werden, wie Bindungen geknüpft und Aggressionen in Spott und Spiel ausgelebt werden, dann wird man mit Überraschung feststellen, daß sich gewisse Grundmuster auch in den Interaktionen größerer Menschengruppen wiedererkennen lassen. Das Vokabular wechselt, aber die Grundzüge der Strategien menschlicher Interaktionen bleiben die gleichen.

Gelegentlich wurde der ruhige Alltag durch Besucher belebt. Sie kamen einzeln, manche meist in kleiner Gruppe. Sowohl Männer als auch Frauen bewegten sich frei zwischen den verschiedenen Kralgemeinschaften. Sie wanderten oft viele Tage, um Freunde zu besuchen, und bedurften dazu keines besonderen Schutzes. Es ist mir nicht bekannt, daß die Himba irgendwann in den letzten Jahrzehnten untereinander einen bewaffneten Streit ausgetragen hätten.

Einmal kamen Händler aus Angola. Sie brachten auf Eseln Kisten mit süßlichem Anisschnaps, den sie gegen Ziegen und Rinder verkauften. Die Kralgemeinschaft ging nun für zwei Tage in Anisseligkeit unter. Alle tranken, auch die Kinder, und zwar den ganzen Tag bis in die Nacht. Dann kamen Besucher aus den benachbarten Kralen, und bei dieser Gelegenheit hörten wir interessante Wechselgesänge zwischen Gastgeber und Gast, an denen sich beide Geschlechter beteiligten. Jemand sang eine kurze Strophe, dann antwortete der Partner, und das ging oft eine halbe Stunde so. Singend erzählte man einander die Neuigkeiten. Man pries in Liedern ferner die Heldentaten der Ahnen, schilderte in gesungenen Epen, wie sie anderen die Rinder geraubt und diese verteidigt hatten. Es klang ähnlich wie in abendländischen Heldenepen und -gesängen. An diesem Tag herrschte eine gelöste »Ferienstimmung« im Kral, man tat nur das Nötigste.

Die Himba verstehen es übrigens, selbst ein berauschendes Getränk zu erzeugen. Das Herz einer niedrigen Palme (Hyphaene ventricosa) wird dazu angeschnitten und der Saft in einer Kalebasse aufgefangen. Er vergärt und liefert einen Palmwein.

Obgleich alle leicht alkoholisiert waren, randalierte keiner. Am darauffolgenden Morgen allerdings war mancher verkatert. Ein Sohn des Häuptlings kam zu unserem Feuer, hielt sich den Brummschädel und schüttelte über sich selbst den Kopf. Wir halfen dem Verkaterten mit Aspirin und fanden ihn bald darauf im Kral – beim morgendlichen Umtrunk!

Von solchen Unterbrechungen abgesehen, verlief unser Aufenthalt in Otjitanga in geruhsamen Bahnen, bis eines Abends Kajezan Tjipoza mit traurigem Gesicht zu uns kam und uns mitteilte, daß einer seiner Neffen gestorben sei. Er wolle gerne noch am selben Tag zu dessen Kral, aber das sei weit, ob wir ihn nicht mit dem Wagen hinbringen könnten. Nun ist eine Buschfahrt am Abend auch für einen robusten Geländewagen nicht gerade empfehlenswert, aber hier bot sich die Gelegenheit, in unaufdringlicher Weise als gebetener Helfer und Gast an einem Trauerritual teilzunehmen, und so sagten wir Hilfe zu. Auf unserer Fahrt durch den dämmerigen Busch nahmen wir noch einige Frauen mit, die vorausgeeilt waren. Schwerbeladen brachen wir uns den Weg durch das Gebüsch. Wir erreichten bei Dunkelheit den Kral des Verstorbenen. Eine Trauergemeinde von Frauen und Männern hatte sich bereits eingefunden, und in der Hütte, in der der Tote aufgebahrt war, drängten sich weinende Frauen.

Das Weinen und Schluchzen hatte eine starke stimmungsübertragende Wirkung, der auch wir uns nicht entziehen konnten. Kajezan Tjipoza ging in die niedrige Hütte, blieb etwa eine halbe Stunde klagend bei den Frauen, kam dann heraus und setzte sich zu dem jungen Bruder des Verstorbenen. Der Bruder klagte singend: »O weh, mein Bruder, O weh, mein Bruder«, und Tjipoza sang: »Mein junger Mann, du bist ein guter, wackerer Mann gewesen. Was soll ich jetzt machen, mein Kind, O weh, mein Kind!« Dann weinte er. Ein Junge von vielleicht elf bis zwölf Jahren weinte bitterlich. Ein anderer Mann, der neben ihm saß, sagte zu ihm: »Du mußt nicht weinen, mein Kind. Alle Menschen müssen sterben. Es muß nicht zu deinem Herz (nimm es dir nicht zu Herzen), sei still.«

Wir blieben bis in die Nacht, dann machten wir uns auf den Heimweg. Unseren Häuptling ließen wir zurück, versprachen aber, ihn am anderen Morgen zu besuchen.

Da glich der Kral einem Heerlager. Die Nachricht vom Todesfall war mittlerweile zu den Kralgemeinschaften der weiteren

Oben: Totentrauer: Weinende Himbafrauen. Unten: Um den aufgebahrten Toten klagende Himbafrauen.

Umgebung gelangt, und von jeder Gruppe kamen Männer und Frauen zur Totenklage, obgleich der Tote noch jung und nicht von besonders hohem Rang war. Die Frauen und Männer standen in Gruppen herum. Den Toten hatte man gerade auf der Bahre aus der Hütte geholt. Er war in eine Decke gehüllt. Vier Männer trugen die Bahre und liefen damit los. Ein Mann schritt ihnen entgegen und hielt die Bahre mit vorgestreckten Handflächen auf. Er sprach zu dem Toten: »Was suchst du, bleib doch stehen. Willst du deine Tiere oder was sonst, daß du zu mir kommst? Bleib stehen! Welche Tiere sind es (die du willst)? Bleib stehen, ich will dich noch etwas fragen! Die Tiere, die dir fehlen (welche sind es, die dir fehlen?). Willst du die Tiere von dem Mann, der fort ist? Dann komm her!«

Die Totenträger antworteten für den Toten. Nach Aussage meines Informanten erfahren sie durch Berührung dessen Meinung. Fühlt er sich steif an, dann verneint er, fühlt er sich weich an, dann heißt es, ja, er will dorthin. Ich vermute, daß die erste Frage auch mit der Auswahl der Opfertiere zu tun hat. Aber man fragt ebenfalls, was er noch gerne sehen wolle – einmal war es die Hütte, ein anderes Mal der Rinderkral. So wurde der Tote unter vielmaligem Richtungswechsel im Laufschritt um die Hütte, in den Rinderkral und zu vielen anderen Plätzen getragen. Vater, Bruder und auch Kajezan Tjipoza hielten den Toten abwechselnd an, um seine Wünsche zu erfahren. Es war ein turbulentes Bild. Ganz unvermittelt schließlich liefen die Totenträger, gefolgt von einer Schar von Männern, ins Feld hinaus. Wir meinten, sie würden zum Begräbnis abziehen, und da das Gelände unwegsam war, konnten wir mit der Kamera nicht folgen, denn die Männer entfernten sich im Laufschritt. Schade, nun hatten wir den Toten verloren.

Aber offensichtlich hatte der Tote nur etwas Bestimmtes sehen wollen, denn nach fünfzehn Minuten waren die Männer mit der Bahre wieder im Kral. Sie liefen noch einmal durch den Rinderkral, versetzten die Rinder in Schrecken und entfernten sich dann in der Gegenrichtung. Meine Frau und ich folgten der Gruppe zu Fuß. Ich bat Dieter Heunemann, mit dem Dolmetscher im Wagen am Weg zu warten. Wir kamen bei diesem Lauf richtig ins Schwitzen, wollten aber den Kontakt halten, zumal man im Busch leicht die Orientierung verliert, und verirren wollten wir uns in dieser wasserlosen Gegend nicht unbedingt. Die Totenträger wechselten auch hier oft die Richtung; schließlich kehrten sie um und liefen geradewegs auf unseren Wagen zu. Heunemann filmte ihre Ankunft, und dabei rannten sie ihn fast um. Ich dachte schon, sie hätten etwas gegen das Filmen, aber weit gefehlt. Ihre Annäherung erfolgte in friedlicher Absicht, zehn Zentimeter vor dem Objektiv hielten sie an. Der Tote, so erklärten sie uns, wolle noch einmal das Auge der Kamera sehen. Dann liefen sie auf unseren Wagen zu, nun wollte der Tote gerne noch mit dem Auto gefahren werden, sie wüßten schon, wohin. Und wir ahnten, daß sie sich den mühsamem Weg zur Begräbnisstätte bequemer machen wollten, und entsprachen dem Wunsch des Toten. So konnten wir ihn wenigstens nicht verlieren! Wir ließen die vier Männer mit der Tragbahre und einige weitere hinten auf den offenen Wagen steigen und fuhren los. Die Begräbnisstätte lag auf einer kleinen, nur mit einigen höheren Bäumen bestandenen Lichtung im Busch. Pfähle mit mehreren übereinandergesteckten Rinderschädeln markierten die Gräber.

Hier begann wieder jenes merkwürdige Ritual der Totenbefragung. Die Totenträger liefen zu den verschiedenen Orten, und immer wieder hielt der Vater die Bahre zur Befragung an. Der Tote suchte nun den Platz für sein Grab.Es dauerte eine Weile, bis er ihn fand. Dort begannen die Männer gleich eifrig zu graben. Den Toten stellte man unterdessen unter einem Schattenbaum in fünfzig Meter Entfernung ab.

Drei Frauen saßen bei ihm und klagten. Nach und nach kamen mehr herbei. Anfangs schienen nur die nächsten Angehörigen leiderfüllt, sie weinten bitterlich. Aber im Verlauf der Stunden schien sich die Stimmung zu übertragen, und auch jene, die anfangs nur der Form halber geklagt hatten, waren echt ergriffen und im Schmerz mit den übrigen vereint. Wir fühlten ebenfalls eine starke Sympathie für die Trauergruppe.

Hin und wieder kam ein Mann zu dem Toten und nahm Maß. Am späten Nachmittag war die Grube schließlich groß und tief genug, und die Männer holten den Leichnam. Sie hoben ihn von der Bahre und senkten ihn ins Grab. Der Kopf des Toten zeigte genau nach Westen. Sie schützten nun den Verstorbenen vor dem Erdreich, indem sie über ihm ein Gerüst aus Holzstangen errichteten. Darauf legten sie eine Lage kleiner Steine, und erst dann kam das Erdreich darüber. Den Grabhügel bedeckten sie mit großen Steinbrocken.

Während dies alles im Schein der tiefstehenden Sonne geschah, zogen die Frauen ab. Es war wie der Abgang des Trauerchors in einem klassischen Drama. Die Mutter des Verstorbenen, die verspätet gekommen war, ging mit gesenktem Haupt voran, gestützt von zwei Frauen. Die anderen folgten. Sie sangen klagende Weisen und bewegten sich langsam mit kleinen Schritten vorwärts, so daß sie lange brauchten, bis sie abgezogen waren.

Die Männer hatten unterdessen die letzten Steine auf den Grabhügel geschichtet und noch einige Dornbüsche zum Schutz darübergelegt. Dann gingen auch sie. Die Bäume warfen lange Schatten, und in der Stille erhob eine einsame Zikade ihren Gesang. Die Himba hatten von einem der Ihren Abschied genommen.

In den folgenden Tagen war es recht still im Kral von Otjitanga. Es fehlte der Häuptling mit seiner kräftigen Stimme. Niemand

1

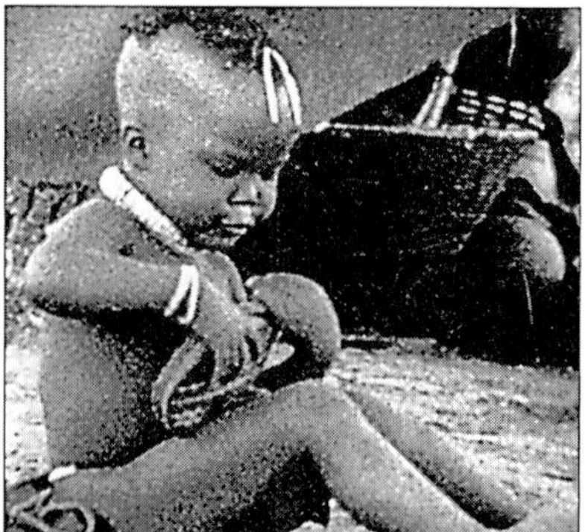

2

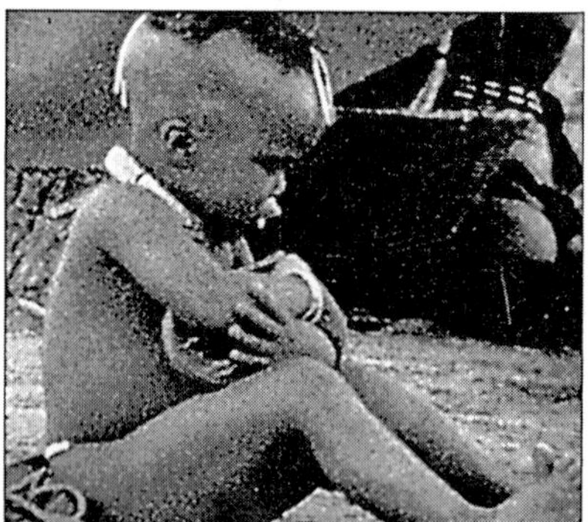

3

6

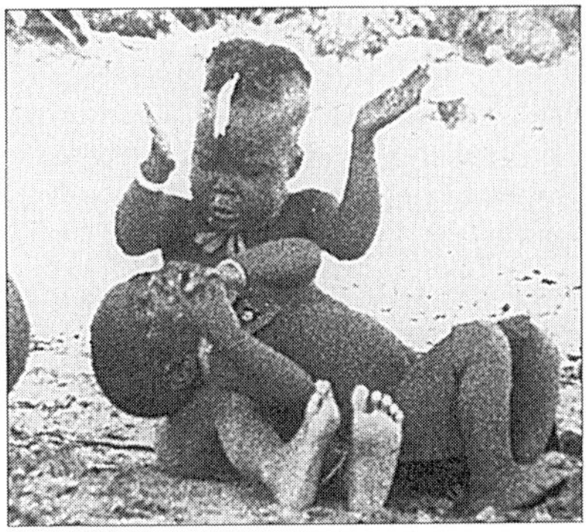

Linke Seite: Die knapp fünfjährige Koumbware, mit einer Sandale als Puppenersatz spielend. Sie wiegt sie auf dem Schoß, herzt sie und singt händeklatschend: »Das ist mein Kind, das ist mein Kind!«. Aus einem 16-Millimeter-Film des Verfassers.

Oben: Und hatte ihre kleine Base Onguaundjonjose Kummer, dann wußte sie sie singend und in die Hände klatschend zu trösten.

unterwies die anderen lautstark in ihren Tätigkeiten. Es fehlten ferner drei der Frauen des Häuptlings. Sie hatten sich der Trauergemeinde im Kral des Verstorbenen angeschlossen. Man würde dort noch eine Zeillang trauern, erklärten sie uns.

Für uns gab es weiterhin viel zu tun. Die Kinder und Säuglinge waren ja mit ihren Müttern zurückgeblieben. Das Milchritual wurde am ersten Tag von der uralten Mutter des Häuptlings abgenommen, in den Tagen darauf dann von seinem Neffen Tjichuna Haride. Aber es war weniger feierlich, und ich sah auch, daß nicht alle Folge leisteten. Man merkte, daß die Autorität des Häuptlings fehlte. Es ging weniger flott beim Melken zu, und auch der Viehaustrieb verzögerte sich.

Wir hörten von unserem Dolmetscher, daß man fünf Tage nach dem Begräbnis sieben der Heiligen Rinder getötet habe. Kein Himba würde ihr Fleisch anrühren. Früher überließ man es den wilden Tieren. Heutzutage verkauft man es an die Ovambo und andere, die nicht an ein Verzehrgebot gebunden sind. Die gesäuberten Schädel würde man am folgenden Tag am Baum über dem Grab befestigen. (Wir besuchten den Platz später und fanden nur drei Schädel über dem Grab. Entweder waren noch nicht alle befestigt worden, oder die Zahlenangabe stimmte nicht.)

Sechs Tage nach dem Begräbnis erreichte uns die Nachricht von einem weiteren Todesfall, diesmal in einem entfernteren Kral. Man bat uns, sie dem Häuptling zu überbringen, der noch immer im Kral des zuerst Verstorbenen weilte. Meine Frau und Dieter Heunemann fuhren los, während ich im Kral blieb, um keine Zeit bei den Kindern zu verlieren. Als die beiden im Kral des zuerst Verstorbenen ankamen, war man gerade dabei, die Schädel dreier Rinder zu säubern. An die sechzig Frauen saßen noch immer trauernd um die Hütte des Verstorbenen. Der Kral glich nach wie vor einem Heerlager. Als die beiden die Nachricht eines weiteren Todesfalls überbrachten, brachen die Frauen wieder in laute Klagerufe aus. Die Männer dagegen zeigten sich gefaßt. Einige waren damit beschäftigt, ein weißes Rind zu jagen. Es ging lebhaft zu, denn das Rind wollte sich nicht fangen lassen und sprang schließlich in seiner Not sogar über den Rinderkral hinweg. Schließlich gelang es doch einem Mann, einen Fuß des Rinds mit einem Lederriemen zu erwischen. Nachdem man es zu Fall gebracht hatte, packte ein Mann das Gehörn und drückte den Schädel des Rindes so auf den Boden, daß die Kehle nach oben zeigte. Mit einem Knie stemmte er sich gegen die Kehle des Tiers, das ohne heftige Regung innerhalb einer Minute verendete. Das Fleisch dieses Rindes durfte von den Himba gegessen werden und diente dazu, die vielen Trauergäste zu speisen. Die Leute aus unserem Kral blieben allerdings nicht länger dort, sondern kehrten mit dem Häuptling nach Otjitanga zurück. Dort ging der Häuptling gleich zu seiner Hütte und hockte sich mit seinen erwachsenen Söhnen und anderen männlichen Verwandten am Heiligen Feuer nieder. Als einzige der Frauen gesellte sich auch die Mutter des Häuptlings kurz zu dieser Gruppe. Auch Otjitumba, deren Tochter mit dem kleinen Jungen ich so gerne beobachtete, kehrte heim. Sie ging gleich zu ihrer Hütte, wo sich bald alle anwesenden Frauen versammelten. Dann kam auch der Häuptling dazu. Er begrüßte die Frauen mit der Frage »Koreg?«, was frei übersetzt »Wie geht es?« heißt. Er bekam ein gesungenes »Aij« – »Gut« – von einer Frau zur Antwort. Danach richtete er die gleiche Frage an eine andere, die ebenfalls »Aij« antworte. Er begrüßte so alle seine Frauen einzeln, nicht aber die Töchter und die Schwiegermutter. Seine Mutter, die sich mittlerweile zu den übrigen Frauen gesellt hatte, fragte dann ihrerseits »Urinawa?«, was etwa »Wie geht es dir?« heißt. Nun antwortete der Häuptling mit »Aij«.

Ein Himba kann den Grußaustausch außerdem mit der Feststellung eröffnen »Ia« – »Ich bin gekommen.« Die angesprochene Person antwortet darauf »Ij« (gezogen), dann sagt die erste Person »Korej«, und die zweite Person antwortet »Aij«. Schließlich findet häufig auch folgender Grußaustausch statt: erste Person: »Kora!« – »Sprich!« ZweitePerson: »Aij.« – »Ja.« ErstePerson: »Kora!« Zweite Person: »Aende.« – »Es geht.« Auch diese Grußformeln tauscht der Besucher mit jedem der Anwesenden aus.

Der Begrüßung folgte eine angeregte Unterhaltung. Unsere Himba hatten einander nach dem Dienst an dem Toten viel zu berichten, denn in diesen Tagen hatten sich all die nahen und entfernten Verwandten, die weit verstreut lebten, wieder einmal gesehen. Sie waren zur Totentrauer aus allen Teilen des Himbalandes herbeigeeilt.

So erfüllte das Totenfest zwei wichtige Funktionen. Die Gruppe nahm zum einen formell Abschied von einem ihrer Mitglieder, an dessen weitere Existenz in einer anderen Welt sie glaubte und mit dem sie daher Kontakt halten wollte. Mit seinem Tod wurde der Mann in den Kreis seiner Ahnen aufgenommen, die man weiter verehrt und zu denen man sich einst selbst gesellen würde, eine Kontinuität, die dem Tod das Schreckliche nimmt. Zum anderen diente dieses Fest dazu, die Bindungen über die Kralgemeinschaft hinaus zu pflegen. Bei keiner anderen Gelegenheit kommen Mitglieder so weit entfernter Krale an einem Ort zusammen.

Ich besuchte die Himba über die Jahre immer wieder, bis zum heutigen Tage. Bei einer solchen Stichprobenerhebung über eine lange Zeit findet man jedesmal neue Verhältnisse vor. In der Trockenzeit erschienen uns die Beobachtungsbedingungen besonders reizvoll. Da lagerte die Dorfgemeinschaft tagsüber unter den Schattenbäumen im trockenen Flußbett. Sie hatte hier tiefe Wasserlöcher gegraben, um die Tiere zu tränken. Frauen, Kinder und Männer hielten sich im Schatten der ausladenden Kameldornbäume auf. Auch für mich war der Schatten ein Segen, außerdem gab es hier wenig Fliegen. Die Frauen flochten Körbe, walkten Felle, sangen dazu und betreuten ihre Kinder. Ein Bild der Geschäftigkeit. Und es wurde viel geplaudert und gelacht.

Es ist erstaunlich, was sie alles zur selben Zeit machen. Sie walken ein Fell, stillen dabei einen Säugling und erzeugen Pflanzenfasern für Schnüre. Zu letzterem brauchen sie die Hände nicht. Sie schieben Palmblätter in einen Mundwinkel und kauen das

Blatt so durch, daß aus dem anderen Mundwinkel langsam ein Faserbündel herausquillt. Es wächst im gleichen Maß, wie das Blatt auf der anderen Seite im Mund verschwindet. Ein erstaunlicher Vorgang und fürwahr ein seltsamer Anblick. Und während sie das tun, unterhalten sie sich angeregt. Zwischendurch wird getanzt. Daran nehmen auch die jungen Männer teil. Kinder spielen mit ihresgleichen oder mit ihren Eltern.

Am Ende der Regenzeit, wenn das Gras hoch steht und der Fluß noch fließt, verbringe ich meinen Tag im Kral, denn dann bleiben die Frauen mit den Kindern meist zu Hause. Hier leide ich unter der Sonne und den Fliegen, aber die immer neuen Entdeckungen entschädigen mich für die Plage. 1985 und 1986 waren zwei kleine Mädchen die Stars meiner Dokumentation: die knapp fünfjährige Koumbware und die etwa zweijährige Onguaundjonjose. Onguaundjonjoses Mutter Mukapakapaka hatte ich bereits 1971 als Kind gefilmt. Und Koumbware war die Tochter Tjipas, eines Bruders Mukapakapakas, den ich damals als jungen Burschen mit Zopf kennengelernt hatte. Jetzt hatte ich also seinen Nachwuchs vor der Kamera. Die ältere Koumbware betreute ihre Kusine in der allerliebsten Weise. Wenn Mukapakapaka mit dem Melken oder Kuhaustrieb beschäftigt war, dann war es an Koumbware, die Kleine zu betreuen. Die Mutter setzte die beiden dazu oft in einen leeren Zickleinkral, wo Koumbware die weinende Onguaundjonjose betätschelte und umarmte. Einmal band die Mutter Onguaundjonjose an einem Fuß mit einer Schnur an einen Baum. Koumbware zeigte Sympathie, indem sie sich ebenfalls mit einem Fuß an den Baum neben die Kleine fesselte, um gewissermaßen zu demonstrieren: Schau, ist ja nicht so schlimm.

Oft, wenn die Kleine unruhig war, legte sie das Riesenkind auf ihren Schoß und sang und klatschte ihm was vor. Und war Onguaundjonjose vergnügt und wollte sie nicht betreut werden, dann suchte sich Koumbware eine Puppe als Ersatzobjekt. Einmal filmte ich sie mit einer Sandale. Sie wiegte sie und sang dazu: »Omuatje uandje, omuatje uandje…« – »Das ist mein Kind…« – und »Ono mundu noho, ono mundu noho…« – »Das ist auch ein Mensch…« Ob es mir vergönnt sein wird, Koumbware als junge Mutter zu filmen?

Bali
Facetten einer Hochkultur

An der Südküste von Bali, nahe beim Ort Sanur, liegt ein kleiner Tempel. Er ist Baluna, dem Meergott, geweiht und sehr alt. Die Anlage ist durch eine karreeförmige brusthohe Mauer aus Korallenblöcken abgegrenzt. Die Korallenblöcke sind schwarz, als wären sie von der Sonne verbrannt. Auf der dem Meer zugewandten Seite ist die Mauer stellenweise zerfallen. Hier öffnet sich der Blick auf den weiten Sandstrand und die See, auf der sich die Segelboote der Fischer wie Spielzeuge ausnehmen. Einige Eidechsen wohnen in der Mauer, und auch ein großblättriger Busch hat hier Wurzeln geschlagen.

Der umfriedete Raum wird durch Mäuerchen unterteilt. Auf einen geräumigen Vorplatz, den Bäume beschatten, folgt die eigentliche Tempelanlage. In ihrer Mitte steht auf Holzpfählen ein größerer Holzschrein. Auf der Seeseite des Tempelhofs erhebt sich eine etwa vier Meter hohe Pyramide aus verwitterten schwarzen Korallenblöcken. Ausgetretene Stufen führen zu einer kleinen Opferplattform im ersten Drittel der Pyramide.

Dort liegen verwelkte Blüten und einige dutzend kunstvoll geflochtener kleiner Körbe aus Palmblatt. Manche sind noch grün, die meisten aber bereits gelbbraun verdorrt. Ein rotgebranntes Wasserkännchen aus Ton liegt dazwischen und ein flaches Tonschüsselchen, das wohl Opfergaben enthielt.

Rechts und links wird die Opferplattform von zwei steinernen Wächterfiguren flankiert, die gut einen Meter hoch sind. Sie haben vorquellende Augen und wurden erst kürzlich bemalt. Mit weißer Kalkfarbe hat man die Augen und die Zähne der Drohgesichter etwas hervorgehoben. Zwei weitere steinerne Wächter stehen auf der nächsten Stufe der Pyramide, etwa eineinhalb Meter höher. In den Ohren der Figuren stecken frische rote Hibiskusblüten. Ganz oben auf der Pyramide befinden sich ein kleiner, aus dem Korallenfels herausgearbeiteter Schrein, eine plumpe Arbeit, aber doch ansprechend in den Proportionen, und dahinter als Abschluß ein grob gearbeitetes Steingesicht. Seitlich unterhalb des Schreins entdecke ich ein aus Korallengestein gehauenes einfaches Gesicht. Ob der Block daneben ebenfalls etwas darstellt? Man braucht eine Weile, um zu entscheiden, ob Menschenhand oder Verwitterung die absonderlichen Formen schuf.

Rechts von der Pyramide steht ein kleiner steinerner Thron auf einem Steinsockel, auf dem Thron liegt ein weiteres grobes Steingesicht und vor ihm Körbchen und Blüten. Ein verwitterter steinerner Löwe wacht zu seinen Füßen. Ein weiterer Steinsitz, der bei Festen die Gottheiten zum Verweilen einladen soll, befindet sich zur Linken der Pyramide.

Flechten und Moose wachsen auf den Steinfiguren und schmücken sie. Sie hängen als weißliche Bärte von den Schultern und über die Gesichter der steinernen Wächter und beleben als grüne Polster und Säume alle waagrechten Nischen und Flächen, vor allem die Schultern und die Podeste, auf denen die Figuren stehen. Ruinen oder Steinfiguren in den Parkanlagen alter Schlösser sind bei uns oft ähnlich verwachsen, aber sie umweht der wehmütige Zauber des Verfalls. Hier dagegen leben die verwitterten Figuren. Räucherstäbchen glimmen zur ihren Füßen, und die Hibiskusblüten prangen in frischem Rot in ihren Ohren. Der Boden des Tempelgebiets ist erst vor kurzem gefegt worden. Es ist still. Das Sonnenlicht bricht sich in den schütter belaubten Zweigen.

Ein Mädchen kommt. Sie hat einen Kranz weißer Frangipaniblüten (Plumeria acuminata) in ihr dunkles Haar gesteckt und ist wie zu einem Fest gekleidet. Sie trägt eine hellgelbe Bluse, eine breite rote Schärpe um die Leibesmitte und einen langen, hellen Rock mit kleinen dunkelblauen Ornamenten. Sie hat ein ovales Gesicht mit fast kindlichen Zügen und großen Augen. Ihre Gestalt ist zierlich und wohlproportioniert. In einer Hand trägt sie ein Tablett, das über und über mit kleinen viereckigen Bananenblattstückchen bedeckt ist. Auf jedem liegt ein Häufchen Reis, nicht mehr als ein Teelöffel voll. Auch einige Körbchen mit Blumen liegen darauf.

Rechts und links vom Eingang in den Tempelbereich legt sie ein solches Blattstück mit Reis ab, dann läuft sie zu den Wächterfiguren und legt diesen eine Opfergabe zu Füßen und ein weiteres Reisopfer vor die unterste Stufe der Steinpyramide. Dann steigt sie hinauf und bringt ein Blumenopfer auf die Opferplattform, ein weiteres auf den Steinthron nebenan. So trippelt sie von Heiligtum zu Heiligtum und ist flink bei der Sache. Und ebenso flink ist ein kleiner magerer Hund, der dem Mädchen folgt und die kleinen

Aus der Tempelanlage des Meeresgottes Baruna bei Sanur. Oben: Steingesicht mit Opfergaben; unten: Zwei Wächterfiguren. Zwischen ihnen auf dem Stein Blumenopfer. Dahinter Korallenpyramide mit Steingesicht als Abschluß und kleinem Schrein davor.

Reishappen einen nach dem anderen aufleckt. Profanes und Religiöses mischen sich gut in Bali. In welcher Form die Geister die Gaben entgegennehmen, das ist schließlich ihre Sache. Wichtig ist, daß man den hohen Göttern Blumen opfert und darüber aber das Heer der niederrangigen Geisterchen nicht vergißt, die näher am Boden wohnen und denen die Reisopfer zugedacht sind.

Diese harmlose und für Bali alltägliche Begebenheit gehört zu den ersten Eindrücken, die ich dort empfing. Sie mischten sich mit Bildern von Prozessionen mit langen Reihen buntgekleideter Frauen und Mädchen, die auf ihrem Kopf silberne Opferschalen mit kunstvoll geschichteten Pyramiden von Früchten, rosa und weißen Reisküchlein und anderen Opfergaben trugen. Der Klang des sie begleitenden Gamelanorchesters vermischte sich mit dem Gackern aufgeschreckter Hühner, Grunzen der Ferkel, dem Schrillen der Fahrradglocken und dem gelegentlichen Hupen klappriger Taxis, die sich durch das Dorfgewimmel ihren Weg bahnten.

Das war 1965. Mittlerweile habe ich sechs weitere Reisen nach Bali unternommen. In dem kleinen, an der Südküste gelegenen Ort Saba, der nur durch einen ungeteerten, holprigen Weg mit der übrigen Insel verbunden war, fanden wir 1973 im Hausverband eines Landadeligen (Agung) Aufnahme. Die Wohn- und Tempelanlage war von einer Steinmauer umfriedet. Portale öffneten sich nach mehreren Seiten. Sie waren mit Steinmetzarbeiten reich dekoriert. Die geräumige Anlage war durch zahlreiche Mäuerchen wiederum reich untergliedert. In mehreren kleinen Pavillons lebten der Agung, seine vier Frauen und seine achtzehn Kinder, ferner in zwei getrennten Höfen je ein verheirateter Bruder. Der eine war kinderlos, was der andere mit zahlreichen Kindern und Enkeln ausglich. Zwei Tempelhöfe mit zahlreichen Schreinen gehörten zu der Anlage. Und wir, meine Frau und ich, wohnten mitten im Wohnbezirk des Agung. Unser Balé (Haus) bestand aus einem überhöhten quadratischen Steinsockel (4,50 mal 4,50 Meter), der nach zwei Seiten offen war. Mehrere schön geschnitzte Holzpfosten trugen ein Pyramidendach aus Reisstroh, das innen ebenfalls mit Zierleisten geschmückt war, die gold und rot bemalte Blumenornamente zeigten. Direkt unter dem Dach wachte eine holzgeschnitzte, rot bemalte Garuda über unseren Betten. Zwei kleine Tische und mehrere Sessel vervollständigten die Einrichtung. Von unserem Balé aus blickten wir auf eine Blumenlaube, einen kleinen Zierfischtümpel und auf drei Pavillons, in denen der Agung und drei seiner vier Frauen mit ihren Kindern wohnten. Es waren alle Altersklassen vertreten. Ein guter Platz für einen Ethologen!

Dämonenabweisende Figur der alten Kulturschicht Balis. Eine größere Figur mit Drohgesicht hält eine kleinere, die phallisch präsentiert. Auf der Figur kann man Opfergaben ablegen (Höhe: 55,5 Zentimeter).

Unsere Gastgeber und ihre Kinder hatten sich schnell an unsere Anwesenheit gewöhnt. Sie umsorgten uns mit großer Aufmerksamkeit und beobachteten genau, was uns schmeckte. Sie wollten, daß wir uns wohlfühlten. Nahmen wir einmal von einer Speise mehr und ließen anderes stehen, dann konnten wir mit Sicherheit damit rechnen, daß wir am nächsten Tag von dem, was uns geschmeckt hatte, große Mengen, vom anderen gar nichts mehr bekamen, was dann nicht immer ganz ausgewogen war. Wer kann schon tagelang Berge von gerösteten Schweineschwarten oder Bananenküchlein verzehren?

Mit dem Abkochen nahm man es weniger genau. Wir hatten unsere Gastgeber gebeten, alles Wasser sorgfältig abzukochen. Ja gewiß, sie würden es schon tun, versicherten sie uns. Unser Mittagsmahl wurde immer mit einer scharfen, klaren, kalten Suppe mit Glasnudeln und Gemüse eingeleitet. Sie schmeckte uns, bis ich eines Tages etwas zwischen den Nudeln zappeln sah. Ich traute meinen Augen kaum und fischte das kleine Wesen mit dem Löffel heraus. Es war ein winziger Fisch, dessen weitere Entwicklung ich in den folgenden Wochen im Zierfischtümpel verfolgen konnte.

Von den zahlreichen Beobachtungen, die wir hier machten, möchte ich in diesem Kapitel nur auf einige eingehen, die mit dem rituellen Leben der Balinesen zusammenhängen. Sie beleuchten noch einmal in besonderer Weise eine Seite des menschlichen Wesens, auf die wir wohl da und dort bereits hinweisen konnten, die aber hier besonders klar zutage tritt, nämlich der Drang des Menschen, seine Natur zu kultivieren und in gewisser Weise aus ihr herauszutreten.

Das kann man besonders deutlich bei den balinesischen Tänzen und Ritualen feststellen, die man anläßlich der vielen Tempelfeste beobachten kann. Sie sind zugleich eine Art Volksfest. Schon in den Vortagen herrscht im Dorf große Betriebsamkeit. In ihren Häusern sind die Frauen emsig dabei, Körbchen und kunstvollen Zierat zu flechten. Da werden aus Palmblättern Vögelchen und Blumen gefertigt und das Ganze zu kunstvollen Gestecken verarbeitet. Andere Frauen türmen auf silbernen Schalen Pyramiden von runden Küchlein aus Reis oder Kokosnuß. Sie sind rot, braun und weiß gefärbt und ergeben in dekorativer Anordnung ein buntes Muster. Prunkstück aller Opfergaben ist der Tebasan, auf den jede Familie viel Mühe verwendet. Man stellt ihn am Tage des Festes her, damit alles schön frisch ist. Man dekoriert dazu einen grünen, aufrecht montierten Bananenschößling mit Orangen, Brotfrüchten, Baummelonen, Bananen, verschiedenfarbigen

Küchlein, Fladenbroten und bunten Blumen. Die Früchte und Küchlein werden auf Stöckchen aufgespießt und in den Bananenschößling in geschmackvoller Anordnung eingesteckt. Obenauf kommt oft noch ein gebratenes Huhn. Eine überaus reiche und farbenprächtige und oft über einen Meter hohe Säule aus Opfergaben ist das Ergebnis. Die Familien versuchen dabei, einander zu übertrumpfen. Am frühen Nachmittag des Festtags beginnen die Frauen, die Opfergaben zum Tempel zu tragen. Dazu kleiden und schmücken sie sich festlich.

Zur selben Zeit entwickelt sich vor dem Tempel ein buntes Jahrmarktstreiben. Frauen kommen und bauen kleine Verkaufsstände auf. Auf einer Stange tragen sie alles, was sie dazu brauchen: die Kisten, aus denen sie den Stand aufbauen, die Waren, die Lampe für den Abend und auch ihre Sitze. Die ganze Straßenseite ist von Ständen eingenommen. Hier kann man Reisküchlein kaufen, gekochten Reis, Spanferkel, Fleischstückchen am Spieß, Curryfleisch, Getränke, Eis, das sie zermahlen und mit einer roten Flüssigkeit übergießen, Konfekt und so ausgefallene Speisen wie in Öl geröstete Libellen. Man serviert auf Stücken von Bananenblättern und ißt mit den Fingern.

Am späten Nachmittag hat sich das ganze Dorf hier eingefunden. Die Balinesen lieben die Menge und das Gedränge. Wer nicht gerade im Tempel betet und Opfergaben ablegt, der spaziert vor den Verkaufsständen herum. Der Geruch von Gewürzen, Gebratenem, von Blüten und von Haaren, die mit Kokosnußöl eingefettet sind, liegt in der Luft.

Vor dem Platz am Tempeleingang haben sich die Männer zum Hahnenkampf versammelt. Unter Körben stehen die Kampfhähne, einer neben dem anderen am Rand des Platzes. Das Ritual ist eine merkwürdige Mischung aus Wettkampf und Opfer. Man sagt, daß das Blut der getöteten Hähne, das auf dem Boden vor dem Tempel vergossen wird, die Fruchtbarkeit der Reisfelder fördert. Zugleich ist es für die Männer ein Wettkampf. Man redet aufgeregt seinem Hahn zu und feuert ihn durch Massage an, denn man will, daß er gewinnt. Die Zuschauer wetten und setzen verhältnismäßig hohe Geldbeträge auf die Hähne. Der Kampf selbst ist ein blutiges Schauspiel. Man bindet den Hähnen scharfgeschliffene Messer an die Sporen. Sie dringen beim Sporenschlag tief in den Leib des Gegners ein und verletzen diesen oft innerhalb kürzester Zeit tödlich. Der Hahn, der verletzt das Weite sucht, wird eingefangen und dem siegreichen Gegner vorgeworfen, der ihn weiter mit Sporenhieben bedenkt. Und hat einer genug Kraft, dennoch zu entfliehen, dann wird er mit seinem Gegner in einen Korb gesetzt. Noch bevor der Verlierer seine letzten Atemzüge getan hat, beginnt man ihn zu rupfen, nachdem man ihm vorher die Beine abgehackt hat, damit er niemanden mit den Sporen verletzen kann. Dann trennt man die Oberschenkel vom zuckenden Leib, denn die bekommt der Besitzer des Siegers. Beobachtet man die Leidenschaft, mit der die sonst so ruhigen Balinesen diesen Kampf verfolgen, und die gefühllose Art, mit der sie den Verlierer behandeln, dann drängt sich einem die Vermutung auf, daß bei diesem Ritual ein Teil der Aggressionen abreagiert wird.

Am Spätnachmittag wird das eigentliche Fest mit einer Prozession eröffnet. Die Heiligtümer – Skulpturen, die Shiva, Devi Sri und die heilige Weltschlange (Antaboga)[109] zeigen – werden von buntgekleideten Frauen getragen. Ebenso schön gekleidete Mädchen halten bunte Schirmchen über die Heiligtümer. Voran gehen fünf weißgekleidete Priester und eine Priesterin. Mitgeführt wird auch eine Maske des Barong, jener freundlichen Drachenfigur, die das Gute verkörpert und dessen Gegenspieler die Hexe Rangda ist. Jedes balinesische Dorf von Rang hat mehrere große Tempelanlagen, in denen man abwechselnd feiert, und man bringt zu diesen Festen die Heiligtümer immer von einem Tempel zum anderen. Vor jeder Straßenkreuzung hält die Prozession. Die Priester knien nieder und beten zum Läuten einer kleinen Glocke. Sie vergießen heiliges Wasser aus Tonkännchen, opfern Reiswein und Blumen, die sie zwischen den zum Gebet gehaltenen Händen zuerst über den Kopf heben. Am Ende jeder Gebetsstrophe schnellen sie die Blüte weg und nehmen die nächste.

Vor dem Tempel hält die Prozession noch einmal zum Gebet. Vor dem aufgestellten Barong wird ein schwarzer Hahn getötet. Danach zieht die Gruppe in den Tempel ein.

Rechte Seite: Der kleine Ngurah Rai mit seiner Mutter. Sie winkt mit seinem Arm meiner Frau zu und grüßt dabei mit den Augen. Dann zeigen beide Reaktionen der Verlegenheit, senken den Blick, und Ngurah Rai verbirgt sich an der Brust der Mutter. Danach nimmt er wieder Blickkontakt auf. Bereits Säuglinge zeigen das volle Repertoire des Verlegenheitsverhaltens. Aus einem mit 50 Bildern/Sekunde aufgenommenen 16-Millimeter-Film des Verfassers: 1., 10., 24., 68. und 111. Bild der Sequenz.

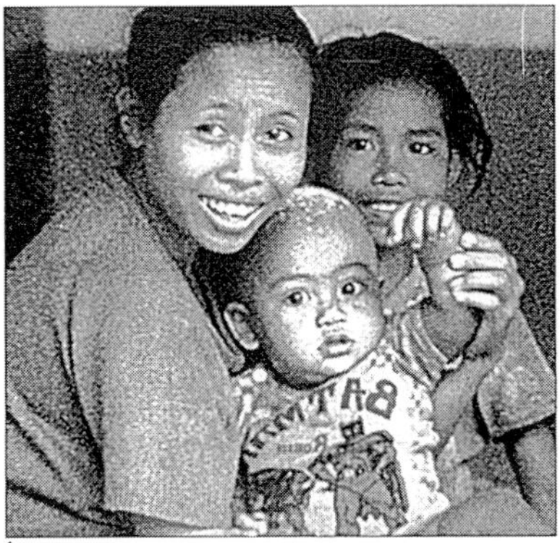

1

2

3

4

5

Die Mädchen übergeben die Heiligtümer den Priestern, die sie zwischen den Opfergaben auf dem ein bis eineinhalb Meter hohen Steinsockeln abstellen. Dort beten die Priester zum Glockengebimmel, besprengen die Opfergaben mit heiligem Wasser und opfern Weihrauch. Dorfbewohner beten und halten in den gefalteten Händen Blüten, die sie opfern. Der Boden ist bereits von Frangipaniblüten bedeckt, und ein betäubend süßer Duft liegt in der Luft. Nach dem Gebet gießen die Priester den Gläubigen heiliges Wasser in die flache Hand. Sie trinken davon und streichen sich dann in einer rituellen Waschung über Haare und Gesicht. Dann tanzen zwei Priester und sieben Frauen mit Opfergaben in der Hand um einen der drei Schreine. Dreimal umkreisen sie ihn zu den Melodien des Legongorchesters, das seit dem frühen Nachmittag die Hintergrundmusik liefert. Die Schreinchen und die Steinsitze der Götter sind mit schwarzweißkarierten Tüchern geschmückt, ebenso die Wächterfiguren und Opfergaben.

Während sich Priester und viele Dorfbewohner so dem religiösen Leben hingeben, baut Ana Agung Raka, der Bruder unseres Gastgebers, seine Schattenfiguren auf und beginnt unter einem Schutzdach das traditionelle Wayangspiel, das die mythische Geschichte Balis zum Inhalt hat. Kinder sehen ihm mit großen Augen zu.

Das Jahrmarktstreiben vor dem Tempel erreicht unterdessen einen Höhepunkt. Es ist dunkel geworden, aber Petroleumlampen erhellen den Platz und die Stände. Viele essen, andere versuchen ihr Glück in Würfelspielen, bei denen es um Geld geht. Selbst Kinder setzen Münzen auf die Felder und beobachten gespannt das Fallen der Würfel.

Zwei Stunden nach Einbruch der Dunkelheit beginnt das Gamelanorchester sich vor dem Tempel aufzubauen. Es besteht aus Trommlern, Flötisten, Gongspielern und Gamelanspielern. Die Gamelans bilden den Grundstock jedes balinesischen Orchesters. Die in Serie angeordneten, verschieden starken und verschieden langen Messingspangen werden mit Klöppeln angeschlagen und haben einen wunderschönen bronzenen Klang. Die Männer, die hier spielen, sind gewöhnliche Dorfbewohner. Wir erkennen den Lehrer und nicken ihm freundlich zu, den Dorfschreiber, den Maskenschnitzer und noch einige andere. Sie sind alle in Festtracht und tragen einen Wickelrock (Sarong), ein helles Hemd, eine golddurchwirkte Schärpe um die Leibesmitte und ein Käppchen. Auch uns hat man eine Schärpe umgebunden und meiner Frau Blüten aus Goldblech ins Haar gesteckt.

Hinter dem Orchester drängen sich die Zuschauer: Männer, Frauen und Kinder jeden Alters. Auch die kleinsten bleiben hier bis tief in die Nacht. Sie schlafen zuletzt in kleinen Häufchen zusammengedrängt.

Die Vorführung beginnt in der Regel mit einem Kriegstanz, dem Baris. Er wird von einem Knaben oder Mann dargeboten, der mit Tanzpantomime verschiedene Muster aggressiven Imponierens durchtanzt. Es folgt ein Opfertanz (Pendet), in dessen Verlauf vier Mädchen ein Blumenopfer bringen.

Neuerdings werden der Kriegstanz und der Blumenopfertanz in einem Begrüßungstanz kombiniert, dem Puspa wresti. Es handelt sich um eine Manifestation des bereits erwähnten Prinzips, in Begrüßungssituationen aggressive Selbstdarstellung mit freundlichen Appellen zu verbinden. Auf diese Begrüßung folgt die Legongdarbietung.

Der Legongtanz ist die edelste balinesische Tanzform, und in Saba ist eine der traditionellen Legongschulen von hohem Rang und Ansehen. Der Tanz wird von zehn- bis vierzehnjährigen Mädchen vorgeführt, die prachtvoll aufgeputzt sind. Gestecke aus Blüten des Tempelbaums (Frangipani) und fein durchbrochene, mit Spiegelchen geschmückte vergoldete Lederhelme zieren das Haupt. Eine Weste aus vergoldetem Leder bedeckt kragenartig die Schultern. Bluse und Rock tragen große goldene Ornamente, und eine breite, ebenfalls golddurchwirkte Schärpe hängt frei über den ganzen Vorderkörper. Das Kostüm ist überaus reich verziert, es glitzert und funkelt bei jeder Bewegung der Tänzerin.

An den Legongaufführungen von Saba wirkten immer drei jugendliche Tänzerinnen mit. Ich kannte sie alle als übermütige Kinder im einfachen Kleidchen, spielend und mit Säuglingen schäkernd. Ihre Verwandlung in Legongtänzer/innen faszinierte mich.

Der Legong wird durch ein etwa zehn Minuten dauerndes Vorspiel des Gamelanorchesters eingeleitet. Dann erscheint die Dienerin (Tjodong) der beiden etwas später auftretenden Legong. Mit graziösen Bewegungen tanzt sie langsam die Stufen des Tempeleingangs herab. Der Tanz ist eine Meisterleistung menschlicher Körperbeherrschung. Arme, Hände und Finger bewegen sich in einstudierter komplizierter Koordination. Der Körper wendet und biegt sich, Kopf und Augen bewegen sich ruckartig von links nach rechts. Abrupt, dann wieder geschrneidig gleitend, bewegt sich die Tänzerin über den Platz, immer wieder in Pose verharrend. Es ist, als wollte der Mensch durch die Beherrschung seines Körpers ausdrücken, daß er Kulturwesen sei, daß er sich in Selbstbeherrschung über seine Natur erhebe. Er hat seinem Körper neue Bewegungen aufgeprägt, für die es in seinem Hirn nichts Vorgezeichnetes gibt, und genießt seinen Triumph über die Fesseln der Biologie.

Die Tjodong tanzt so bis zum vorderen Ende der Bühne und nimmt zwei dort abgelegte Fächer auf. Bis zu diesem Augenblick sind weitere zehn Minuten vergangen. Nun erscheinen die beiden Legong und tanzen die Tempelstufen herab. Diese und die Tjodong bewegen sich aufeinander zu, vereinigen sich und tanzen gemeinsam in Achterschlingen und Reigen über die Bühne. Dabei übergibt die Tjodong jedem Legong einen Fächer. Sie tanzt noch kurz mit den anderen und geht dann ab. Seit dem Auftritt der beiden Legong sind acht Minuten vergangen.

In dem folgenden Tanz spielen die beiden Legong das Werben des Königs Lasem um die Prinzessin Ranglesari. Lasem raubte Ranglesari, mit deren Vater er im Krieg lag. Nun wirbt er um sie, aber sie weist ihn ab, selbst als er verspricht, den Krieg gegen ihren Vater zu beenden. Als das nichts hilft, droht er, ihren Vater zu töten, doch sie bleibt standhaft. Wütend schreitet Lasem zum Kampf und findet dabei den Tod.

Die ganze Episode wird von den beiden Legong in Pantomime dargestellt, während ein Erzähler rezitiert. Nach einem wieder acht Minuten währenden einleitenden Tanz der beiden folgt der eigentliche Werbetanz, Pangipuk, der ebensolang dauert. Er beginnt mit einer zarten Flötenmelodie. Lasem umschreitet die Prinzessin, die mit gebeugtem Haupt dasteht, und es entwickelt sich ein bezauberndes Verfolgungsspiel. Das Liebeswerben wird

Rechte Seite: Theatralische Posen auch im Alltag der balinesischen Kinder. Es scheint, als würden vor allem die Jungen über solch ein Schauspielerverhalten ihre Aggressionen abreagieren. Drohen mit der Faust und Drohmiene. Schlagintention mit ausholender Armbewegung: Drohen mit der Faust und abgewinkelten Armen. Verhöhnen des Partners und wieder Drohen mit auffälliger Grimasse. 1., 30., 131., 161., 176. und 202. Bild einer mit 25 Bildern/Sekunde aufgenommenen Filmszene des Verfassers.

2

3

4

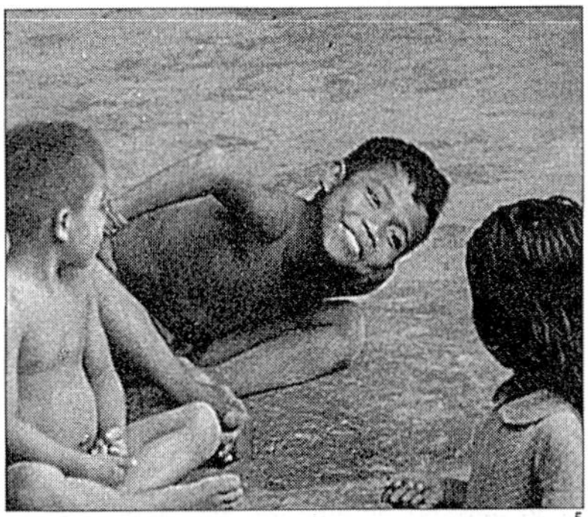

5

6

durch ein stark stilisiertes Nasenreiben auf Distanz ausgedrückt. Die beiden Tänzer nähern einander ihre Gesichter und pendeln feinschlägig mit dem Kopf, als würden sie ihre Nasen aneinanderreiben. Danach schütteln sie ihre Schultern in einem ritualisierten Ausdruck wohligen Schauerns. Eine spezielle Leitmelodie begleitet diese Liebesszene. Im weiteren Verlauf des Tanzes verhält sich die Prinzessin immer abweisender und Lasem immer zudringlicher. Er nähert sich ihr von hinten, als wollte er sie umfangen, und bringt sein Gesicht pendelnd seitlich an ihres. Aber sie stößt ihn mit dem Ellbogen weg. Er zwickt sie in einer recht weltlichen Form der Annäherung in den Oberschenkel, und sie schlägt ihm mit dem Fächer auf die Hand.

Schließlich entzieht sie sich ihm ganz, indem sie die Bühne verläßt. Es folgt der getanzte Kampf des Lasem, der etwa dreizehn Minuten dauert. Mit seinem Fächer, der zum Dolch wird, sticht er in die Luft. Der Rabe mit goldenen Flügeln behindert Lasem beim Kampf. Er wird durch die Tjodong getanzt.

Die Zuschauer, die den Legong bis in die Einzelheiten kennen, da sie ihn schon viele Male gesehen haben, verfolgen die mit Orchestervorspiel rund eine Stunde währende Aufführung mit größter Hingabe. Für sie ist es eben mehr als ein Schauspiel, es ist ein Symbol ihrer Identität und für uns Ausdruck des spezifisch menschlichen Strebens nach Selbstbeherrschung, nach kultureller Gestaltung des Lebens. Und doch, so ganz kann sich der Mensch von seiner biologischen Verwurzelung nicht lösen. Er wirbt in diesem weltentrückten Tanz durch Nasenreiben und Zwicken auf eine eher profane Weise, und sie zeigt das bezaubernde Spiel des Sprödigkeitsverhaltens, jenes Pendeln von Kontaktbereitschaft und Flucht, das jedem Flirt zugrunde liegt.

Der Legongtanz ist so etwas wie ein Leitmotiv, das das Leben der Balinesen von früher Kindheit an durchzieht. Schon die Kleinsten nehmen als Zuschauer an den Tänzen teil und verrenken dann im verspielten Alltag ihre noch ungelenken Glieder zu Legongmelodien, die ihnen andere vorsummen.

Das Leben des Balinesen ist ungemein reich an Ritualen. Theatralisch Dramatisches in der Auseinandersetzung mit Dämonen verbindet sich mit freundlicher Prachtenfaltung in Blumen und Reisopfern. Fährt man durchs Land, dann wird man unterwegs mit Sicherheit irgendeine Zeremonie erleben. Eine Opferung an einer Straßenkreuzung, an der ein Unfall passierte, eine Prozession zu einer Feuerbestattung, die Segnung eines Reisfelds – irgend etwas ist immer los.

Als ich einmal eine befreundete Familie besuchte, sah ich zu meiner Überraschung einen Säugling unter einem Käfig, in dem man sonst Kampfhähne einzeln hält, am Boden sitzen. Eine Schale mit einigen Münzen, Blumen und einem Fisch stand neben ihm. Ein seltsamer Anblick! Ich war gerade zu einer entscheidenden Phase des Ngotoninrituals gekommen, der Zeremonie der ersten Bodenberührung, die man 210 Tage nach der Geburt durchführt und die mit der Namensgebung verbunden ist. Bis dahin darf der Säugling den Boden nicht berühren, weil man seine Seele noch nicht fest mit dem Körper verbunden glaubt und Bodenberührung für gefährlich hält. 1973 durfte ich die Zeremonie in Gänze beobachten. Es war ein Familienfest im engsten Kreis. Wie üblich wurde viel geopfert und gebetet. Eine Priesterin leitete die Zeremonie, bei der dem Säugling auch zum erstenmal die Haare geschnitten wurden.

Wichtig im Leben der Balinesen ist das Zahnfeilritual, das den Übergang zum Erwachsenendasein markiert. Die Zeremonie zieht sich über mehrere Tage hin. Es wird viel geopfert, und der Aufwand ist groß, so daß eine Familie oft wartet, bis mehrere Kinder die Pubertät überschreiten, um Kosten zu sparen. Im Verlauf des Rituals werden die oberen Schneidezähne der Initianten ein kleines Stück abgefeilt. Das Ritual endet mit einer bezaubernden Symbolhandlung, die die Initianten auf ihre spätere Rolle im Leben als Mann und Frau vorbereiten soll. Paarweise werden die Initianten mit einem Schal verbunden, und dann stecken sie einander abwechselnd Leckerbissen in den Mund. So sollen sie auch in ihrer Ehe freundlich zueinander sein.

Durch die Publikationen der Völkerkundler Covarubias, Belo, Bateson, Mead und Ramseyer[110], um nur einige der wichtigeren zu nennen, ist man heute ziemlich gut über diese Aspekte der balinesischen Kultur unterrichtet. Viele der Rituale sind mit den religiösen Vorstellungen der Balinesen verknüpft, die in der reichen Götterwelt des Hinduismus wurzeln.

Es gibt jedoch eine weitere, weniger bekannte animistische Kultursicht. Sie wird im Schrifttum nur am Rand erwähnt und ist bis heute nicht erforscht. Ich stieß auf sie, als ich der Geisterabwehr dienende Figuren primitiven Typs fand, die mich in einer Reihe von Zügen an die Tikis Polynesiens und die Schnitzwerke der Bataker und Dajaks erinnerten. In den letzten Jahren habe ich eine große Zahl dieser Figuren gesammelt, die in den Bergdörfern Batur, Pudjung, Sebatu, Tagalalang und Taro hergestellt werden.

Sie sind ausdruckskräftig und meist recht einfach geschnitzt. Es gibt jedoch einige, die von Einfallsreichtum, Humor und großer künstlerischer Begabung zeugen. Sie kombinieren oft tierische und menschliche Züge.

Es gelang mir, einiges über ihre Funktion in Erfahrung zu bringen. Sie dienen als Wächter gegen verschiedene Geister und Dämonen. Aus ihrem Ausdruck und an den mit ihrer Aufstellung verbundenen Praktiken kann man auch einiges über die Verhaltenskunde der Geister erfahren. Sie scheinen im wesentlichen menschlich zu denken und zu fühlen und dürften unter anderem ängstlich sein, sonst würde eine Figur mit vorquellenden drohstarrenden Augen und entblößten Zähnen sie kaum ernsthaft erschrecken. An weiteren Ausdruckselementen zeigen die Figuren das Abweisen mit der Handfläche, phallisches Imponieren, das als Aufreitdrohung zu deuten ist, und schließlich das Gesäßweisen. Auf manchen der Figuren kann man Reis- oder Blumenopfer ablegen. Die Geister sind eben auch für gute Dinge empfänglich und lassen sich beschwichtigen.

Leider ist diese bunte Welt der Wächterfiguren im Aussterben begriffen. Die Figuren erlebten eine kurze neue Blüte, als sie neben ihrer alten Funktion als Geisterschreck auch noch die neue als Touristenerbauung bekamen. In Anpassung an diesen neuen Markt wurden sie »pornographisch«, das heißt, die phallischen Merkmale wurden in scherzhafter Verzerrung betont. Ich erwarb zum Beispiel Männchen, die an ihrem Penis hochzuklettern versuchen. Auch stellte man Kopulierende dar. Und damit sie sich noch besser verkauften, bemalte man schließlich die ursprünglich schwarzweißen Figuren rotgold. Die Figuren von Sebatu waren übrigens auch früher oft bemalt gewesen, um die Drohmine und das phallische Imponieren hervorzuheben. Ein neues Gesetz hat jedoch diese kurze Blüte zum Welken gebracht. Die pornographischen Figuren dürfen nicht mehr hergestellt werden. Tatsächlich konnte ich 1975 nur aus alten Beständen etwas erwerben. Ob sich das hält, bleibt abzuwarten.

Als geisterabweisende Figuren kommen sie in den letzten zehn Jahren zunehmend außer Gebrauch. 1972 sah ich noch bei einer Totenverbrennung in Luwus, daß schwarze phallische Figürchen einen der Opfertürme schmückten. Die jungen Schnitzer wissen nur noch selten um die alte Funktion der Figuren. Befragt, warum sie den Figuren einen bestimmten Ausdruck verleihen, antworten sie, weil das auch ihre Väter so gemacht hätten. Aber die abweisenden Gebärden der Hände, ihre Haltung beim Gesäßweisen und andere Ausdruckselemente, die auf älteren Figuren deutlich sind, verschleifen sich in einem Prozeß der Rudimentation zunehmend.

Den Zugang in die bunte Welt der Geister und in die ebenso vielgestaltige der geisterabweisenden Figuren vermittelte mir mein Führer und Dolmetscher Ida Bagus Raka, den ich nun schon viele Jahre kenne. Mein Interesse freute ihn, denn für ihn leben die Geister. Er opfert ihnen sogar in seinem Taxi. Das ist ihm wichtiger als neue Reifen.

Die holzgeschnitzten Figuren dienen, wie gesagt, als Wächter (Tumbal). Man ersetzt sie heute durch Tuchwächter, weiße Fähnchen, die eine Zeichnung des obersten Gottes Tintiya zeigen und die man über dem Eingang oder unter dem Dach aufhängt. Die Tintiyafiguren können auch geschnitzt sein, wobei die Tintiya oft auf einer kopfstehenden Leak steht. Diese Leak ist ein weiblicher Dämon. Sie trinkt das Blut Schlafender, stiehlt die Seelen der Kinder bis zum sechsten Monat und kann in verschiedenen Formen als Affe, Katze, Hund oder auch als Rangda in ihrer Hexengestalt auftreten. Zu Leaks werden jene, die durch Unfall oder durch Selbstmord enden. Verirrt sich eine Frau am Fluß und stirbt dort, dann wird sie zu einer Leak, die man Tonja nennt. Will die Tonja einen Mann, dann lockt sie ihn zum Fluß, und er geht dort zugrunde. Die Tonja findet man an »schlechten« Orten, zum Beispiel im Wald, an tiefen Flüssen, auf dem Weg zum Wasser, auf engen Wegen und bei Wasserfällen. Sie tötet die Schlechten; Guten kann sie nichts antun. Ist einer nur ein leichter Sünder, dann sieht sie zu, daß er krank wird oder sich ein Bein bricht. An weiteren bösen Geistern gibt es die Mömmedis, auch Butas oder Kalas genannt, die Leute bestehlen und Sündern Übles zufügen. Einer heißt Kamang. Er bestiehlt böse Reiche und beschenkt Arme mit dem Gestohlenen. Ein anderer namens Djim schließlich paßt auf, daß Zeremonien richtig durchgeführt werden. Macht einer dabei etwas falsch, dann kann dieser Dämon ihm ein Schwein oder ein Huhn wegnehmen.

Gegen alle diese Geister der Dämmerung (Kala) schützt Raka, eine Tintiyadarstellung. Man kann aber auch eine Leakfigur als Wächter aufstellen. Diese Wächter nennt man Butangsungsang und stellt sie an Toren auf, die von der Straßenseite zum Haus- und Tempelkomplex führen. Eine von mir erworbene Butangsungsangfigur zeigt zwei kopfstehende Gestalten und einen quer über deren Beine liegenden Fisch (Lelaban), der ein symbolisches Opfer darstellt.

Die ausdrucksreichen schwarzen Wächterfiguren stellt man am Tor gegen den Stallgarten (Tebe) auf. Sie heißen Panakut (so nennt man auch Vogelscheuchen) und schützen gegen die schon erwähnten Mömmedis, von denen es viele Arten gibt, die Unheil stiften. Es kann sich bei diesen Wächtern um Tier- und um Menschenfiguren handeln, oft bilden sie die bösen oder guten Geister ab. Viele erinnern im Ausdruck an polynesische Taxis. Einer, der gegen fleischfressende Vögel hilft, zeigt ein vierfüßiges Fabeltier mit erhobenem Kopf, eine Krabbe und eine Eidechse. Die Krabbe spielt auf eine Tantrigeschichte an. Ein Vogel erzählte den Fischen, daß er sie in einen anderen Tümpel bringen wolle, da dieser hier austrocknen würde. Mit dieser List bekam er einen Fisch nach dem anderen. Er fraß sie alle. Zuletzt war noch eine Krabbe da. Aber die war schlau. Sie ließ sich nicht schlucken, sondern tragen, und als sie sich überzeugt hatte, daß sie belogen worden war, tötete sie den Vogel.

Manche Wächterfiguren stellen gute Geister dar. Tangan-Tangan besteht nur aus aus einem Arm. Manchmal wächst er aus einem Kopf, und mitunter hält er auch eine Frucht in der Hand. Endjek Pupu dagegen besteht nur aus einem Bein. Manchmal sitzt diesem ein Kopf auf. Beide sind Friedhofsgeister und sollen dort für Ordnung sorgen. Sie räumen die Überreste der Opfer weg. In geschnitzter Darstellung dienen sie als Wächter.

Komangman ist ein Geist, der in den Reisfeldern haust. Er schlägt nach den Bösen, so daß sie krank werden und nicht im Tempel beten können. Er ist überdies Tempelordner. Er hat Kala Bedschari als Vorgesetzten. Ein weiterer Anfpasser und Sittenwächter ist Kalanadang, der nachts Bösen auflauert, nach ihnen schlägt und sie krank macht. Mömmedis haben außerdem noch Helfer, kleine Tiere wie Eidechsen, die man Gumatat-Gumitit nennt. Die Butas und Kalas haben offensichtlich nichts anderes zu tun, als Menschen zu ärgern und zu verfolgen, sie zu peinigen, krank zu machen und alles zu stören und zu verunreinigen. Wälder, Ufer, Wegkreuzungen und Friedhöfe sind ihr Aufenthaltsort. Da sie aber vor allem die Sünder heimsuchen, sind sie doch nicht ganz so böse. Dies alles erfuhr ich von meinem Freund Raka auf meinen Wegen durch Bali.

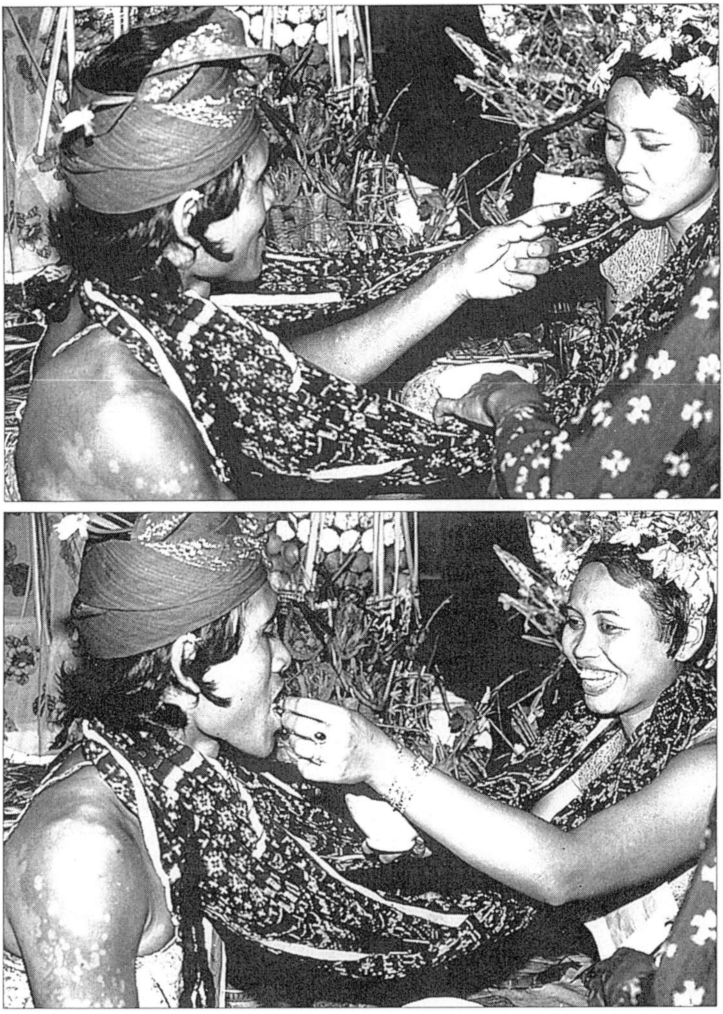

Rituelles Teilen und Füttern zum Abschluß der Zahnfeilzeremonie. Die Initianten sind dabei mit einem Schal verbunden.

Damit der Leser sich in dem bunten Zoo der Geister und geisterabweisenden Figuren zurechtfindet, fasse ich das Gesagte in folgender Übersicht noch einmal zusammen; die Terminologie ist deshalb etwas verwirrend, weil die abweisenden Figuren gelegentlich das zeigen, gegen das sie schützen sollen. So heißen die Figuren, die böse Geister (Mömmedis) abweisen, oft ebenfalls Mömmedis.

Raka nannte vier Geister als ausgesprochen »böse«: Tonjo (Leak), Mömmedi, Kamang und Djim. Ihnen stellte er fünf gute Geister gegenüber: Komangmang, Tangan-Tangan, Endjek-Pupu, Kalanadang und Kala Bedschari, den er ohne genauerer Beschreibung als den Führer des Komang bezeichnete.

An Wächterfiguren nannte er zehn[111], allerdings ohne mir alle genau beschreiben zu können. Jene, die er mir genauer beschrieb, sind in der folgenden Übersicht zusammengestellt:

Tintiya: Figur oder auf Tuch gemalte Darstellung des höchsten Gottes gegen Geister der Dämmerung (Kala); am Eingang zur Straßenseite.
Butangsung: Aufgestellt wie Tintiya zum gleichen Zweck; kopfstehende Hexenfigur (oft mit Tintiya) darstellend.
Leak: Hexenfigur (auch als Tonja oder Rangda); aufgestellt wie die Tintiya.
Panakut: Sammelbegriff für phallische Wächterfiguren mit Drohgesicht, die vor allem gegen die weiblichen Geister (Leak, Mömmedi, Tonja, Rangda) schützen, aber auch gegen andere.

Die Figuren aus Holz und Stein erhielten durch Rakas Erzählungen Leben, und ich sah sie überall. In kleinen steinernen Schreinen, vor den Eingängen zu Gärten und Häusern, im Inneren der Häuser an den Seiten der Betten. Sie boten mir einen amüsanten Einblick in die Ausdruckskunde.

Zugleich offenbart sich hier in besonderer Form die Macht der menschlichen Phantasie. Was hier in Stein und Holz Bali bevölkert, sind materialisierte Phantasien, Schöpfungen des menschlichen Gehirns, Hypothesen über diese Welt, die in absonderlicher Weise Gestalt angenommen haben.

Warum aber findet das Phantasiewesen Mensch gerade auf Bali so vielfältigen künstlerischen Ausdruck? Die Buschleute, Yanomani oder Eipo denken doch im Grunde recht ähnlich? Gewiß, aber erst mit der fortgeschrittenen Technik des Reisbauern konnten auf dem fruchtbaren Bali Dörfer entstehen, die auf eine längere Geschichte zurückblicken und in denen sich eine arbeitsteilige

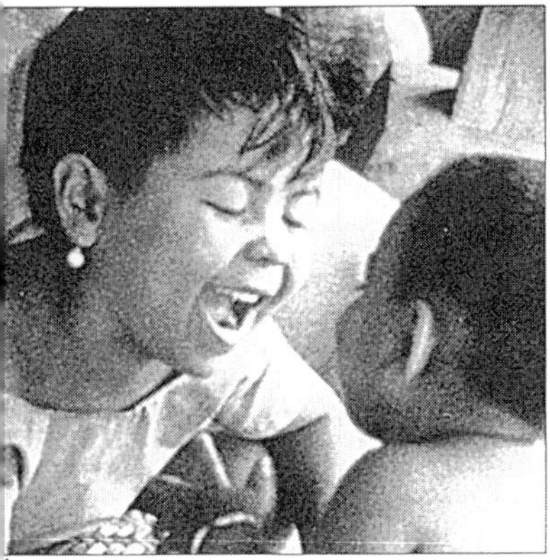

1

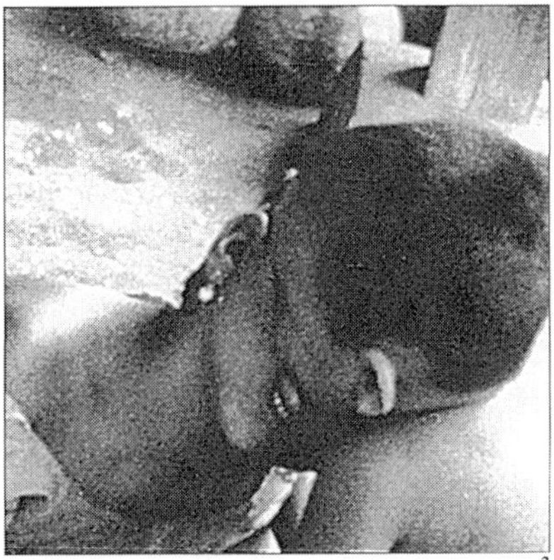

2

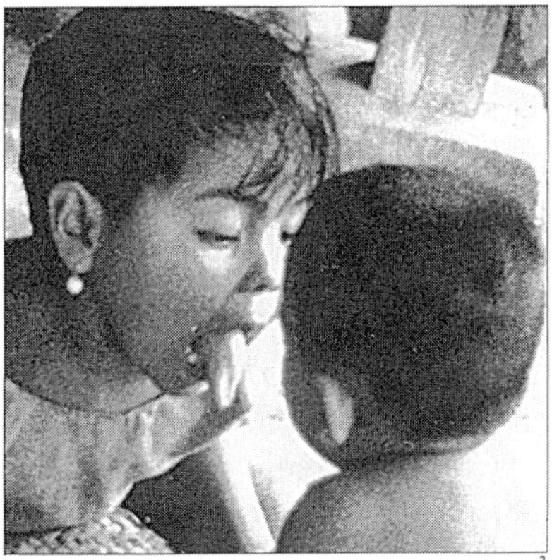

3

Balinesisches Mädchen, zärtlich mit einem Säugling schäkernd. Sie lacht ihn an, leckt ihn dann über das Gesicht und zeigt ihm, weiter in Leckintention, die Zunge. Sie hat ihn auch danach noch einmal abgeleckt. Aus einem 16-Millimeter-Film des Verfassers. Das weitverbreitete »Züngeln« als Kontaktaufforderung (Flirt) leitet sich wohl von einer solchen Leckintention ab.

Gesellschaft mit Künstlern und Priestern herausbildete. Dazu sind die Balinesen mußeintensiv, oder sie waren es, denn die Bewohner von Saba klagten, daß sie heute zwei Ernten pro Jahr erzielen müßten, während ihre Eltern noch mit einer gut auskamen. Aber noch haben auch die Vertreter der einfachen Stände Zeit, ihren Gedanken nachzuhängen. Und wie alle Menschen versuchen sie, ihre Stellung in der Welt zu deuten und Antworten auf ihre Fragen nach dem Woher und Wohin zu geben. Als Antwort schuf ihre Phantasie die bunte Welt der Götter und Dämonen und bezog sie über Rituale in ihr Leben ein. Der funktionelle Aspekt ist wohl der gleiche, den wir bei Besprechung der Trancetänze der Buschleute und der Yanomami erörterten – die Bewältigung der Angst. Aber es steckt noch mehr dahinter. Bei den Balinesen wird in besonderer Weise deutlich, daß der Mensch ein Künstler ist. Er will gestalten, die Natur verändern und in gewisser Weise aus ihr heraustreten, die Erdgebundenheit abschütteln. Als Kulturwesen und Künstler von Natur ist ihm das Spiel mit den Gebilden seiner Phantasie eine Quelle der Lust und Freude, und hier wird er, obgleich selbst Kreatur, zum Schöpfer.

Die Trobriander
Gärtner der Südsee

Denken wir an die Südsee-Inseln, dann entstehen vor unseren Augen Bilder von Palmen, die sich über weißen Korallenstränden erheben, von blauem Himmel, Sonne, Meer und fröhlichen schönen Menschen. Die Trobriandinseln entsprechen etwa diesem Bild. Sie sind flach, auf Korallengestein aufgebaut und besitzen weiße, von Kokospalmen bestandene Sandstrände, eingebettet in eine tiefe blaue See, umgürtet von Korallenriffen voller Leben. Und auch die Bewohner entsprechen diesem Klischee. Ihre Körper sind gutproportioniert, ihr Teint häufig hellbraun, und ihre Gesichter entsprechen unserem Schönheitsempfinden. Sie schmücken sich gerne mit Blüten und indem sie ihre Körper bemalen. Ihr Temperament ist eher fröhlich.

Die Inseln liegen etwa 200 Kilometer nördlich der Ostspitze Neuguineas im Stillen Ozean. Die Hauptinsel Kiriwina ist rund 42 Kilometer lang und drei bis dreizehn Kilometer breit. Dort leben rund 12 000 Menschen in sechzig Dörfern. Die kleineren Inseln Kitawa, Yakuta und Kailéuna sind wesentlich geringer besiedelt. Politisch gehören die Inseln zu Papua-Neuguinea. Ihren Namen erhielten sie von dem französischen Seefahrer Fürst d'Entrecasteaux, der sie 1793 sichtete und nach seinem Ersten Leutnant Denis de Trobriand benannte. Sie nach dem Fürsten zu taufen war kurz nach der Französischen Revolution nicht opportun. Politisch sind die Inseln unbedeutend. Berühmt wurden sie erst durch den Völkerkundler Bronislaw Malinowski, der zwischen 1915 und 1918 zwei Jahre auf den Inseln arbeitete und dessen Werk für die Feldarbeit der ihm folgenden Forschergenerationen richtungweisend war.

1979 besuchte ich mit Wulf Schiefenhövel zum erstenmal die Trobriandinseln. Wir suchten damals eine Inselgemeinschaft in der Südsee, um unsere kulturenvergleichenden Projekte abzurunden.

Auf der Hauptinsel Kiriwina war gerade die Ernte vorbei. In den Dörfern stellte man die geernteten Yamswurzeln zur Schau und verschenkte besonders große an geladene Gäste. Viele junge Mädchen und Burschen hatten ihre Gesichter bunt bemalt und das

Haar mit Blumen und Flitterwerk geschmückt. Die Mädchen trugen bunte Fransenröcke; ein lebensfrohes Bild. In den Dörfern Omarakana und Kwaibwaga beeindruckten mich die bemalten und mit Kaurischnecken dekorierten hohen Vorratshäuser (liku), in denen die Yamswurzeln nicht nur aufbewahrt, sondern auch zur Schau gestellt wurden. Gewissermaßen wurde so mit dem Ernteerfolg geprahlt. An der Küste bewunderten wir dann die Auslegerboote mit ihren oft kunstvoll und in traditionellem Dekor geschnitzten und bemalten Abschlußbrettern. Einige Boote hatten sogar noch die althergebrachten Segel, die aus den Blättern der Schraubenpalme zusammengenäht werden! Nirgendwo auf meiner Suche in der Südsee war ich bis dahin einer auch nur annähernd intakten Südseekultur begegnet. Selbst auf den sonst in vielem sehr traditionellen Samoa-Inseln prägte die westliche Zivilisation das Bild. Auch die weiteren Erkundungsreisen in den zentralen Pazifik und zu den Karolinen bestätigten uns, wie einmalig die Trobriandinseln waren. 1982 begannen wir mit unserer Arbeit in dem kleinen Dorf Tauwema auf der Insel Kailéuna. Mit Unterstützung der Deutschen Forschungsgemeinschaft konnten wir als Linguisten Gunter Senft und als Völkerkundlerin Ingrid-Nina Bell-Krannhals aus Basel für das Projekt engagieren. Wulf Schiefenhövel verfolgte völkerkundliche und ethnomedizinische Interessen, und ich widmete mich wie stets der Dokumentation des Alltagsverhaltens und der Rituale. Auf sieben Besuchen konnte ich 30 500 Meter Film erarbeiten. Gunter Senft veröffentlichte das erste Wörterbuch der Kiriwinasprache. Ingrid Bell-Krannhals und Wulf Schiefenhövel erforschten unter anderem den ritualisierten Geschenketausch.

Die Trobriander sind Seefahrer, Fischer und vor allem leidenschaftliche Gärtner. Man kann geradezu davon sprechen, daß sie vom Gartenbau besessen sind. Sie kultivieren besonders Yams, Taro, Süßkartoffeln, Kokosnüsse und Bananen. Tierisches Eiweiß erhalten sie durch den Fischfang, den sie mit Netzen, Angeln und Speeren direkt vor ihrer Haustür in den Riffen betreiben. Sie züchten außerdem Schweine. Wirtschaftlich am wichtigsten ist aber der Gartenbau, was auch hervorgeht aus den rituellen Ereignissen um die Ernte der Yamswurzeln.

Kommt man in ein Trobrianddorf, fallen einem neben den eher kleinen Wohnhütten die besonders hohen und bisweilen schön dekorierten Vorratshäuser für die Yamswurzeln auf. Die Hütte

Yamshaus auf Kiriwina. Die Dekoration ist reich an Symbolen. In der Mitte der Giebelfront zwei Schreckgesichter die zugleich Ahnen des Clans repräsentieren. Sie schützen das Haus. An den seitlich begrenzenden Brettern schematische Darstellungen des Königsfischers, der mit seiner Ankunft im März den Beginn der Pflanzzeit in den Gärten anzeigt. Er gilt als Glücksbringer.
Die Kauris sind Symbol der Fruchtbarkeit.

Übelbannende Schamweisende auf einem Abschlußbrett (Lagim).

eines Häuptlings von Bedeutung überragt an einem Ende des Dorfplatzes alle übrigen. Sie ist besonders prächtig geschmückt, beschnitzt und bemalt.

Ein immer wiederkehrendes Motiv ist der Königsfischer, ein Verwandter unseres Eisvogels. Er ist ein Zugvogel, der von Australien im März zu den Inseln kommt. Er signalisiert den Beginn der Pflanzzeit in den Gärten und wird als Glücksbringer angesehen. Auffällig sind auch die Vorhänge aus Kaurischnecken, die als weibliche Symbole Fruchtbarkeit bedeuten. Gegenüber dem Yamshaus des Häuptlings finden wir am anderen Ende des Dorfplatzes oft ein weiteres hohes Yamshaus, es ist das des zweitwichtigsten Mannes des Dorfs. Die übrigen Dorfbewohner haben kleinere, unauffällige Yamsveranden vor ihren Hütten, in denen der Platz unter dem Dach als Vorratsraum dient. Die Yamshäuser der Vornehmen sind nun so gebaut, daß zwischen den Balken Zwischenräume freibleiben, durch die man die Yamswurzeln sehen kann. Beim Einfüllen schichtet man sie so, daß die schönsten sichtbar sind. Die Yamswurzeln sind gewissermaßen der Reichtum, durch den man sich selbst darstellt und Ansehen gewinnt. Dies gilt sowohl hinsichtlich der Konkurrenz um Ansehen

Bugbrett (Tabuya) mit Schlangensymbol und Vogelkopfsymbolen.

zwischen den Bewohnern eines Dorfs als auch hinsichtlich der Konkurrenz zwischen Dörfern, wobei letztere über die in den Yamshäusern der Häuptlinge ausgestellten Früchte ausgetragen wird. Je mehr Wurzeln ein Individuum in seinem Yamshaus speichert, desto größer ist sein individuelles Ansehen, und je größer und voller mit Wurzeln das Yamshaus des Häuptlings ist, desto größer ist das Ansehen des Dorfs. Ein gutgefülltes Yamshaus ist wie ein dickes Bankkonto.

Wenn das Yamshaus eines Mannes voll ist, dann ist er reich und mächtig. Überraschend ist nun, daß alle zur Schau gestellten Yamswurzeln gar nicht vom Besitzer des Yamshauses geerntet wurden. Auf den Trobriandinseln behält der einzelne praktisch nichts von seiner Ernte. Wulf Schiefenhövel und Ingrid Nina Bell-Krannhals haben festgestellt, daß riesige Mengen dieser Nahrungsmittel nach der Ernte in genau überlegter Weise an Verwandte abgegeben werden.[112] Hochrangige Männer erhalten bei weitem die meisten Erntegaben und damit Prestigegewinn. Aber auch die Gebenden steigen in der allgemeinen Achtung, wenn sie eine besonders große Yamsmenge verschenken. Fleiß und Großzügigkeit sind hochgeschätzte Tugenden. Daher bemüht sich jeder Mann, durch harte Arbeit in den Gärten möglichst viele Yamswurzeln zu gewinnen; er ist dabei auf die Hilfe seiner Frau, seiner Kinder und Verwandten angewiesen. Die Männer entgelten das ihren Frauen unter anderem dadurch, daß sie die Banane anpflanzen, aus deren Blättern die Frauen Schürzchen herstellen, die ihr Ansehen heben. Darauf kommen wir später noch zurück.

Nach der Ernte bleiben die Yamswurzeln für einen Monat im Garten ausgestellt. Sie sind zu schönen Kegeln aufgeschichtet, und man lädt die Männer des Nachbardorfs ein, diese Kegel zu vermessen und die Ernte zu begutachten. Bei der Begutachtung geht es lustig zu. Die Männer sind unter sich, albern, tanzen, schnitzen sich Masken, fertigen aus Blattstielen einfache Blasinstrumente. Nachdem die Yamswurzeln ausgestellt waren, bringen die Familien sie ins Dorf, wo sie erneut aufgeschichtet werden. Sie werden dann in einer Art Wettstreit innerhalb des Dorfs von verschiedenen Personen begutachtet. Der Häuptling oder eine andere hochrangige Person verteilt Prämien, heute auch in Form von Geld, und zwar wird jeder mit einer Prämie bedacht. Die wirklich guten Arbeiter, die viel produzierten, bekommen viel Geld, jenen, die nichts zustande brachten, wirft man verächtlich eine Münze hin und beschämt sie dadurch. Sie können sich aber aus der Situation durch eine gute Ausrede retten und so das Gesicht wahren.

Nach der Ausstellung im Garten, wo die Männer herumalbern und die angehäuften Wurzeln vermessen, werden die Leute in das Dorf des Gärtners eingeladen, wo man sie bewirtet. Sie essen dort und werden beschenkt, wobei man ihnen die Geschenke vor die Füße wirft, gewissermaßen um die Gaben weniger wertvoll erscheinen zu lassen, als sie sind. Die Gäste erhalten Betel- und Kokosnüsse, Körbe mit Yams sowie Tücher und andere Gegenstände des täglichen Gebrauchs.

Daß dies alles geschieht, ohne daß die Gastgeber auftrumpfen, hat einen besonderen Sinn, denn eine Gabe ist ein zweischneidiges Schwert. Wer gibt, verpflichtet den anderen zur Gegengabe. Ist der Beschenkte dazu in der Lage, dann herrscht Balance, und das Geben wird zum freundlichen bindenden Akt. So zu verstehen ist auch eine Gabe, die eine Mutter ihrem Kind gibt; für sie wird keine Gegengabe erwartet. Im Fall der Eltern-Kind-Beziehung ist der Betreute abhängig vom Betreuenden. In der Beziehung zwischen Erwachsenen würde eine Gabe ohne die Möglichkeit einer Erwiderung jedoch ein Dominanzverhältnis bewirken, und ein solches soll in einer freundschaftlichen Beziehung vermieden werden. Ich erinnere in diesem Zusammenhang an die Selbstdarstellung in Begrüßungsritualen, durch die eine Dominanzbeziehung von vornherein abgeblockt werden soll, damit man sich auf gleicher Ebene freundlich begegnet.

Setzt man den Wert der Gabe herab, dann sagt man damit, daß man den anderen nicht über Gebühr verpflichten, also keinen Rangstreit provozieren will. Man will freundlich sein. Wir befolgen das gleiche Prinzip, wenn wir als Antwort auf einen Dank »Nicht der Rede wert« sagen und damit den Empfänger einer Wohltat der Dankespflicht entheben.

Die Trobriander kennen allerdings auch den Wettstreit beim Schenken. Zwischen der freundlichen Gabe und dem Versuch der demonstrativen Beschämung durch überreiche Verteilung gibt es

Die zum Wettstreit ausgestellte Ernte an Yamswurzeln.

alle Übergangsformen. Das freundlich Verbindende wird vor allem deshalb der Dorfgemeinschaft und Sippe gepflegt, während das Wettstreitmotiv in der Auseinandersetzung zwischen den Dörfern überwiegt. Allerdings scheint mir, daß die beschämende Funktion bei den Trobriandern in den Hintergrund tritt, weil sie mit der ritualisierten Zurschaustellung ihrer Ernte eine ausreichende Plattform der Selbstdarstellung entwickelt haben. Sie entwickelten damit eine weniger aggressive Form, im Wettstreit Ansehen zu gewinnen.

In anderen Kulturen gibt es Geschenkfeste, die ausschließlich dem Wettstreit um Ansehen dienen. Das ist in besonderem Maß beim Potlatsch der Kwaikiutlindianer der Nordostküste Amerikas der Fall. Hier laden die Häuptlinge einander zu Festen ein, bei denen sie Reichtümer wie Seeotterfelle, kostbare Decken und Kupferplatten verschenken und zerstören. Dazu prahlen sie: »Ich bin der große Häuptling, der die Leute beschämt. Ich bin der erste, der euch Besitztümer gibt, ihr Stämme. Bringt euren Deckenzähler her, ihr Stämme, auf daß er vergebens die Reichtümer zu zählen versuche, die der große Kupferplattenmacher wegzugeben gedenkt. Ich suche vergebens unter all den eingeladenen Häuptlingen nach einer Größe, die der meinen gleich käme. Ich kann nicht einen wirklichen Häuptling unter meinen Gästen finden. Sie revanchieren sich nie.«[113]

Das fordert zu Gegeneinladungen auf. Hier gibt es keine balancierte Gegenseitigkeit, eine Voraussetzung, um freundliche Beziehungen zu festigen. Nur wenn man Geschenke erwidern kann, stiften sie freundliche Bindungen auf Gegenseitigkeit. Einseitiger Geschenkefluß unter nicht näher Verwandten wird zum Almosen oder zur Waffe und festigt Rang oder sogar Dominanzbeziehungen. Unsere Beziehungen zu vielen Ländern der Dritten Welt zum Beispiel leiden unter anderem darunter, daß wir Almosen geben, ohne eine Gegenleistung irgendwelcher Art – und sei sie nur symbolisch – zu fordern. Wir meinen es gut und wundern uns, daß die Menschen dort uns nicht mögen.

Bereits im Verhalten der Kinder drückt sich aus, daß in verschiedenen Kulturen unterschiedliche Einstellungen zum Geben und dem damit verbundenen Bitten vorherrschen.

Polly Wiessner, Völkerkundlerin an meinem Institut, untersuchte anhand eines Drittels der von mir bei den Trobriandern, Yanomami und Buschleuten aufgenommenen Sequenzen, die nichtver-

Oben: Tauwema, das Dorf, in dem wir oft zu Gast sind.
Unten: Ein Auslegerboot von Tauwema mit dem traditionellen aus Pandanusblättern gefertigten Segeln. *(Beide Aufnahmen: Renate Krell)*

Junger Mann von Kiriwina mit Kopfschmuck und Gesichtsbemalung. Den geölten Körper hat er mit Blütenstaub gepudert.

Junge Frau von Kiriwina mit festlicher Gesichtsbemalung.

Oben: Festlich geschmückte junge Frauen von Kiriwina.
Unten: Für eine Kula-Reise geschmücktes Boot.

Prächtig geschmückte Vorderfront eines Yamshauses.

Oben: Sitzplattformen (Tauwema). Die an ihnen befestigten Taropflanzen dienen als Setzlinge. Man verschenkt sie auch in dieser Form.
Unten: Zwei Schweinchen, die Freundschaft schlossen. Das dunkle war verwaist.

Oben: Aus der Sicherheit des Wohnhauses den Beobachter beobachtende Kinder (Tauwema).

Unten: Mutter und Kinder auf der Sitzplattform vor dem Eingang des Wohnhauses (Tauwema).

Bekehrung mit dem Feuer: die Verbrennung sakraler Schilder und sakraler Netze durch eingeborene Katecheten (bekleidet im Hintergrund) im Gebiet der Mek-Sprecher (westliches Bergland von Neuguinea, Irian Jaya). *(Photo: Volker Heeschen)*

bales Anbieten und Bitten in Kleinkindergruppen zeigen. Sie wählte dazu nur Interaktionen zwischen Kindern verschiedener Familien aus. In allen drei Gruppen gehorcht das Teilen einer offenbar universalen Regel, derzufolge Besitz zu respektieren ist. Zählt man allerdings Anbieten und Betteln aus, dann stellt man in den verschiedenen Kulturen bemerkenswerte Unterschiede fest. Die Kinder der Trobriander bitten ihre Spielgefährten nur selten um Nahrung. Aber hier, wo die Selbstdarstellung über Nahrung zur Kultur gehört, neckten sie gerne andere, indem sie Nahrung anboten, aber dem Zugriff rechtzeitig wieder entzogen. Das tun Yanomami und Buschleute nur selten (2 bzw. 3 Prozent der Fälle gegenüber 33 Prozent bei den Trobriandern). Die Yanomami boten in 41 Prozent aller Fälle an, gegenüber 13 Prozent bei den Buschleuten. Das spiegelt die Tatsache wider, daß die Yanomami das Geben als Selbstdarstellung üben, während die Buschleute solche Dominanzbekundungen ablehnen. Es ist bemerkenswert, daß sich bereits früh im Verhalten des Teilens der Kinder die sozialen und symbolischen Regeln zeigen, die für den Objekttransfer in einer Gesellschaft gelten.[114]

Wenn die Ernte eingebracht wird, kommt für die Trobriander eine Zeit des Feierns. Sie speisen und tanzen ausgelassene weltliche Tänze, flirten, kurz: nehmen das Leben leicht. Damit sie es allerdings nicht allzu leicht nehmen und um dem Verfall der Sitten eingegenzuwirken, tanzen sie auch die traditionellen religiösen Erntedanktänze. Bei diesen Tänzen geht es zurückhaltend zu. Die

Folgende Doppelseite: Während Erwachsene reden, agieren Kinder in unmißverständlicher Weise, wie hier Inaweya und Jokobubu. Sie spielen Ball, und Inaweya fällt es plötzlich ein, den Ball zu behalten. »Den gebe ich dir nicht wieder«, sagt sie. Ein klarer Regelverstoß. Sie provoziert den Konflikt. Ihr Regelverstoß ist ein kleines Experiment. Sie will herausfinden, wie ihre Freundin reagiert. Die vergilt nach bewährter Regel Gleiches mit Gleichem und behält nun ihrerseits den Ball. Inaweya versucht es zunächst mit Schmollen, dann mit flehentlichem Blick und aufgehaltener Hand, zuletzt in direktem Angriff. Und damit geht sie zu weit. Ihre Freundin verläßt den Platz. Episoden, wie die hier auf Trobriand gefilmte, kann man in aller Welt beobachten. Kinder tasten überall in sozialer Exploration ihren Handlungsspielraum ab. Die beiden haben übrigens kurz darauf wieder vergnügt miteinander gespielt. Aus einem mit 25 Bildern/Sekunde aufgenommenen 16-Millimeter-Film des Verfassers, Bild 1, 78, 285, 409, 646, 665, 793, 837, 942, 1000, 1050 und 1100 der Sequenz.

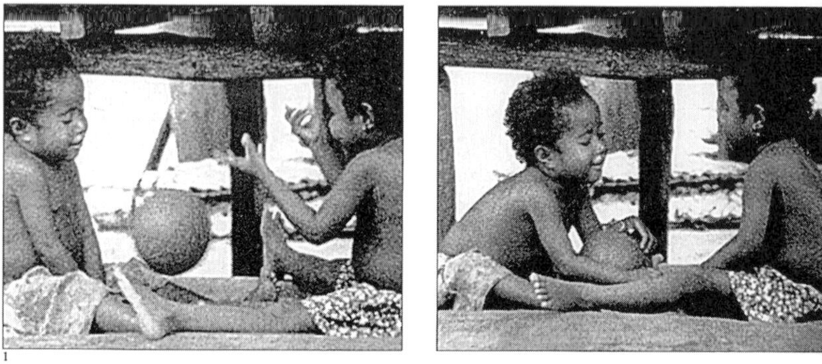

1

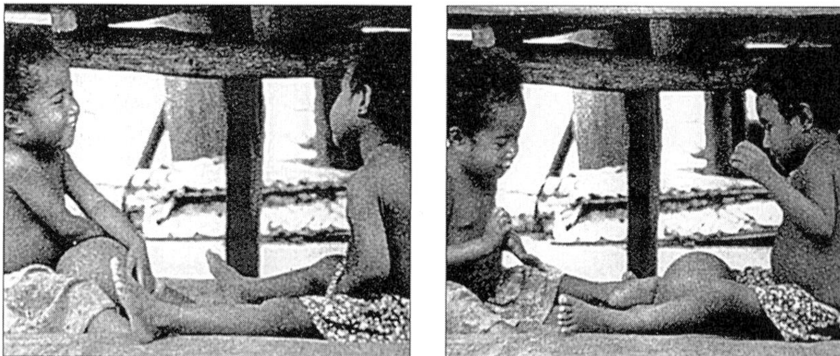

2

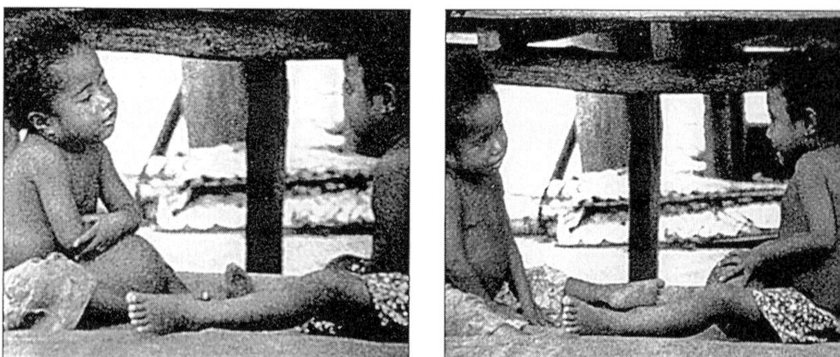

3

Tänzer – Männer und Frauen – umschreiten eher gemessenen Schritts eine Gruppe von Trommlern. Ein Vorsänger stimmt Lieder an, in die die Tänzer einfallen. Die Texte schildern das Leben

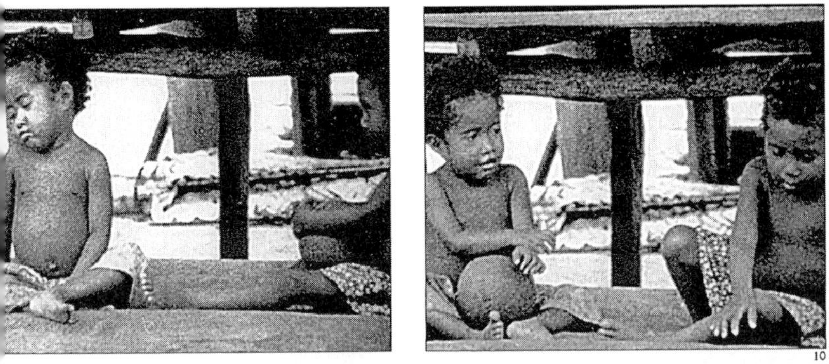

10

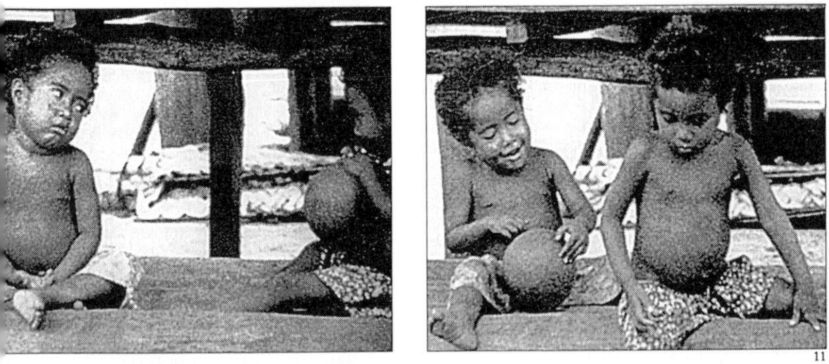

11

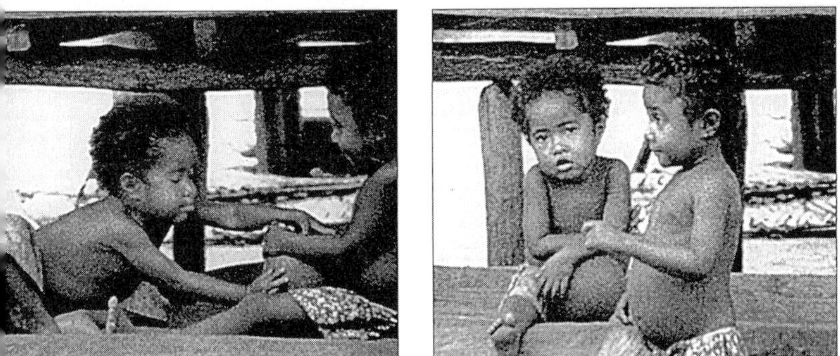

12

der Totengeister, die damit anwesend sind. Das hält dazu an, sich den Sitten entsprechend zu verhalten.

Die Tänzer und Tänzerinnen bemalen ihre Gesichter nach per-

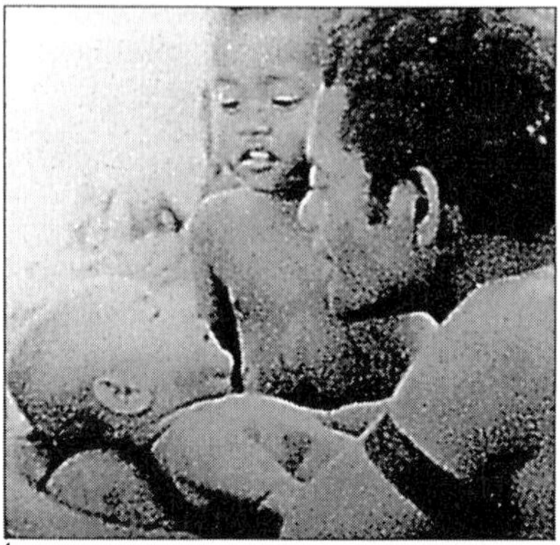

1

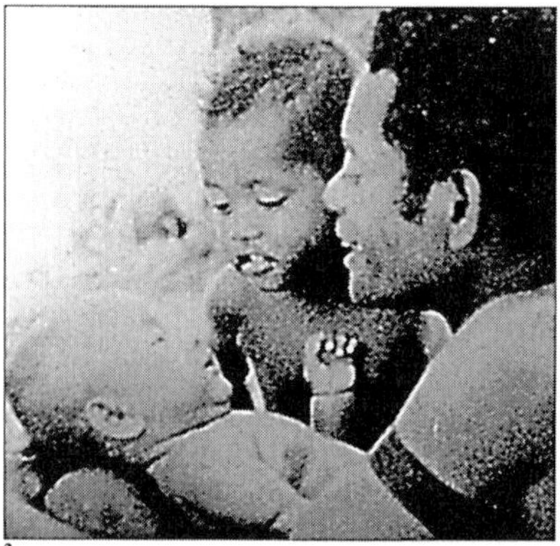
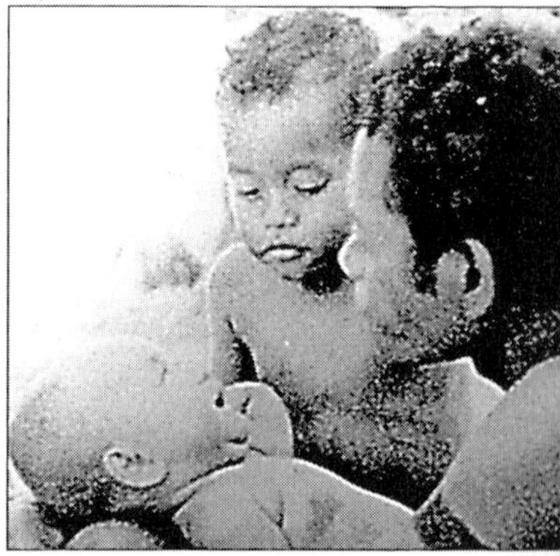

2

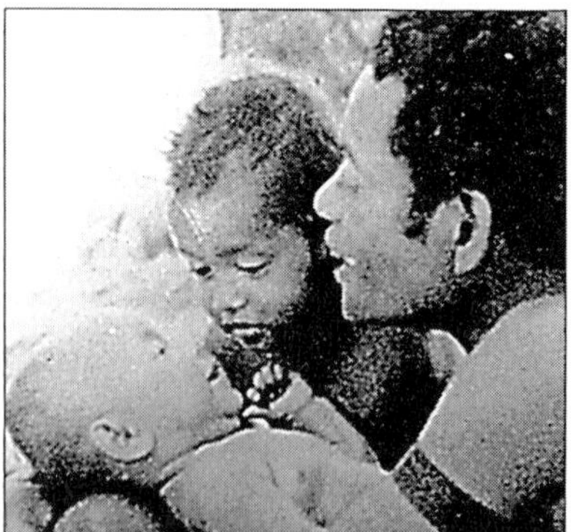

3

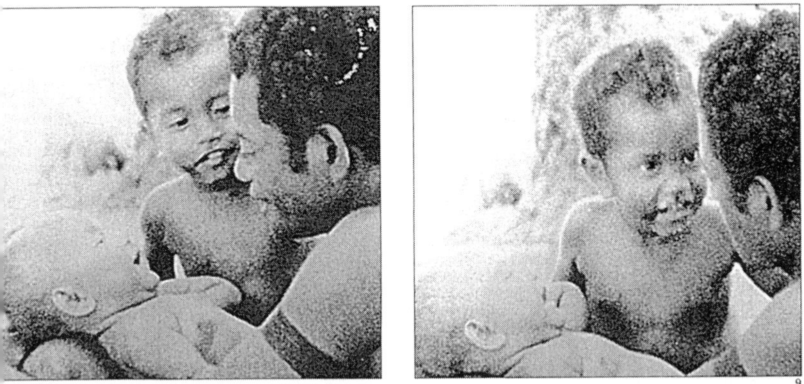

9

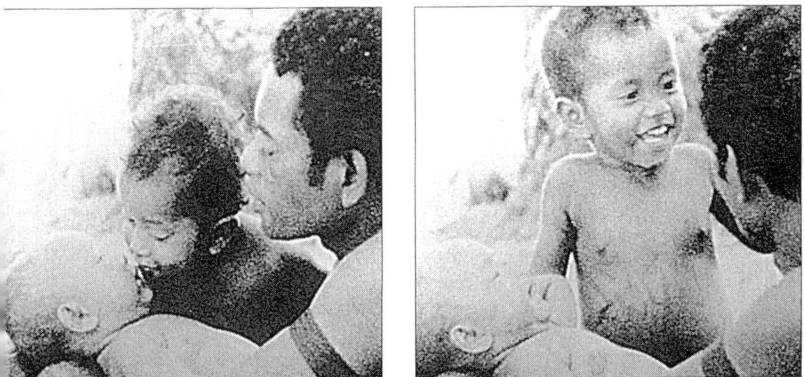

10

Die Geburt eines weiteren Kindes ist für den Vorgeborenen immer eine Belastung. Der kleine Bub Tonukwai hat in unbewachten Augenblicken schon öfter sein Schwesterchen (Ikunabu) gekratzt. Aber sein Vater zeigt ihm, wie man sein Schwesterchen zu behandeln hat. Er küßt es, und sein kleiner Sohn (Taidyeli) will ihm nicht nachstehen. Er folgt dem Vater und zeigt sich von der freundlichen Seite. Aus einem mit 25 Bildern/Sekunde aufgenommenen 16-Millimeter-Film des Verfassers, Bild 1, 44, 67, 77, 286, 339, 383, 404, 424 und 445 der Sequenz.

sönlichem Geschmack. Einige dieser Muster haben symbolische Bedeutung. Die Oberkörper sind eingeölt und oft mit gelbem Blütenstaub besprenkelt. Auch die Männer tragen beim Tanz bunte Fransenröcke. Sie ehren damit die Linie ihrer Mutter, von der sie ihr Land erhielten. Land wird ja matrilinear vererbt. Es erben in der Folge die Söhne der Schwestern. Ein Mann ist, wie erwähnt, zeitlebens verpflichtet, einen Teil seiner Ernte, die er in seinem Garten erarbeitet, dem Vater, dem älteren Bruder und der Schwester abzugeben. Jeder Gärtner füllt daher seine Ernte in Körbe. Diese Yamswurzeln werden dann im Yamshaus der Empfänger gelagert, die wiederum den Geber mit Gegenleistungen und Gegengaben anderer Art bedenken. Ein munteres Hin und Her der Gaben! Es erscheint uns eigenartig, ja absurd, weil wir nicht gewohnt sind, die eigenen Bräuche distanziert zu sehen. Wir schenken uns bei den verschiedensten Gelegenheiten reihum das gleiche. Wir schenken Blumen, wenn wir Besuche machen, und erhalten welche wenn der Gegenbesuch kommt. Wir schenken Bonbonnieren und Wein, bekommen das gleiche wieder zurück und freuen uns darüber.

Bemerkenswert sind besonders große und lange Wurzeln (kuvi), die die Trobriander für Geschenkzwecke kultivieren. Man schenkt sie Partnern im Dorf, die sie deutlich sichtbar außen an den Hütten aufhängen. Sie werden oft bemalt und eingerahmt. Je größer diese Wurzel ist, desto größer ist ihr Wert. Sie wird allerdings nie konsumiert. Sie hat eine ausschließlich rituelle Funktion. Früher diente sie der Friedenssicherung. Je mehr solche Wurzeln im Dorf aufgehängt waren, desto weniger Wurzeln konnten Fremde bringen in der Absicht, durch eine besonders reiche Gabe die Dorfbewohner zu beschämen.

Soviel zu den Schenkritualen. Aber wozu die Überproduktion? Nur zum Zweck der Selbstdarstellung? Ich habe dazu eine Erklärung. Die Yamswurzeln halten sich in den Yamshäusem bis zu fünf Monaten und länger, und man kann mit ihnen alles kaufen – das Yamshaus ist eine Art Sparkasse – und noch mehr. Einen großen Teil der Wurzeln läßt man bis zur nächsten Ernte verrotten. Der Ansporn zur Überproduktion wird bewirkt durch das so zu erwerbende Ansehen und führt zur Vorratsbildung. Da die Ernte nicht in allen Gebieten immer gleich gut ausfällt, können die Überschüsse einer Gruppe abgegeben werden an befreundete andere Gruppen, die Not leiden. Außerdem führt der Anreiz zur Überproduktion dazu, daß selbst unter schlechten Bedingungen meist noch genügend produziert wird, um zu überleben.

Der Ernteerfolg resultiert nicht allein aus eigenem gärtnerischen Geschick und eigener Arbeit in den Gärten. Man kann im Austausch für Expertenwissen andere für sich arbeiten lassen.

Bei Bemalung und Körperschmuck zeigen die Trobriander Einfallsreichtum. Junge Frau von Kiriwina im Festputz.

Einer kann Rat beim Kanubau erteilen oder magisches Wissen um Liebes-, Heil- und Fruchtbarkeitszauber zur Verfügung stellen und dafür als Zahlung Yamsknollen erhalten und so Reichtum anhäufen. Ist ein Mann mit mehreren Frauen verheiratet, dann erhält er Tribut von den Brüdern der Frauen, da diese verpflichtet sind, für ihre Schwestern zu sorgen. Diese Regel trifft vor allem zu für den »Paramount Chief«, den obersten Häuptling aller Trobriander.

Die Arbeit in den Gärten ist anstrengend und obliegt in der Hauptsache den Männern. Frauen helfen ihnen vor allem beim Jäten. Die geschilderte mutterrechtliche Vererbung verbindet sich mit der »Patrilokalität«, das heißt, der Mann bleibt in dem Dorf, in dem er geboren wurde, seine Frau zieht zu ihm. Das bedeutet, daß das von der Mutter geerbte Land sich in ihrem Herkunftsdorf befindet und nicht dort, wohin die Mutter zum Vater übersiedelte. Ein Mann verpachtet daher in der Regel das ererbte Gartenland und pachtet seinerseits Land in seinem Dorf. Das führt zu einer komplizierten gesellschaftlichen Verflechtung von Landrechten, so daß sich die Gesellschaft keine größeren Konflikte leisten kann.

Zum Rangstreit der Männer mit den Yamswurzeln gibt es ein Gegenstück bei den Frauen, auf das die Anthropologin Annette Weiner aufmerksam wurde. Den männlichen Forschern ist das entgangen. Die waren zu stark von der Selbstdarstellung von ihresgleichen fasziniert. Ist man in einem Trobriander-Dorf, stellt man fest, daß die Frauen mit großem Eifer aus Bananenblättern Schürzchen anfertigen. Sie schaben dazu von den Bananenblättern die obere Schicht ab, so daß die Fasern an der Blattrippe übrigbleiben. Diese werden in die Sonne zum Trocknen gelegt. Zu bestimmten Zeiten sieht man ganze Berge von diesen Schürzchenteilen. Die Frauen arbeiten mit Hingabe, und bereits die kleinen Mädchen ahmen das mit Freude nach. Die Schürzchenteile werden von den Frauen an andere Frauen verschenkt. Dabei kommt es zu einer Art Konkurrenz. Das höchste Ansehen genießt diejenige, die am meisten Schürzchen an eine andere verschenkt. Und so wie der Ernteerfolg des Mannes die gute Beziehung zu seiner Frau widerspiegelt, die ja bei der Gartenarbeit entscheidend hilft, so gilt auch für die Herstellung der »doba« genannten Schürzchenteile, daß der Erfolg beim Rockverteilfest die Qualität der Ehe und des Ehemanns ausdrückt, denn das Pflanzen der Bananenstauden, aus denen diese Teile gemacht werden, ist Männersache.

Die Trobriander sind ausgezeichnete Seefahrer. Sie betreiben

Handel, der sie zu den Woodlarkinseln, zur Südspitze Neuguineas, nach Kitava und zu den Entrecasteauxinseln führt. Diese Handelspartnerschaften bekräftigen sie durch ein Geschenktauschsystem, das sie »kula« nennen und das gewissermaßen einen ungeschriebenen Vertrag darstellt. Das kula ist Häuptlingen vorbehalten und besteht darin, daß bestimmte Geschenke von einem kula-Partner zum anderen gegeben werden. Die Gaben behält man einige Zeit und gibt sie dann weiter, bis sie schließlich nach vielen Zwischenstationen in einem Kreis wieder zum Ursprung zurückkehren. Dabei zirkulieren Halsketten aus roten Perlmuttplättchen (soulava) in der Richtung des Uhrzeigers und aus Kegelschnecken (conus) geschnittene Armreifen (mwali) im Gegensinn. Außerdem gibt es Geschenke, die der Beschenkte behalten darf. Er erwidert sie bei Gelegenheit. Außer diesen symbolischen Gaben bringt man »Geschenke«, die eigentlich Tauschwaren sind. Man erhält dafür bestimmte Waren wie zum Beispiel Töpfe. Die symbolischen Gaben dienen unter anderem der Erhaltung des Handelsfriedens. Man will sich sicher fühlen, wenn man auf Handelsreise ist. Bootsreisen waren im vergangenen Jahrhundert noch höchst gefährlich gewesen. Die Trobriander fürchteten etwa die Bewohner von Dobu in der Nähe Festland-Neuguineas als Menschenfresser!

Für den Verkehr zwischen den Inseln verwenden die Trobriander Auslegerboote mit einem Segel aus Blättern der Schraubenpalme (Pandanus). Sie sind an beiden Enden durch je ein Brett abgeschlossen, dessen oberer Teil halbkreisförmig nach beiden Seiten auslädt. Diese Abschlußbretter sind schwarz, weiß und rot bemalt und mit Schnitzornamenten reich verziert. Die Ornamente kodieren Symbole, die ihrerseits in größeren Einheiten mit anderem Symbolgehalt integriert sind. So kann aus mehreren Vogelköpfen eine Menschenfigur gebildet werden, und ein Abschlußbrett als Ganzes ist in der Regel als Gesicht konzipiert.

Ein Abschlußbrett der Woodlarkinsel zeigt das deutlich. Die Augen liegen im ausladenden Teil. Man kann sogar den Mund durch die herausgestreckte Zunge erkennen. Diese wiederum weist darauf hin, daß böse Geister und Hexen abgewiesen werden sollen. Was man als Nase interpretieren könnte, ist das Zeichen für den Kraken, der den Anker festhalten soll, damit das Boot nicht gegen ein Riff treibt. Die kleine Figur oben in der Mitte des Abschlußbretts soll böse Geister abschrecken. Es gibt sowohl

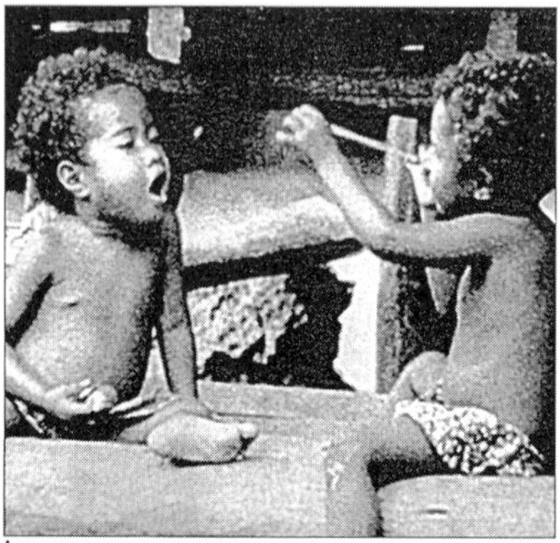

1

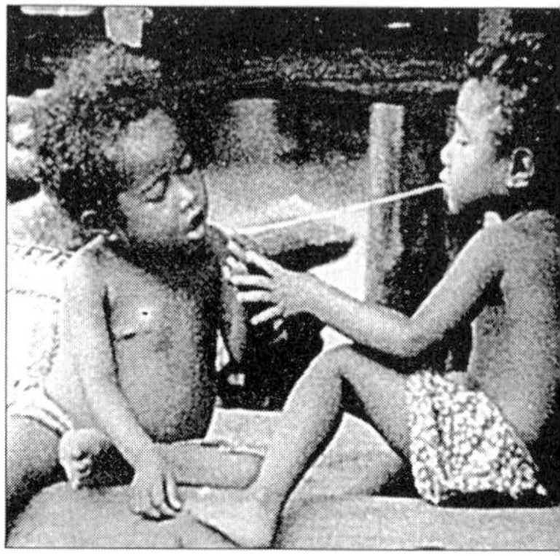

2

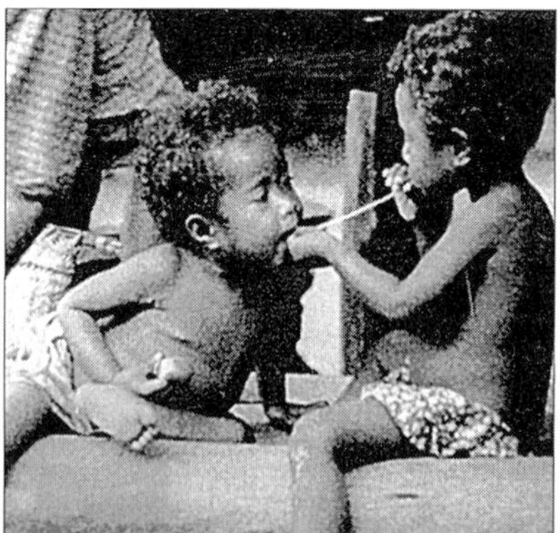

3

6

7

9

8

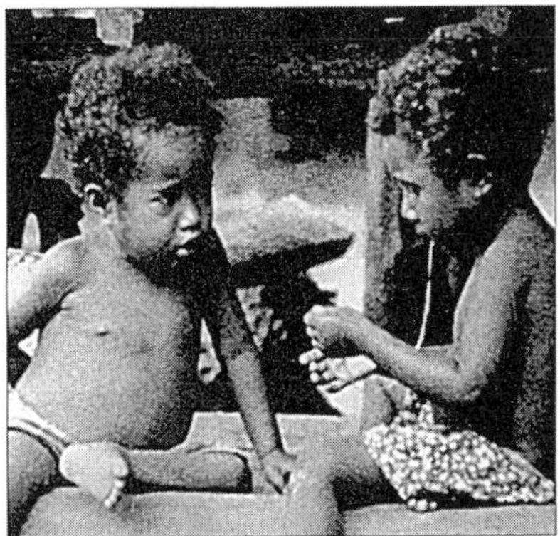

10

Und noch einmal die beiden Mädchen Inaweya und Jokububu aus Tauwema. Diesmal hat Jokububu einen Kaugummi. Inaweya möchte gerne etwas, und Jokububu ist auch bereit abzugeben. Nur, der teilt sich schwer. Als sie merkt, daß Inaweya nicht abbeißt, sondern den Kaugummi zu sich zieht, entwickelt sich ein freundliches Tauziehen. Jeder will möglichst viel davon haben. Zuletzt nimmt Inaweya eine Hand zur Hilfe, reißt ein Stückchen ab und verbirgt es hinter ihrem Rücken. Aus einem mit 25 Bildern/Sekunde aufgenommenen 16-Millimeter-Film des Verfassers, Bild 1, 218, 291, 555, 583, 633, 650, 794, 1041 und 1067 der Sequenz.

männliche wie auch weibliche Figuren in dieser Position. Manchmal treten sie paarweise auf. Man nennt sie Tokwalu, und sie verkörpern Ahnen, die gegen Wind und Feinde schützen sollen. Die weiblichen Figürchen spreizen schamweisend ihre Beine, ein übelbannender Gestus, der weltweit verbreitet ist. Friesinnen versuchten früher bei drohender Sturmflut die Gefahr zu bannen, indem sie am Ufer ihre Kleider hoben und dem Sturm die Scham boten. Auch beschwört man mit Symbolen Hilfe. Beba, ein kleiner Vogel, fliegt zu den anderen Booten und berichtet ihnen, wenn das eigene Boot sinkt. Er holt Hilfe. Der Vogel Miludoga kreist über der Unglücksstelle und informiert so die Suchenden, wo das Boot sank. Als längliche Ovale oder Stricke ist eine Hülsenfrucht symbolisiert, die man vorzufinden hofft, wenn man Schiffbruch an einer Insel erleidet.

Boi ist ein dunkler Reiher, der die Seefahrer vor Gefahren warnt. Er fischt im Seichten auf dem Riff und fliegt auf, beispielsweise wenn Menschen am Ufer sind. Man kann landen, wenn er ruhig fischt; dann droht keine Gefahr. Der Donner schließlich erzählt im Dorf, wenn einer auf der Reise starb.

Die Feldarbeit auf den Trobriandinsel bereitet mir viel Freude. Zwar ist es überall anstrengend, Menschen durch die Kamera zu beobachten. Aber hier gibt es nicht die Insektenplage des tropischen Regenwalds, die Fliegen sind erträglich. Vom Meer weht ein angenehmer Wind.

Das Auge erholt sich rastend am Spiel der Sonne in den windbewegten Palmwedeln. Ich schaue den Schweinen zu, die in allen Größen durch das Dorf laufen. Jedes weiß, wohin es gehört, und verteidigt seinen Futterplatz.

Ich habe eine eigene kleine Hütte mit zwei Räumen am Meer. Morgens stehe ich mit der Sonne auf, koche mir meinen Kaffee und schreibe ein bißchen, bereite Kamera und Tonbandgerät vor. Bald finden sich die ersten Besucher am Eingang meiner Hütte ein. Sie machen sich erbötig, gegen ein kleines Entgelt Wasser zu holen, bieten Kokosnüsse und Baummelonen (Papana) an oder auch Schnitzwerk. Die Trobriander sind ja begabte Schnitzer. Sie schnitzten früher Schüsseln, Löffel und die verschiedensten anderen Alltagsgeräte. Aluminium, Plastikschüsseln und -löffel haben die Holzgeräte verdrängt, aber viele Dinge werden nach wie vor geschnitzt. Besonders kunstvoll sind manche der Betelkalkbehälter und die Spachtel, mit denen der Kalk aufgenommen wird. Schön gearbeitet sind oft auch die über einen Meter langen Holzspachtel, mit denen sie beim Kochen die Speisen umrühren. Und dann gibt es inzwischen geschnitzte Souvenirs für Touristen. Sie sind zum Teil sehr sorgfältig hergestellt. Einige knüpfen an alte

Traditionen an. Nach dem Muster der Zeremonialstäbe schnitzt man Spazierstöcke oder Zierstäbe. Dabei tauchen alte Motive auf, deren Bedeutung die meisten Schnitzer nicht mehr kennen. So fand ich Bartweiser[115], ganz ähnlich jenen, die man auf den heiligen Flöten im Sepikgebiet (Angoram) entdeckt. Und dann erfinden die Trobriander viel Neues; sie tasten sich gewissermaßen experimentierend an die Wünsche der Käufer heran. Der eine schnitzt groteske Fische, ein anderer komponiert Szenen mit Schweinen und Menschen. Ein weiterer erfreute mich mit einer aus Ebenholz geschnitzten Heuschrecke. Das alles ist noch gut gearbeitet, denn die Schnitzer haben Zeit, es ist eine Nebenbeschäftigung. Kriegt man dafür ein paar Kina, dann ist's gut. Zum Leben braucht man das Geld noch nicht. Auf der Hauptinsel allerdings hat sich die Situation schon geändert. Mit der Notwendigkeit, mit dem Absatz solcher Objekte Geld zu verdienen, verflacht die Touristenkunst schnell. Die Besucher wollen nicht viel Geld ausgeben. Man kann daher nicht viel Zeit investieren. Der Geschmack der Käufer diktiert die Entwicklung – und der ist leider schlecht. Dennoch sind auch diese Produkte für den Verhaltensforscher interessant.

Nach dem Frühstück bin ich mit der Kamera unterwegs. Manchmal auf dem Dorfplatz, ein anderes Mal baue ich mich vor der Sitzplattform eines Wohnhauses auf, um eine Mutter oder einen Vater mit einem Säugling oder Geschwister zu filmen. Oder ich sehe einer Gruppe von Frauen und Mädchen zu, die emsig Schürzenteile zurechtschaben.

Mittags halte ich eine kurze Siesta. Vorher gehe ich in einem kleinen Teich baden, der sich in einer Grotte befindet. Herrliches kühles Süßwasser, das sich immer erneuert. Deshalb macht es auch nichts, daß dort auch andere baden und Wäsche waschen. Nachmittags ist dann noch einmal etwas los. Ich filme dann meistens die Kinder auf dem Dorfplatz. Die langen Abende sitze ich gemütlich mit meinen Mitarbeitern beim Essen – manchmal leisten wir uns ein Bier oder ein Gläschen Wein. Wir unterhalten uns, sprechen mit unseren Freunden aus dem Dorf; es sind stets Dutzende von Männern, Frauen und Kindern vor unserem Haus. Kranke holen Rat und Hilfe, und es wird viel gelacht und gescherzt. Die Trobriander sind lustig, selbstsicher und freundlich.

Die Mädchen und Frauen flirten gerne, auch mit uns, aber das darf man nicht als sexuelle Aufforderung verstehen. Es ist ein

Spiel. Branislaw Malinowski behauptet, daß man auf den Trobriandinseln ohne Umschweife zur Sache komme, also direkt seine sexuellen Wünsche ausdrücken dürfe. Das stimmt nicht, wie Ingrid Bell von Informantinnen und Informanten erfuhr. Wenn ein Mann um die Gunst einer jungen Frau wirbt, dann tut er dies über Vermittler, die der Umworbenen das Interesse mitteilen und die dabei erfahren, ob sie sich von dem Betreffenden umwerben ließe. Ein Verliebter wirbt überdies sehr subtil über Lieder. Es gibt natürlich auch »leichte Mädchen«, ebenso wie in unserer Kultur. Sie sind jedoch nicht repräsentativ. Interessant ist ein leicht sadomasochistischer Zug im Liebesleben der Trobriander. Am Kinn und an den Kinnbacken tragen viele Burschen Bißnarben (geda) mit einem gewissen Stolz zur Schau. Es handelt sich um die Spuren sexueller Abenteuer. Die Trobriander sind gelegentlich fordernd – und nicht selten listig. Sie tasten ab, wie weit sie gehen können, und man muß, wie überall, lernen, rechtzeitig die Grenzen zu setzen – freundlich, aber bestimmt.

Eines Abends kamen zwei Männer mit ernstem Gesicht zu Wulf Schiefenhövel. Sie bräuchten dringend Benzin, nur fünf Liter und nur reines, nicht mit Öl gemischtes Benzin, das die Außenbordmotoren benötigen. Wozu denn? Ja, um einen Kranken mit dem Boot abzuholen. Nur fünf Liter, nur reines Benzin – Wulf dachte sich nichts dabei. Da muß man einfach helfen!

Zwei Tage später kamen sie wieder mit der gleichen Forderung. Diesmal machten sie kein trauriges, sondern ein eher entrückt heiliges Gesicht. Ja, flüsterten sie, sie hätten einen Film über Jesus – bei der Erwähnung des Namens ging der Blick leicht himmelwärts –, eine Videokassette. Und um den Fernseher betreiben zu können, benötigten sie Benzin für den Generator. Nun, ein religiöser Film, das muß doch ein Forscher respektieren! Und so bekamen sie ihr Benzin. Eilig verließen sie mit der Gabe den Ort – der Gesichtsausdruck schon weltlicher. Zufällig kam Wulf wenig später zur Vorführung. Etwas außerhalb des Dorfs hatten sie mit Planen einen Platz abgetrennt. Viele Dorfbewohner strebten zu diesem religiösen Ereignis. Eine fromme Gemeinde. Nur verdächtig, daß jeder auch noch einen Kina bezahlte. Es gab »Rambo«. Die nächsten vierzehn Tage schnitzten sich die Kinder unentwegt kleine Maschinenpistolen aus Holz und überfielen einander, »Rambo« rufend – nicht gerade zur Freude des an traditionellen Spielen interessierten Verhaltensforschers.

Für eine multikulturelle Weltgemeinschaft

Die Menschheit ist einer bunten Wiese vergleichbar. Jede ihrer vielen Kulturen stellt eine originelle Antwort auf die Anforderungen des Lebens dar, und wie jedes organisch gewachsene System besticht jede Kultur durch ihre innere Harmonie. Auch in den einfachsten Kulturen ist viel Schönes und Erhaltenswertes zu entdecken.

Die Völker, die ich in diesem Buch vorstelle, haben sehr verschiedene Überlebensstrategien entwickelt. So unterschiedlich jedoch diese Menschen auf den ersten Blick erscheinen, im persönlichen Miteinander erfährt man schnell, daß uns Menschen über die kulturelle Vielfalt hinweg viel Gemeinsames verbindet. Was mich auf all diesen Reisen immer wieder fesselte, war die Leichtigkeit, mit der ich Zugang zu den Menschen anderer Kulturen fand. Man kommt in ein Yanomami-Dorf und begegnet Menschen, die noch nie einen Europäer sahen. Eng gedrängt und in gespannter Erwartung, stehen sie da, die Männer Pfeil und Bogen griffbereit. Sie bilden eine Mauer, Frauen und Kinder halten sich auf Distanz. Ich lächle diesen mir fremden Menschen zu, nicke freundlich und spreche die paar Grußworte, die ich kenne, oder grüße auch in meiner Sprache, und die Spannung löst sich. Einer macht einige Schritte auf mich zu, löst den Bann, und die Menge neugieriger Männer wälzt sich auf mich zu. Sie umringen und drängen sich um mich, befassen mein Hemd, betätscheln mich, zupfen vorsichtig an meinen Haaren, sprechen mich fragend an und geben munter ihre Kommentare an die Gefährten. Einer bringt mir eine Banane, ich verteile Glasperlen. Jetzt bin ich als Gast aufgenommen, bekomme meinen Platz zugewiesen, und auch die Frauen und Mädchen, die sich bis dahin im Hintergrund hielten, kommen heran. Eine Hübsche ist dabei, ich lache ihr zu. Ein kurzes Aufleuchten der Augen im Augengruß ist die Antwort, dann senkt sie den Kopf, blickt scheu zu Boden und kurz darauf verstohlen wieder aus den Augenwinkeln zu mir. Ein Lächeln verbeißt sie sich. Und weil ihr das nicht so recht gelingt, verbirgt sie ihr Untergesicht zuletzt hinter der vorgehaltenen Hand. Auch dieses Verlegenheitsverhalten kann man überall beobachten, bei Indianern ebenso wie bei Buschleuten oder Europäern. Und so gibt es viele andere Verhaltensweisen sowohl des freundlichen Kontaktes als auch solche der Ablehnung, die wir mit allen Menschen als gemeinsames Erbe teilen, den Kuß zum Beispiel als universellen Ausdruck der Zärtlichkeit. Mütter in aller Welt küssen ihre Kinder. Das Verhalten leitet sich von der Mund-zu-Mund-Fütterung ab.

Selbst dort, wo Brauchtum Verschiedenes schuf, erkennt man bei genauem Hinsehen, daß der Vielfalt gleiche Prinzipien des Gestaltens zugrunde liegen, Regelsysteme, die uns Menschen verbinden. Wir denken und fühlen ähnlich, ja handeln oft bis in die Einzelheiten nach dem gleichen Programm. Und wir stehen dabei vor den gleichen Problemen, die sich unter anderem aus der Tatsache ergeben, daß unser gemeinsames biologisches Erbe sich in mancherlei Hinsicht als rückständig erweist. Die genetischen Änderungen konnten mit der sich überstürzenden kulturellen Entwicklung nicht Schritt halten. So sehen wir uns als Kleingruppenwesen mit der Großgesellschaft und der technischen Zivilisation konfrontiert. Die Europäer hatten Zeit, mit ihr zu wachsen und Korrektiva zu entwickeln. Dennoch sind auch wir noch weit davon entfernt, die Kinder unseres Geistes zu beherrschen. Die sogenannten Naturvölker werden von der ihnen fremden technischen Zivilisation überrollt.

Das kann uns nicht gleichgültig sein. Ein Zyniker würde fragen, warum? Was zählen schon 9000 Yanomami-Indianer in Brasilien? Nur weil sie wegen ihrer »unterwickelten« Überlebenstechniken riesige Gebiete brauchen, sollen diese ihnen für alle Zeit überlassen werden? Wo doch Millionen von Brasilianern in den Slums der Millionenstädte eine erbärmliche Existenz fristen!

Wer so argumentiert, bezieht sich auf das Recht des Stärkeren, das für weite Strecken der Evolution galt. Aber so wie mit der persönlichen Fürsorge für den Nachwuchs die Liebe in die Welt kam und damit neue Möglichkeiten der Evolution zum freundlich-kooperativen Miteinander eröffnete, entwickelte sich über die zunehmende Bewußtheit um die Einmaligkeit allen Lebens eine neue Achtung vor aller Kreatur und eine neue Verantwortlichkeit dem Leben gegenüber. Eine neue Phase humanitärer Evolution konnte daraus erwachsen und das Faustrecht, das die Beziehungen zwischen Gruppen bisher beherrscht hatte, ablösen.

Heißt das, daß die alten Evolutionsprinzipien überwunden sind? Bis zu einem gewissen Grad gewiß. Zwar wird weiterhin der Überlebenserfolg zählen, gemessen an der Produktion von Nachkommen. Aber Rücksichtnahme auf andere wird die gewaltsame Verdrängung in der Konkurrenz der Ethnien nicht mehr zulassen. Die Konkurrenz wird sich vor allem innerhalb der Völker abspielen, so wie das heute bereits zum Alltag der offenen Leistungsgesellschaften gehört. So wie innerhalb der Gesellschaften moderner westlicher Staaten jeder seinen Lebensstil wählen und damit seines Glückes Schmied sein kann – zumindest der idealen Vorstellung zufolge –, so sollte es den verschiedenen Völkern überlassen sein, sich eigene Ziele für ihre Entwicklung zu setzen, unter Beachtung der heute von den Vereinten Nationen anerkannten humanitären Prinzipien. Sympathie und Fairneß gebieten, die sogenannten Naturvölker davon nicht auszuschließen. Jede Kultur sollte das Recht haben, sich nach eigenen Vorstellungen weiterzuentwickeln. Wollen die Naturvölker Rat, dann sollte man ihn gewähren. Wollen sie dagegen eigene Wege gehen, um nicht in der Auseinandersetzung mit einer übermächtigen technischen Zivilisation zu erliegen, dann sollte man innen das ebenfalls zugestehen. Grundsätzlich müßte jedes Volk im eigenen Land souverän bleiben. Die Völkergemeinschaft muß ihnen dazu ihre traditionellen Landrechte verbriefen. Es geht nicht weiter an, daß die Behandlung von Minoritäten als interne Angelegenheit der Staaten betrachtet wird, in die sich die Vereinten Nationen nicht einmischen. Die Scheinheiligkeit treibt da geradezu groteske Blüten. Der Westen bedauert immer mal wieder das Massaker am »Wounded Knee«, das vor hundert Jahren vielen Sioux-Indianern das Leben kostete. Aber alles Mitgefühl hat das Los der Indianer in den Reservaten bis heute nicht entscheidend geändert. Und in Brasilien stehen die Yanomami gerade vor ihrem Untergang.[116]

Das Argument, ihre Zahl sei gering im Vergleich zum dominierenden Staatsvolk, kann nicht gelten. Ließe man es zu, dann würde das die Überbevölkerung nur noch weiter anheizen. Wie will der sich einschränken, der mit dem Hinweis auf den Bevölkerungsdruck das Recht der Landnahme beansprucht? Es muß jedem Volk überlassen bleiben, sein reproduktives Verhalten zu gestalten. Es sollte aber jeder wissen, daß bei Überbevölkerung kein Recht besteht, in Gebiete vorzurücken, deren Bewohner ihr Land noch nicht bis zur Grenze des Tragfähigen bevölkert haben. Auf einem bereits übervölkerten Planeten ist die uneingeschränkte Vermehrung einer Bevölkerung ein aggressiver Akt, wenn dadurch andere verdrängt werden. Daß das über die längste Zeit menschlicher Geschichte geschehen ist, rechtfertigt diese Strategie nicht für die Gegenwart. So wie der Krieg der Waffen allmählich einem Bann unterworfen wird, so sollte auch der Krieg der Wiegen Regelungen unterliegen. Rücksichtslosigkeit darf nicht prämiert werden.

Technisch avancierte Völker können sich selbst schützen, indem sie Gesetze erlassen, die Zuwanderung und Landtransfer so regeln, daß ihre ethnische Identität nicht verlorengeht und eine umweltzerstörende Übervölkerung verhindert wird. Naturvölker dagegen bedürfen des Schutzes. Daraus mag einer ableiten, daß nichts wichtiger wäre, als sie auf den Stand unserer Zivilisation zu heben. Soweit es sich um Grundwissen über diese Welt, um medizinische und Sprachkenntnisse sowie um Fertigkeiten wie Rechnen, Lesen und Schreiben handelt, ist dem zuzustimmen. Durch eine solche Ausbildung wird Menschen der Zugang zum Wissen und die Kommunikation mit anderen Völkern ermöglicht, und sie werden in die Lage versetzt, sich selbst für diesen oder jenen Weg zu entscheiden. Ich bin aber der Ansicht, daß man ihnen neue Wirtschaftsformen nicht aufzwingen sollte. Alle Völker sind in Entwicklung. Jeder Mensch ist bereit, zu lernen und mit neuen Wegen zu experimentieren. Man sollte Naturvölkern dazu Zeit lassen und sie nicht dazu drängen, bewährte Überlebensstrategien über Nacht aufzugeben, bevor sie andere erprobt haben.

Wohlmeinende Vertreter einer forcierten Entwicklung betrachten es als Ärgernis, daß die wenigen noch verbliebenen Naturvölker nicht in den modernen Produktionsprozeß eingebunden sind. Sie verdienen nichts oder nur wenig – und zahlen keine Steuern. In der Statistik tauchen sie als jene auf, deren Einkommen unter der Armutsgrenze liegt. Bei den Buschleuten, den Eipo und den Yanomami lernten wir solche Menschen kennen. Und wir erfuhren, daß dort jeder autark seine Familie versorgen kann, und zwar mit allem, was man zum Leben braucht. Sie sind unabhängig und nicht darauf angewiesen, daß ein Brotgeber sie für Arbeit bezahlt. Sie laufen nie Gefahr, arbeitslos zu werden. Sicher kann die Qualität ihres Lebens noch verbessert werden. Metallgeräte erleichtern die Arbeit, und um diese zu erwerben, braucht man Geld, und das bekommt man nur über Dienstleistungen und über den Verkauf von Produkten. Aber es kommt auf die Ausgewogenheit der Entwicklung an. Auch wohlmeinende Bevormundung kann schaden.

Im Leben der traditionellen Kulturen gibt es sicher Werte, die wir heute vermissen. Zwar wird eine romantisierende Verklärung der Naturvölker im Sinne einer Rousseauschen Schwärmerei der Wirklichkeit nicht gerecht. Das Leben eines Jägers und Sammlers etwa ist nicht frei von Angst und Not. Dennoch ist an ihrem Leben einiges, worauf wir mit einer gewissen Wehmut blicken, weil wir es verloren haben. So hat der einzelne bei diesen Naturvölkern ebenso wie bei der bäuerlichen Bevölkerung reichlich Gelegenheit, zwischenmenschliche Kontakte zu pflegen, und die Kinder wachsen in einem stimulierenden sozialen Milieu heran, das viele Kontaktmöglichkeiten mit ihresgleichen und mit Erwachsenen bietet. Die Menschen sind auch im hohen Alter nicht allein. Sie leben ferner mußeintensiver als wir. Selbst den Eipo, die viel arbeiten müssen, bleibt immer noch mehr Zeit für die Pflege der zwischenmenschlichen Beziehungen als uns.

Das führt dazu, daß die »wilden« Buschleute heute vielfach kultivierter leben als ein durchschnittlicher moderner Großstadtmensch, der sich zwar öfter wäscht und Auto fahren kann, der aber zum sterilen Konsumenten geprägt wurde und nicht mehr selbst musiziert oder kunsthandwerkliche Tätigkeiten ausübt. Das kann man von Menschen, die jahraus, jahrein rund vierzig Stunden in der Woche schuften, auch gar nicht erwarten. Das war in der vorindustriellen Gesellschaft Europas sicher nicht so kraß, obgleich sich die Entwicklung mit dem Wachsen der Stadtkulturen bereits abzuzeichnen begann und ein mußeintensives, kulturschöpferisches Leben sich oft auf bestimmte Schichten beschränkte. Immerhin belegt unsere bäuerliche Volkskunst, daß auch der arbeitende Mensch noch Zeit fand, zu malen, zu musizieren, zu schnitzen und zu spielen, und des öfteren ein Fest feierte.

Die industrielle Revolution hat uns versklavt. Sie hat zwar mehr Menschen eine Lebensgrundlage ermöglicht, doch hat sie die Lebensqualität in entscheidenden Bereichen verschlechtert. Der vordem schon deutliche Trend, die Kultur der Arbeitsteilung zu unterwerfen, wurde verstärkt. Künstler und Wissenschaftler sind heute vor allem kulturell tätig. Ein großer Teil der Menschen kann heute nicht einmal mehr passiv am kulturellen Leben teilnehmen.

Nun gibt es hoffnungsvolle Ansätze, daß der Mensch auch die industrielle Revolution verdauen wird. Nach und nach verkürzen wir die Arbeitszeit und erreichen vielleicht wieder den mußeintensiven Zustand, der, was vielen nicht bewußt ist, der *natürliche* ist. Nur wissen viele ihn heute nicht mehr zu nutzen, denn ein Traditionsabriß hat uns vieler Fertigkeiten beraubt.

Die Erziehung müßte den Menschen viel mehr als es jetzt in der Schule geschieht, daran heranführen, selbsttätig nach seinen Neigungen die Freizeit zu gestalten. Was heute als Freizeitplanung angeboten wird, ist kaum mehr als ein Jahrmarkt zur Unterhaltung von Verbrauchern.

In unserer zunehmend am materiellen Gewinn und Wohlstand orientierten Gesellschaft leiden die zwischenmenschlichen Beziehungen. Kinder werden von den Eltern abgeschoben – man spricht von Wohlstandverwahrlosung. Die Arbeitsbelastung läßt uns wenig Muße, die menschliche ebenso wie die spielerisch-künstlerische Seite in uns verkümmert. Wir glauben uns reich und leben zusammengepfercht in Städten. Lärm, Schmutz und eine vergiftete Luft gehören zu unserem Alltag. Wir leben naturentfremdet und empfinden das auch so, wie die Flucht ins Grüne an den Wochenenden lehrt. Die Unterhaltungsindustrie schafft uns Surrogate für entgangenes Erleben.

Ich will mit diesen Hinweisen keinem Kulturpessimismus das Wort reden. Die Großgesellschaft der technisch zivilisierten Welt bietet uns Möglichkeiten kultureller Erfahrung, die bisher unerreicht waren. Und wir sehen ja, woran es uns mangelt, und können daher aus Einsicht das Leben in der Großgesellschaft kultivieren und humanisieren. Ich erwähne die Schattenseiten nur, um auf die merkwürdige Tatsache hinzuweisen, daß wir anderen gegenüber gerne als Weltbeglücker auftreten, obgleich wir die eigenen Probleme noch keineswegs gemeistert haben.

Nicht nur wirtschaftliche Ausbeuter, auch viele wohlmeinende Menschen sind der Ansicht, man müsse den technisch weniger Avancierten unsere Lebensweise aufzwingen. »Man kann sie doch nicht weiter in der Steinzeit belassen«, hört man oft, wenn man Probleme des erzwungenen Kulturwandels bespricht. Wir bilden uns ein, nicht nur das beste Überlebensrezept gefunden zu haben, sondern auch das der Menschenwürde am ehesten gemäße; wir maßen uns an, alle, die nicht so leben wie wir, entmündigen zu dürfen.

Wir sprechen damit den Naturvölkern das Recht ab, eine eigenständige kulturelle Evolution weiterzuführen. Daß auch dort die Entwicklung nicht stillsteht, ist dem Biologen und evolutionär

Denkenden durchaus klar. Es wäre eine ebenso große Anmaßung, wollte man durch konservierende Maßnahmen Bevölkerungen auf ihrem gegenwärtigen Kulturstand einfrieren. Wie gesagt, es geht vielmehr um das Recht auf *eigenständige Entwicklung.*

Das ist utopisch, wird darauf geantwortet, denn die Zivilisation drängt ja von allen Seiten heran, und wenn wir nichts tun, um die letzten Naturvölker darauf vorzubereiten, dann werden diese unvorbereitet überrollt, was noch schlimmere Folgen hat.

Was ist bei dieser Lage der Dinge zu tun? Manche meinen aus guten Motiven, man müsse diese Menschen möglichst schnell in unsere Kultur überführen, selbst wenn sie dadurch die eigene Identität verlören.

Um dazu Stellung zu nehmen, muß man sich vergegenwärtigen, daß jede Kultur einen Schatz von Erfahrungen darstellt, der sich in bestimmten Situationen bewährt hat. Das Wissen umfaßt Überlebensstrategien, die an die speziellen Bedingungen der außermenschlichen Umwelt angepaßt sind, ferner den Komplex jener Regeln, mit deren Hilfe der Mensch das zwischenmenschliche Zusammenleben steuert, und schließlich die religiösen und künstlerischen Ausdrucksformen. Dieses Wissen wird von Generation zu Generation vermehrt und verbal wie schriftlich tradiert. So entstand jene kulturelle Vielfalt der Menschheit, wie wir sie schätzen, denn über das Nützliche hinaus ist in der kulturellen Evolution auch die künstlerisch-schöpferische Phantasie des Menschen am Werk.

Zerstört man nun eine Kultur, so zerstört man damit Werte, und das ist zu bedauern, selbst wenn die Träger der vernichteten Kultur den Kulturwandel überleben. Die Menschheit als solche hat dann an Vielfalt verloren. Aber noch ein anderer Gesichtspunkt sollte zu denken geben. Jede Kultur ist ein Experiment der Anpassung. In den Kulturen erproben die Menschen verschiedene Muster des Zusammenlebens, verschiedene Strategien des Überlebens. Mit jeder Kultur nimmt die adaptive Breite der Menschheit zu. Jeder Kulturtod verengt sie. Kulturen sind Ergebnisse von Experimenten der Anpassung, die über viele Jahrtausende gelaufen sind und aus denen wir lernen können. Manche Völker haben ihr soziales Zusammenleben sicher besser gelöst als wir. Wenn wir Kulturen mit Zwang der unseren angleichen, nehmen wir uns die Möglichkeit, von ihnen zu lernen, wir vernichten Werte und schmälern die Anpassungsfähigkeit der Menschheit – und das kann unser Überleben als Art betreffen. Es gibt Hinweise dafür, daß wir mit unseren gegenwärtige Rezepten in eine Sackgasse der Evolution geraten. Pflegt man die kulturelle Vielfalt, dann ist diese Gefahr gemindert.

Aber sehen wir einmal von dem Schaden ab, den wir uns selbst und der Menschheit als Kollektiv zufügen; fragen wir uns, was mit den Kulturträgern geschieht, wenn wir sie ihrer Kultur berauben. Sind sie dann glücklicher als zuvor?

1957 entdeckte man im Gebiet der Gibsonwüste ein australisches Ureinwohnervolk, die Pintubi, die bisher den Kontakt mit Weißen gemieden hatten. Sie hatten sich in den Sand eingegraben, wenn sie ein Flugzeug hörten, und waren in den Busch ausgewichen, wann immer eine der seltenen Patrouillen das sonst unberührte Wüstengebiet durchquerte. Aber schließlich kam es dann doch zum Kontakt. Er verlief freundlich. Man gab den Leuten Tee und Zucker und machte ihnen klar, daß sie sich nicht zu fürchten brauchten. Die Entdeckung der letzten noch wild lebenden Eingeborenen ging damals als sensationelle Pressemeldung um die Welt. Für eine Gruppe von Philanthropen in Australien bedeutete das: Da gibt es noch Leute, die nackt in der Wüste umherlaufen und Eidechsen essen. Das ist ungehörig! Denen muß geholfen werden!

Im Lauf der folgenden zehn Jahre fuhren die Regierungspatrouillen immer wieder zu den Pintubi, verteilten weitere Geschenke und ließen durchblicken, daß die Pintubi noch mehr haben könnten, wenn sie bereit seien, wegzuziehen. So lockte man sie mit Zucker und Tee aus ihren angestammten Wohngebieten und siedelte sie in den Eingeborenensiedlungen Papunia und Yuendumu an. Ich habe sie dort 1972 besucht. Es handelt sich um zwei trostlose Siedlungen, die man von Alice Springs aus mit einem Geländewagen in einigen Stunden erreichen kann. Hier leben die etwa 400 Pintubi mit dem Stamm der Walbiri zusammen. Man hat ihnen Latrinen und Duschen gebaut und winzige Wellblechhäuschen in die Wüste gestellt, in denen sie wohnen sollen. Aber viele ziehen es vor, wie einst unter Windschirmen zu leben, nur bauen sie diese jetzt aus allerlei Blechabfällen.

Die Regierung ist stolz auf dieses Programm, denn nun laufen die Eingeborenen bekleidet herum, man zahlt den Alten Pensionen und gibt einigen der Jungen Jobs. Das bringt den anspruchslosen Menschen genügend Geld. Sie können in den Geschäften einkaufen, ja, sie müssen es tun, denn sammeln und jagen können sie jetzt nicht mehr. Dazu sind zu viele an einem Ort. So müssen sie Konservenfleisch der billigeren Sorte und andere Lebensmittel einkaufen. Und sie leben trotz Hygiene nicht gesünder Die Kindersterblichkeit hat sich erhöht. Ich habe drei Wochen in diesen Siedlungen verbracht und die Menschen Tag für Tag durch ein Spiegelobjektiv beobachtet. Ich studierte entwurzelte Menschen, von Langeweile geplagt, weil sie nicht mehr jagen und sammeln konnten. Auch belastete sie die Tatsache, daß sie von ihrer Stammessitte vorgeschriebene Rituale nicht befolgen konnten, weil die heiligen Stätten viel zu weit entfernt waren. Sie spielten Karten und schoben Dollar-Scheine von Hand zu Hand. Sie hatten ihre Selbständigkeit eingebüßt, ihre Heimat verloren und waren Abhängige der Wohlfahrt geworden. Sie hatten den ersten Schritt getan, der sie letztlich in die Slums der großen Städte führen wird.

Die Missionierung und Zivilisierung der Naturvölker wird im allgemeinen als etwas Positives betrachtet. Da legen die Leute wenigstens ihre heidnischen Bräuche ab und lernen schreiben und lesen. Und um das zu erreichen, müsse man eben einen gewissen Bruch in der Tradition in Kauf nehmen, ja sogar herbeiführen. So werden in bestimmten Teilen Neuguineas heidnische Schnitzwerke, Schilde und heilige Netze verbrannt; dort ist es verboten, Langhäuser zu bauen, Ahnenfiguren zu schnitzen, bestimmte Feste zu feiern und ähnliches mehr.

Zugleich ermuntert man die Leute, unsere abgetragenen Kleider anzuziehen, obgleich das, vor allem in tropischen Regenwaldgebieten, keineswegs sehr gesund ist. Ich habe oft gefragt, warum man das so macht, und erhielt zur Antwort, die Leute wollten es doch selbst so. Und das stimmt in der Tat. Unsere Eipo wollten ebenso gerne Kleidungsstücke wie die Buschleute und Yanomami, und sie nahmen es uns wahrscheinlich übel, daß wir nichts davon abgaben. Über äußere Angleichung wollen diese Menschen in unsere Kultur schlüpfen, da sie von ihr beeindruckt sind. Wir kommen schließlich mit Flugzeugen vom Himmel und bringen Eisenäxte, Aluminiumtöpfe und Glasperlen. Was soll man also tun?

Man wird angesichts der geschilderten Lage der Dinge einen Kompromiß schließen müssen. Man kann den Kontakt mit unserer technischen Zivilisation von diesen Menschen nicht fernhalten, also muß man sie auf diesen Kontakt vorbereiten. Dabei wäre darauf zu achten, die betreffenden Kulturen zunächst einmal in ihrem Selbstgefühl so weit zu bestärken, daß sie sich nicht selbst aufgeben. Nur dann können sie Neues übernehmen, ohne all das Alte aufzugeben, zu dem viel Bewährtes und manch Einmaliges gehört. Voraussetzung dazu ist, daß man die Menschen in ihren angestammten Gebieten beläßt und ihnen deren Unverletzlichkeit garantiert. Das wird in der Praxis nur selten getan. Die Bemühungen der Panamin auf den Philippinen in dieser Richtung gehören ebenso zu den Ausnahmen wie die Bemühungen der Regierung Südafrikas, illiterate Völker vor der Amalgamierung zu bewahren und sie in eigenen Ländern zur Selbstverwaltung heranzuziehen. Meines Wissens ist zum Beispiel das Buschleuteland Südwestafrikas insofern einmalig, als sonst nirgendwo in der Welt einer altsteinzeitlichen illiteraten Kultur ein eigenes Land zugestanden wurde.

Wie eine solche Entwicklung im einzelnen aussehen soll, beziehungsweise was man an neuem Kulturgut und neuen Fertigkeiten einführen soll, das wird von Gebiet zu Gebiet wechseln. Die Versuche, die Buschleute in der Viehzucht zu unterweisen, sind zu begrüßen. Mit dem Status als Rinderhirten würde ihr Ansehen wachsen, was ihr Selbstgefühl hebt; darüber hinaus ermöglicht diese neue wirtschaftliche Grundlage, das Land besser zu nutzen, wenn es gelingt, Überweidung zu verhindern. Das bedeutet mehr Wohlstand und eine etwas dichtere Bevölkerung, beides Voraussetzung für eine eigenständige kulturelle Höherentwicklung.

Neben engagierten Regierungsstellen und weltlichen Entwicklungshelfern sind vor allem die Missionen für solche Entwicklungshilfe prädestiniert. Es dauerte eine Weile, bis ich das einsah, denn anfangs stand ich den Missionen eher reserviert gegenüber. Mich störte der Prozeß der kulturellen Angleichung mit all den häßlichen Begleiterscheinungen. Ich war jedoch viel bei christlichen Missionen der verschiedenen Konfessionen zu Gast und überzeugte mich in zahlreichen Gesprächen von dem selbstlosen Engagement dieser Menschen. Wer setzt sich schon für viele Jahre seines Lebens in eine malariaverseuchte Wildnis! Mir wurde außerdem klar, daß die Missionen in vielen Fällen einen Schutz gegen rücksichtslose Siedler, Jäger, Kautschucksammler, Abenteurer und andere »Pioniere« der Zivilisation darstellen. Wer sonst würde diesen Schutz bieten? Nur wenige Anthropologen wären bereit, für zehn oder gar zwanzig Jahre das Leben in der ungesunden Tropenwildnis auszuhalten, um für die dortigen Bewohner zu sorgen. Bei dieser Lage der Dinge bleibt der Missionar der einzige ernst zu nehmende Verbündete im Kampf um die Rechte der Naturvölker. Da diese Menschen sicher das Beste wollen, sollte man das Gespräch pflegen und dabei darauf hinwirken, daß die Bereitschaft zunimmt, auch andere Wertsysteme anzuerkennen und das kulturelle Gut der Naturvölker zu bewahren. Für viele der katholischen und protestantischen Missionen ist das heute fast selbstverständlich.[117]

Es ist ja wirklich nicht einzusehen, warum Ahnenverehrung nicht ins christliche Ritual mit einbezogen werden kann. Schließlich hat das Christentum auch viele nichtchristliche Rituale, zum Beispiel der Germanen, übernommen. Man vergegenwärtige sich bloß, daß Ostern, eines der christlichen Hauptfeste, heute noch nach der germanischen Fruchtbarkeitsgöttin Ostara benannt ist, der man einst auf Helgoland Eier opferte. So wenig wie es dem christlichen Abendland schadete, daß man die Wochentage den »heidnischen« Göttern (Donar, Odin, Freia) widmete, so wenig schadete die Übernahme »heidnischen« Brauchtums. Es hat vielmehr bereichert. Das wird von katholischer und protestantischer Seite inzwischen eingesehen. Schwierig ist gelegentlich noch das Gespräch mit den Fundamentalisten, doch habe ich auch hier aufgeschlossene Menschen getroffen. Bei diesen Missionen macht sich allerdings gelegentlich ein Mangel an Bildung bemerkbar, da viele über Bekehrungserlebnisse aus anderen Berufen zur Mission stießen.

Was den Besucher einer Missionsstation oft stört, ist die unschöne Bekleidung der Eingeborenen. Bekleidungsstücke werden von den Eingeborenen, wie gesagt, als Statussymbole begehrt. Darüber hinaus gibt es auch praktische Gründe. Mit der Ankunft der Weißen setzte zum Beispiel bei den Yanomami eine Bewegung zu den großen Flüssen ein, die bis dahin wegen der vielen Mücken gemieden wurden. Nun kommen sie trotz der Mücken, denn sie suchen den Kontakt mit den Fremden, um Handel zu treiben und den Schutz zu genießen, den sie gewähren. Die Indianer leiden aber unter der Mückenplage und suchen sich durch Bekleidung zu schützen. Es sieht traurig aus, wenn sie in abgetragenen, langen Kleidern umherlaufen, die zudem unsäglich schmutzig sind. Sicher muß man dem Wunsch dieser Leute nach Bekleidung in gewisser Weise entgegenkommen. Aber müssen es abgetragene Kleider der Weißen sein? Ganz abgesehen davon, daß es das Auge beleidigt, degradiert es die Leute in besonderer Weise. Zunächst, weil sie mit der Bekleidung eine ihnen fremde Identität annehmen. Das geht mit einer Selbstaufgabe einher, und gerade das muß man verhindern. Daher sollte man dort, wo man eine Bekleidung für Naturvölker entwickeln muß, mehr Gedanken darauf verschwenden, eine ansprechende Tracht zu entwerfen. Für die Yanomami zum Beispiel ein Schultermäntelchen, das man leicht falten kann, und eine kurze schurzartige Bekleidung für den Unterkörper. Dabei wäre darauf zu achten, daß man auf Materialien zurückgreift, die die Eingeborenen selbst herstellen können, bei den Yanomami wäre dies die Baumwolle. Ebenso sollte man an die traditionellen Muster des Dekors anknüpfen. Eine schmucke und von Gruppe zu Gruppe verschiedene Tracht würde mithelfen, die Identität der Gruppen zu wahren.

Ich denke in diesem Zusammenhang gerne an meinen Besuch bei den San-Blas-Indianern, die es meisterlich verstanden haben, eingeführte Zivilisationsgüter in ihre Kultur einzubauen. Das ist besonders schön in der Frauentracht sichtbar, die eine ureigene Erfindung dieser Indianer ist; den Anstoß dazu gab der Kontakt mit den Europäern. Unter deren Einfluß bekleideten sie sich gegen 1750 mit einem blauen knielangen Hemd, das unten einen roten Saum hatte. Dieser rote Saum wurde allmählich breiter, und schließlich, da die Frauen immer buntere Stoffe einhandeln konnten, war die ganze untere Rockhälfte mit bunten Stoffmustern in Applikationstechnik bedeckt. Um 1900 führten die Händler blaue Baumwolltücher als Wickelröcke ein, und da diese die schönen Ornamente verdeckten, verschob man die applizierten Ornamente nach oben; man machte einfach anstelle der langen Hemden kurze Blusen. Die Stoffe für diese bunten Blusen erwerben die Indianer von den Händlern. Die Art der Verarbeitung ist jedoch ein Stück bodenständiger Kultur, in der sich ein erstaunlicher Kunstsinn offenbart. Auf zumeist rotem Grund werden in mehreren Stofflagen stilisierte Tier- und Menschenfiguren oder auch reine Ornamente angebracht.

Die Motive können dem Alltag entnommen sein, etwa der Feldbestellung oder dem Goldschmieden; häufig findet man Tiere wie Fledermäuse, Schlangen, Adler, Vögel oder Phantasiegestalten, und nie gleicht eine Bluse der anderen.

Solche Entwicklungen sind selten. In den meisten Fällen ergibt

San-Blas-Indianerin (Cuna) mit traditionellem Goldschmuck. Die Bekleidung ist »modern«, doch mit selbst entwickelter Applizierarbeit in für die Cuna typischer Weise ausgestattet. Das Beispiel belegt, daß Kulturänderung nicht Kulturverlust bedeuten muß.

sich eine Angleichung bei der nicht mehr als die Karikatur des Vorbilds herauskommt. Dem äußerlichen Kulturverlust folgt schnell der geistige, und wer das rücksichtslos betreibt, macht sich des Ethnozids schuldig, auch wenn er mit gutem Vorsatz handelt.

Verschiedentlich argumentiert man, daß nur eine einheitliche Weltzivilisation, bei völliger Durchmischung aller Rassen, die Spannungen und Konflikte zwischen Gruppen auflösen würde. Das scheint mir weder nötig noch wünschenswert. Erzieht man zur Toleranz im Sinn der Bereitschaft, auch andere Lebensstile zu verstehen und zu akzeptieren, sowohl innerhalb der Kulturen als auch zwischen den Völkern, dann läßt sich der Ethnozentrismus entschärfen, ohne daß die Gruppen ihre kulturellen Eigentümlichkeiten und ihren Kulturstolz aufzugeben brauchen. Die Pazifizierung der Menschheit sollte nicht über die Leichen der Kulturen und Rassen herbeigeführt werden.

Anmerkungen

1 Eibl-Eibesfeldt, Liebe und Haß, München 1972; Die !Ko-Buschmanngesellschaft, München 1972, Der vorprogrammierte Mensch, Wien ^{3}1973; Krieg und Frieden aus der Sicht der Verhaltensforschung, München 1975; Grundriß der vergleichenden Verhaltensforschung, München ^{7}1987; Die Biologie menschlichen Verhaltens – Grundriß der Humanethologie, München ^{2}1986; Der Mensch, das riskierte Wesen, München 1988; mit W. Schiefenhövel und V. Heeschen, Kommunikation bei den Eipo. Eine humanethologische Bestandsaufnahme, Berlin 1989

2 Über diese und andere technische Details haben wir uns ausführlich geäußert. Siehe: I. Eibl-Eibesfeldt, Die Biologie des menschlichen Verhaltens, a. a. O.; Hans Hass, Wir Menschen, Wien 1968

3 Hier wären vor allem zu nennen: Dr. Ingrid Bell-Krannhals, Dr. Kuno Budack, Kenneth Good, Dr. Volker Heeschen, Dr. Hans Joachim Heinz, Harald Herzog, Gabriele Herzog, Dieter Heunemann, Dr. Marie-Claude Mattei-Müller, Dr. Wulf Schiefenhövel, Dr. Heide Sbrzesny, Dr. Gunter Senft, Dr. Polly Wiessner.

4 Aus den im Archiv des Humanethologischen Instituts lagernden Filmen wurden bisher 106 EC/HF-Filme veröffentlicht. Das Original von weiteren 65 völkerkundlichen Filmen, die meine Mitarbeiter hergestellt oder an deren Herstellung sie mitgewirkt haben, lagert im Göttinger Institut für den Wissenschaftlichen Film.

5 Ch. Darwin, Ausdruck der Gemüthsbewegungen, Stuttgart 1977, S. 15.

6 Wie ein Nervensystem sich selbst verdrahtet, hat unter anderem Roger Sperry untersucht. Einzelheiten dazu und zum Thema »stammesgeschichtliche Anpassungen« sind in meinem Buch »Grundriß der vergleichenden Verhaltensforschung«, a. a. O., ausführlich besprochen. Statt »stammesgeschichtlich angepaßt« sagen wir oft kürzer »angeboren« – das heißt nicht, daß das betreffende Verhalten bereits bei der Geburt voll ausgereift ist.

7 I. Eibl-Eibesfeldt u. a., Stadt und Lebensqualität, Stuttgart und Wien 1985

8 Ich betone das, damit mir nicht die These unterstellt wird, der Fremdenhaß stecke in unseren Genen. Er ist aber wegen der uns angeborenen Abgrenzungstendenzen leicht anerziehbar.

9 Siehe dazu: I. Eibl-Eibesfeldt, Der Mensch, das riskierte Wesen, a. a. O., sowie meine Diskussionsbeiträge zum Thema Nationalstaat und multikulturelle Immigrationsgesellschaft.

10 M. E. Spiro, Gender and Culture, Kibbutz Women revisited, Durham (N. C.) 1979

11 Ders., Children of the Kibbutz, Cambridge (MA) 1958

12 M. Mead, From the South Seas, New York 1939; Übersetzung vom Autor.

13 E. Badinter, Die Mutterliebe, München 1981

14 M. Mead, a. a. O.

15 Ich ziehe den Begriff »Buschleute« der in der Literatur gebräuchlichen Bezeichnung »Buschmänner« vor. Unter dem Begriff »Buschleute« sind die Sprecher verschiedener Buschleutesprachen zusammengefaßt. Das Wort »Buschmänner« galt nach Ansicht einiger Forscher als abwertend, daher zogen sie die von den Hottentotten für die Buschleute verwendete Bezeichnungen »San« vor. Es hat sich jedoch herausgestellt, daß diese Benennung von den Buschleuten als erniedrigend aufgefaßt wird, während sie die englische Bezeichnung »bushmen« akzeptieren. Wir belassen es bei »Buschleute« und differenzieren diese nach Gruppen.

16 Ich vermeide den Begriff »primitiv«, weil er abschätzig klingt.

17 Als Vorläuferin der neuen Buschleuteforschung mit allerdings anderer Ausrichtung der Forschung ist Lorna Marshall zu nennen. Ihre Arbeiten haben das Interesse der amerikanischen Forschergruppe angeregt.

18 Die Sprache der Buschleute kennt viele Klicklaute. Fünf von ihnen werden in der völkerkundlichen Literatur wie folgt beschrieben: /= Dentalklick; er entsteht, wenn man die Zungenspitze schnell von der Innenseite der Schneidezähne wegzieht. Wir tun dies bei indigniertem Erstaunen. // = Lateralklick; man erzeugt ihn, wenn man die Zunge von der Seite der Zahnreihen wegzieht, so wie wir es tun, wenn wir ein Pferd ermuntern. =/= Alveolarklick; er erklingt, wenn man die Zungenspitze scharf von einem Punkt direkt hinter den oberen Schneidezähnen wegzieht. ! = Retroflex- oder Sektkorkenklick; er wird ausgesprochen, indem man die Zungenoberfläche vom Gaumendach wegreißt. O = Kußklick; er ertönt, wenn man mit gespitzten Lippen Luft einsaugt, als küßte man auf Distanz. Wir locken so kleine Tiere an. Die Schreibweise der !Ko wechselt. Oft liest man !Xo. Das X wird dabei wie unser Ch ausgesprochen.

19 E. A. Cashdan, Hunter-Gatherers of the Northern Kalahari, in: R. Vossen und K. Keuthmann (Hrsg.), Contemporary Studies on Khoisan 1, Hamburg 1986

20 E. N. Wilmsen, Land filled with Flies – a Political Economy of the Kalahari, Chicago und London 1989

21 Die Zahlenangaben wechseln in der Literatur. Ich stütze mich im wesentlichen auf: R. Lee, The !Kung San, Cambridge 1979

22 Ebenda

23 G. W. Childers, Report on the Survey – Investigation of the Ghanzi Farm Basar Situation, Gaberone 1976

24 Heinz schildert sein Leben mit den Buschleuten und seine Beziehung zu Namkwa in: H. J. Heinz und M. Lee, Namkwa – Life among the Bushmen; deutsch: Namkwa, München 1984

25 H. Sbrzesny, Die Spiele der !Ko-Buschleute unter besonderer Berücksichtigung ihrer sozialisierenden Funktion, Monographien zur Humanethologie, Bd. 2, München 1976

26 I. DeVore, The Evolution of Human Society, in: J. S. Eisenberg und W. S. Dillon (Hrsg.), Man and Beast, Washington 1971, S. 310

27 B. Zastrow und H. Vedder, Die Buschmänner, in: E. Schulz-Ewerth und L. Adam (Hrsg.), Das Eingeborenenrecht: Togo, Kamerun, Südwestafrika, die Südseekolonien, Stuttgart 1930, S. 425

28 C. B. Silberbauer, Socio-Ecology of the G/wi Bushmen. Theses, Anthropol. and Sociol. Dept. Monash Univ. 1973; The G/wi Bushmen, in: M. G. Biccieri (Hrsg.), Hunters and Gatherers Today, New York 1973; Hunter and Habitat in the Central Kalahari Desert, Cambridge 1981; R. B. Lee, !Kung-Bushmen Subsistence: an Input-Output-Analysis, in: A. P. Vayda (Hrsg.), Environment and Cultural Behavior New York 1969; The !Kung San, a. a. O.; H. J. Heinz, Territoriality Among the Bushmen in General and the !Ko in Particular, Anthropos, Nr.67/1972

29 Zu diesem Thema erscheint demnächst das Buch: I. Eibl-Eibesfeldt und Ch. Sütterlin, Steingewordener Ausdruck der Angst (Piper Verlag)

30 Man spricht bei Jäger-und-Sammler-Völkern von Lokalgruppen oder Horden, bei Ackerbauern von Dorfgemeinschaften.

31 H. J. Heinz, The Social Organization of the !Ko-Bushmen. Master Thesis, University of South Africa, Johannesburg 1966

32 L. Tiger, Warum die Männer wirklich herrschen, München 1972

33 H. Sbrzesny, a. a. O.

34 H. J. Heinz, The Social Organization of the !Ko-Bushmen, a. a. O.

35 Ders., Acculturative Problems Arising in a Bushmen Development Scheme, South-African Jour. Sci., Nr. 71/1975; Elements of !Ko-Bushmen Religious Beliefs, Anthropos, Nr. 70/1975

36 Ders. und B. Maguire, The Ethno-Biology of the !Ko-Bushmen. Their Ethno-botanical Knowledge and Plant Lore, Occ. Papers, Nr. 1, Botswana Soc., Gaberone 1974

37 B. Zastrow und H. Vedder, Die Buschmänner, a. a. O., S. 428

38 H. Sbrzesny\, a. a. O.

39 Ebenda

40 Ebenda

41 Siehe dazu unter anderem: J. Money und A. A. Ehrhard, Man and Woman and Girl. The Differentiation and Dimorphism of Gender Identity from Conception to Maturity, Baltimore 1972 sowie I. Eibl-Eibesfeldt, Die Biologie menschlichen Verhaltens – Grundriß der Humanethologie, München [2]1986

41 H. Sbrzesny, a. a. O.

43 P. Draper, Cultural Pressure on Sex Differences, Am. Ethnologist, Nr. 2/1975

44 O. Koenig, Urmotiv Auge, München 1975

45 I. Eibl-Eibesfeldt, Der vorprogrammierte Mensch, a. a. O.

46 H. J. Heinz, Conflicts, Tensions and Release of Tensions in a Bushmen Society, Isma Papers, Nr. 23/ 1967, Inst. for the Study of Man in Africa

47 W. H. I. Bleek und L. Lloyd, Das wahre Gesicht des Buschmannes, Basel 1938

48 J. Bjerre, Kalahari, Brockhaus, Wiesbaden 1959

49 O. Köhler, Kultur und Gesellschaft der Kxoe. Eine Sammlung von Kxoe-Texten mit deutscher Übersetzung, Berlin o. J.

50 P. Wiessner, Foodsharing among Children in four Cultures, Paper prepared for a Symposium of the Reimers Foundation on Ritual Aspects of Food, Bad Homburg, Dezember 1984

51 H. J. Heinz, Elements of !Ko-Bushmen Religious Beliefs, a. a. O.

52 Ebenda

53 Ders., The Social Organization of the !Ko-Bushmen, a. a. O.

54 L. Marshall, The !Kung of Nyae Nyae, Cambridge (MA) und London 1976; R. B. Lee, The !Kung San, a. a. O.; H. J. Heinz und M. Lee, Namkwa, a. a. O.; M. Shostak, The Life and Worlds of a !Kung Woman, Cambridge (MA) 1981; C. B. Silberbauer, Hunter and Habitat in the Central Kalahari Desert, a. a. O.; J. Tanaka, The San Hunter-Gathersers of the Kalahari. A Study in Ecological Anthropology, Tokio 1980

55 E. A. Cashdan, Egalitarianism among Hunters and Gatherers, Am. Anthropol., Nr. 82/1980

56 C. A. Fernandez und Lynch, The Tasaday: Cave-Dwelling Food Gatherers of South Cotabato, Mindanao Panamin Found., Rizal 1972

57 J. Nance, The Gentle Tasaday, New York 1975

58 Ebenda

59 T. A. Llamadon, The Tasaday Language so far, in: C. A. Fernandez und F. Lynch, a. a. O.

60 V. v. Geramb, Sitte und Brauch in Österreich, Graz 1948

61 O. Zerries, Waika. Die kulturgeschichtliche Stellung der Waika-Indianer des Oberen Orinoco im Rahmen der Völkerkunde Südamerikas, München 1964

62 Ebenda; O. Zerries und M. Schuster, Mahekodotedi. Monographie eines Dorfes der Waika-Indianer (Yanomama) am Oberen Orinoco (Venezuela), München 1974

63 N. Chagnon, Yanomamö. The Fierce People, New York 1968

64 W. J. Smole, The Yanoama Indians. A Cultural Geography, Austin und London 1976

65 Ebenda

66 Mit Ergänzungen aus: L. Cocco, Iyëwei-teri. Quince años entre los Yanomamos, Caracas 1972

67 E. Biocca, Yanomama. Ein weißes Mädchen in der Urwaldhölle, Frankfurt a. M. 1970

68 O. Zerries und M. Schuster, Mahekodotedi, a. a. O.

69 Zu Einzelheiten über die Wirtschaftsform siehe: W. J. Smole, The Yanomama Indians, a. a. O.

70 Der Begriff »patrilinear« – »der väterlichen Linie zugehörig« – kann verschiedenes bedeuten. Er kann sich auf die Erbfolge beziehen, auf die Wohnfolge im Fall einer Heirat oder auf die Linienzugehörigkeit. Diese müssen keineswegs immer zusammenfallen. Es gibt in verschiedenen Kulturen Kombinationen, in denen das eine der väterlichen, das andere der mütterlichen Linie folgt.

71 W. J. Smole, The Yanoama Indians, a. a. O.

72. O. Zerries und M. Schuster, Mahekodotedi, a. a. O.

73 I. Steinvorth-Goetz, Uriji jami! Life and Belief of the Forest Waika in the Upper Orinoco, Caracas 1979

74 E. Biocca, Yanoama, a. a. O.

75 Der Film wurde unter der Nummer E 3061 veröffentlicht; siehe Literaturverzeichnis

76 J. Lizot, Le cercle des feux. Faits et dits des Indiens yanomami, Recherches anthropol. au Seuil, 1976

77 O. Zerries und M. Schuster, Mahekodotedi, a. a. O.

78 Die Angaben verdanke ich Padre Luigi Cocco und Kenneth Good, die als erste die Kontraktgesänge übersetzt haben.

79 I. Eibl-Eibesfeldt, Die Biologie menschlichen Verhaltens – Grundriß der Humanethologie, a. a. O.,

80 L. Cocco, Iyëwei-teri, a. a. O., S. 327

81 O. Zerries und M. Schuster, Mahekodotedi, a. a. O.

82 J. Lizot, Le cercle des feux, a. a. O.

83 I. Eibl-Eibesfeldt und H. Herzog, Yanomami,Patanoëtheri (Venezuela, Oberer Orinoko) – Yopo-Rausch, Tanz- und Geisterbeschwörung (Hekuramou) zur Initiation eines Medizinmannanwärters (Teil I), Film E 2834 des IWF, Göttingen, Publikation von I. Eibl-Eibesfeldt und H. Herzog, Publ. Wiss. Film., Sekt. Ethnol., Ser. 15, Nr. 22/E 2834; dies., Yanomami, Patanoëtheri (Venezuela, Oberer Orinoko) – Yopo-Rausch, Tanz und Geisterbeschwörung (Hekuramou) zur Initiation eines Medizinmannanwärters (Teil II), Film, E 2385 des IWF, Göttingen, Publikation von I. Eibl-Eibesfeldt und H. Herzog, Publ., Wiss. Film., Sekt. Ethnol., Ser. 15, Nr. 23/E 2835

84 Die gesamte Transkription und Übersetzung kann nachgelesen werden in: I. Eibl-Eibesfeldt und H. Herzog, Yanomani, Patanoëtheri (Venezuela, Oberer Orinoko) – Mutter-Kind-Interaktionen (männlicher Säugling,

Film E 2860 des IWF, Göttingen, Publikation von I. Eibl-Eibesfeldt und H. Herzog, Publ. Wiss. Film., Sekt. Ethnol., Ser. 17 Nr. 23/E 2860
85 N. Chagnon, Yanomamö, a. a. O.
86 Ders., Studying the Yanomami, New York 1974
87 J. Helbig, O. Iten und J. Schiltknecht (Hrsg.) Yanomami. Indianer Brasiliens im Kampf ums Überleben, Innsbruck/Frankfurt a. M. 1989
88 W. Schiefenhövel, Die Eipo-Leute des Berglandes von Indonesisch Neuguinea. Kurzer Überblick über den Lebensraum und seine Menschen, Einführung zu den Eipo-Filmen des Humanethologischen Filmarchivs der Max-Planck-Gesellschaft, Homo, Nr. 29-2/1976
89 B. B. Whiting (Hrsg.), Six Cultures: Studies in Child Rearing, New York und London 1963; ders., Sex Identity Conflict and Physical Violence: A Comparative Study, Am. Anthropol., Nr. 67/1965
90 K.-F. Koch, War and Peace in Jalémó, Cambridge (MA) 1974
91 W. Schiefenhövel, Die Eipo-Leute des Berglandes von Indonesisch Neuguinea, a. a. O.
91 I. Eibl-Eibesfeldt, Der vorprogrammierte Mensch, a. a. O.
93 H. Basedow, Anthropological Notes on the Western Coastal Tribes of the Northern Territory of South Australia, Trans. Roy. Soc. Australia, Nr. 31/1906
94 Volker Heeschen, Oben und unten, Die Kategorisierung der Umwelt in den Sprachen Neuguineas. In: Mark Münzel (Hrsg.) Neuguinea, Nutzung und Deutung der Umwelt, Museum f. Völkerkunde, Frankfurt/M. 1987, 2, 588–618
95 Eines der letzten großen Tanzfeste, bei denen die Bewohner von Larye nach Munggona kamen, haben meine Mitarbeiter Dieter Heunemann und Wulf Schiefenhövel dokumentiert. Der Film wurde als Enzyklopädie-Einheit E 2803 zusammen mit F. Simon veröffentlicht.
96 V. Heeschen, Ninye bun. Mythen, Erzählungen. Lieder und Märchen der Eipo im zentralen Bergland von Irian Jaya (Westguinea), Indonesien, 20. Beitrag zur Schriftenreihe »Mensch, Kultur und Umwelt im zentralen Bergland von West-Neuguinea, Berlin 1990
97 Dazu wurde in der Encyclopaedia Cinematographica (EC) der Film E (3037) veröffentlicht.
98 R. A. Rappaport, Pigs for the Ancestors, New Haven und London 1968
99 G. Konrad und W. Böhning, Asmat-Schilde vom Brazza-River: Waffen und Ahnen, Sandoz Bull., Nr. 34/1974
100 Übersetzung von V. Heeschen
101 M. R. A. Chance, Attention Structure as the Basis of Primate Rank Orders, Man, 1967
102 Dieser Beitrag erschien zuerst in veränderter Form in der Januarnummer 1984 der Zeitschrift »Geo«. Volker Heeschen und Wulf Schiefenhövel haben an ihm zu gleichen Teilen mitgewirkt.

103 H. R. MacCalman und B. J. Grobelaar, Preliminary Report of Two Stone-Working Ova Tjimba Groups in the Northern Kaokoveld of South-West-Afrika, Cimbebasia-SWA-Research, Nr. 13/1965

104 Ich besuchte die Himba in den Jahren 1971, 1973, 1975, 1977, 1985, 1986, 1989, 1990

105 J. S. Malan, The Herero Speaking Peoples of Kaokoland, Cimbebasia Ser. B., Nr. 2/1973

106 Ebenda; ders., Double Descent among the Himba of South-West-Africa, Cimbebasia Ser. B., Nr. 2/1973

107 J. S. Malan, Double Descent among the Himba of Southwest-Africa, a. a. O.

108 Ebenda

109 Zur Religion siehe: M. Covarubias, Island of Bali, New York 1966

110 Ebenda; J. Belo, Trance in Bali, New York 1960; G. Bateson und M. Mead, Balinese Character, New York Academy of Sciences, Special Publ., Bd. 2/1942; M. Mead, a. a. O.; U. Ramseyer, Kultur und Volkskunst in Bali, Zürich 1977

111 Namentlich genannte Wächterfiguren: Leak, Butangsungsang, Kalaludiro, Durgamaja, Kalasegara, Kalasumadang, Kalapaduraksa, Kalamankurat, Kalalarung (Kala = Abenddämmerung). Ich führe die Namen an, damit andere gezielt weiterfragen können. Die Geisterwelt Balis und die Figuren zu ihrer Abwehr sind ja, wie gesagt, weitgehend unerforscht. Da es sich offenbar um eine recht archaische und nur rasch verschwindende Kulturschichte handelt, ist es der Mühe wert, Genaueres in Erfahrung zu bringen, ehe es dazu zu spät ist, denn das Wissen beruht auf mündlicher Überlieferung, und die Angaben der befragten Personen wechselten. Viele wußten kaum mehr Bescheid, und auch mein Gewährsmann Ida Bagus Raka schien sich nicht mehr gut auszukennen.

112 W. Schiefenhövel und I. Bell-Krannhals, Wer teilt, hat Teil an der Macht: Systeme der Yams-Vergabe auf den Trobriand-Inseln, Papua-Neuguinea, Mitt. der Anthropol. Ges. in Wien (MAGW), B. 116/1986

113 R. Benedict, Patterns of Culture, Boston und New York 1934; Übersetzung vom Verfasser

114 P. Wiessner, a. a. O.

115 Beim Bartweisen faßt man den Bart mit einer Hand oder mit beiden Händen in einer demonstrativen Gebärde. Bei beidhändigem Zufassen werden die Bartenden häufig zu den Seiten hin auseinandergezogen. Es handelt sich um eine Drohgebärde, die als übelbannender Gestus auch bei uns vorkam – wir finden Bartweiser zum Beispiel auf romanischen Kirchen.

116 M. Wachtler, Die Caoba-Bäume sind gewachsen. 25 Jahre Missionsarbeit bei den Yanomami in Venezuela, Gattendorf 1990

117 Das gilt nicht nur für die Behandlung von naturvölkischen Minoritäten.

Vor einigen Jahren ging ein Bild um die Welt. Es zeigte eine durch Giftgas getötete Kurdin, die offenbar noch im Tod ihren Säugling an der Brust barg. Es blieb bei verbalen Protesten – und bei den Waffenlieferungen des Westens an die irakischen Übeltäter. Schließlich ging es damals ja gegen den Iran, und was bedeuten da schon die Kurden? Jetzt allerdings, da es gilt, den Besitzstand eines Emirs zu wahren – und die eigenen Ölinteressen –, empört sich die Welt und wird in erstaunlicher Solidarität aktiv. Nicht, daß ich den Überfall des Iraks auf Kuwait gutheiße, aber das ständige Messen mit verschiedenem Maß ist eine höchst verächtliche Methode. Darin zeigt sich, daß noch ein weiter Weg ist bis zu einer akzeptablen Weltordnung.

Literatur und Filme

E. Badinter, Die Mutterliebe, München 1961

A. Barnard, Cultural Identity, Ethnicity and Marginalization among the Bushmen of Southern Africa, in: R. Vossen (Hrsg.), New Perspectives of the Study on Khoisan, Hamburg 1988

H. Basedow, Anthropological Notes on the Western Coastal Tribes of the Northern Territory of South Australia, Trans. Roy. Soc. Australia, Nr. 31/1906

G. Bateson und *M. Mead,* Balinese Character, New York Academy of Sciences, Special Publ., Bd 2/1942

H. Becher; Polé-Perimbó. Einwirkungen der lunearen Mythologie auf den Lebensstil von drei Yanomami-Stämmen, Hannover 1974

J. Belo, Trance in Bali, New York 1960

R. Benedict, Patterns of Culture, Boston und New York 1934

M. Biesele, R. Gordon und R. Lee (Hrsg.), The Past and the Future of !Kung San Ethnography: Critical Reflections and Symbolic Perspectives – Essay in Honour of Lorna Marshall, Hamburg 1986

E. Biocca, Yanoama, Bari 1965

Ders., Viaggi tra gli Indi Alto Rio Negro – Alto Orinoco, 4 Bde., Rom 1966

Ders., Mondo Yanoama, Bari 1969

Ders., Yanoama. Ein weißes Mädchen in der Urwaldhölle, Frankfurt a. M. 1970

J. Bjerre, Kalahari, Brockhaus, Wiesbaden 1959

D. F. Bleek, Rock-Painting in South-Africa, London 1930

W. H. I. Bleek und *L. Lloyd,* Das wahre Gesicht des Buschmannes, Basel 1938

E. A. Cashdan, Egalitarianism among Hunters and Gatherers, Am. Anthropol., Nr. 82/1980

Ders., Territoriality among Human Foragers: Ecological Models and an Application to four Bushmen Groups, Curr. Anthropol., Nr. 24-1/1983

Ders., Hunter-Gatherers of the Northern Kalahari, in: R. Vossen und K. Keuthmann (Hrsg.), Contemporary Studies on Khoisan, Hamburg, 1/1986

N. Chagnon, Yanomamö. The Fierce People, New York 1968

Ders., Studying the Yanomami, New York 1974

M. R. A. Chance, Attention Structure as the Basis of Primate Rank Orders, Man, 1967

G. W. Childers, Report on the Survey – Investigation of the Ghanzi Farm Basar Situation, Gaberone 1976

L. Cocco, Iyëwei-teri. Quince anos entre los Yanomamos, Caracas 1927

H. Covarubias, Island of Bali, New York 1966

Ch. Darwin, Der Ausdruck der Gemütsbewegungen, Stuttgart 1977

I. De Vore, The Evolution of Human Society, in: J. S. Eisenberg und W. S. Dillon (Hrsg.), Man and Beast, Washington 1971
P. Draper, Cultural Pressure on Sex Differences, Am. Ethnologist, Nr. 2/1975
I. Eibl-Eibesfeldt, Liebe und Haß, München 1972
Ders., Die !KoBuschmanngesellschaft, München 1972
Ders., Der vorprogrammierte Mensch, Wien [3]1973
Ders., Krieg und Frieden aus der Sicht der Verhaltensforschung, München 1975
Ders., Grundriß der vergleichenden Verhaltensforschung, München [7]1987
Ders., Menschenforschung – Jäger und Sammler der Kalahari, Klett Bildplattenserie: Der Mensch (3), Stuttgart 1984
Ders., Die Biologie menschlichen Verhaltens – Grundriß der Humanethologie, München [2]1986
Ders., Der Mensch, das riskierte Wesen, München 1988
Ders., Deutschlands Zukunft: Nationalstaat oder multikulturelle Gesellschaft. in: Dietmar Keller (Hrsg.), Nachdenken über Deutschland (Reden III), Berlin 1991
Ders., u. a., Stadt und Lebensqualität, Stuttgart und Wien 1985
Ders., W. Schiefenhövel und *V. Heeschen*, Kommumkation bei den Eipo. Eine humanethologische Bestandsaufnahme, Berlin 1989
Ders., und *M.-C. Mattei-Müller,* Yanomami Wailing Songs and the Question of Parental Attachment in Traditional Kinbased Societies, Anthropos, Nr. 85/1990
Ders. und *Ch. Sütterlin,* Steingewordener Ausdruck der Angst, (Piper Verlag) in Vorbereitung
Ders. und *H. Herzog,* Yanomami, Patanoëtheri (Venezuela, Oberer Orinoko) – Yopo-Rausch, Tanz und Geisterbeschwörung (Hekuramou) zur Initiation eines Medizinmannanwärters, 1987: Teil I: Film E 2834 des IWF Göttingen, Publikation von I. Eibl-Eibesfeldt und H. Herzog, Publ. Wiss. Film., Sekt. Ethnol., Ser. 15, Nr. 22/E 2834; Teil II: Film E 2835 des IWF Göttingen, Publikation von I. Eibl-Eibesfeldt und H. Herzog, Publ. Wiss. Film., Sekt. Ethnol., Ser. 15, Nr. 23/E 2835; Teil III: Film E 2836 des IWF, Göttingen, Publikation von I. Eibl-Eibesfeldt und H. Herzog, publ. Wiss. Film., Sekt. Ethnol., Ser. 15, Nr. 24/E 2836
Dies., Yanomami, Patanoëtheri (Venezuela, Oberer Orinoko) – Mutter-Kind-Interaktionen (männlicher Säugling). Film E 2860 des IWF, Göttingen, Publikation von I. Eibl-Eibesfeldt und H. Herzog, Publ. Wiss. Film., Sekt. Ethnol., Ser. 1, Nr. 23/E 2860
Dies., Yanomami, Patanoëtheri (Venezuela, Oberer Orinoko) – Ausschnitte aus einem Fest (Eintanzen der Gäste, Himou und Abgang), Film E 3061 des IWF, Göttingen
A. Falk-Ronne, Massenmord am Mato Grosso. Die Ausrottung der Indianer in Südamerika, Gütersloh 1970

C. A. Fernandez und *F. Lynch,* The Tasaday: Cave-Dwelling Food Gatherers of South Cotabato, Mindanao Panamin. Found, Rizal 1972

A. Gehlen, Der Mensch, seine Natur und seine Stellung in der Welt, Berlin 1940

V. v. Geramb, Sitte und Brauch in Österreich, Graz 1948

P. German, Der Buschmannrevolver, ein Zaubergerät, Jahrbuch des Städt. Museums f. Völkerkunde Leipzig, Bd. 8/1922

K. Good, Ritualized Contract-Chants among the Yanomami, Publikationen des Humanethologischen Tonarchivs der Max-Planck-Gesellschaft, Begleitpublikation zum Tondokument Nr. 1/1988, Andechs

K. Good, Into the Heart. One Man's Pursuit of Love and Knowledge. New York, Simon u. Schuster 1991

M. Guenther, Acculturation and Assimilation of the Bushmen of Botswana and Namibia, in: R. Vossen und K. Keuthmann (Hrsg.), Contemporary Studies on Khoisan, in: Quellen zur Khoisan-Forschung 5.1.1986 Hamburg, 347–373

Ders., The Nharo Bushmen of Botswana – Tradition and Change, Quellen zur Khoisan-Forschung 3, 1986 Hamburg, 1–378

H. Hass, Wir Menschen, Wien 1968

V. Heeschen, Ninye bun. Mythen, Erzählungen, Lieder und Märchen der Eipo im zentralen Bergland von Irian Jaya (West-Neuguinea), Indonesien, 20. Beitrag zur Schriftenreihe »Mensch, Kultur und Umwelt im zentralen Bergland von West-Neuguinea«, Berlin 1990

Ders., Oben und Unten. Die Kategorisierung der Umwelt »in den Sprachen Neuguineas«, in: Mark Münzel (Hrsg.) Neuguinea – Nutzung und Deutung der Umwelt, Frankfurt/M.: Museum für Völkerkunde 1987, Bd. 2, 599–618

Ders., W. Schiefenhövel und I. Eibl-Eibesfeldt, Requesting Giving and Taking: The Relationship between verbal and nonverbal Behavior in the Speech Community of the Eipo. Irian Jaya, in: M. R. Key (Hrsg.), The Relationship of verbal and nonverbal Communication, Den Haag, Paris, New York 1980

Ders. und *W. Schiefenhövel,* Wörterbuch der Eipo-Sprache, Eipo-Deutsch-Englisch. D. Reimer, Berlin 1983

H. J. Heinz, The Social Organization of the !Ko-Bushmen, Master Thesis, University of South Africa, Johannesburg 1966

Ders., Conflicts, Tensions and Release of Tensions in a Bushmen Society, Isma Papers, Nr. 23/1967, Inst. for the Study of Man in Africa

Ders., Territoriality Among the Bushmen in General and the !Ko in Particular Anthropos, Nr. 67/1972

Ders., Acculturative Problems Arising in a Bushmen Development Scheme, South-African Jour. Sci., Nr. 71/1975

Ders., Elements of !Ko-Bushmen Religious Beliefs, Anthropos, Nr. 70/1975

Ders., The Nexus Complex among the !Ko-Bushmen. Anthropos, Nr. 74/1979

Ders. und *M. Lee,* Namkwa – Life among the Bushmen of Botswana, deutsch: Namkwa, München 1984

Ders. und *B. Maguire,* The Ethno-Biology of the !Ko-Bushmen. Their Ethno-Botanical Knowledge and Plant Lore, Occ. Papers, Nr. 1, Botswana Soc., Gaberone 1974

J. Helbig, O. Iten und *J. Schiltknecht* (Hrsg.), Yanomami. Indianer Brasiliens im Kampf ums Überleben, Innsbruck und Frankfurt a. M. 1989

G. Herzog, Patanoëtheri. Eine Dorfgemeinschaft der Yanomami im südlichen Venezuela, in: O. Zerries (Hrsg.), Münchner Beiträge zur Amerikanistik, Bd. 25, Hohenschäftlarn 1990

B. Hold, Soziale Rangordnung in Kindergruppen unter besonderer Berücksichtigung der rangspezifischen Verhaltensweisen, Dissertation, München 1975

A. v. Humboldt, Reise in die Äquinoctialgegenden des neuen Continents, Bd.4, dt. Bearb. v. Hermann Hauff, Stuttgart 1960

F. Knobloch, Die Aharaibu-Indianer in Nordwest-Brasilien, Collect. Inst. Anthropos, Nr. 1/1967, St. Augustin, Bonn

G. Koch, Malingdam. Ethnographische Notizen über einen Siedlungsbereich im oberen Eipomek-Tal, zentrales Bergland von Irian Jaya (West-Neuguinea), Schriftenreihe »Mensch, Kultur und Umwelt im zentralen Bergland von West-Neuguinea«, Bd. 15, Berlin 1984

K.-F. Koch, War and Peace in Jalémó, Cambridge (MA) 1974

O. Koenig, Urmotiv Auge, München 1975

O. Köhler, Die Welt der KXOE-Buschleute im Südl. Afrika I. Berlin 1989

M. Konner, Maternal Care, Infant Behavior and Development among the !Kung, in: R. B. Lee und I. DeVore (Hrsg.). Kalahari Hunter-Gatherers, Cambridge (MA) 1976

G. Konrad und *W. Böhning,* Asmat-Schilde vom Brazza-River: Waffen und Ahnen, Sandoz Bull., Nr. 34/1974

J. van Lawick-Goodall, Wilde Schimpansen, Reinbek 1971

R. B. Lee, What Hunters Do for a Living or How to Make out on Scarce Resources, in: Ders. und I. DeVore (Hrsg.), Man the Hunter Chicago 1968

Ders., !Kung-Bushmen Subsistence: an Input-Output-Analysis, in: A. P. Vayda (Hrsg.),Environment and Cultural Behavior, New York 1969

Ders., The !Kung Spatial Organization, Human Ecology, Nr. 1/1972

Ders., The !Kung San. Men, Women, and Work in a Foraging Society, Cambridge 1979

J. Lizot, Le cercle des feux. Faits et dits des Indiens Yanomami, Recherches anthropol. au Seuil 1976

T. A. Llamadon, The Tasaday Language so far in: C. A. Fernandez und F. Lynch, Philippine Journal of Linguistics 2, 1–30, 1971

A. Lommel, Fortschritt ins Nichts. Die Modernisierung der Primitiven Australiens, Zürich 1969
H. R. MacCalman und *B. J. Grobelaar,* Preliminary Report of Two Stone-Working Ova Tjimba Groups in the Northern Kaokoveld of South-West-Africa, Cimbebasia-SWA-Research, Nr. 13/1965
J. S. Malan, The Herero Speaking Peoples of Kaokoland, Cimbebasia Ser. B. Nr. 2/1973
Ders., Double Descent among the Himba of Southwest-Africa, Cimbebasia Ser. B, Nr. 2/1973
B. Malinowski, The Sexual Life of Savages in North-Western Melanesia, New York 1929
Ders., Coral Gardens and their Magic: A Study of the Methods of Tilling the Soil and of Agriculture Rites in the Trobriand Islands, Bde. 1 u. 2, New York 1935 (Reprint 1978)
L. Marshall, The !Kung of Hyae Nyae, Cambridge (MA) und London 1976
M.-C. Mattei-Müller, H. Herzog und *I. Eibl-Eibesfeldt,* Ritualized Contract Chant (Himou) among the Yanomami, Begleitpublikation zum Tondokument Nr. 4/1990 des Humanethologischen Tonarchivs der Max-Planck-Gesellschaft, Andechs
M. Mead, From the South Seas, New York 1939
J. Money und *A. A. Ehrhard,* Man and Woman and Girl. The Differentiation and Dimorphism of Gender Identity from Conception to Maturity, Baltimore 1972
J. Nance, The Gentle Tasaday, New York 1975
U. Ramseyer, Kultur und Volkskunst in Bali, Zürich 1977,
R. A. Rappaort, Pigs for the Ancestors, New Haven und London 1968
H. A. Rice, The Rio Negro, the Cassiquiare Canal and the Upper Orinoco (September 1916 – April 1920). Geograph. Journ., Nr. 58/1921
Saint-Loup, Nacht über Feuerland, Zürich 1955
H. Sbrzesny, Die Spiele der !Ko-Buschleute unter besonderer Berücksichtigung ihrer sozialisierenden Funktion, Monographien zur Humanethologie, Bd. 2, München 1976
G. und *W. Schiefenhövel,* Eipo, Irian Jaya (West-Neuguinea) – Vorgänge bei der Geburt eines Mädchen und Änderung der Infantizid-Absicht, Homo, Nr. 29-2/1978
W. Schiefenhövel, Die Eipo-Leute des Berglandes von Indonesisch Neuguinea. Kurzer Überblick über den Lebensraum und seine Menschen, Einführung zu den Eipo-Filmen des Humanethologischen Filmarchivs der Max-Planck-Gesellschaft, Homo, Nr. 29-2/1976
Ders., Verarbeitung von Schmerz und Krankheit bei den Eipo, Hochland von West-Neuguinea – Ethnomedizinische und humanethologische Aspekte, Med. Psychol., 1980, S. 219–234
Ders. und *I. Bell-Krannhals,* Wer teilt, hat Teil an der Macht: Systeme der

Yams-Vergabe auf den Trobriand-Inseln. Papua-Neuguinea, Mitt. der Anthropol. Ges. in Wien (NAGW), Bd 116/1986
C. Schrire, Past and Present in Hunter-Gatherer Studies, Orlando 1984
M. Shostak, The Life and Worlds of a !Kung Woman, Cambridge (MA) 1981
C. B. Silberbauer, Report to the Government of Betchuanaland on the Bushmen Survey, Betchuanaland Government Publ., Mafeking 1965
Ders., Socio-Ecology of the G/wi Bushmen. Thesis, Anthropol. and Sociol. Dept. Monash Univ. 1973
Ders., The G/wi Bushmen, in: M. G. Bicchieri (Hrsg.), Hunters and Gatherers Today, New York 1973
Ders., Hunter and Habitat in the Central Kalahari Desert, Cambridge 1981
B. F. Skinner, Beyond Freedom and Dignity, New York 1971
W. J. Smole, The Yanoama Indians. A Cultural Geography, Austin und London 1976
M. E. Spiro, Is the Family universal?, Am. Anthropol., Nr. 56/1954
Ders., Children of the Kibbutz, Cambridge (MA) 1958
Ders., Gender and Culture. Kibbutz Women revisited, Durham (N. C.) 1979
I. Steinvorth-Goetz, Uriji jami! Life and Belief of the Forest Waika in the Upper Orinoco, Caracas 1969
J. Tanaka, The San Hunter-Gatherers of the Kalahari. A Study in Ecological Anthropology, Tokio 1980
K. I. Taylor, Sanuma Fauna: Prohibitions and Classifications, Inst. Caribe de Anthropol. y. Soc. Caracas, Monografia Nr. 18/1974, Fund. la Salle de Ciencias Nat.
G. Teleki Primate Subsistence Patterns: Collector-Predators and Gatherer-Hunter, Journ. Human Evolut., Nr. 4/1975
L. Tiger, Warum die Männer wirklich herrschen, München 1972
H. Valero, Yo soy napeyoma, Fundacion la salle de ciencias naturales, Monografia Nr. 35/1984, Caracas
R. Vossen und *K. Keuthmann,* Contemporary Studies on Khoisan, Nr. 1/1986, Hamburg
M. Wachtler, Die Caoba-Bäume sind gewachsen. 25 Jahre Missionsarbeit bei den Yanomami in Venezuela, Gattendorf 1990
N. V. van Warmelo, Notes on the Kaokoveld (South-West-Africa) and its People, Ethnol. Publ., Nr. 26/1951, Pretoria
A. B. Weiner, Women of value, men of renown: New perspectives in Trobriand exchange, Austin 1976
B. B. Whiting (Hrsg.), Six Cultures: Studies in Child Rearing, New York und London 1963
Ders., Sex Identity Conflict and Physical Violence: A Comparative Study, Am. Anthropol., Nr. 67/1965
P. Wiessner, Hxaro: A regional system of reciprocity for reducing risk among the !Kung San, Dissertation, Univ. of Michigan, Ann Arbor 1977

Dies., Style and Social Information in Kalahari San Projectile Points, Am. Antiquity, Nr. 48/1983

Dies., To walk softly. Style, exchange and land tenure among the Kalahari San, Paper presented at the Third Int. Conference on hunting and gathering societies. Bad Homburg, Juni 1983

Dies., Foodsharing among Children in four Cultures, Paper prepared for a Symposium of the Reimers Foundation on Ritual Aspects of Food, Bad Homburg, Dezember 1984

Dies., The !Kung San Networks in a Generational Perspective, in: M. Biesele u. a. (Hrsg.), The Past and Future of !Kung Ethnography. Quellen zur Khoisan Forschung 4, 103–136 Hamburg 1986

E. N. Wilmsen, Land Filled with Flies – a Political Economy of the Kalahari, Chicago und London 1989

B. v. Zastrow und *H. Vedder,* Die Buschmänner, in: E. Schulz-Ewerth und L. Adam (Hrsg.), Das Eingeborenenrecht: Togo, Kamerun, Südwestafrika, die Südseekolonien, Stuttgart 1930

O. Zerries, Waika. Die kulturgeschichtliche Stellung der Waika-Indianer des Oberen Orinoco im Rahmen der Völkerkunde Südamerikas, München 1964

Ders. und *M. Schuster,* Mahekodotedi. Monographie eines Dorfes der Waika-Indianer (Yanomama) am Oberen Orinoco (Venezuela) München 1974

Dank des Autors

Ohne die gastliche Aufnahme bei den Völkern, die ich besuchte, wäre meine Arbeit nicht möglich gewesen. Ich hoffe, daß meine Beschreibung Anteilnahme an ihrem Geschick weckt und dazu hilft, ihr kulturelles Erbe zu wahren und eine eigenständige kulturelle Evolution weiterzuführen. Ich danke Dr. Inga Steinvorth-Goetz, die mich bei den Yanomami einführte; Dr. Hans Hass, mit dem ich die ersten humanethologischen Programme entwarf; Dr. Hans Joachim Heinz, der mir den Zugang zu den !Ko-Buschleuten ermöglichte, und Dr. Kuno Budack für seine Führungen durchs Himba-Land. Ferner danke ich meinen Freunden Dr. Ingrid Bell-Krannhals, Prof. Dr. Derek Freeman, Elke und Karl-Friedrich Fuhrmeister, Kenneth Good, Harald und Gabriele Herzog, Dr. Volker Heeschen, Dieter Heunemann, Prof. Dr. Les Hiatt, Renate Krell, Glenys Kölinke-Byrnes, Marie-Claude Mattei-Müller, Dr. Heide Sbrzesny-Klein, Dr. Grete und Wulf Schiefenhövel, Dr. Gunter Senft, Dr. Christa Sütterlin, Pim Straatmans, Dr. Sven Walter, Dr. Pauline Wiessner und Liz Wiley. Für wertvolle Informationen und für die Einladung, am interdisziplinären Eipo-Projekt mitzuwirken, danke ich Dr. Gerhard Koch und Dr. Klaus Helfrich.

Mein Dank gilt ferner den christlichen Missionen, ohne die eine Feldarbeit kaum möglich gewesen wäre. Im besonderen danke ich Padre Luigi Cocco, Padre Joseph Bortoli und Padre José Berno von den salesianischen Missionen, dem Ehepaar Tom Hoey von der Asia Pacific Mission und dem Ehepaar Daniel Shaler von der New Tribes Mission für gastliche Aufnahme, ferner dem Piloten Boris Kaminski und der Mission Aviation Fellowship für ihre nicht ungefährlichen Einsätze. Mein aufrichtiger Dank gilt den Regierungen der Gastländer, im besonderen jener Australiens, Botswanas, Indonesiens, Papua-Neuguineas, der Philippinen, Südwestafrikas (Namibia), Südafrikas und Venezuelas, des weiteren den deutschen und österreichischen Botschaften und Konsularvertretungen, ohne deren tatkräftigen Einsatz ich oft schwer zurechtgekommen wäre.

Der Max-Planck-Gesellschaft und dem Stifterverband, die meine Arbeit über so viele Jahre förderten, ferner der Thyssen-Stiftung, der A.-von-Gwinner-Stiftung und der Deutschen Forschungsgemeinschaft, die verschiedene Forschungsreisen finanzierten, gilt mein besonderer Dank. Ich danke ferner meinen Mitarbeitern am Institut für ihre unermüdliche Hilfe bei der photographischen Auswertung der Filme. Schließlich und nicht zuletzt danke ich meiner Frau für ihre Mitarbeit im Feld und zu Hause und meinem Sohn, der mir auf zwei Reisen nach Südamerika und Neuguinea hilfreich zur Seite stand.

Register

L

M

N

O

P

R

S